biología y geología

ESO 3

Con Savia nueva generación
puedes disfrutar de recursos digitales
y de un entorno donde estarás en contacto
con tu profesor y con tus compañeros de clase.

Entrar en smsaviang.com es fácil

Escribe en internet la siguiente dirección:
smsaviang.com

Regístrate e introduce el **número de licencia**
que aparece en la página de la izquierda.
Solo debes registrarte una vez.

Anota tu identificador y contraseña para que
puedas entrar después de haberte registrado.

www.grupo-sm.com/es

Savia nueva generación

sm

Así es tu libro

Bloques de contenidos

Las unidades de tu libro están agrupadas por bloques de contenidos. Cada bloque dispone de una doble página de **apertura** con un índice visual de su contenido y un listado de actividades que te permitirán practicar y aplicar las destrezas básicas de la metodología científica.

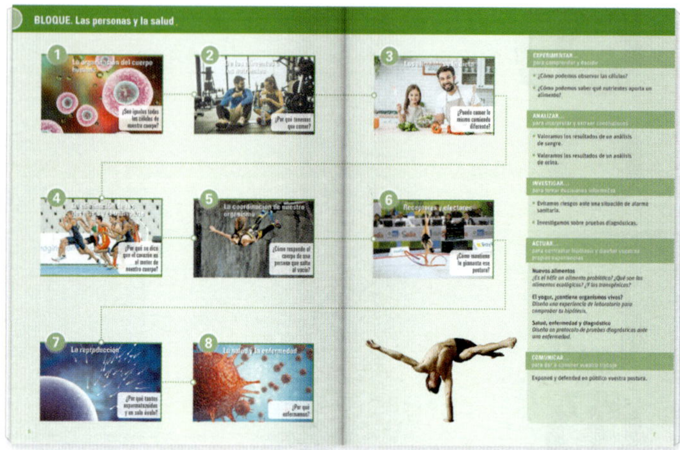

El bloque finaliza con un **cierre** que contiene propuestas concretas para que experimentes, analices, investigues... y finalmente actúes abordando la realización de un proyecto o diseñando tu propio trabajo de investigación.

Presentación de la unidad

Averigua qué vas a aprender y empieza a pensar sobre lo que sabes del tema.

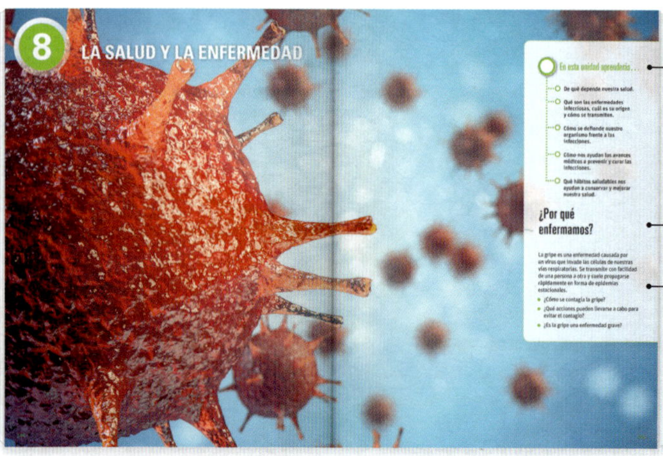

En esta unidad aprenderás...
Para conocer los núcleos de aprendizaje de la unidad.

Gran pregunta
Para relacionar la imagen con el contenido y empezar a aportar ideas sobre lo que te sugiere esta cuestión.

Texto y actividades
Para descubrir lo que ya conoces sobre este tema.

Contenidos

Vas a encontrar **desarrollos** muy claros, visuales y atractivos. Con muchas imágenes y ejemplos que te ayudarán a conocer y entender los contenidos.

Y **actividades** que te señalan el proceso mental que tendrás que llevar a cabo para poder realizarlas. Estas actividades te ayudarán a comprender y afianzar los contenidos.

Llamada de página

En tu libro aparecen llamadas que te llevan al entorno digital smsaviang.com, en el que podrás encontrar recursos para aprender, ampliar o repasar los contenidos.

Cierre de la unidad

En la sección **Lo esencial** encontrarás resumidas las ideas principales de la unidad y una propuesta para que organices tus ideas y completes con textos e imágenes tu propio esquema-resumen de la unidad.

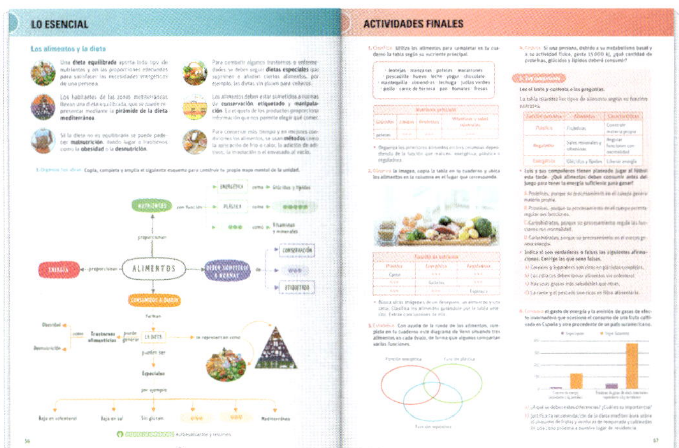

Ciencia en la calle

Una sección para que reconozcas e interpretes la Ciencia que te rodea.

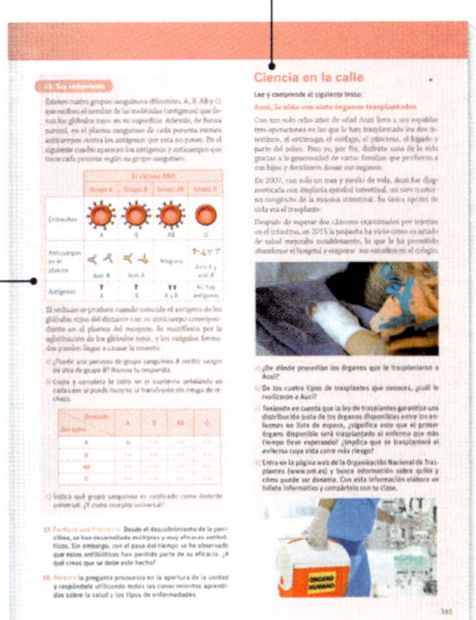

Soy competente

Actividades para entrenar tus competencias en aplicar los conocimientos adquiridos.

Autoevaluación

Un resumen y una autoevaluación digital en smsaviang.com para que compruebes lo que has aprendido.

Índice

7 La reproducción

8 La salud y la enfermedad

9 El relieve

10 Las aguas cambian el relieve

11 El hielo, el viento y el mar

12 Volcanes y terremotos

1 La organización del cuerpo humano

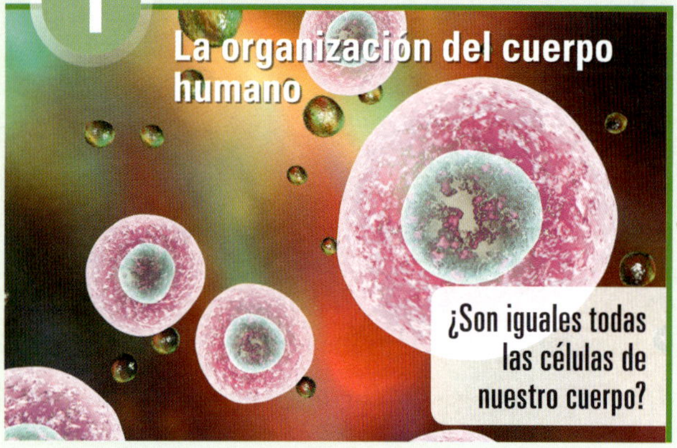

¿Son iguales todas las células de nuestro cuerpo?

2 De los alimentos a los nutrientes

¿Por qué tenemos que comer?

4 La eliminación de los desechos y el transporte

¿Por qué se dice que el corazón es el motor de nuestro cuerpo?

5 La coordinación de nuestro organismo

¿Cómo responde el cuerpo de una persona que salta al vacío?

7 La reproducción

¿Por qué tantos espermatozoides y un solo óvulo?

8 La salud y la enfermedad

¿Por qué enfermamos?

3

6

EXPERIMENTAR...
para comprender y decidir

- ¿Cómo podemos observar las células?
- ¿Cómo podemos saber qué nutrientes aporta un alimento?

ANALIZAR...
para interpretar y extraer conclusiones

- Valoramos los resultados de un análisis de sangre.
- Valoramos los resultados de un análisis de orina.

INVESTIGAR...
para tomar decisiones informadas

- Evitamos riesgos ante una situación de alarma sanitaria.
- Investigamos sobre pruebas diagnósticas.

ACTUAR...
para contrastar hipótesis y diseñar vuestras propias experiencias

Nuevos alimentos
¿Es el kéfir un alimento probiótico? ¿Qué son los alimentos ecológicos? ¿Y los transgénicos?

El yogur, ¿contiene organismos vivos?
Diseña una experiencia de laboratorio para comprobar tu hipótesis.

Salud, enfermedad y diagnóstico
Diseña un protocolo de pruebas diagnósticas ante una enfermedad.

COMUNICAR...
para dar a conocer vuestro trabajo

Exponed y defended en público vuestra postura.

1 LA ORGANIZACIÓN DEL CUERPO HUMANO

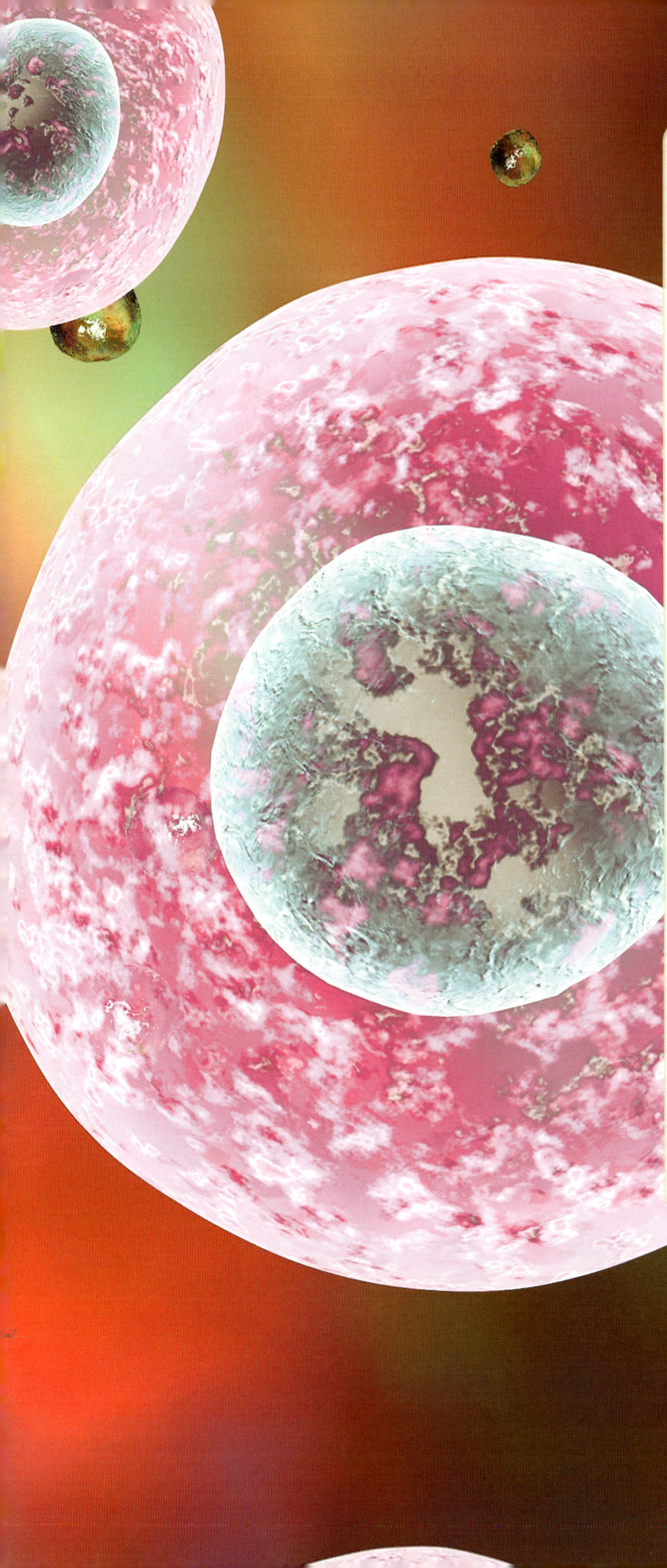

En esta unidad aprenderás...

- **Cómo se relacionan las diferentes morfologías de las células humanas con su función.**
- **Cómo se pueden diferenciar las células que forman el cuerpo humano.**
- **Qué orgánulos forman la célula y cuáles son sus funciones.**
- **Qué diferencia hay entre los tejidos del cuerpo humano y cuál es su función.**
- **Cómo se organiza la materia viva.**

¿Son iguales todas las células de nuestro cuerpo?

El cuerpo humano está formado por billones de pequeñas unidades funcionales y estructurales llamadas células. Cálculos aproximados indican que nuestro cuerpo tiene unos 37 billones de células distintas.

- ¿En qué se diferencian las células de la lengua de las células de los ojos?
- ¿Todas las células del cuerpo humano tienen el mismo tamaño?

1 Nuestro organismo está formado por células

» Las células y las bacterias

Por cada célula de nuestro cuerpo acarreamos una media de 10 bacterias. Por suerte, las células bacterianas son mucho más pequeñas que las que forman nuestro cuerpo y abultan menos. Tenemos bacterias en el intestino, sobre la piel, en la boca, etc.

La unidad vital y funcional

Los seres humanos somos solo una parte de la gran diversidad de organismos que habitan el planeta Tierra. A pesar de las diferencias que nos separan, hay una característica importante que compartimos con el resto de los seres vivos: estamos formados por células.

La **célula** es la unidad básica de la que estamos construidos todos los seres vivos. Además, es la mínima unidad capaz de realizar todas las funciones que caracterizan a un ser vivo.

¿Qué tienen en común las células de nuestro cuerpo?

Si analizamos las células que conforman nuestro cuerpo, encontramos que tienen formas y tamaños muy distintos. En todas ellas se reconocen tres partes fundamentales:

- **La membrana celular o plasmática.** Es una fina capa que envuelve a la célula y separa su contenido interno del medio externo. La membrana plasmática es semipermeable, es decir, deja que pasen algunas moléculas y bloquea el paso de otras.
- **El núcleo.** Es la estructura celular de mayor tamaño y la que mejor se aprecia. Suele estar situado en el centro de la célula, contiene la información hereditaria y controla el funcionamiento de la célula.
- **El citoplasma.** Es un líquido gelatinoso que lleva el interior de la célula. En él se encuentran dispersas una gran variedad de estructuras que se encargan de realizar las diferentes funciones celulares. Entre ellas destacan las que están rodeadas de una o dos membranas y que se denominan **orgánulos**.

¿Qué tamaño tienen las células?

El tamaño de las células varía entre 5 μm y 120 μm, lo que las hace invisibles a nuestros ojos. Para poder observarlas se utilizan los microscopios, que aumentan el tamaño de las imágenes. Con los **microscopios ópticos** se logran unos 1 500 aumentos, y con los **microscopios electrónicos** se alcanzan hasta 10^6 aumentos.

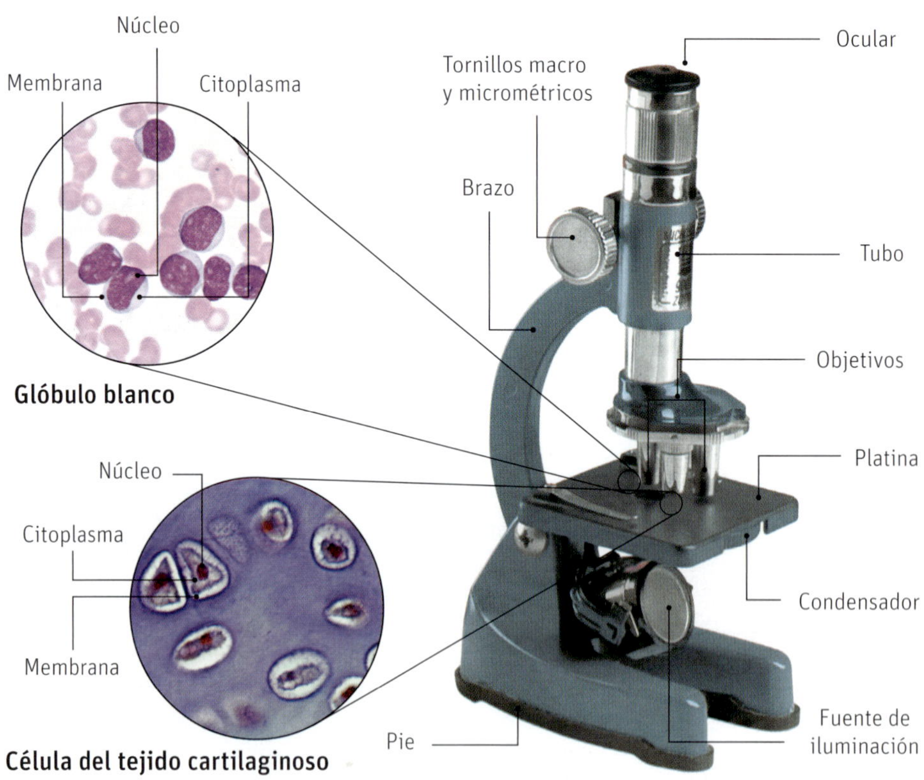

Glóbulo blanco

Célula del tejido cartilaginoso

ACTIVIDADES

1. Explica. ¿Qué significa que el poder de resolución de un microscopio óptico es de 0,2 μm?
2. Analiza. Con frecuencia se compara el disco duro de un ordenador con el núcleo de la célula.
   a) ¿A qué se debe esta comparación? Justifica.
   b) ¿Cuáles son las funciones del núcleo y del disco duro?
3. Explica. ¿Qué sucedería si la membrana celular no fuera selectiva y permitiera el ingreso de todas las sustancias y agentes biológicos?
4. Deduce. En una película de ficción mostraron la clonación de un dinosaurio, para lo cual extrajeron material hereditario. ¿De qué parte de la célula crees que se extrajo?
5. Argumenta. ¿Qué tienen en común una red de pescar y la membrana celular?

2 ¿Qué contiene el citoplasma?

Con los potentes microscopios electrónicos podemos observar las estructuras del interior de las células. No todas las células tienen necesariamente todas estas estructuras, ni tampoco es idéntica la cantidad que poseen de cada una de ellas.

OBSERVA Los orgánulos celulares y sus funciones.

Principales estructuras celulares

Aparato de Golgi. Está compuesto por pilas de sacos membranosos aplanados, rodeados de pequeñas bolsas o vesículas. En estas vesículas se empaquetan las sustancias fabricadas en el retículo y, con frecuencia, vierten su contenido al medio extracelular.

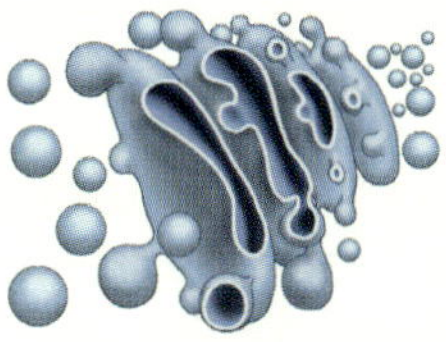

Retículo endoplasmático. Es un conjunto de sacos y canales membranosos, comunicados entre sí, que se extiende por todo el citoplasma celular. En el retículo se fabrican diversas sustancias, como proteínas o lípidos. Existen dos tipos:

- **Rugoso.** Con ribosomas adosados a la cara externa de sus membranas.
- **Liso.** Sin ribosomas adosados.

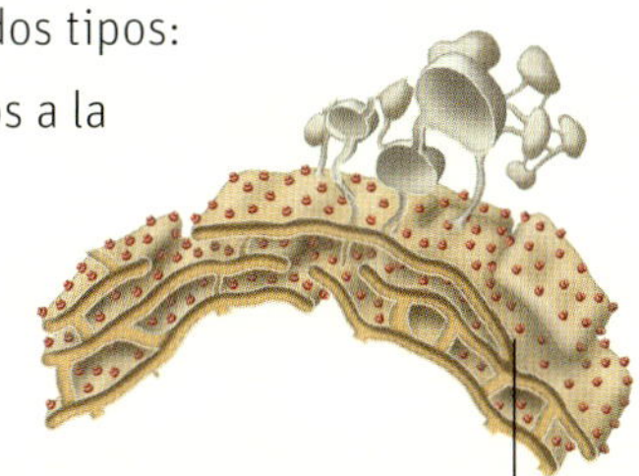

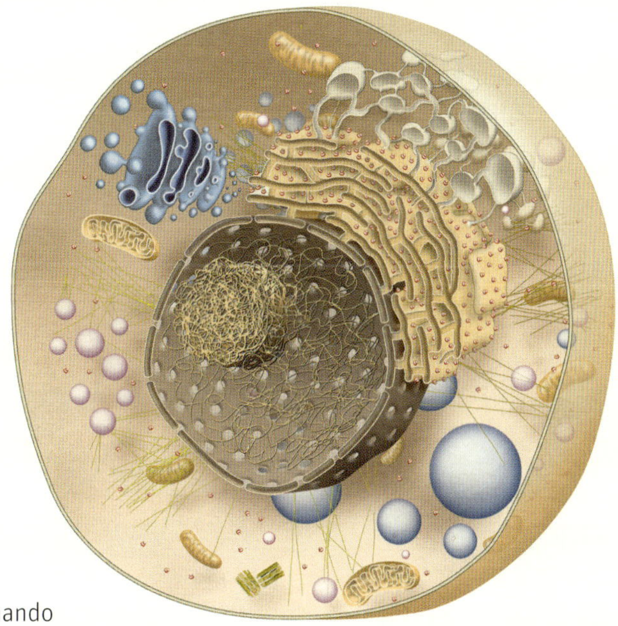

Lisosomas. Se trata de pequeñas bolsas o vesículas membranosas en cuyo interior se transforman las sustancias complejas en otras más simples. Son como el aparato digestivo de la célula.

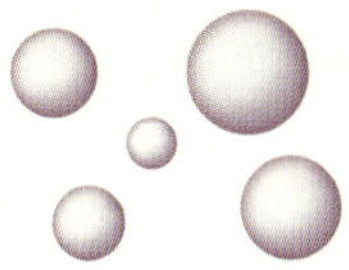

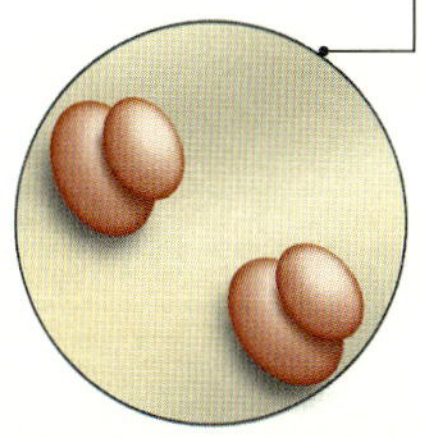

Ribosomas. Son pequeñas estructuras no membranosas que se encuentran tanto libres en el citoplasma como adosadas a las membranas del retículo endoplasmático. Se encargan de fabricar proteínas.

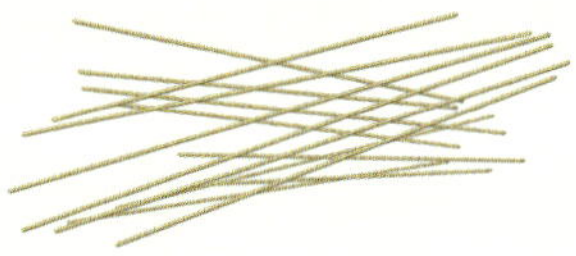

Citoesqueleto. Es un conjunto de filamentos que se distribuyen, formando una red, por todo el citoplasma. Constituyen el "esqueleto" de la célula e intervienen en sus movimientos.

Centriolos. Son dos cilindros huecos cuyas paredes están formadas por filamentos. Dirigen el movimiento del citoesqueleto.

Mitocondrias. Tienen forma ovalada y poseen una doble membrana que delimita un espacio interior o matriz. En ellas se realiza la respiración celular, que necesita oxígeno y proporciona energía a la célula para su funcionamiento.

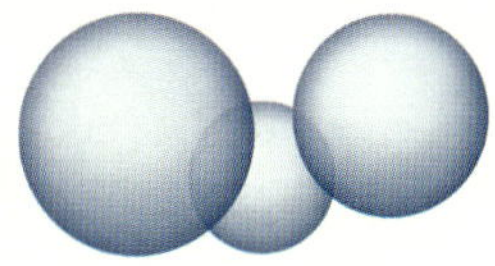

Vacuolas. Son pequeñas bolsas o vesículas membranosas que contienen agua con sustancias disueltas. Almacenan productos de reserva o de desecho.

ACTIVIDADES

1. Elabora un mapa mental que relacione la célula con sus orgánulos a través de sus funciones.

2. Deduce. La profesora de Camilo dice que en épocas de sequía tenemos que parecer vacuolas. Indica qué quiere dar a entender la profesora con esta afirmación.

3. Relaciona. Un paciente va al doctor porque se siente muy cansado y sin energía. El doctor lo diagnostica con una enfermedad en sus células que ataca exclusivamente a un orgánulo. ¿Cuál puede ser ese orgánulo?

4. Analiza. Una investigadora aisló cierta estructura de un organismo multicelular. Algunas de las características que presenta esta estructura son:

   - Libera oxígeno. - Es capaz de duplicarse.
   - Posee una doble membrana plasmática.

   - ¿De qué estructura podría tratarse? ¿Qué función cumple?

3 El núcleo de la célula

> **» ¡Que idénticos!**
> Los seres humanos parecemos diferentes. Unos de piel oscura, otros de piel clara, otros de cabello negro y otros de cabello rubio; pero en realidad somos muy parecidos. El 99,9 % de nuestros genes son idénticos.

La estructura del núcleo

El núcleo está compuesto por los siguientes elementos:

- La **envoltura nuclear**, que es una membrana formada por dos capas gruesas que separan el interior del **núcleo** del **citoplasma**. Esta envoltura presenta **poros** que facilitan el intercambio de sustancias entre el núcleo y el medio.
- El **nucleolo**, una región del núcleo, de forma esférica, en la que se fabrican y se ensamblan los ribosomas; es rico en proteínas y en ácido ribonucleico.
- La **cromatina**, que está constituida por un conjunto de filamentos muy largos, que se apelotonan en el interior del núcleo. Cuando la célula va a dividirse para originar dos células hija, los filamentos de cromatina se contraen y dan lugar a unas estructuras más cortas y gruesas llamadas **cromosomas**. Las diferentes especies tienen distinto número de cromosomas en el núcleo de sus células. Nuestras células llevan 23 pares de cromosomas, un lote de 23 procede del núcleo del óvulo, y el otro lote, del núcleo del espermatozoide.

  Cada cromosoma está formado por una molécula de **ADN** (ácido desoxirribonucleico) que contiene información hereditaria. El ADN humano lleva unos 25 000 genes; cada gen es un fragmento de ADN con información acerca de cómo fabricar una de los miles de moléculas de proteínas que tiene nuestro cuerpo.

¿Qué hay en el interior del núcleo?

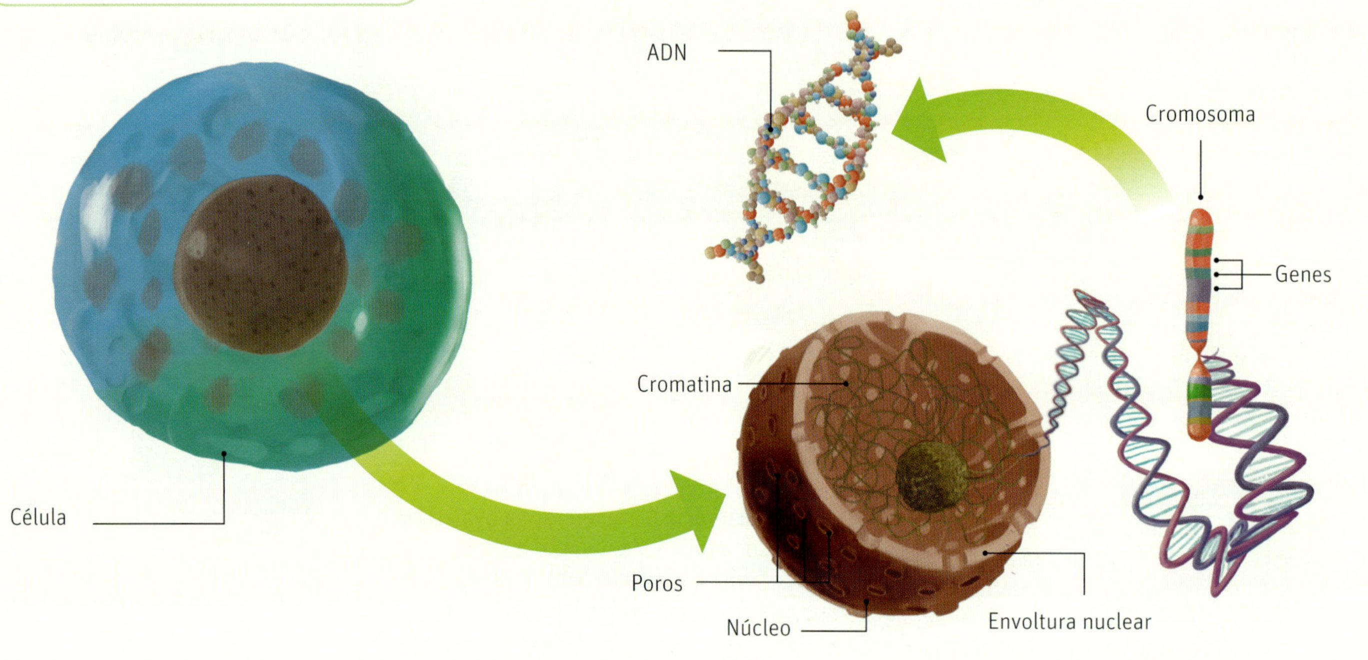

¿Todas las células tienen núcleo?

Todas las células tienen una o varias moléculas de ADN, pero no siempre están separadas del resto del citoplasma por una envoltura membranosa. En los millones de bacterias que viven en nuestro aparato digestivo o sobre nuestra piel, no hay un verdadero núcleo porque la información genética se encuentra dispersa en el citoplasma. Este tipo de células se denominan **procarióticas** (de *pro*, 'antes', y *karyon*, 'núcleo'). Las bacterias y el resto de móneras son procarióticas.

Las células del cuerpo humano, como las de todos los animales, y también las de plantas, hongos y protoctistas, son **células eucarióticas** (de *eu*, 'verdadero', y *karyon*,'núcleo'). Esto significa que el contenido del núcleo está separado del citoplasma por una envoltura.

ACTIVIDADES

1. Explica. ¿Qué significa que la información contenida en el núcleo es hereditaria?
2. Deduce. La melanina es la proteína que da color a nuestra piel, al pelo, etc. ¿Qué pasaría si entre tus genes no hubiera ninguno que llevara información sobre cómo fabricar melanina?

4 La membrana y los intercambios con el medio

Las células necesitan un constante aporte de sustancias procedentes del medio para su mantenimiento, y también requieren desprenderse de los desechos que producen. En cualquier caso, estas moléculas deben atravesar la **membrana plasmática**.

El transporte de moléculas a través de la membrana

Las moléculas pequeñas, como el agua o el oxígeno, atraviesan la membrana mediante dos mecanismos diferentes:

- **Difusión.** Es el mecanismo por el cual las moléculas pequeñas atraviesan libremente la membrana. Si su concentración es mayor en el exterior de la célula que en su interior, las moléculas entran en ella; en caso contrario, las moléculas salen y así las concentraciones a ambos lados de la membrana tienden a igualarse.

  La **difusión del agua** a través de una membrana desde una disolución diluida hacia otra más concentrada se denomina **ósmosis**. El agua atraviesa la membrana de forma que las concentraciones a ambos lados tienden a igualarse.

ACTIVIDADES

1. Experimenta. Toma dos vasos y pon agua hasta la mitad. Luego agrega una gota de tinta al vaso 1 y una gota de aceite al vaso 2. Dibuja y describe lo que sucede. ¿En cuál de los dos casos se presenta un ejemplo de difusión?
2. Escribe tres ejemplos de difusión que se puedan dar en la cocina de tu casa.
3. Predice. Si el interior de una célula contiene una disolución más concentrada que la del medio extracelular, ¿hacia dónde se desplazará el agua?

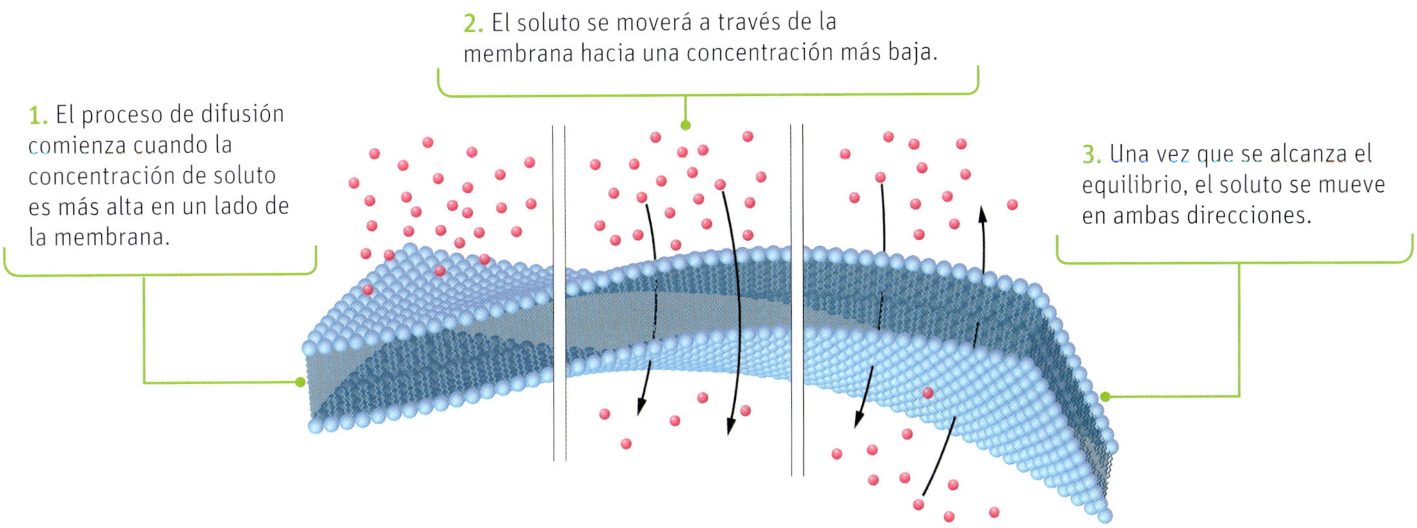

- **Transporte activo.** Es el proceso contrario a la difusión y consiste en movilizar sustancias de un lugar de baja concentración a otro de alta concentración. Esta es la razón por la cual el transporte activo supone un **gasto de energía** para la célula.

El transporte de grandes moléculas

Para el transporte a través de la membrana de moléculas de gran tamaño, existen tres mecanismos principales en los que desempeñan un importante papel las llamadas **vesículas** de membrana:

Endocitosis

Este mecanismo permite la **ingestión** de **líquidos** y **partículas en disolución** mediante pequeñas **vesículas**.

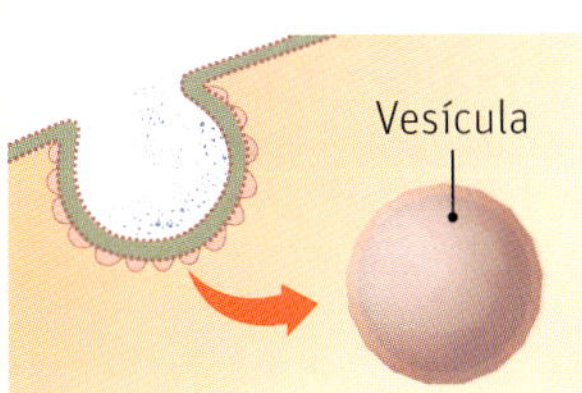

Fagocitosis

Se forman grandes **vesículas** revestidas o **fagosomas** que ingieren **microorganismos** y **restos celulares**.

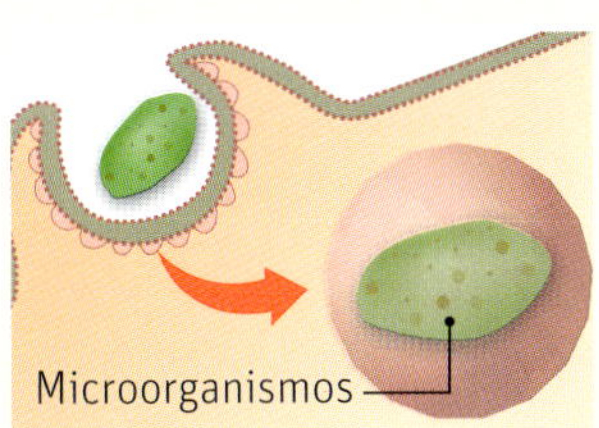

Exocitosis

Se forman **vesículas** que eliminan **sustancias sintetizadas** en el interior de la célula o **sustancias de desecho**.

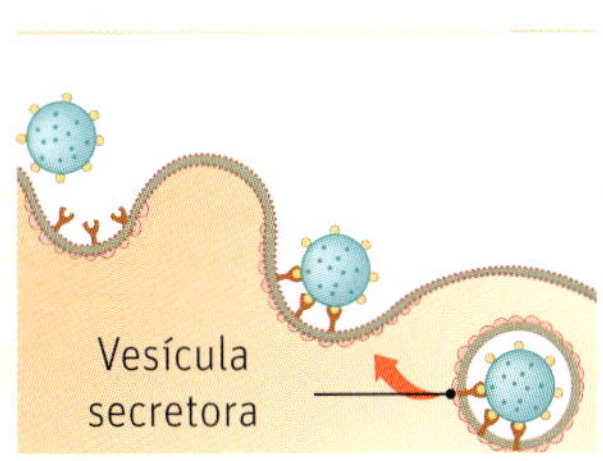

5 ¿Cómo funcionan las células?

PRACTICA ¿Cómo funcionan las células?

Los dibujos y fotografías de células pueden darnos la impresión de que son estructuras inmóviles e inactivas, pero su interior está cambiando constantemente.

La célula funciona como una compleja fábrica a la que llega una gran variedad de sustancias que son transformadas en su interior. Cada **orgánulo** realiza una actividad diferente, y el **núcleo** se encarga de regular y controlar todas y cada una de estas actividades. El objetivo de esta compleja fábrica es mantenerse con vida.

Un ejemplo de trabajo cooperativo

Describir cómo funciona una célula sería extraordinariamente complejo. Un ejemplo nos puede servir para comprender su forma de trabajar.

Fabricación y secreción de una proteína digestiva

Las células fabrican sus propias moléculas de proteínas utilizando la información contenida en su ADN, en sus genes. Algunas proteínas permanecen en el citoplasma, como la melanina o las que componen el citoesqueleto, pero otras, como las que forman parte de los jugos digestivos, son expulsadas fuera de la célula, donde hacen su función.

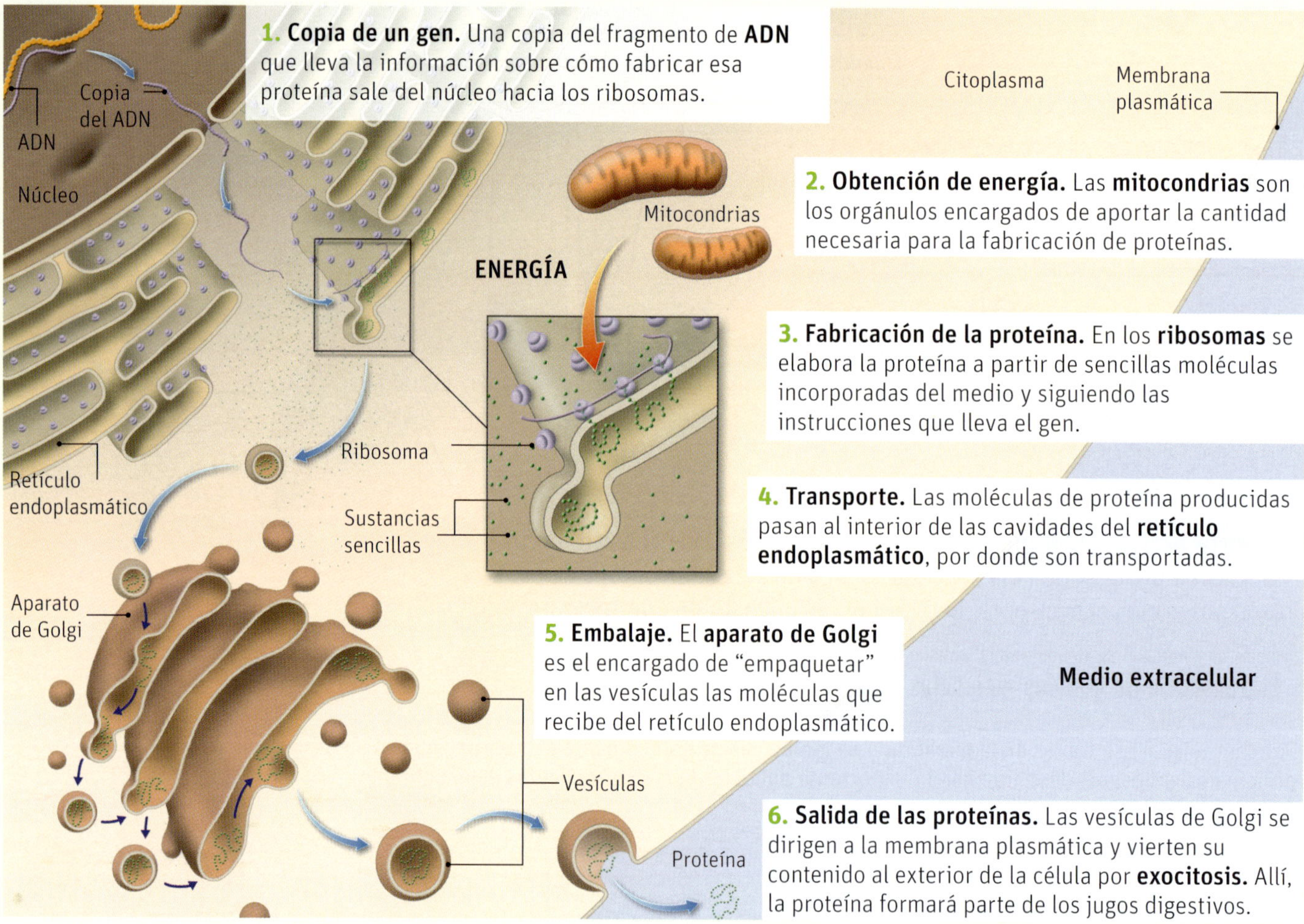

ACTIVIDADES

1. Explica. ¿Cómo "saben" los ribosomas que la proteína que deben fabricar forma parte de los jugos digestivos y no es otra, como, por ejemplo, la melanina?

2. Razona. ¿De dónde sacan las células el combustible del que obtienen la energía?

3. Compara la síntesis de una proteína con la construcción de una casa. ¿Qué moléculas equivaldrían al arquitecto y a los obreros que transportan los ladrillos? Justifica tu respuesta.

4. Sintetiza en un diagrama de flujo el proceso de fabricación y secreción de las proteínas.

6 Células especializadas

¿Qué significa que una célula está especializada?

Todas las células de nuestro cuerpo presentan una organización general común. Sin embargo, es fácil distinguir una **célula muscular** de una de la **piel** o de un **glóbulo blanco**. Cada una de ellas posee características particulares que la hacen adecuada para realizar su función: son **células especializadas**.

Una célula muscular, por ejemplo, está especializada. Esto supone que:

- **Hace un trabajo determinado.** Las células musculares se contraen y se relajan produciendo movimiento.
- **Desarrollan una forma característica.** Las células musculares son alargadas.
- **Se producen cambios en su citoplasma.** Estos cambios se relacionan con la diferente actividad de los distintos orgánulos. En las células musculares abundan las mitocondrias, productoras de energía, y los filamentos del citoesqueleto.

Células madre

Las células especializadas generalmente pierden la capacidad de multiplicarse y producir nuevas células. Esa función la realizan células no especializadas denominadas **células madre**.

Las células madre se clasifican por su potencia, es decir, por el número de tipos distintos de células especializadas que son capaces de originar.

La más potente es la **célula huevo**, que puede dar lugar a todos los tipos celulares. Las menos potentes están en los organismos adultos y actúan en la regeneración o reparación de los tejidos.

ACTIVIDADES

1. Deduce. Los glóbulos blancos están especializados en capturar células muertas, bacterias o virus y destruirlos. ¿Qué orgánulos se encuentran especialmente desarrollados en estas células?

2. Explica. ¿En qué se diferencia una célula madre de una célula especializada?

3. Razona. Las células secretoras de insulina producen grandes cantidades de la hormona. Considerando que la insulina es una proteína, ¿qué estructura podrían tener más desarrollada estas células?

COMPRENDE La especialización de las células.

Especialización de las células

Las células que resultan de la división de células madre pueden ser nuevas células madre o pueden transformarse en células especializadas.

Los cambios en la **forma** y en las **estructuras** de una **CÉLULA ESPECIALIZADA** la hacen adecuada para desempeñar una determinada **FUNCIÓN**.

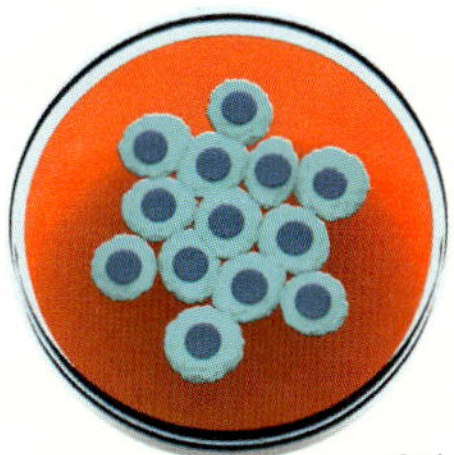
Células madre

Células especializadas

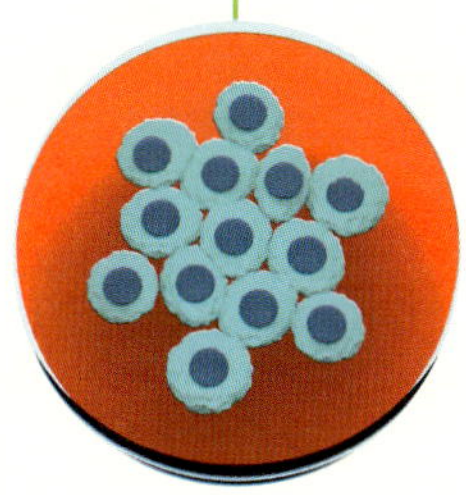
Células madre

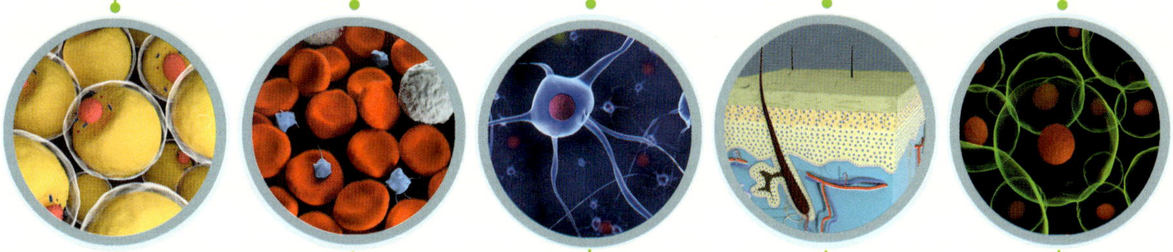

7 Tejidos I

Un **TEJIDO** es un **agregado de células**, generalmente del mismo tipo, organizadas para realizar una **FUNCIÓN** en común.

Ya hemos visto que los organismos pluricelulares poseen células especializadas que, al agruparse, forman tejidos. En el cuerpo humano, se pueden distinguir más de doscientos tipos celulares que se agrupan en cuatro grandes tipos de tejidos: **epitelial**, **conectivo**, **nervioso** y **muscular**.

El tejido epitelial

Es un tejido de **revestimiento** que recubre el cuerpo y sus cavidades, así como el interior y el exterior de los órganos, lo que da forma a una **lámina continua**. Dado que las células epiteliales revisten todas las superficies externas e internas, cualquier sustancia que entra o sale del cuerpo debe atravesar un **epitelio**. Hay dos tipos fundamentales de epitelios: de **revestimiento** y **glandular**.

Tipos de tejido epitelial

Epitelio de revestimiento. Está compuesto por varias láminas de células, como el epitelio de la piel, o por una sola, como el que forma la pared de los capilares o recubre el interior del tubo digestivo o de la tráquea.

Estos epitelios tienen una función **protectora**.

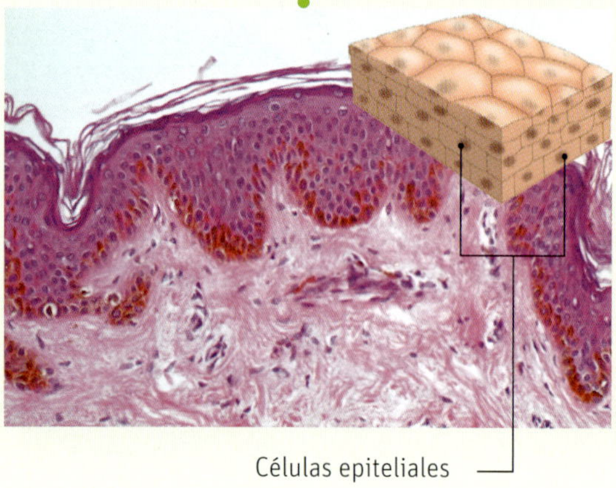

Epitelio de revestimiento de la piel (100 aumentos)

Epitelio glandular. Lo constituyen las células epiteliales especializadas en producir y segregar sustancias. Estas células se suelen agrupar y formar estructuras llamadas **glándulas**. Algunas vierten sustancias al exterior, como las **sebáceas**, que producen la grasa del pelo. Otras vierten a la sangre, como las que generan hormonas, y se denominan **endocrinas**.

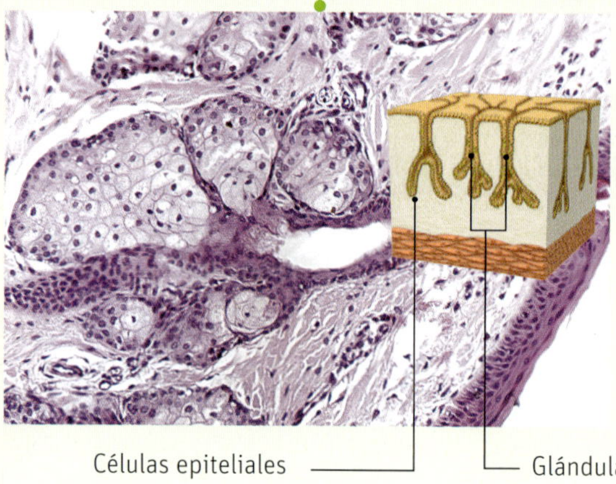

Glándulas sebáceas (100 aumentos)

ACTIVIDADES

1. Relaciona. Los esquemas de la imagen corresponden a diferentes clases de tejidos epiteliales.

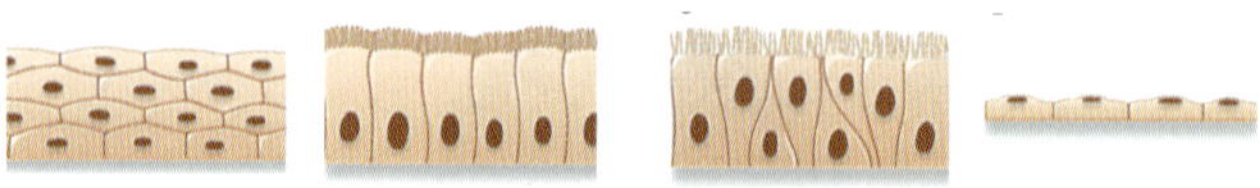

Asocia los esquemas con las descripciones de epitelios y asigna una función a cada uno:

a) Simple de células planas

b) Estratificado de células planas

c) Simple de células columnares con pliegues

d) Simple seudoestratificado de células columnares con cilios

2. Completa. La tabla presenta la función y ejemplos del tejido epitelial. Escríbela y completa la información que falta.

Función	Ejemplo
El revestimiento de las superficies	●●●
La absorción de moléculas	●●●
●●●	Las glándulas
La percepción de estímulos	●●●
La contracción	●●●

El tejido conectivo

Este tejido cumple una importante función de **protección** y **soporte**. Además, participa en la cohesión o separación de los diferentes tejidos que componen los órganos y sistemas, ya que está formado por células dispersas y variadas, inmersas en una **sustancia matriz** que las mantiene unidas.

Tipos de tejidos conectivos

Tejido conjuntivo. Se encuentra en la capa profunda de la piel, y ocupa los espacios entre los órganos, los vasos sanguíneos y los nervios. Existen tipos especiales de tejido conjuntivo, como el **adiposo** y el **fibroso**.

Tejido sanguíneo. Su matriz, llamada plasma, es líquida. El plasma es el que mantiene en suspensión las células: glóbulos blancos, glóbulos rojos y plaquetas.

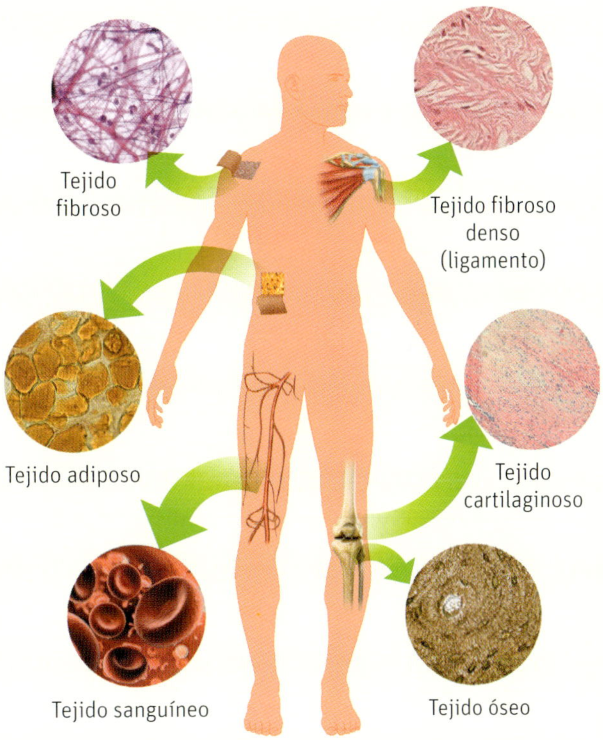

Tejido cartilaginoso. Forma parte del esqueleto de los embriones y de nuestras articulaciones. Tiene consistencia firme y cumple una función de sostén.

Tejido óseo. Es el componente esencial de los huesos de un adulto. Es el más rígido y resistente de los tejidos conectivos, ya que su sustancia intercelular contiene sales de calcio, es decir, está mineralizada.

El tejido nervioso

El tejido nervioso compone el **encéfalo**, la **médula espinal** y los **nervios**. Se encarga de recoger la información tanto del exterior como del interior del cuerpo y de transmitirla de unos lugares a otros del organismo para elaborar las respuestas adecuadas en cada caso.

Las principales células nerviosas son las **neuronas**, que tienen forma estrellada con largas prolongaciones. Ocupando el espacio entre las neuronas se encuentran las **células gliales**, un conjunto diverso que realiza funciones de soporte, defensa y nutrición de las neuronas.

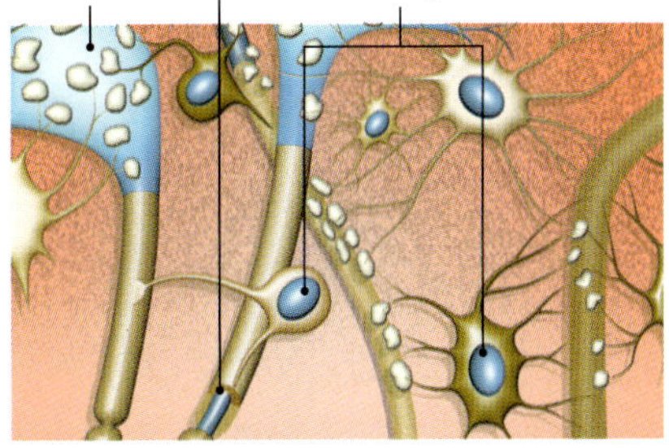

Representación esquemática del tejido nervioso.

ACTIVIDADES

3. Relaciona. **Indica a cuál de los dos tipos de tejido corresponde cada característica (epitelial o conjuntivo).**

a) Formado por varias capas de células dispuestas en láminas.

b) Sus células están rodeadas de mucha sustancia intercelular.

c) Sus células se disponen unas junto a otras sin apenas sustancia intercelular.

d) Se encuentra rellenando los espacios entre los órganos.

4. Argumenta. **La sustancia intercelular que rodea a las células del tejido conjuntivo contiene una gran cantidad de fibras de proteínas fabricadas por las propias células. ¿Qué orgánulos serán abundantes en este tipo de células?**

5. Identifica**, en este esquema del tejido conjuntivo, las partes señaladas por los números.**

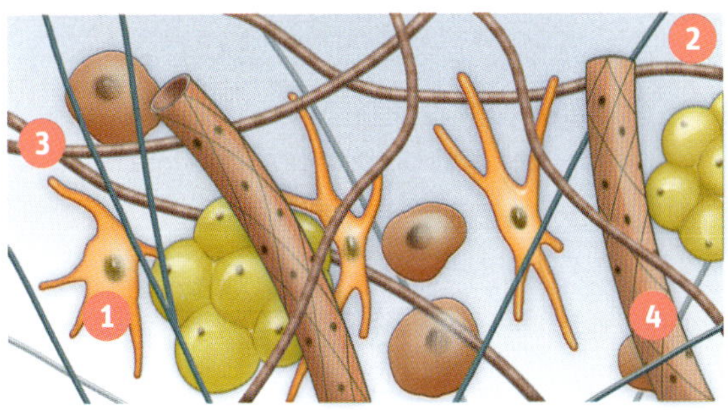

8 Tejidos II

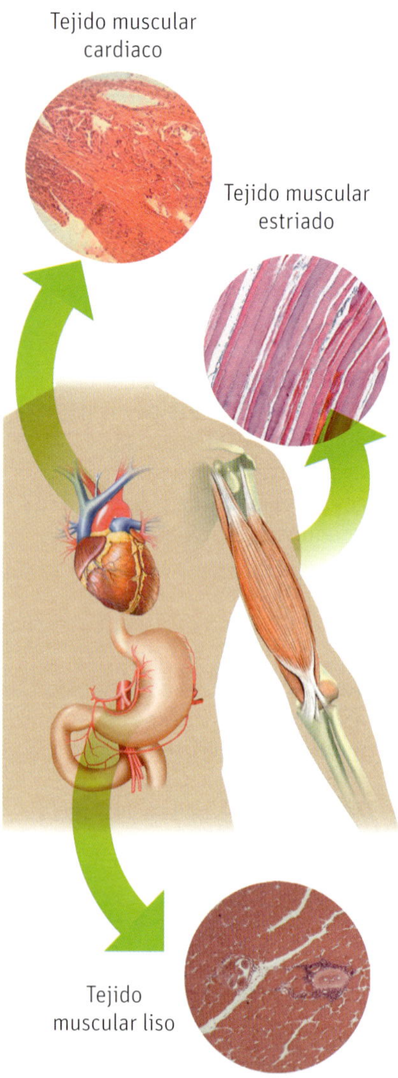

Tejido muscular

Es el componente principal de los músculos y el responsable del movimiento de las distintas partes del organismo. Tiene células alargadas llamadas fibras musculares. Con el microscopio se ven dos tipos: **estriadas**, que tienen un bandeado o estriación transversal, y **lisas**, sin bandeado.

Hay tres tipos de tejido muscular según sean el tipo de fibra y su contracción:

- **Tejido muscular estriado esquelético.** Forma los músculos que se unen a los huesos y producen su movimiento. Su contracción es voluntaria.
- **Tejido muscular estriado cardiaco.** Compone las gruesas paredes del corazón. A diferencia del esquelético, su contracción es involuntaria.
- **Tejido muscular liso.** Se encuentra, por ejemplo, en la pared del estómago, de los vasos sanguíneos, del útero o de la vejiga. Su contracción también es involuntaria.

El medio que rodea a las células

En un organismo unicelular, su única célula puede realizar intercambios directamente con el **medio externo**, con el que está en contacto. Sin embargo, en un organismo pluricelular como el humano, la inmensa mayoría de las células no están en contacto directo con el medio externo. ¿Cómo consiguen entonces incorporar nutrientes y dónde expulsan los desechos?

Cada célula de nuestro cuerpo se encuentra rodeada de un líquido con el que realiza los intercambios; este líquido extracelular constituye el **medio interno**.

Las características del medio externo, como la disponibilidad de agua o la temperatura, son cambiantes. El medio interno también varía, pero nuestro organismo corrige de forma continua los cambios. Por ejemplo, tenemos sed si necesitamos agua, almacenamos reservas para utilizarlas cuando falten o mantenemos una temperatura corporal de unos 36,5 °C. Así se mantiene dentro de unos límites aptos para la vida.

Se denomina **homeostasis** al conjunto de mecanismos por el que todos los seres vivos tienden a alcanzar una estabilidad en las propiedades de su medio interno.

ACTIVIDADES

1. Razona. ¿Qué características tienen en común todos los tejidos epiteliales? ¿Y los musculares?

2. Explica. ¿Qué tejidos se incluyen en los conectivos? ¿Qué rasgos comparten?

3. Analiza. Si el volumen del medio interno aumenta como consecuencia de beber grandes cantidades de agua, ¿qué ocurre para que se recupere el volumen normal?

4. Reflexiona. ¿Qué músculos utilizas cuando realizas las siguientes actividades?:
   a) Abrir la boca para consumir alimentos.
   b) Los movimientos de la inhalación y la exhalación.
   c) Los movimientos para montar bicicleta.
   d) Los movimientos para bailar.
   e) Abrir y cerrar los ojos.
   f) Subir y bajar los brazos.
   g) Teclear en el ordenador.

5. Relaciona. Indica a qué tipo de tejido corresponden estas descripciones:
   a) Sus células están especializadas en la secreción.
   b) Es responsable de los movimientos del esqueleto.
   c) Sus células no presentan estriaciones y se contraen involuntariamente.
   d) Sus células pueden cargarse de grasa.
   e) Es el tejido de sostén predominante en los embriones.
   f) Sus células más características se denominan neuronas.

6. Propón tres ejemplos de cada uno de los tipos de músculos y clasifícalos en tu cuaderno en una tabla como esta.

Músculo cardiaco	Músculo estriado	Músculo liso
●●●	●●●	●●●

7. Explica. ¿Qué sucede cuando la temperatura corporal asciende a 38 °C? ¿Cómo se puede relacionar este hecho con el proceso de la homeostasis?

9 Órganos y sistemas de órganos

Del mismo modo que las células se organizan formando **tejidos**, estos lo hacen formando **órganos** que, a su vez, se organizan en **sistemas de órganos**.

Organización del cuerpo humano

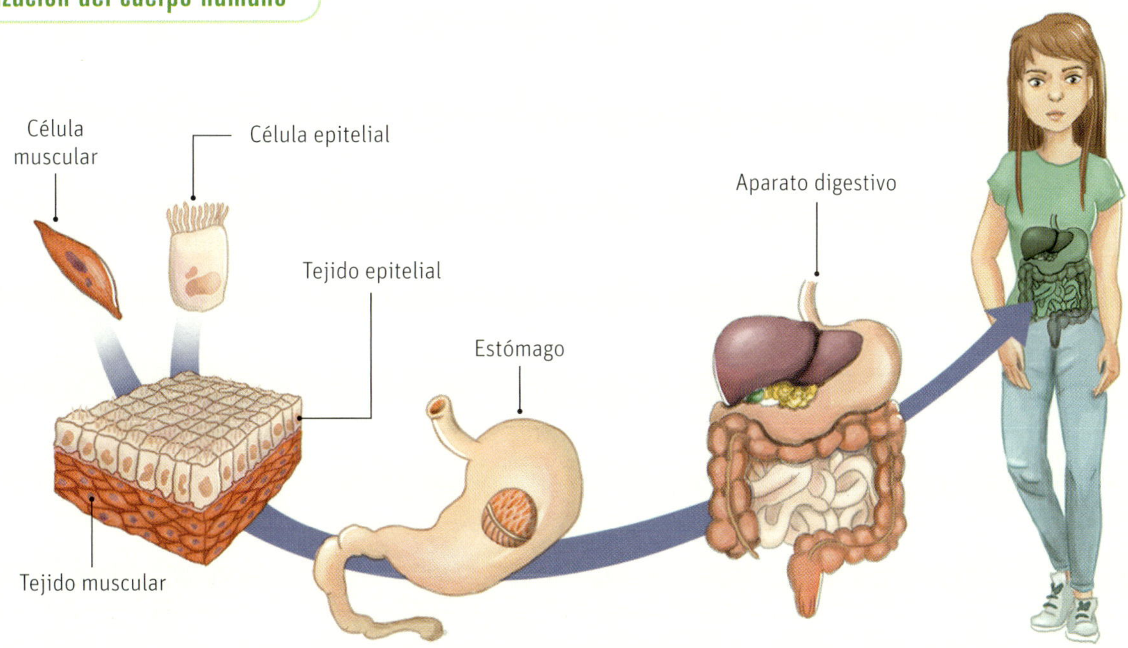

Un **órgano** está formado por dos o más tejidos distintos unidos para realizar una nueva función que ellos solos no pueden cumplir.

El conjunto de órganos cuya actividad está estrechamente relacionada para desarrollar una función compleja constituye un **sistema de órganos** o **aparato**.

Un **organismo** está constituido por órganos y sistemas de órganos que funcionan de manera coordinada. Nuestro cuerpo, por ejemplo, está formado por diferentes sistemas como el digestivo, el circulatorio, el respiratorio, etc., que realizan las complejas funciones básicas como la digestión, la circulación o la respiración.

Un **ORGANISMO** está constituido por **órganos** y **sistemas de órganos** que funcionan de manera coordinada.

ACTIVIDADES

1. Deduce. Indica, en cada caso, si se trata de células, tejidos, órganos u organismos: piel, ovario, sangre, hígado, espermatozoide, ameba, alga, glóbulo blanco, bacteria, músculo.

2. Analiza. ¿Qué órganos desempeñan en el cuerpo humano una función similar a la de los lisosomas en las células?

3. Argumenta. ¿La piel es un tejido o un órgano?

4. Escribe tres órganos asociados a los siguientes sistemas del cuerpo humano:
   a) Sistema respiratorio
   b) Sistema excretor
   c) Sistema endocrino
   d) Sistema reproductor
   e) Sistema circulatorio

5. Deduce. Indica de qué tipo de tejidos están formados los siguientes órganos:
   a) Pulmones
   b) Vejiga
   c) Cerebro
   d) Corazón

6. Observa la imagen del estómago e indica de qué tipo de tejidos está formado.

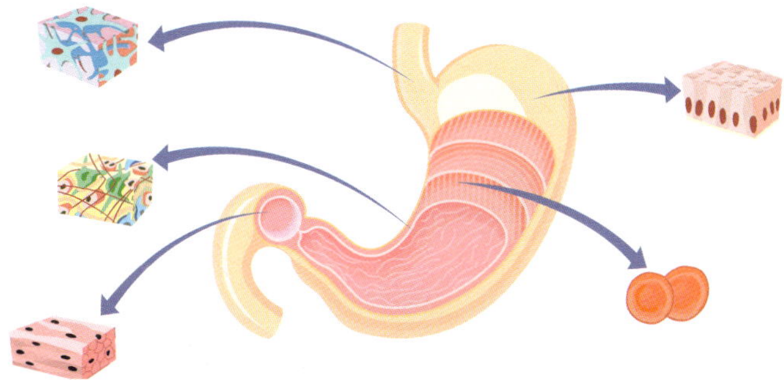

10 La organización de los seres vivos

>> La ecosfera de la NASA

La ecosfera de la NASA es un famoso experimento que consiste en crear ecosistemas simulando un planeta Tierra en miniatura. Este experimento ayuda a entender que, siempre que se respete el equilibrio en los ecosistemas, todo vive en armonía.

¿Cómo se organizan los seres vivos?

Células, tejidos, órganos y sistemas de órganos son distintos niveles, o grados de complejidad, en los que se organiza un **ser vivo pluricelular**, como el ser humano. Por debajo del nivel celular, la materia también se clasifica en niveles, como las **estructuras** y **orgánulos celulares**, las **moléculas** que los forman o los **átomos** que componen las moléculas.

Del mismo modo, existen niveles de organización de la materia viva por encima del nivel del organismo. Muchos organismos de una especie que viven en un mismo lugar constituyen una **población**, y el conjunto de poblaciones de diferentes especies que interactúan entre sí y con el medio en el que viven forman un **ecosistema**. Además, algunos de estos niveles pueden subdividirse, como el nivel pluricelular.

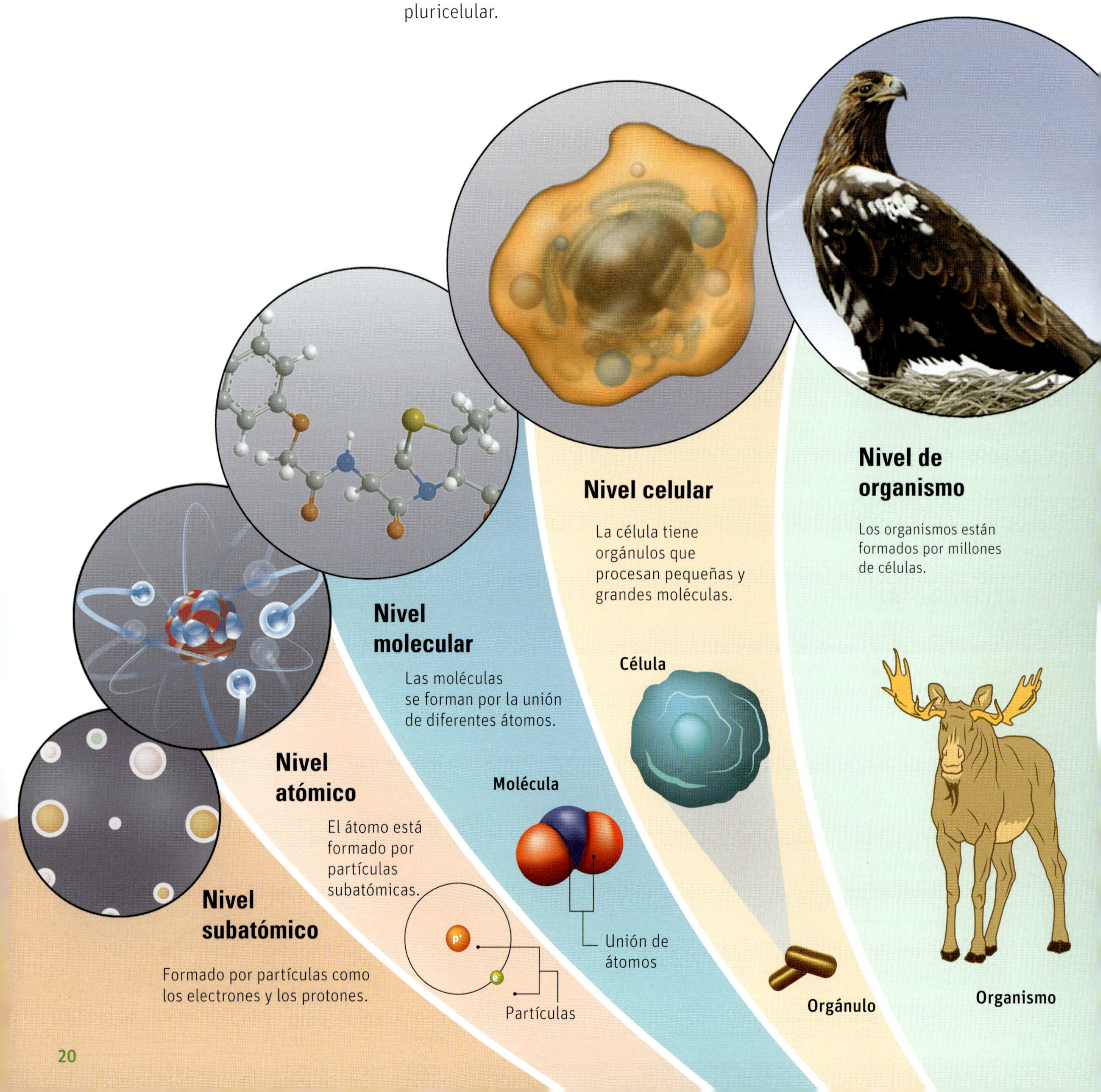

El todo es más que la suma de las partes

En la organización en niveles de la materia viva, **cada nivel está compuesto por unidades del nivel inferior precedente**. Por ejemplo, un organismo pluricelular está formado por infinidad de células y una célula está constituida por infinidad de moléculas. Pero hay algo mucho más importante.

Cada nivel posee unas propiedades que no existen en el nivel inferior pero que tampoco son el resultado de la suma de las propiedades de los elementos que lo constituyen. Por ejemplo, la célula es la mínima unidad que posee vida, pero la vida no es la suma de las propiedades de cada una de las estructuras de la célula. Igual que en el reloj, de la interacción entre sus partes surge una nueva propiedad, en este caso, la vida. Estas nuevas propiedades se denominan **propiedades emergentes**.

ACTIVIDADES

1. Explica por qué la digestión en el estómago es una propiedad emergente.
2. Propón dos ejemplos de propiedades emergentes en alguno de los niveles de organización de la materia viva.
3. Explica por medio de un dibujo cómo son los niveles de organización de las plantas. ¿Qué órganos utiliza la planta en su proceso de nutrición?

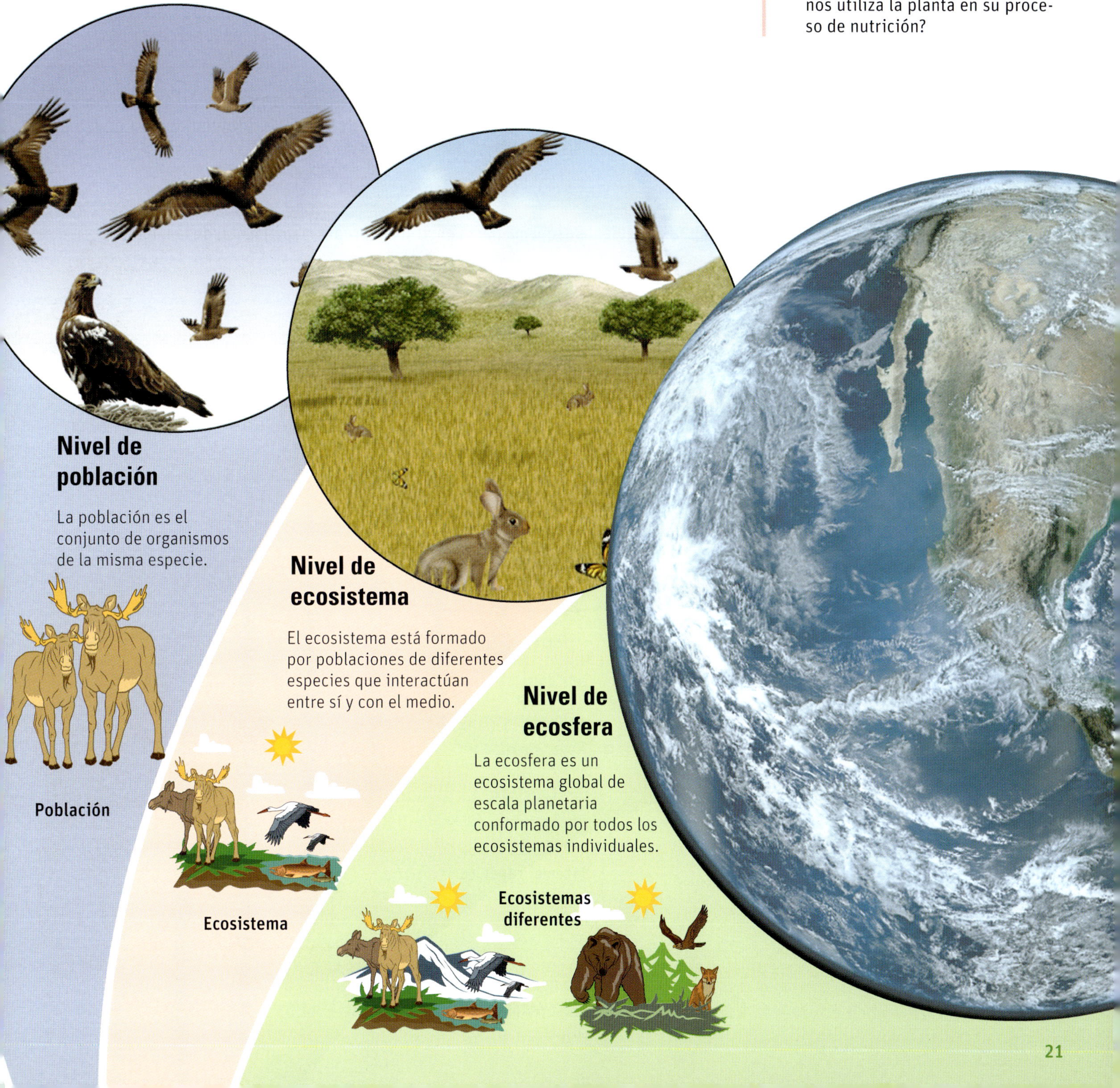

La organización del cuerpo humano

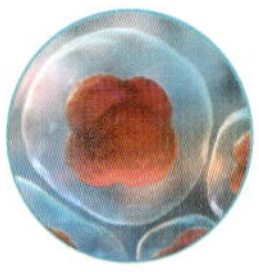

La **célula** es la unidad básica de la que están hechos todos los seres vivos. Es, además, la mínima unidad capaz de realizar todas las funciones vitales.

Las **células** de nuestro cuerpo son **eucarióticas**. Presentan **membrana plasmática**, **citoplasma** con **orgánulos** y **núcleo**.

Las **células** de los organismos **pluricelulares** se **especializan** para permitir la realización de una función concreta.

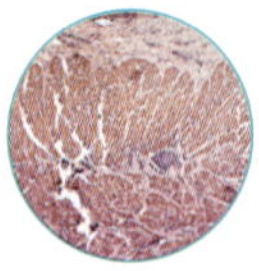

Las células **especializadas**, generalmente del mismo tipo, se agrupan y se organizan en **tejidos** para realizar una función común.

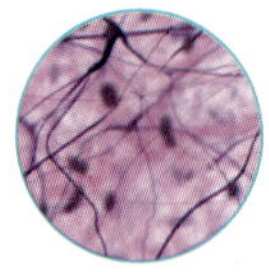

Todas las células de nuestro cuerpo forman parte de uno de los cuatro tipos básicos de tejidos: **epitelial**, **conectivo**, **nervioso** y **muscular**.

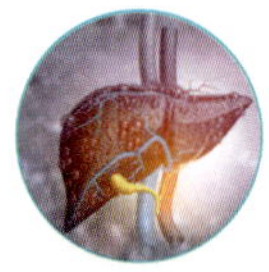

Un **órgano** está compuesto por **tejidos** diferentes. Un **sistema** lo forman un conjunto de órganos cuya actividad está relacionada.

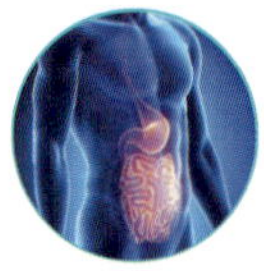

La **materia viva** se organiza en **niveles** que se caracterizan porque cada uno está formado por unidades del nivel precedente.

Los niveles de organización más pequeños son el **atómico** y el **molecular**, y el nivel más grande corresponde a la **ecosfera**.

1. Organiza tus ideas. Copia, completa y amplía el siguiente esquema para construir tu propio mapa mental de la unidad.

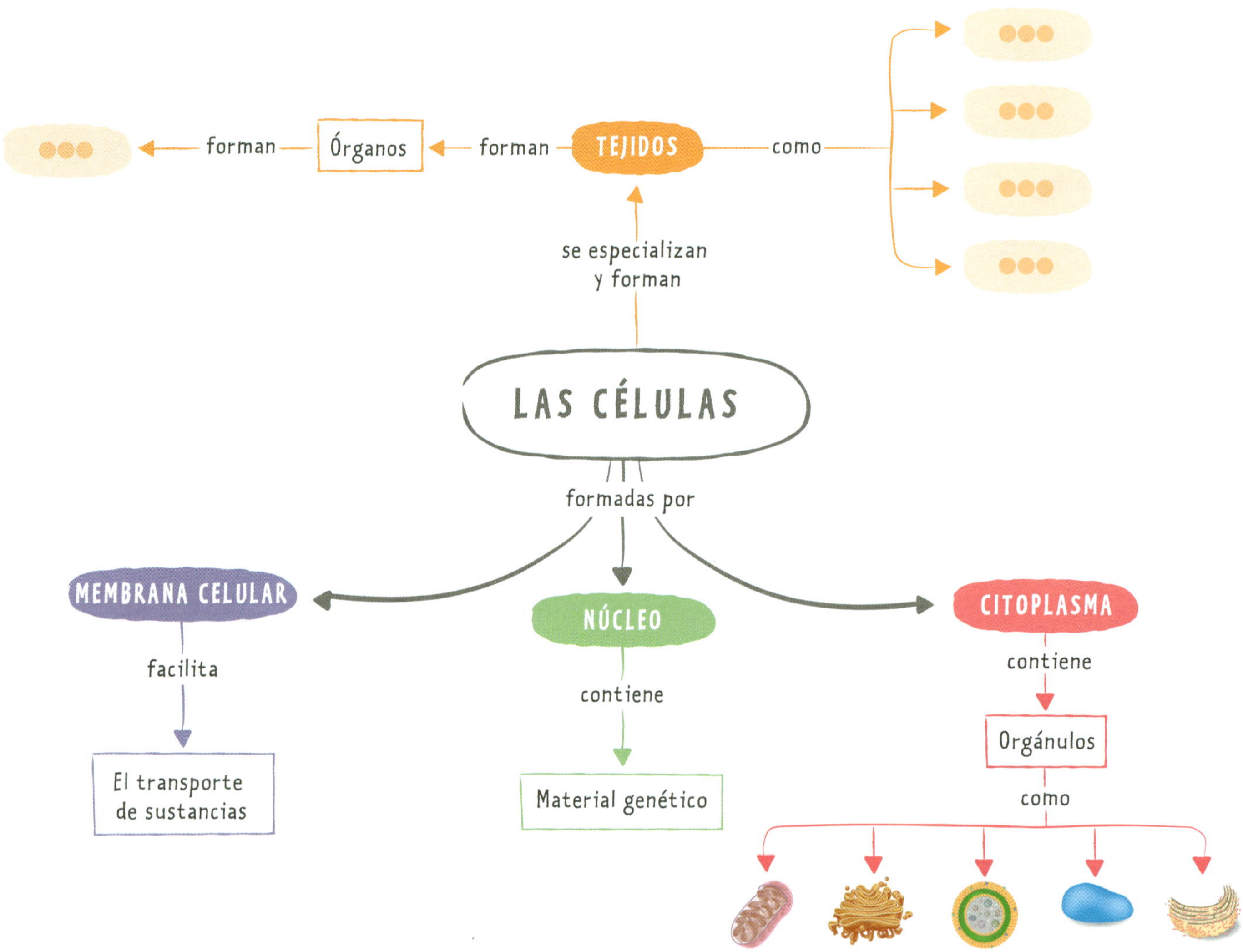

VALORA LO APRENDIDO Autoevaluación y resumen.

ACTIVIDADES FINALES

1. Calcula. **El siguiente dibujo ha sido realizado a partir de la imagen de una célula humana obtenida con un microscopio electrónico, mucho más potente que el óptico.**

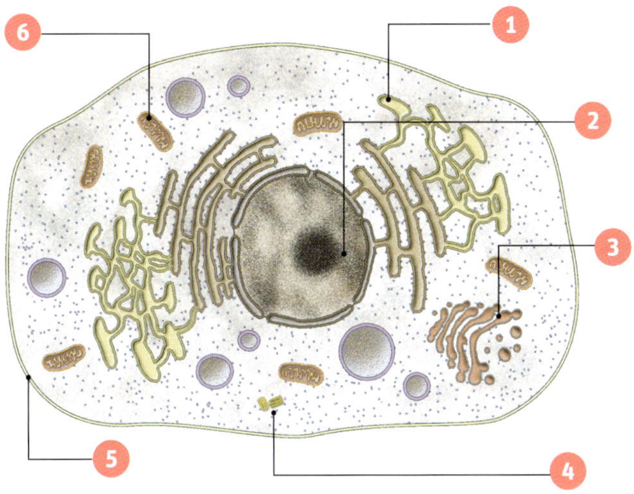

a) Nombra las partes de la célula numeradas del 1 al 6.

b) Si el dibujo de la célula tiene un tamaño 60 000 veces mayor que en la realidad, ¿cuál es la verdadera longitud de esta célula? ¿Y su anchura?

c) La unidad que se utiliza para medir las células es el micrómetro o micra (μ), la milésima parte del milímetro. ¿Cuáles son las dimensiones de esta célula en micras?

2. Explica. **El tamaño pequeño de las células no es el único problema para observarlas; la mayoría de ellas carecen de color y no poseen contraste. Aunque el microscopio permite ver su imagen aumentada, no se diferencian del medio.**

a) ¿Cómo se puede mejorar el contraste de las células al observarlas al microscopio?

b) ¿Qué partes de la célula se pueden observar con facilidad en el microscopio?

3. Haz una lista **con todas las estructuras contenidas en el citoplasma y subraya aquellas que estén rodeadas de una o dos membranas. Al lado de cada estructura anota brevemente su función.**

4. Analiza. **La ilustración representa un espermatozoide humano. Sus características son:**

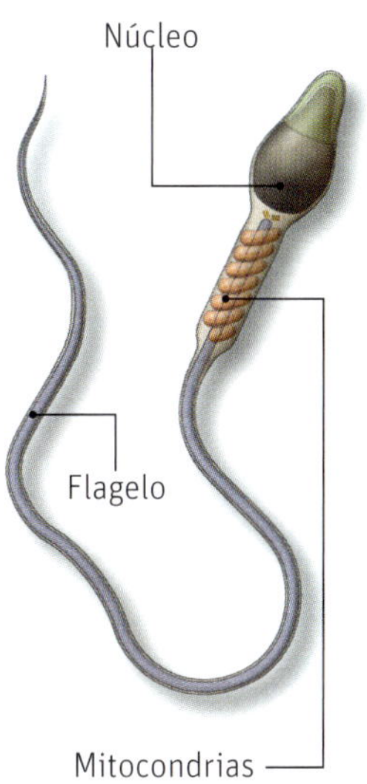

- Su núcleo tiene la mitad del número de cromosomas que las otras células del organismo.
- En su zona intermedia hay gran cantidad de mitocondrias.
- El flagelo le permite desplazarse en el medio líquido.

a) ¿Qué función desempeñan los espermatozoides?

b) Justifica que el espermatozoide posee las estructuras adecuadas para realizar su función.

5. Analiza. **Lee la información y realiza la actividad.**

La célula, una fábrica

En la siguiente imagen, se representan algunas de las tareas que se realizan en una fábrica. Teniendo en consideración esta analogía de funciones con el mundo celular, relaciona las estructuras y orgánulos celulares con las funciones presentadas en la ilustración.

Mitocondria	Vesículas	Membrana plasmática	Núcleo
Citoesqueleto	Aparato de Golgi	Retículo endoplasmático	Citoplasma

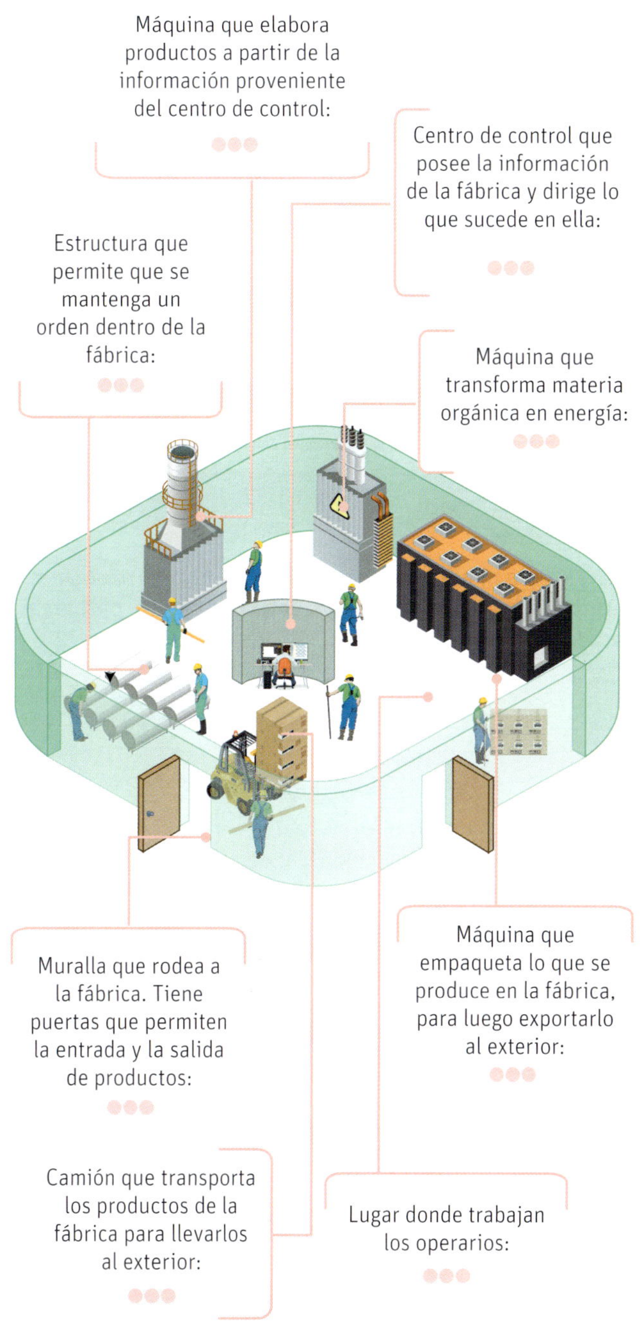

6. Representa. La mayor parte de los líquidos corporales se encuentra en el interior de las células. El resto, los líquidos extracelulares, se hallan como líquido intersticial (rellenando los espacios entre las células) o circulando por el interior de los vasos.

El siguiente esquema muestra la proporción de los distintos líquidos corporales.

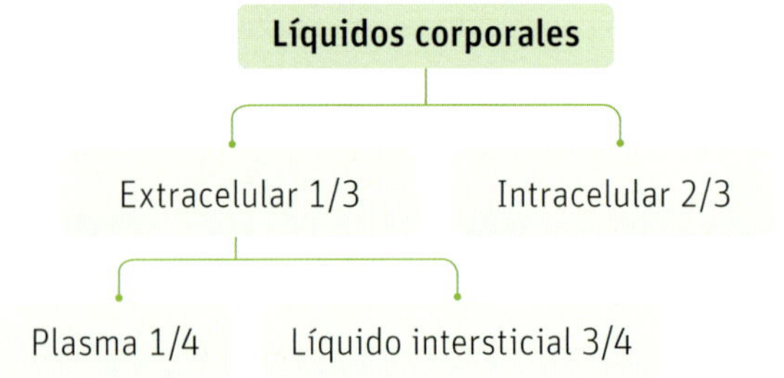

- Elabora un diagrama de barras o de sectores con los anteriores datos.

7. Observa las siguientes imágenes e identifica el mecanismo de transporte representado en cada una y explica sus características.

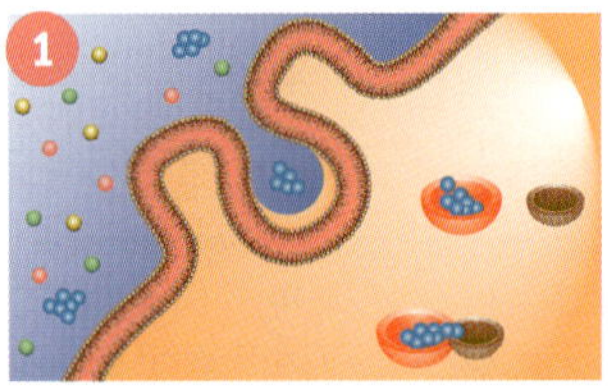

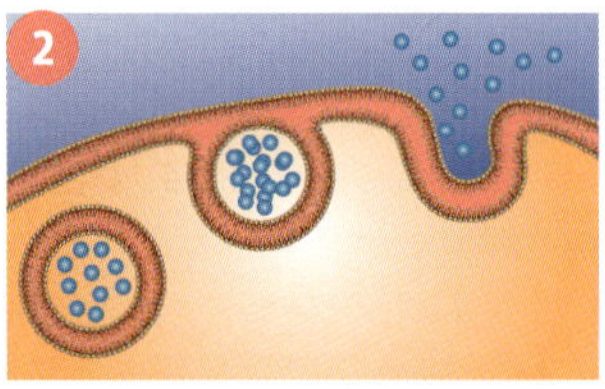

8. Soy competente

La siguiente imagen muestra dos disoluciones acuosas separadas por una membrana selectivamente permeable para la glucosa.

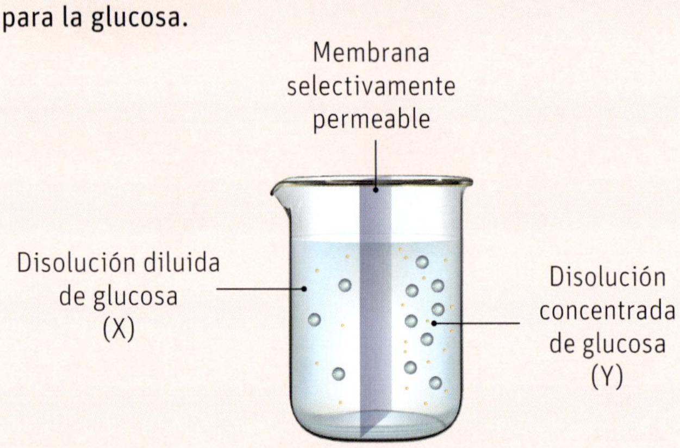

Antes de alcanzar una situación de equilibrio, es correcto inferir que:

A. El agua se desplazará desde Y hacia X.

B. El agua y las moléculas de soluto se desplazarán desde Y hacia X.

C. Las moléculas de soluto se desplazarán desde Y hacia X.

D. Las moléculas de soluto se desplazarán desde X hacia Y, y el agua desde Y hacia X.

9. Analiza. Lee la información y responde a las cuestiones.

Una bolsa de papel

La imagen A muestra una bolsa de papel celofán con una disolución de glucosa en su interior, la cual es sumergida en un vaso con agua destilada. La imagen B muestra lo que ha sucedido con la glucosa después de 30 minutos y la imagen C, transcurridos 60 minutos.

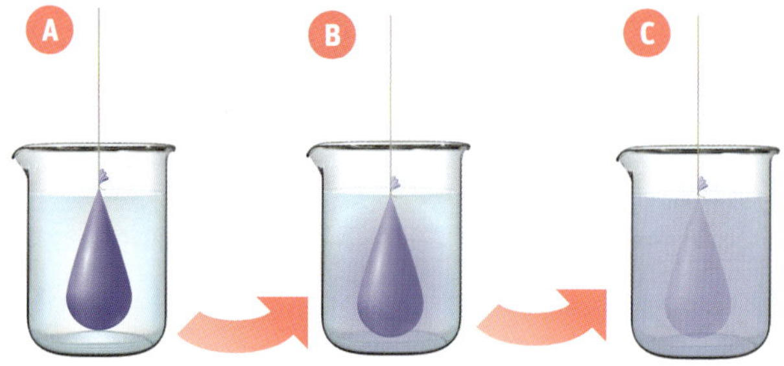

a) ¿Qué ha ocurrido con la disolución de glucosa?

b) Haz un dibujo en el que se muestre lo que sucede a nivel molecular en las situaciones A, B y C.

c) ¿A qué componente celular podría equivaler el papel celofán en este experimento?

d) ¿Qué mecanismo de transporte se representa en la secuencia de imágenes?

e) ¿Qué hubiese sucedido si en la situación A el agua destilada tuviera glucosa?

10. Observa las siguientes imágenes e indica el nombre del tejido y su función.

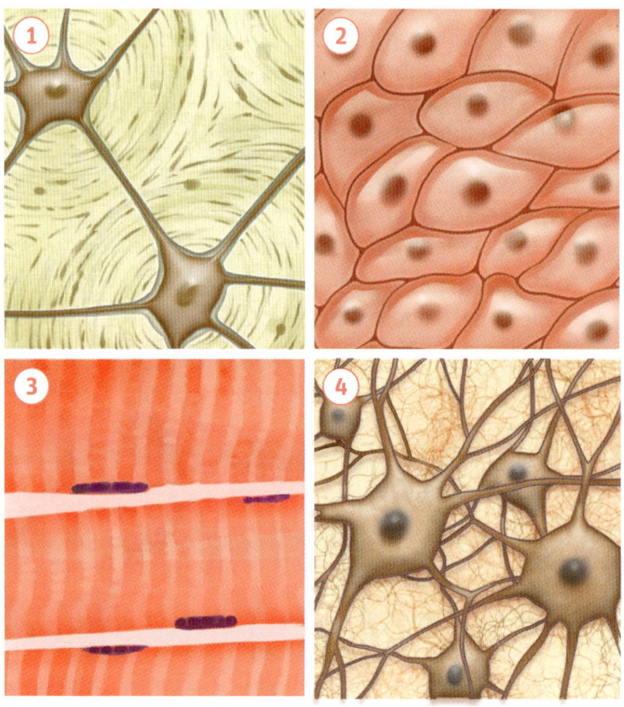

11. Razona. **Lee la información y responde a las cuestiones.**

¿Una biopsia?

La palabra biopsia está formada por las raíces griegas *bio*, 'vida', y *opsis*, 'vista'. Hacer una biopsia significa sacar una muestra de un tejido para ser examinada al microscopio. Eso supone que, una vez extraída la muestra, habrá que prepararla y realizar unos cortes muy finos. El paso final será teñirla con uno o varios colorantes, tanto en el interior de las células como en la sustancia intercelular que las rodea.

a) ¿Qué importancia médica tiene la biopsia para el diagnóstico de enfermedades?

b) ¿Qué importancia tienen los colorantes en la biopsia?

c) ¿Qué significa que una biopsia sea positiva?

12. Analiza. **La fotografía muestra una preparación de un tejido humano vista al microscopio óptico con 100 aumentos.**

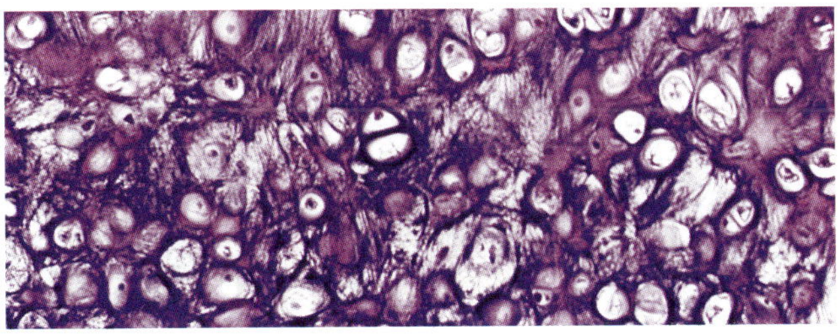

a) Elige una de las células y pon el nombre a las partes que reconozcas.

b) Calcula el tamaño real de esa célula.

c) En la clase se debate entre los alumnos que opinan que es un tejido conectivo y los que piensan que es un tejido epitelial. ¿Con qué grupo estás de acuerdo? ¿Por qué?

13. Deduce. **Copia y completa el siguiente diagrama con los cuatro tipos de tejidos humanos.**

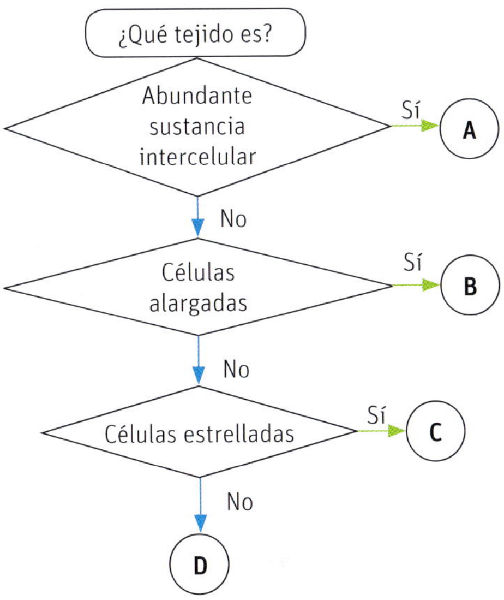

14. Retoma **la pregunta propuesta en la portada de la unidad y respóndela: ¿son iguales todas las células de nuestro cuerpo?**

Ciencia en la calle

Lee y comprende el siguiente texto:

La donación, un acto de responsabilidad social

Donar sangre tiene muchos beneficios: rejuvenece el cuerpo, equilibra los niveles de hierro y favorece la fluidez de la sangre, entre otros. También es un acto de responsabilidad social porque todos los días se necesita sangre y una donación puede salvar hasta tres vidas.

España tiene 25,41 donantes activos por cada mil habitantes, por encima de la media europea de 22 por cada mil personas. Nuestro país cuenta con suficientes componentes sanguíneos para transfusión, pero es deficitario en hemoderivados, que son los productos que se obtienen a partir del plasma.

a) **Diseña una campaña publicitaria para incentivar a las personas a donar sangre. La puedes realizar por medio de un cartel o un folleto informativo.**

b) **Diseña un eslogan para la campaña de donación de sangre, por ejemplo, "Donar sangre salva vidas" o "Entrega vida a quien más la necesita".**

c) **¿Qué mitos hay en torno a la donación de sangre? Menciona tres y explícalos.**

d) **Consulta qué son los hemoderivados, qué función cumplen y cómo se obtienen.**

e) **¿Qué tipos de células y tejidos se donan con la sangre?**

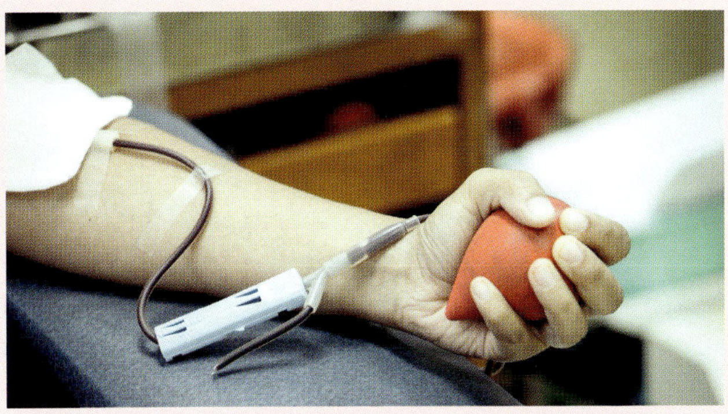

2 DE LOS ALIMENTOS A LOS NUTRIENTES

En esta unidad aprenderás...

- Cuál es la diferencia entre alimentación y nutrición.
- Cómo obtenemos el oxígeno que necesitan nuestras células.
- Qué nutrientes nos proporcionan los alimentos que ingerimos.
- Cómo transformamos los alimentos en nutrientes.

¿Por qué tenemos que comer?

Es habitual ver deportistas profesionales comer un plátano antes, durante o después del ejercicio físico. Esta fruta es una comida perfecta para los atletas porque es compacta, fácil de transportar y de comer. Es rica en hidratos de carbono, que proporcionan energía para realizar una actividad física intensa, y su alto contenido en potasio ayuda a prevenir los calambres musculares.

- ¿Qué clase de sustancias son los hidratos de carbono y el potasio?
- ¿Cómo transforma nuestro organismo el plátano en energía?
- ¿Por qué cuándo hacemos un ejercicio intenso aumenta nuestra frecuencia respiratoria?

1 ¿Qué necesita nuestro organismo para funcionar?

Los **alimentos** son las sustancias que tomamos del medio y de las que obtenemos los **NUTRIENTES**.

La nutrición y la energía

Para jugar, estudiar y hacer todas las actividades cotidianas, incluso dormir, nuestro cuerpo necesita nutrientes y energía. Estos nutrientes y esta energía se obtienen gracias a la función de **nutrición**.

La nutrición es el resultado de múltiples procesos que ocurren en cada una de las células que componen nuestro organismo. Las sustancias sencillas que esas células incorporan y utilizan para su nutrición se denominan **nutrientes**. Existen dos tipos de nutrientes: **orgánicos** e **inorgánicos**.

¿Cómo obtenemos los nutrientes?

Los seres vivos conseguimos los nutrientes a partir de las sustancias que tomamos del medio. Los seres humanos, como el resto de los animales, tenemos **nutrición heterótrofa** y necesitamos incorporar tanto sustancias inorgánicas como orgánicas, es decir, fabricadas por otros seres vivos. Extraemos los nutrientes de los alimentos en un complejo proceso de transformación. Sin embargo, con frecuencia se reserva el término "**alimento**" para aquellas sustancias que incorporamos a través del sistema digestivo.

¿Para qué utilizamos los nutrientes?

Tanto los nutrientes que obtenemos de los alimentos que ingerimos, como el oxígeno que extraemos del aire, son conducidos por el **sistema circulatorio** a todas las células de nuestro organismo. Pero ¿qué ocurre con los nutrientes en el interior de las células?

Con los nutrientes se construyen **nuevas moléculas**. Las células usan parte de los nutrientes para fabricar sus propios materiales. Así, crecen y, cuando adquieren el tamaño adecuado, se dividen y originan nuevas células. De este modo aumentan el número y el tamaño de las células del organismo.

La fabricación o síntesis de materia propia es especialmente importante en la época de crecimiento, pero se mantiene durante toda la vida.

Además, los nutrientes son el combustible celular. Una parte de los nutrientes orgánicos que llegan a las células se utilizan como combustible para la **respiración celular**, que tiene lugar en las **mitocondrias**.

La glucosa es el nutriente más empleado por las células como combustible en el proceso de respiración celular.

» La naturaleza lo sabía

Los porcentajes de desnutrición, enfermedades y muertes de niños menores de dos años disminuyen cuando son alimentados con lactancia materna.

La combustión de nutrientes orgánicos libera energía

Durante el proceso de respiración celular se producen tres fenómenos:

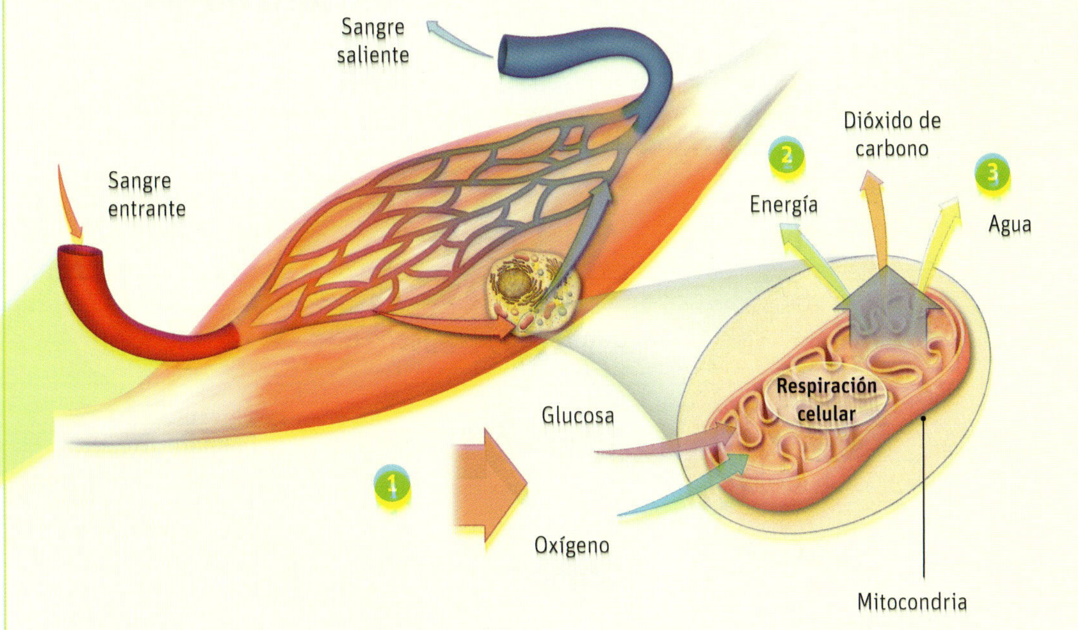

1. **Consumo de oxígeno.** Es necesario para que tenga lugar la **combustión**.
2. **Liberación de energía.** Una parte de la energía la usan las células para realizar sus funciones, como la contracción muscular, y otra parte se libera en forma de calor.
3. **Producción de dióxido de carbono y agua.** El agua producida es necesaria para el organismo, pero el dióxido de carbono debe ser expulsado.

ACTIVIDADES

1. **Define** los conceptos de alimento y nutriente, y explica la relación y las diferencias entre estos términos.
2. **Analiza** el siguiente enunciado y responde a las preguntas: Los animales requerimos nutrientes orgánicos e inorgánicos para tener energía y realizar todas nuestras funciones.
   a) ¿De dónde obtenemos esos nutrientes?
   b) ¿Qué nutrientes requiere un organismo autótrofo?
   c) ¿A qué lugares del cuerpo deben llegar esos nutrientes?
3. **Analiza.** El oxígeno, el agua y la glucosa son nutrientes. Señala cuál o cuáles de ellos son orgánicos y constituyen una fuente de energía para las células.
4. **Explica.** ¿Qué sustancias deberíamos tomar del medio si nuestra nutrición fuera autótrofa en lugar de heterótrofa?
5. **Compara** el contenido en nutrientes de la sangre que entra y de la que sale del músculo (en la figura de esta página) y justifica las diferencias.

2 El sistema respiratorio

La estructura y la función del sistema respiratorio

El **sistema respiratorio** es la vía de entrada del aire y se encarga de hacerlo circular entre el organismo y el medio externo. Extrae del medio externo el oxígeno, un nutriente esencial para nuestras células, y expulsa el dióxido de carbono que se produce como desecho.

El sistema respiratorio humano está compuesto por las vías respiratorias y los pulmones. Las **vías respiratorias superiores** incluyen la nariz, la faringe y la laringe. Mientras que las **vías respiratorias inferiores** abarcan la tráquea, los bronquios y los bronquiolos, que terminan en unos sacos ciegos llamados **alvéolos**.

Órganos que forman el sistema respiratorio

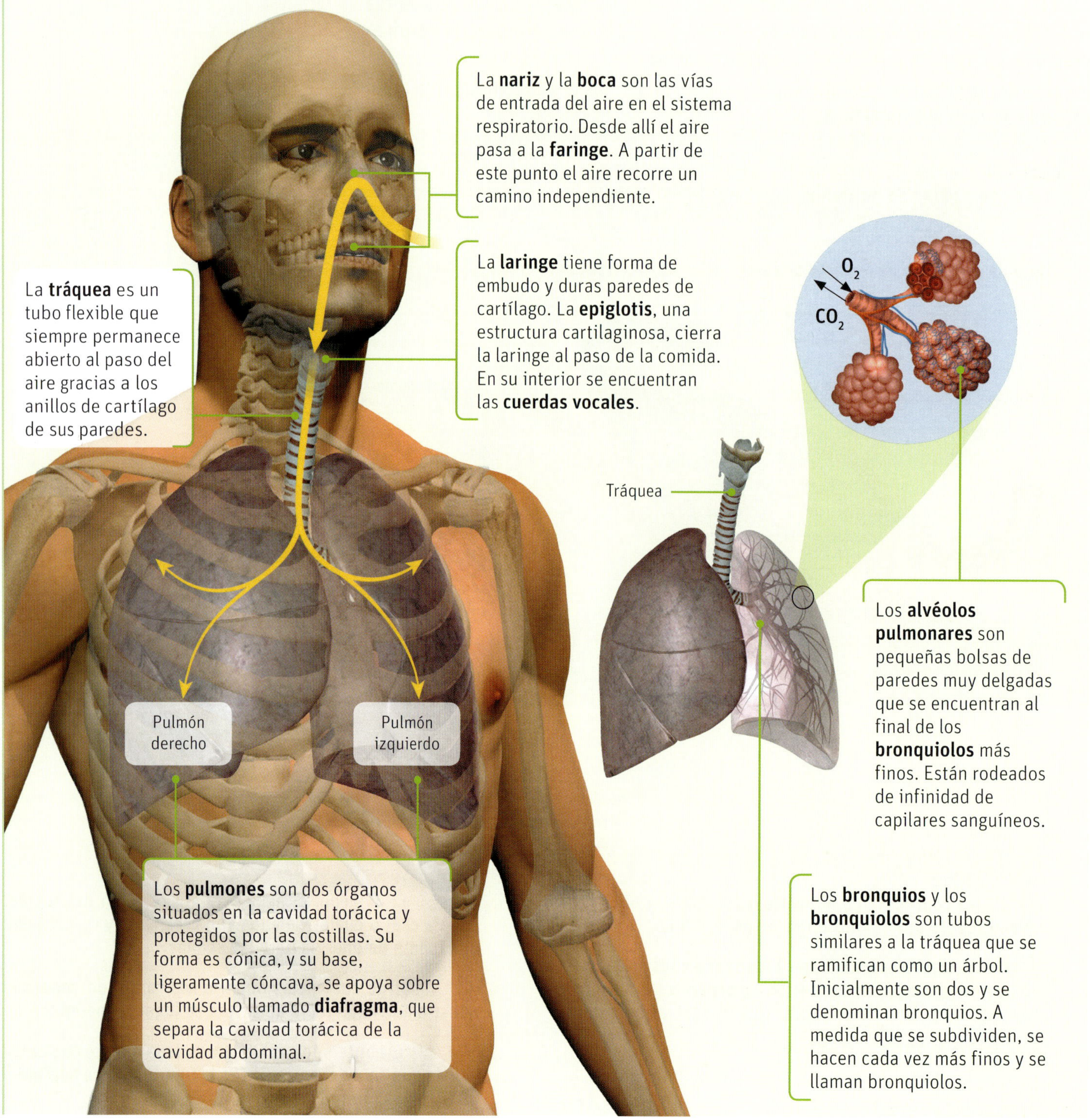

El trayecto del aire en el sistema respiratorio

La entrada y la salida del aire en los pulmones se traducen exteriormente en movimientos del tórax. Sin embargo, los pulmones carecen de músculos y, por ello, de movimiento propio. ¿Cómo logran entonces aumentar y disminuir de volumen para hacer circular el aire? Los pulmones son muy elásticos y su capa más externa está fuertemente unida a la pared interna de la caja o cavidad torácica, por eso se mueven al moverse la caja.

El volumen de la caja torácica varía durante la inspiración y la espiración gracias a la acción coordinada de los músculos del diafragma y de los situados entre las costillas, los **músculos intercostales**.

El proceso de **VENTILACIÓN PULMONAR** se conoce también como **respiración**.

Movimientos respiratorios

Inspiración

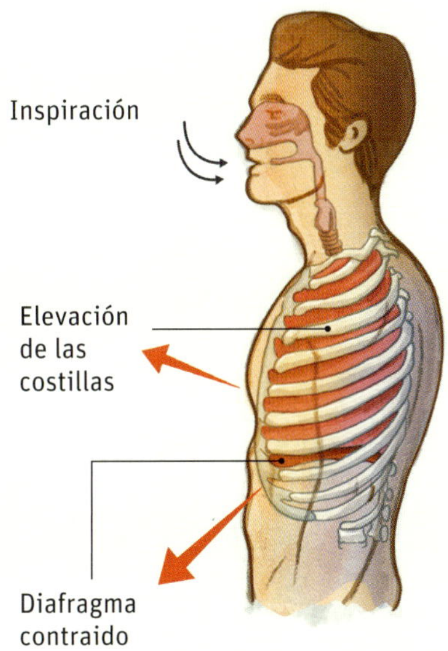

Al **contraerse** los músculos intercostales y el diafragma, las costillas se elevan y el volumen de la cavidad torácica se incrementa. Adosados a sus paredes, los pulmones aumentan de volumen. El aire entra en los pulmones y se produce una **inspiración**.

Espiración

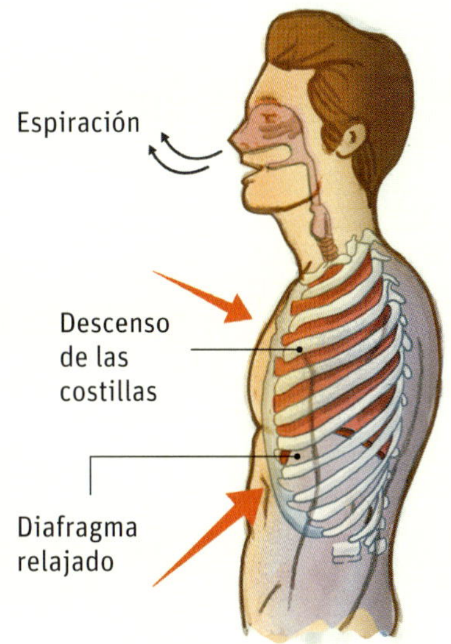

Al **relajarse** los músculos intercostales y el diafragma, las costillas descienden y el diafragma se comba, con lo que el volumen de la cavidad torácica disminuye. El aire de los pulmones sale de manera pasiva y se origina una **espiración**.

Los **músculos abdominales** también intervienen en el proceso de inspiración y espiración. Al relajarse o contraerse se logra, respectivamente, una inspiración o una espiración más profunda.

La entrada y salida del aire en los pulmones se denomina **ventilación pulmonar** y se debe a los cambios de volumen de la **cavidad torácica**.

ACTIVIDADES

1. Describe el recorrido del aire a través de las vías respiratorias hasta llegar a los pulmones.
2. Analiza. Además de las vías respiratorias y los pulmones, existen otros órganos importantes para realizar la función de respiración.
   a) ¿Qué huesos protegen a nuestros pulmones?
   b) ¿Qué músculos participan en los procesos de inspiración y espiración?
3. Explica. Con una espiración forzada, ¿podemos vaciar los pulmones de aire? ¿Por qué?
4. Averigua qué porcentaje del aire que llega a los pulmones contiene oxígeno.
5. Investiga. Las pruebas de espirometría permiten medir los volúmenes y la capacidad de los pulmones.
   a) ¿En qué consiste este examen?
   b) ¿Cómo se utiliza el espirómetro?

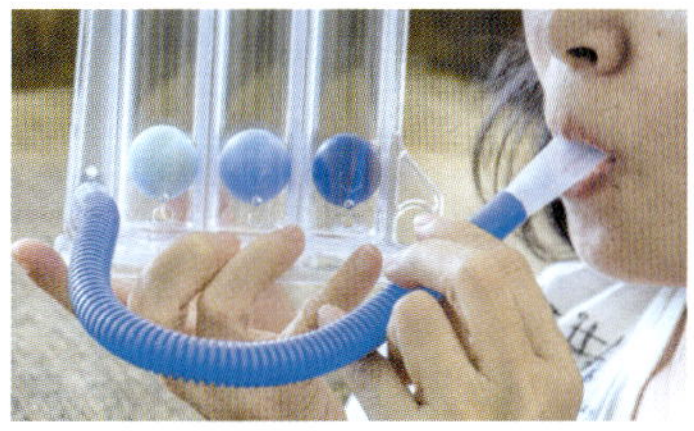

3 El intercambio de gases

OBSERVA El proceso de la respiración.

El **aire** que entra al sistema respiratorio y el que sale de él contienen oxígeno y dióxido de carbono, pero el primero es más rico en oxígeno y más pobre en dióxido de carbono que el segundo. La cantidad de nitrógeno es la misma en ambos casos.

La **sangre** que llega y la que sale de los pulmones tiene esos mismos gases, aunque, al contrario de lo que ocurre con el aire, la sangre que llega a los pulmones es más pobre en oxígeno y más rica en dióxido de carbono que la que sale.

Los cambios observados en la composición del aire y de la sangre que pasan por los pulmones se deben al **intercambio de gases** que se ha producido entre ellos.

¿Dónde se produce el intercambio de gases?

El intercambio de gases entre el aire atmosférico y la sangre se realiza en los **alvéolos**. Estas pequeñas bolsas son especialmente adecuadas para el paso de los gases debido a las siguientes características:

- La **superficie** del conjunto de todos los alvéolos de los pulmones es enorme, tan grande como un campo de tenis: alrededor de doscientos metros cuadrados.
- Los alvéolos están **rodeados** de infinidad de **capilares sanguíneos**, unos vasos finísimos por donde circula la sangre (unos ocho mil litros por día).
- La **pared** que separa el aire alveolar y la sangre es **muy fina**: menos de una milésima de milímetro.

En los ALVÉOLOS, el oxígeno pasa desde el aire a la sangre por difusión, y el dióxido de carbono lo hace en sentido inverso por el mismo mecanismo.

Intercambios entre el aire de los alvéolos y la sangre

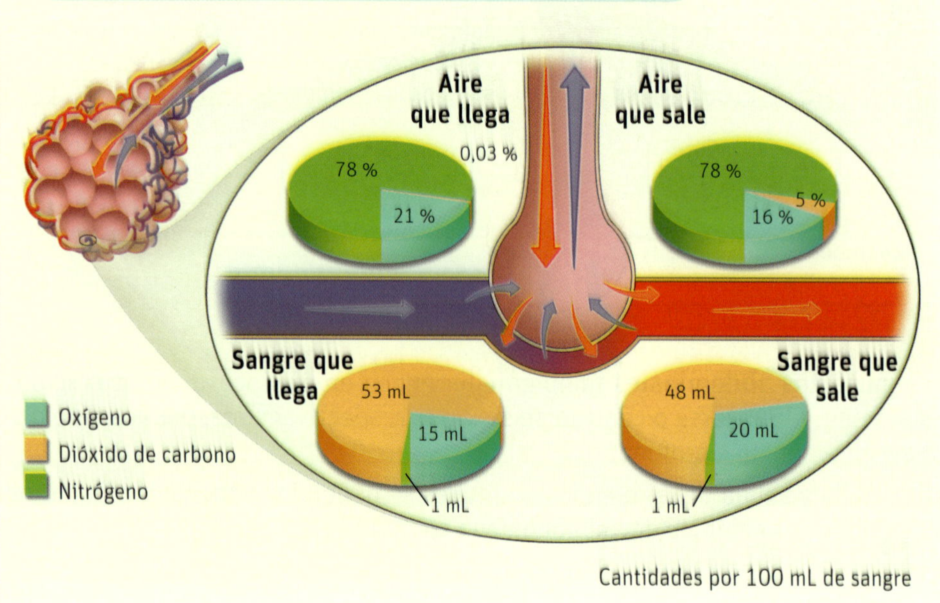

¿Qué fuerza empuja a los gases?

Una parte del oxígeno del aire que contienen los alvéolos atraviesa su pared y la de los finísimos capilares que los rodean y pasa a la sangre. El dióxido de carbono recorre el camino contrario: desde la sangre pasa al interior de los alvéolos.

Los gases atraviesan las paredes de los alvéolos por **difusión**, es decir, desde el lugar donde su concentración es mayor hasta el sitio donde se encuentran en menor concentración. Por eso no hay intercambio de nitrógeno, porque se halla en la misma concentración en el interior de los alvéolos que en la sangre.

En resumen, en los alvéolos, el oxígeno pasa desde el aire a la sangre por difusión, y el dióxido de carbono lo hace en sentido inverso por el mismo mecanismo.

ACTIVIDADES

1. **Describe** las diferencias entre la composición del aire que entra y el que sale del sistema respiratorio.
2. **Explica** cómo deben ser las concentraciones de oxígeno en los alvéolos y en la sangre para que se realice el proceso de difusión.
3. **Resume** en un esquema los aspectos más importantes del intercambio gaseoso y de su transporte por el cuerpo.
4. **Explica.** ¿Por qué la sangre que llega a los pulmones lleva una cantidad tan alta de dióxido de carbono? ¿De dónde procede?

4 El sistema respiratorio y la salud

Alteraciones del sistema respiratorio

Cuando respiramos se renueva una parte del aire de los pulmones. Pero el aire que nos rodea contiene microorganismos y partículas nocivas para el sistema respiratorio. Los estornudos y la tos que acompañan a los problemas respiratorios son **mecanismos de defensa** del organismo, pero también constituyen una vía de transmisión de las **infecciones respiratorias**.

- Las infecciones de las vías respiratorias superiores son la causa de enfermedades leves, como los resfriados comunes, o más graves, como la gripe.
- Las infecciones de las vías respiratorias inferiores, si se instalan en los propios conductos, provocan bronquitis; y si lo hacen en el tejido pulmonar, neumonía.

Al estornudar, el aire de los pulmones sale por nuestra nariz y boca a una velocidad que puede sobrepasar los 100 km/h.

Un pésimo habito

El consumo de tabaco se relaciona con más de veinticinco enfermedades, entre ellas, la **bronquitis crónica** y el **cáncer de pulmón**.

El humo producido al fumar un cigarrillo contiene más de 4 000 componentes, de los cuales más de 50 son sustancias que producen cáncer. El humo también daña a los no fumadores que lo inhalan, los **fumadores pasivos**.

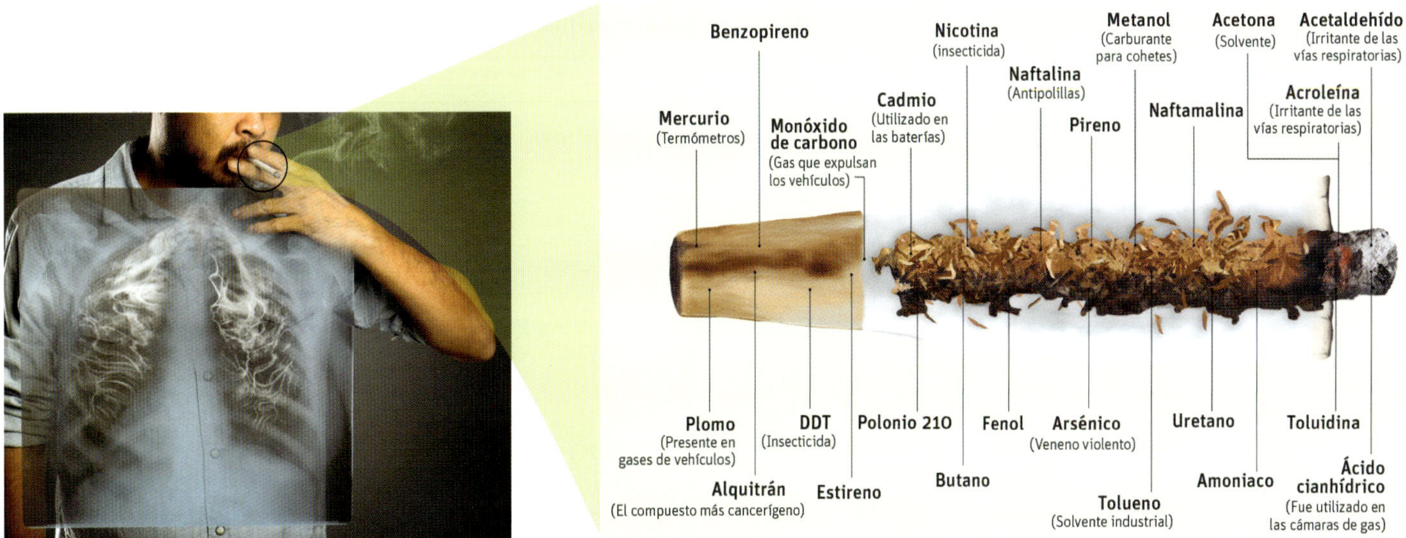

Compuestos tóxicos del cigarrillo

Consejos para proteger nuestro sistema respiratorio

Inspirar por la nariz para filtrar y calentar el aire.

Ventilar las habitaciones para renovar el aire.

Cubrirse la boca y la nariz al toser o estornudar.

Usar pañuelos de papel para las secreciones respiratorias y tirarlos a la papelera.

ACTIVIDADES

1. Elabora una reflexión sobre las consecuencias de comenzar a fumar a edades tempranas.
2. Analiza por qué los estornudos son una forma de transmisión de enfermedades.
3. Investiga cómo podemos proteger nuestro sistema respiratorio y cuáles son los tratamientos para las enfermedades respiratorias más comunes.

5 Los alimentos y sus componentes

Todos los grupos de alimentos son esenciales para el buen funcionamiento del organismo.

Además del oxígeno que el sistema respiratorio extrae del aire, nuestro organismo necesita otros nutrientes que obtiene de los alimentos que ingerimos.

Existe una gran variedad de alimentos cuya procedencia también es muy diversa. Sin embargo, al analizar su composición química, se puede observar que, algunos tan distintos como el pan y la leche, comparten los mismos tipos de constituyentes:

- **Sustancias inorgánicas**, como el agua y las sales minerales.
- **Sustancias orgánicas**, como los glúcidos, los lípidos, las proteínas y las vitaminas.

Las sustancias inorgánicas de los alimentos

Las sustancias inorgánicas, como el agua y las sales minerales, son comunes a la materia viva y a la no viva.

- El **agua** es el compuesto más abundante en los seres vivos, y el medio en el que se desarrolla la vida de las células. Nuestro organismo pierde agua continuamente y necesita reponerla con la alimentación. Además del agua que bebemos, todos los alimentos, incluso los sólidos, la contienen en mayor o menor medida.
- Las **sales minerales** son esenciales para el crecimiento y la regulación del cuerpo humano. Por lo general, se consumen en pequeñas cantidades y se encuentran disueltas en líquidos como la sangre, las lágrimas y el sudor. Los cloruros, los carbonatos o los fosfatos de sodio, potasio y calcio se encuentran en los huesos y los dientes, a los que dan consistencia.

Las sustancias orgánicas de los alimentos

Los constituyentes orgánicos de los alimentos son los **glúcidos** (hidratos de carbono o carbohidratos), los **lípidos**, las **proteínas** y las **vitaminas**; todos son sustancias que se encuentran exclusivamente en la materia viva.

Componentes básicos de las sustancias orgánicas

Glúcidos. Los más sencillos, como la **glucosa** o la **sacarosa** (azúcar común), tienen sabor dulce y se conocen como **azúcares**. La glucosa es un azúcar que no puede descomponerse en otros más sencillos.

El **almidón**, el **glucógeno** y la **celulosa** son glúcidos complejos que no tienen sabor dulce. Sus moléculas son muy grandes (**macromoléculas**), producto de la unión de muchas moléculas de glucosa. La celulosa es el componente principal de la fibra alimentaria.

Glúcidos

Lípidos

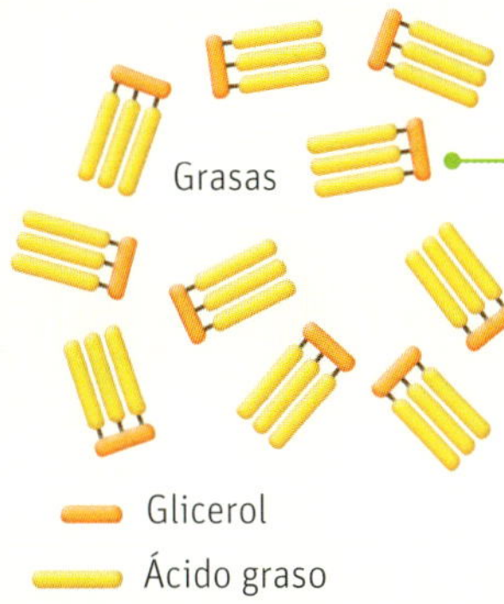

Lípidos, como las **grasas** o el **colesterol**. Son sustancias que se disuelven poco o nada en agua. Las de origen vegetal, o **grasas insaturadas**, son líquidas a temperatura ambiente y se denominan **aceites**. En cambio, las de origen animal, o **grasas saturadas**, como la mantequilla, son sólidas y se conocen como **sebos**.

Una molécula de grasa puede descomponerse en otras sustancias más sencillas: el **glicerol** y los **ácidos grasos**.

Proteínas, como la **hemoglobina** o la **gluteína** (proteína del gluten). Son macromoléculas compuestas por la unión de centenares o miles de moléculas más pequeñas, los aminoácidos. Hay veinte aminoácidos distintos.

Con los **aminoácidos** se pueden formar muchísimas proteínas distintas. Una proteína se diferencia de las demás en el número, el tipo y la disposición de los aminoácidos que la constituyen.

Proteínas

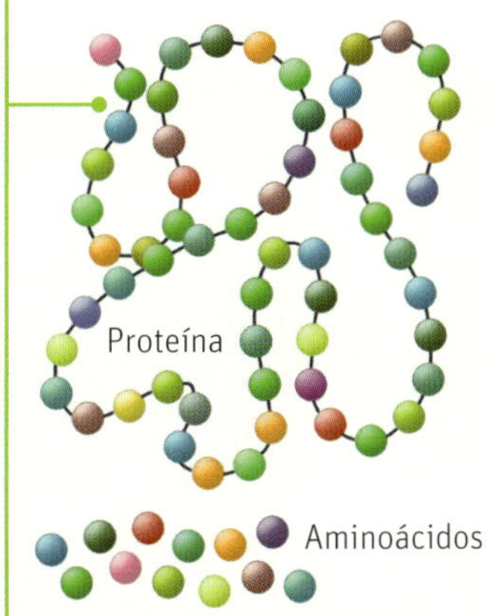

Vitaminas

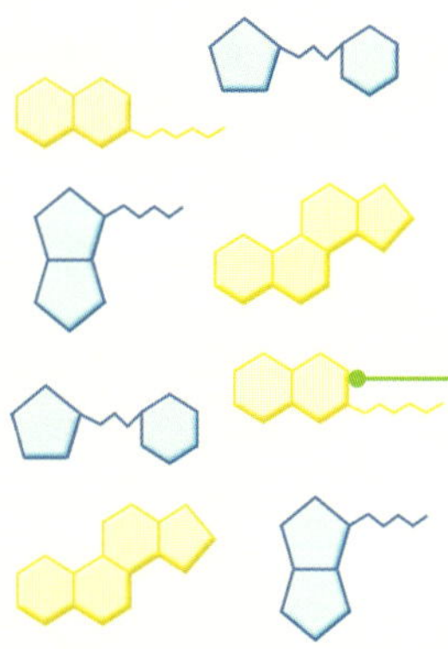

Vitaminas. Son sustancias orgánicas que nuestro cuerpo necesita en cantidades muy pequeñas, pero que son imprescindibles para su correcto funcionamiento.

La mayoría de las vitaminas no pueden ser elaboradas por nuestro organismo, por lo que debemos obtenerlas a través de la ingesta equilibrada de alimentos naturales que las contienen.

ACTIVIDADES

1. Investiga. La mayoría de los alimentos son compuestos, es decir, están formados por diversas sustancias. Busca ejemplos de alimentos simples, constituidos por una sola sustancia.

2. Elabora una lista de los alimentos que consumen en mayor proporción tus compañeros y clasifica los nutrientes que contienen en orgánicos e inorgánicos.

3. Calcula. Si las pérdidas diarias de agua de una persona son de unos 2,5 L, ¿cuánta agua, aproximadamente, necesitará beber?

4. Investiga y compara la composición nutricional de las patatas fritas de bolsa y de tu fruta favorita.

   a) Elabora una tabla que resuma la información nutricional recopilada para ambos alimentos.

   b) ¿En qué nutrientes encuentras las mayores diferencias?

   c) ¿Qué alimento aporta una mayor cantidad de sustancias orgánicas?

6 El sistema digestivo

» ¡Te quemas!

Los jugos gástricos contienen ácido clorhídrico, pero las paredes del estómago están recubiertas para que no se dañe su propio tejido.

Nuestro cuerpo está constituido por los mismos compuestos que los alimentos que ingerimos. Sin embargo, la mayoría de las sustancias que componen los alimentos son demasiado complejas como para alcanzar nuestras células y que estas las utilicen; por eso deben ser convertidas previamente en nutrientes.

La transformación de los alimentos en nutrientes se produce en el **sistema digestivo**, que está formado por el **tubo digestivo** y las **glándulas digestivas**.

El tubo digestivo

El **tubo digestivo** es un conducto de paredes musculosas que abarca desde la boca hasta el ano. Está constituido por la boca, la faringe, el esófago, el estómago y los intestinos delgado y grueso.

Órganos que forman el sistema digestivo

La **boca**. Es una abertura que alberga los dientes y la lengua. La lengua está formada por potentes músculos y abundantes papilas gustativas.

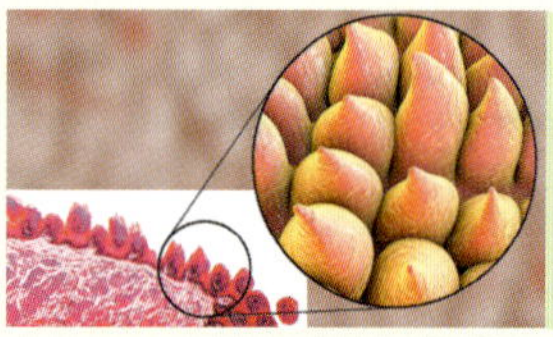
Papilas gustativas

La **faringe**. Es una cavidad común al sistema digestivo y al respiratorio. Por ella pasa el alimento desde la boca hacia el esófago, y el aire desde la nariz o la boca hacia la laringe.

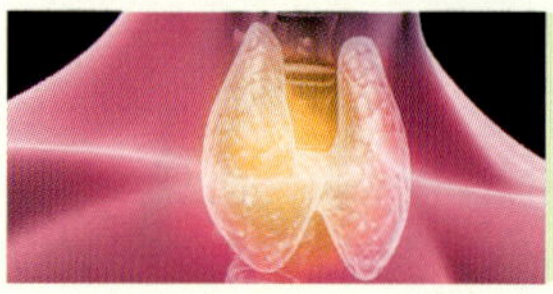
Faringe

El **esófago**. Es el conducto por el que el alimento avanza desde la faringe hasta el estómago.

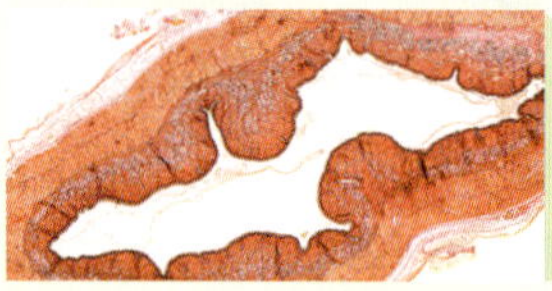
Corte transversal del esófago

El **estómago**. Es un ensanchamiento musculoso y en forma de J del tubo digestivo. La entrada del alimento desde el esófago se realiza a través de una válvula, el **cardias**. Otra válvula, el **píloro**, da paso al intestino delgado.

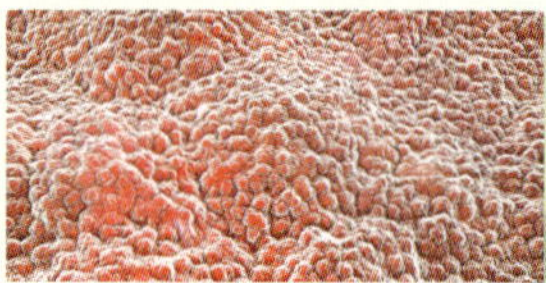
Mucosa estomacal

El **intestino delgado**. Es un tubo largo, plegado repetidas veces, que comunica el estómago con el intestino grueso. La parte que se encuentra a continuación del estómago se denomina **duodeno**, debido a que en los seres humanos tiene una longitud de unos doce dedos.

Epitelio intestinal

El **intestino grueso**. Es un conducto más grueso que el intestino delgado, al que rodea. La parte fundamental del tubo se llama **colon** y tiene forma de U invertida. La comunicación del colon con el exterior se hace por medio de otro tubo, el **recto**, que termina en el **ano**.

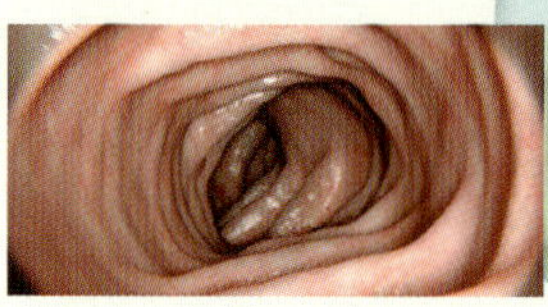
Interior del intestino grueso

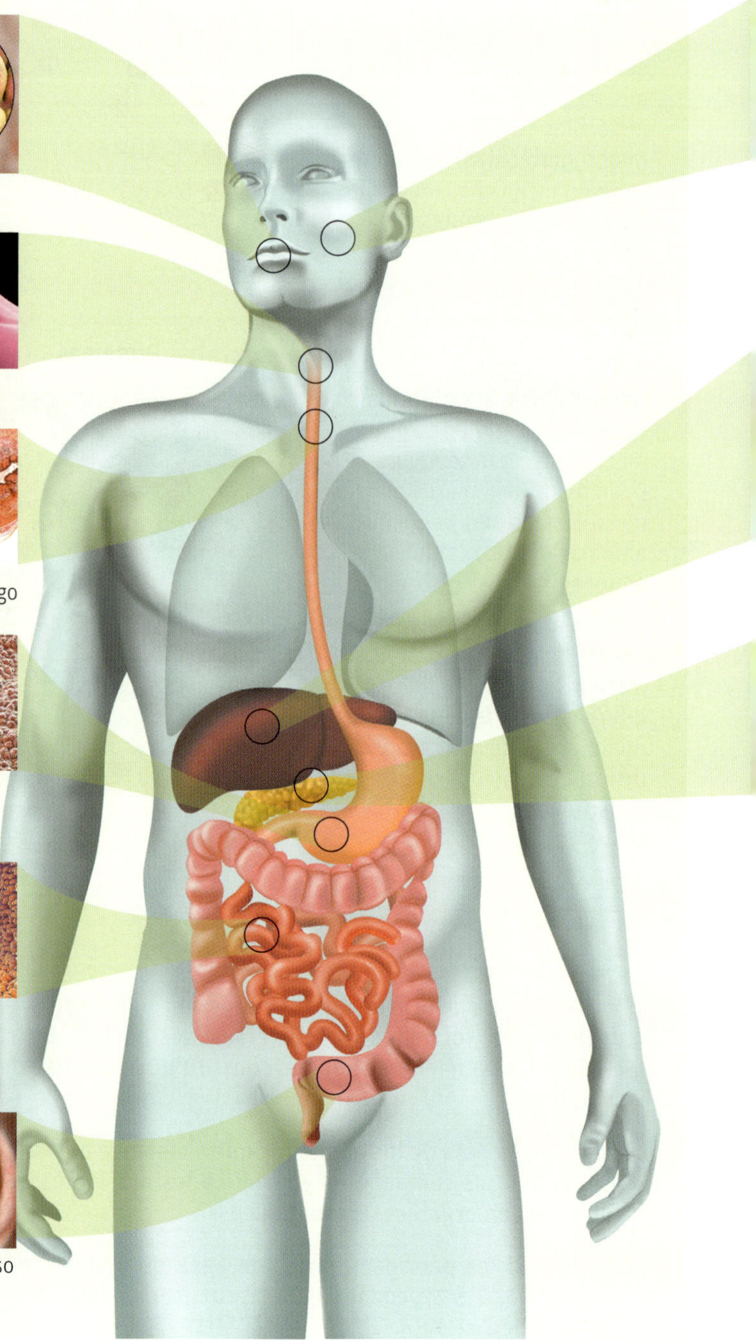

Las glándulas digestivas

Las glándulas digestivas son los órganos encargados de producir los **jugos digestivos** y verterlos al interior del tubo. Estos líquidos contienen una gran variedad de sustancias, entre las que destacan las **enzimas digestivas**.

Glándulas y enzimas digestivas

Glándulas digestivas

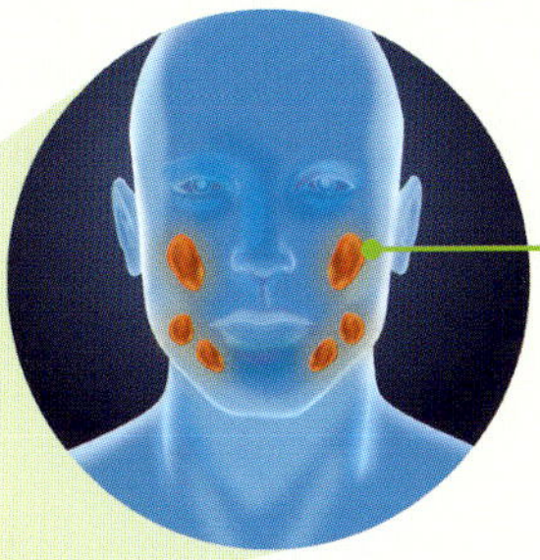

Glándulas salivales. Desembocan en la boca. Un par está situado debajo de la lengua, otro debajo de la mandíbula y el tercero delante de las orejas. Generan la **saliva**.

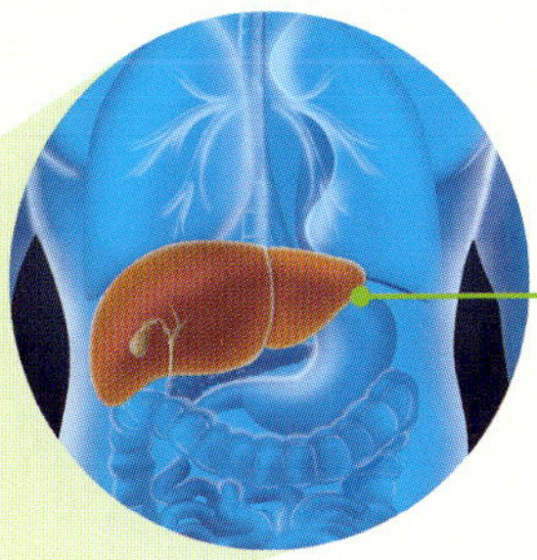

Hígado. Es la glándula más grande. Pesa alrededor de 1,5 kg y está en el costado derecho, junto al estómago. Fabrica la **bilis**, que se almacena en la **vesícula biliar** y se vierte al duodeno cuando circulan por él los alimentos ricos en grasas.

La bilis no contiene enzimas, pero ejerce sobre las grasas un efecto similar al del jabón: las emulsiona, es decir, las fragmenta en gotas muy pequeñas que se mantienen dispersas. Así facilita la acción de las enzimas sobre las grasas.

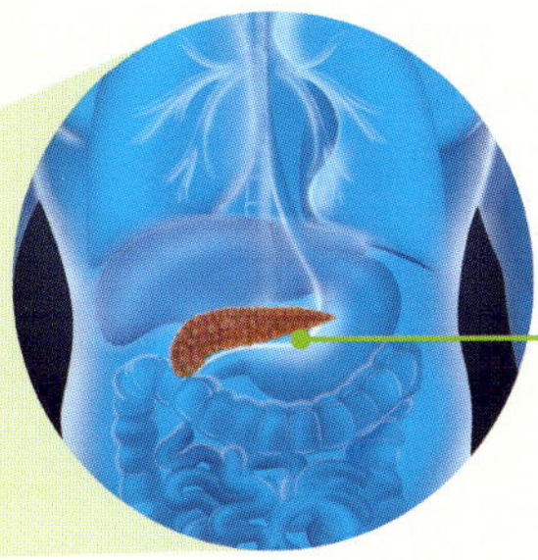

Páncreas. Tiene forma de punta de flecha y se halla en la parte izquierda del cuerpo, debajo del estómago. Produce el **jugo pancreático** y lo vierte al duodeno.

Enzimas digestivas

Las **enzimas digestivas** son un tipo de proteínas que aceleran la transformación de las sustancias complejas de los alimentos en sus componentes más sencillos, los nutrientes.

Las enzimas de los jugos digestivos actúan como tijeras que cortan las grandes moléculas de los alimentos y las dividen en sus componentes más sencillos.

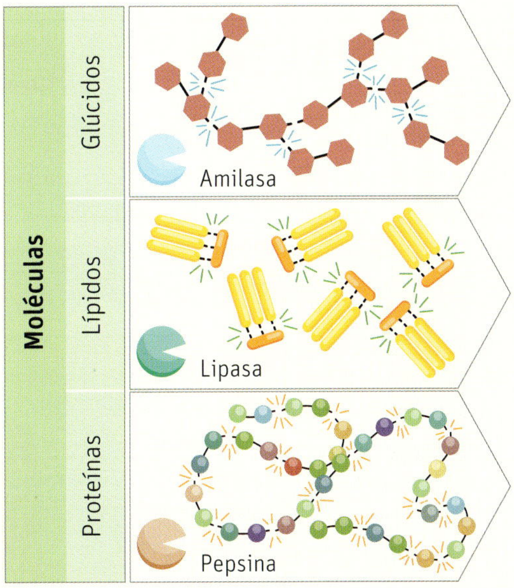

ACTIVIDADES

1. Resume en un esquema los órganos del sistema digestivo.
2. Razona. El tubo digestivo, en su forma básica, es un conducto que posee ensanchamientos en algunas partes.
   a) ¿Qué órganos corresponden con esos ensanchamientos?
   b) ¿Cuál es la función de esos ensanchamientos en el tubo digestivo?
3. Investiga qué tipo de movimiento permite el paso del bolo alimenticio por el esófago hacia el estómago.
4. Averigua. ¿Cuánto tiempo, por término medio, tarda el alimento ingerido en llegar al intestino delgado?
5. Explica. ¿Qué significa que “la comida se ha ido por el otro camino”? ¿Qué síntomas ocasiona?
6. Experimenta. Realiza una emulsión agitando un recipiente con agua y un poco de aceite. ¿Cómo podrías impedir, o al menos retrasar, la separación de los dos líquidos?
7. Compara. Las glándulas digestivas producen diferentes sustancias (enzimas) y las depositan en órganos distintos para ayudar a digerir sustancias específicas. Elabora un cuadro comparativo de las glándulas digestivas, incluyendo su ubicación, las enzimas que producen y las sustancias que degradan.

7 La digestión de los alimentos

OBSERVA Cómo se lleva a cabo la digestión química.

COMPRENDE La absorción de los nutrientes.

El proceso de transformación de los alimentos en nutrientes se realiza en el sistema digestivo e implica tres procesos: la **digestión**, que puede ser mecánica o química, la **absorción de nutrientes** y la **formación de las heces**.

- La **digestión mecánica** son las acciones físicas que reducen el tamaño de las partículas de los alimentos y las hacen avanzar a lo largo del tubo.
- La **digestión química** es la transformación de las moléculas complejas de los alimentos en las pequeñas moléculas llamadas nutrientes, acelerada por las enzimas digestivas.
- La **absorción intestinal** es el paso de los nutrientes desde el tubo digestivo hasta la sangre y sucede, fundamentalmente, en el intestino delgado.
- En la **formación de las heces**, los restos que no han sido digeridos o absorbidos forman parte de las heces y son expulsados a través del ano mediante un mecanismo llamado **defecación**.

El proceso digestivo

Digestión mecánica

Triturado. Lo realizan los dientes en la boca.

Deglución. Es el paso del alimento desde la boca, a través de la faringe, al esófago.

Movimientos por la contracción de los músculos de la pared del tubo digestivo:

- **De mezcla.** Ponen en contacto el alimento con los jugos digestivos.
- **Peristálticos.** Hacen avanzar el alimento a lo largo del tubo.

Absorción

La mayor parte de los nutrientes orgánicos se absorbe en el **intestino delgado**. Su enorme superficie interna, más de 100 m^2, facilita el contacto entre los nutrientes y la pared que deben atravesar.

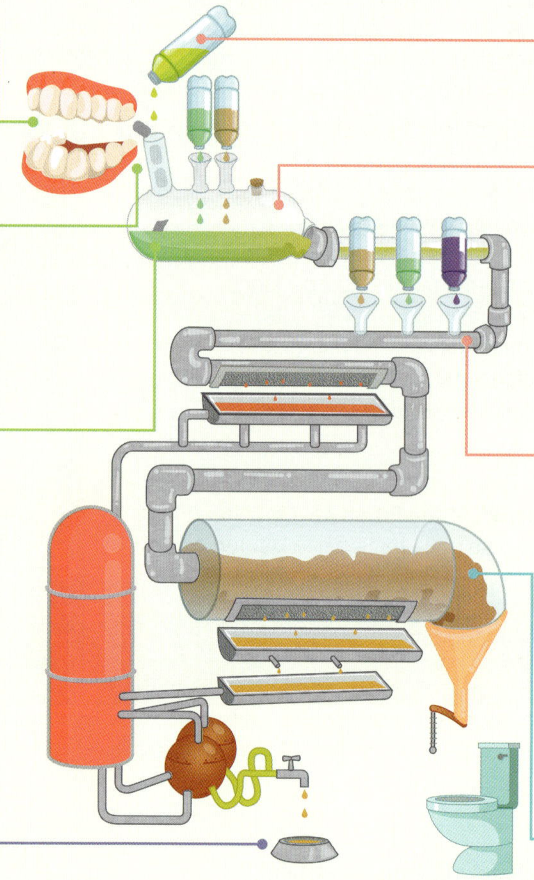

Digestión química

En la boca. La saliva contiene una enzima, la **amilasa**, que inicia la digestión de los glúcidos.

En el estómago. El alimento se mezcla con el jugo gástrico, que contiene **ácido clorhídrico** y una enzima, la **pepsina ,** que inicia la digestión de las proteínas. La mezcla final se llama **quimo**.

En el intestino delgado. Los jugos procedentes del páncreas y de las glándulas intestinales se vierten al **duodeno**. Estos jugos contienen enzimas que descomponen las grasas y completan la transformación de los glúcidos y las proteínas.

Formación de las heces

En los alimentos hay sustancias que no podemos digerir y, por tanto, tampoco absorber. Es el caso de la celulosa de las plantas.

ACTIVIDADES

1. Sintetiza. Realiza en tu cuaderno un diagrama de flujo en el que resumas el proceso de la digestión.

2. Indica qué componentes de los alimentos no sufren cambios a su paso por el tubo digestivo.

8 El sistema digestivo y la salud

Alteraciones del sistema digestivo

Las alteraciones del sistema digestivo están relacionadas con diversas causas, entre ellas, microorganismos como las bacterias y **malos hábitos** alimentarios.

Enfermedad	Descripción	Forma de prevención
Caries 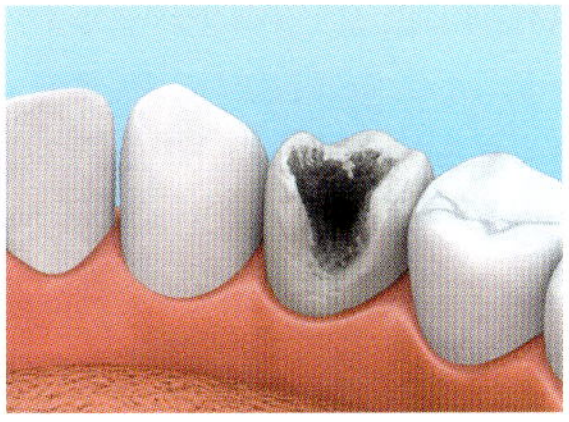	Se produce por **bacterias** que viven en la boca y se alimentan de residuos de comida, generando ácidos que atacan y destruyen el esmalte dental. Así, se origina un agujero que puede llegar hasta la pulpa del diente.	• Cepillarse los dientes después de cada comida. • Usar seda dental después de cada comida y antes del cepillado. • No consumir habitualmente dulces o bebidas azucaradas. • Visitar regularmente al odontólogo.
Estreñimiento 	Es un trastorno que implica la dificultad para evacuar las heces, debido a una **baja movilidad** en el intestino grueso y a una excesiva absorción de agua en él. Se ve favorecido por una alimentación pobre en productos de origen vegetal y por hábitos sedentarios.	• Tener una dieta rica en **fibra**, es decir, consumir frutas y verduras. • Aumentar la ingesta de cereales integrales como trigo, salvado y avena. • Tomar agua para mantener la movilidad intestinal.
Diarrea 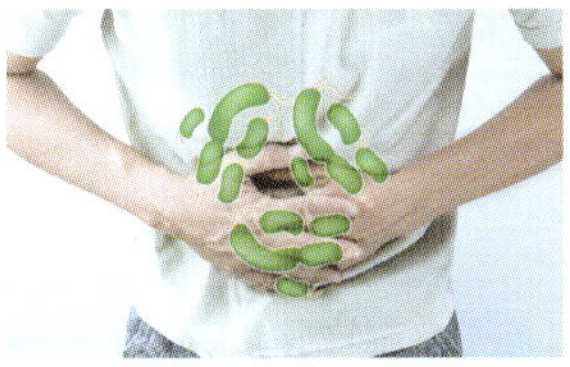	Se produce cuando hay una **excesiva movilidad** en el intestino grueso, acompañada de heces líquidas y abundantes que provocan la **deshidratación** del cuerpo. Estas se producen como consecuencia de una infección por parásitos o debido a alimentos en mal estado.	• Tener hábitos adecuados de **higiene**. • Lavarse las manos antes de consumir alimentos y después de ir al baño. • Lavar los alimentos de forma adecuada. • Tomar únicamente agua potable.
Apendicitis 	El apéndice es una pequeña prolongación en la parte inicial del intestino grueso. Su inflamación se conoce como **apendicitis**. Sus síntomas son dolor en el lado derecho del estómago, vómitos, diarrea o estreñimiento. Si no se trata puede derivar en **peritonitis**, la inflamación de la membrana que recubre la cavidad abdominal.	La prevención de esta enfermedad es muy difícil, pues aún no se conocen sus causas. Sin embargo, se recomienda llevar una vida sana basada en una **dieta equilibrada**, **actividad física constante** y **evitar el estrés**.
Gastritis 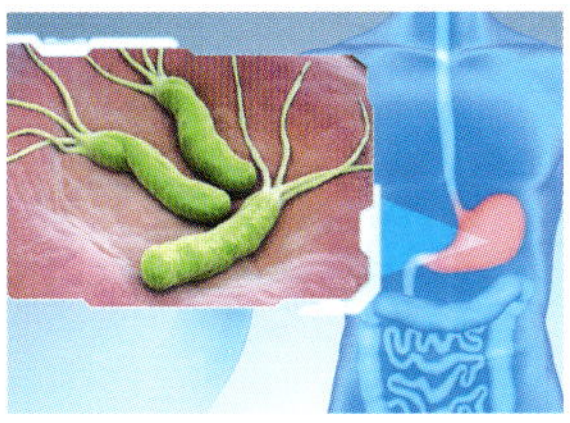	Es una **inflamación** en el revestimiento del estómago. Puede ser causada por la ingesta de alcohol y medicamentos ácidos, el estrés o la bacteria ***Helicobacter pylori***, que aumenta la probabilidad que se produzca cáncer gástrico.	• Evitar el estrés. • Llevar una vida con hábitos saludables, como una alimentación equilibrada y horarios establecidos para las comidas. • Evitar largas horas de ayuno y no consumir alcohol ni alimentos con altas cantidades de grasas.

ACTIVIDADES

1. Investiga. Existe una gran variedad de malestares que pueden producirse en el sistema digestivo, muchos de ellos son tan comunes que ya se tratan de forma casera.
   a) Elabora una encuesta entre tus compañeros para identificar los remedios que utilizan frente a un malestar estomacal.
   b) Clasifica los resultados de tu encuesta en remedios naturales o farmacéuticos. Pon en común los resultados.
2. Elabora un folleto informativo sobre las enfermedades del sistema digestivo y la forma de prevenirlas y tratarlas.
3. Explica. ¿Por qué es necesario cepillarse bien los dientes después de cada comida?
4. Sugiere algunas recomendaciones a una persona para prevenir el estreñimiento.

De los alimentos a los nutrientes

Los **alimentos** son las sustancias que tomamos del medio, de las que extraemos **nutrientes** necesarios para obtener energía. Los nutrientes pueden ser **inorgánicos** y **orgánicos**.

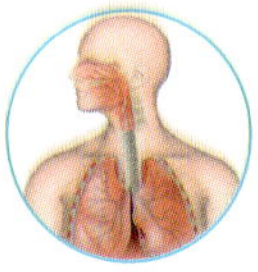

El **sistema respiratorio** está compuesto por las **vías respiratorias** y los **pulmones**. La entrada de aire al cuerpo se realiza por **inspiración** y la expulsión, por **espiración**.

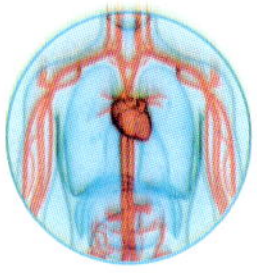

Los sistemas **respiratorio** y **circulatorio** hacen posible el **intercambio gaseoso** en el cuerpo humano. Practicar algún deporte y comer sano mantiene saludables estos sistemas.

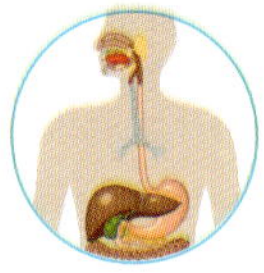

El **sistema digestivo** está formado por un tubo digestivo que presenta varias secciones y las glándulas digestivas, que son el páncreas, el hígado y las glándulas salivales.

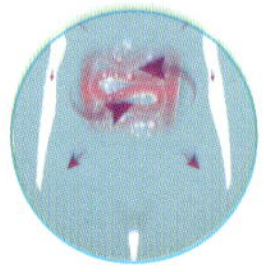

El proceso de **digestión** de los alimentos presenta diferentes fases: la digestión mecánica, la digestión química, la absorción intestinal y la formación y posterior expulsión de heces.

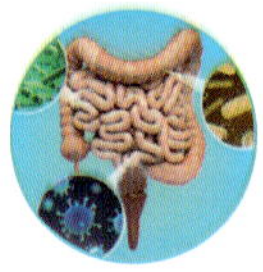

Las **alteraciones** del sistema digestivo son causadas principalmente por **microorganismos** y **malos hábitos alimentarios**. Algunas de sus enfermedades son la gastritis y la diarrea.

1. Organiza tus ideas. Copia, completa y amplía el siguiente esquema para construir un mapa mental de la unidad.

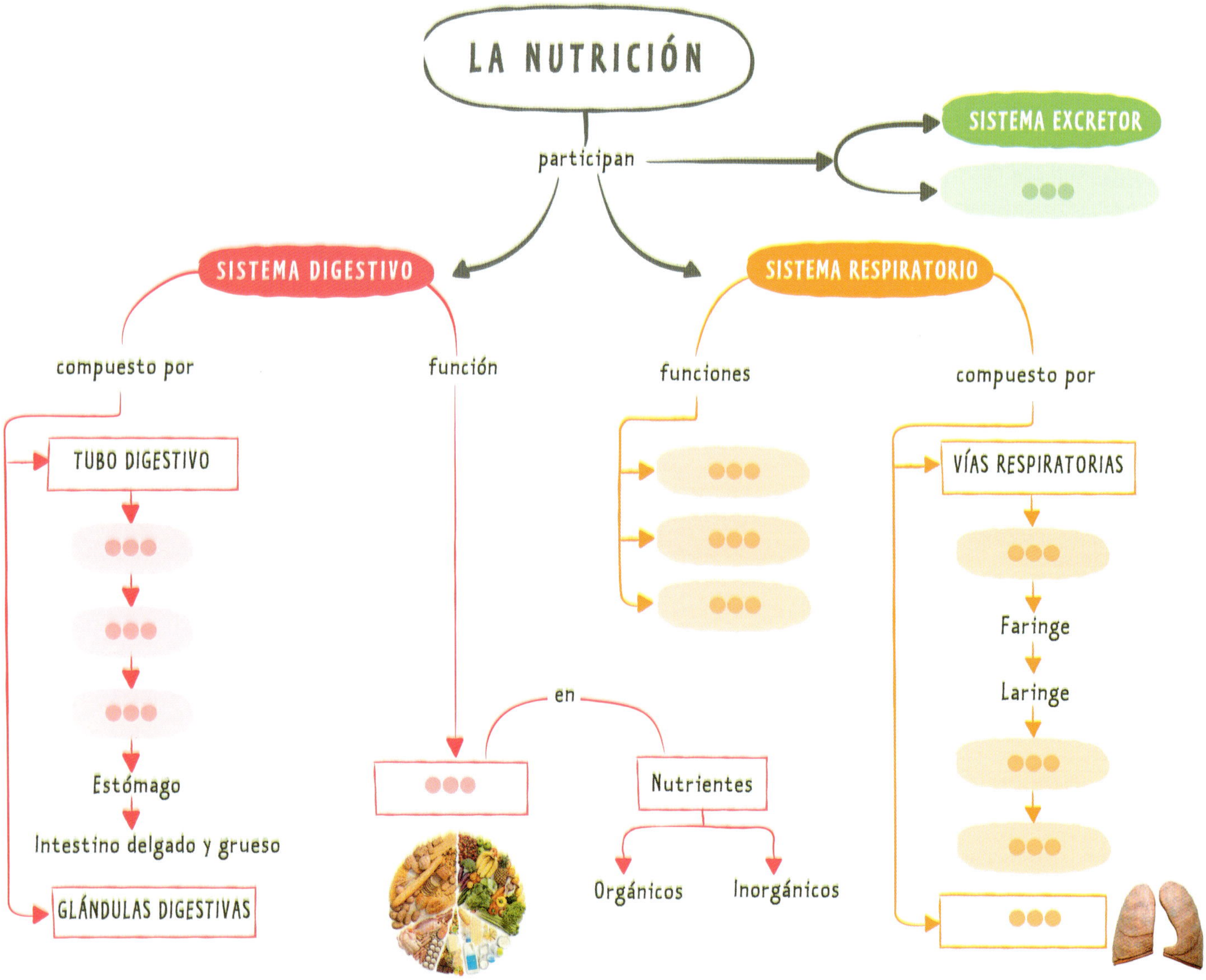

VALORA LO APRENDIDO Autoevaluación y resumen.

ACTIVIDADES FINALES

1. Copia **en tu cuaderno la tabla y complétala.**

Parte	Función
Pulmones	●●●
Alvéolos	●●●
●●●	Vía de entrada de aire al sistema respiratorio.
Tráquea	●●●
●●●	Músculo transversal que permite la respiración.

2. Analiza **la ilustración y responde a las cuestiones que se plantean a continuación.**

Una sencilla maqueta nos ayuda a entender cómo los movimientos respiratorios impulsan la entrada y la salida de aire de los pulmones.

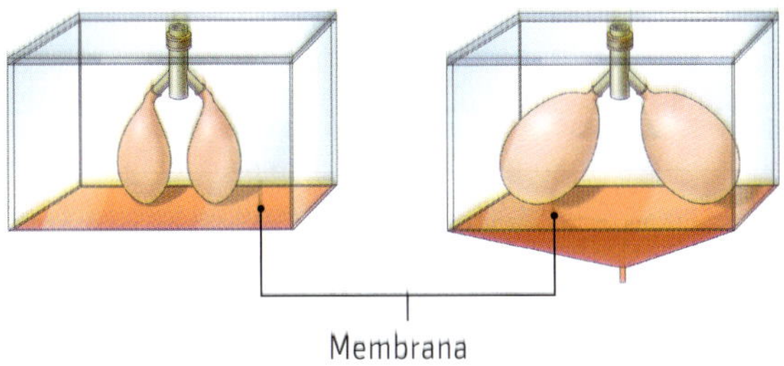

a) Nombra los órganos representados en el modelo.

b) Describe paso a paso cómo funciona la maqueta.

c) ¿Qué provoca la entrada y salida de aire en los pulmones?

d) La caja transparente reproduce la cavidad torácica. ¿Refleja bien su funcionamiento? ¿Por qué?

3. Observa **el esquema preparado por un alumno para explicar cómo se produce el intercambio gaseoso.**

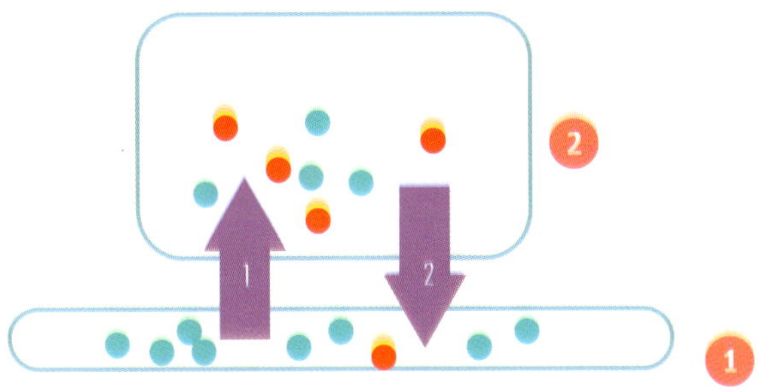

a) Si **1** representa un vaso sanguíneo que lleva la sangre a los pulmones, ¿a qué estructura corresponde **2**?

b) Si las esferas de colores representan el oxígeno y el dióxido de carbono, ¿qué color representa al oxígeno?

c) Si las flechas indican la dirección en la que se mueven los gases, ¿cuál señala la dirección del movimiento del dióxido de carbono? ¿Por qué?

d) Si la estructura representada con **2** disminuye su volumen a la mitad, ¿de qué manera se vería afectado el proceso de intercambio gaseoso?

4. Analiza. **En la gráfica se muestran datos sobre el gasto y la expulsión de sustancias por una persona en tres situaciones: reposo, ejercicio moderado y ejercicio intenso.**

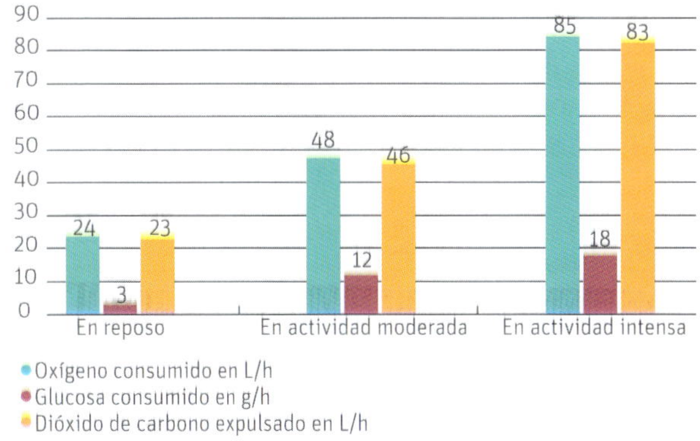

a) ¿Cuáles son las sustancias consumidas? ¿Qué sustancia se expulsa?

b) ¿Qué diferencias observas en función del ejercicio?

c) ¿A qué pueden deberse estas diferencias?

5. Soy competente

La gráfica representa los cambios en la cantidad de oxígeno que lleva la sangre a su paso por los alvéolos pulmonares.

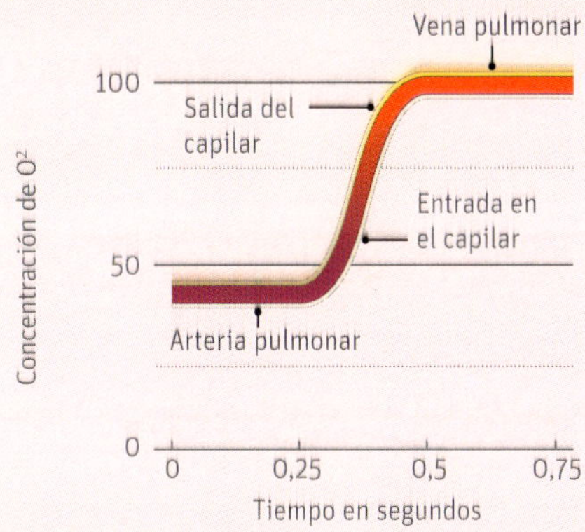

a) ¿Qué sangre lleva más oxígeno, la que llega a los alvéolos por la arteria pulmonar o la que sale por la vena pulmonar?

b) ¿Se observan cambios en la cantidad de oxígeno de la sangre mientras recorre la vena o la arteria pulmonar?

c) ¿Y mientras circula por los capilares? Justifica tu respuesta.

6. Analiza. **El MAM (mal agudo de montaña), conocido como mal de altura o soroche, aparece en lugares con altitudes superiores a los 2 500 metros. Se manifiesta con fuerte dolor de cabeza, vértigo, aceleración de los latidos del corazón y sensación de ahogo al mínimo ejercicio físico.**

Estos síntomas se deben a que la presión atmosférica disminuye según aumenta la altitud, y cuanto menor es la presión de los gases en los alvéolos más difícil es su paso a la sangre.

a) ¿A qué se deben estos síntomas?

b) ¿Qué síntoma acompañará al MAM, el aumento o la disminución de la ventilación pulmonar?

c) ¿Qué debería hacer una persona cuando empieza a notar alguno de los síntomas del MAM?

7. Diferencia. **La ventilación pulmonar se conoce también como respiración. ¿En qué se diferencia esta respiración de la respiración celular?**

8. Emprende. **La ley del tabaco en España prohíbe su venta a menores de 18 años y su consumo en lugares de trabajo, de estudio e incluso de ocio. Aun así, las estadísticas nacionales revelan que la edad de inicio en el consumo de tabaco se sitúa en los 13,6 años de media.**

a) Haced una encuesta sobre el hábito de fumar, en grupos de 5 o 6, que busque respuestas a qué porcentaje de compañeros fuman, qué cantidad y si lo saben sus padres.

b) Recoged en una tabla los datos obtenidos.

c) Escribe de forma individual una lista de motivos por los que fumas o no fumas. ¿Te parecen razones importantes?

9. Elabora **un cronograma que describa el camino que recorre cada uno de los principales componentes de un pincho de tortilla de patata, desde que lo introducimos en la boca, hasta que son utilizados por las células.**

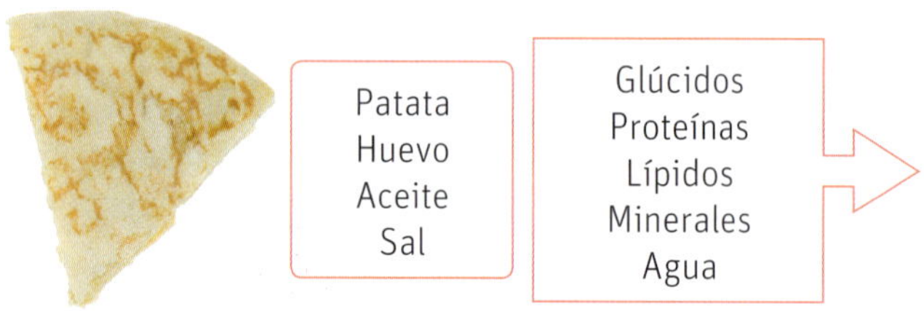

10. Infiere. **Indica a qué componentes de los alimentos se refieren las siguientes afirmaciones.**

a) Constituye más del 60% de nuestro cuerpo.

b) Son muy abundantes en las patatas y en la pasta.

c) Tienen sabor dulce.

d) Están compuestos por aminoácidos.

e) Se descomponen en ácidos grasos y glicerol.

11. Analiza. **Las enzimas de los jugos digestivos actúan como tijeras que cortan las grandes moléculas de los alimentos y las dividen en sus componentes más sencillos. La enzima tiene que acoplarse a la sustancia que va a cortar, es decir, no sirve cualquier enzima para cualquier sustancia.**

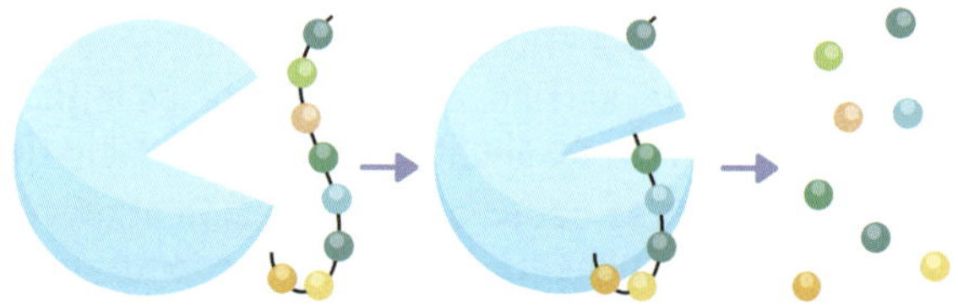

a) ¿Qué molécula compleja está siendo "cortada" por la enzima del dibujo?

b) ¿Qué componentes sencillos se consiguen?

c) ¿Podría esta enzima actuar sobre el almidón? En el caso de que pudiera hacerlo, ¿qué componentes se obtendrían?

12. Interpreta. **En un experimento una persona ingirió 100 g de glucosa. Durante las siguientes horas se controló su avance por el tubo digestivo y se realizaron mediciones de la cantidad de glucosa en los diferentes órganos del mismo. Los datos obtenidos aparecen en esta gráfica.**

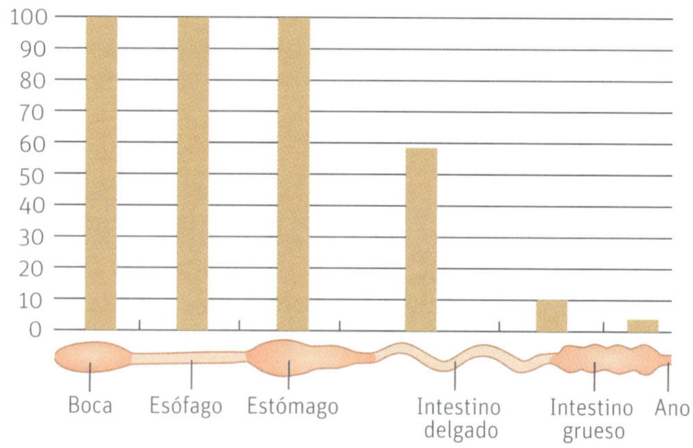

a) ¿Qué conclusión se puede sacar de los datos?

b) ¿Se habrían logrado los mismos datos si la experiencia se hubiera realizado con 100 g de celulosa? ¿Por qué?

c) El contenido en glucosa de la sangre que llega al intestino antes de comer es de 0,8 g/L y el de la que sale tras la comida es de 1,9 g/L. ¿Apoya este dato tu conclusión?

12. **Observa la siguiente tabla que muestra el proceso de la digestión química.**

Tubo digestivo / Sustancias alimenticias	Boca (saliva)	Estómago (jugo gástrico)	Intestino (jugo intestinal y pancreático)	Nutrientes resultantes de la digestión
Agua, sales, vitaminas				
Carbohidratos: glucosa, almidón	Amilasa			
Lípidos			Lipasa	
Proteínas		Pepsina		

¿Qué conclusión obtienes a partir de esta información?

A. Los carbohidratos son digeridos solo en el intestino.

B. Las vitaminas no experimentan ninguna transformación en su paso por el tubo digestivo.

C. Las proteínas son digeridas únicamente en el intestino.

D. Los lípidos no experimentan ninguna transformación a su paso por el tubo digestivo.

14. Relaciona. En el lenguaje médico, la terminación *-osis* se emplea para indicar enfermedad. Por ejemplo, la cirrosis es un trastorno crónico que consiste en la muerte progresiva de las células del hígado.

La terminación *-itis* indica inflamación, como la parotiditis, que es una inflamación de unas glándulas salivales, las parótidas.

Escribe los siguientes trastornos del aparato digestivo y señala el órgano que afecta, según corresponda:

• Cirrosis • Colitis • Parotiditis • Pancreatitis • Apendicitis • Gastritis • Gastroenteritis

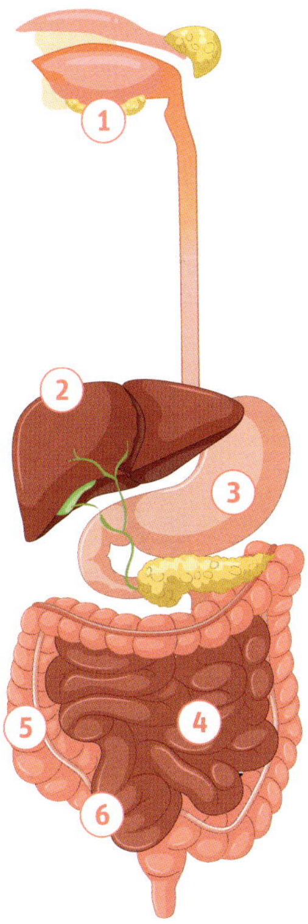

15. Analiza. Si un deportista se limita a comer solamente proteínas, ¿qué le puede suceder a su cuerpo?

16. Justifica por qué es necesario cepillarse bien los dientes después de cada comida.

17. Reflexiona. ¿Por qué se recomienda beber abudante líquido a las personas que sufren diarrea?

18. Explica. ¿A qué se debe que una persona pueda tener halitosis, también conocido como mal aliento?

19. Razona. ¿Qué es la microbiota intestinal? ¿Cómo se puede mejorar? ¿De qué manera se puede destruir?

20. Retoma la pregunta de la apertura de unidad y respóndela utilizando todos los conocimientos adquiridos en esta unidad sobre los alimentos y los nutrientes.

Ciencia en la calle

Lee y comprende el siguiente texto:

Una digestión pesada

Tener problemas digestivos, como gases, estreñimiento, acidez, pesadez o dolor de estómago, es muy común: todos podemos padecer este tipo de malestar en cualquier momento. Comer sano es fundamental, pero no siempre es suficiente para evitar estos problemas, ya que hay muchos otros factores que afectan al buen funcionamiento del aparato digestivo.

Las comidas copiosas, la falta de hidratación, la escasa ingesta de fibra, la falta de ejercicio, el consumo de sustancias nocivas, como el tabaco y el alcohol, y hasta el estrés pueden dificultar y alterar nuestra digestión.

a) ¿Has padecido en alguna ocasión un trastorno digestivo? En caso afirmativo indica cuál. ¿Qué crees que pudo haberlo causado y qué hiciste para mejorar.

b) ¿Cómo crees que contribuye el ejercicio físico a una buena salud digestiva?

c) ¿Cómo crees que se relaciona el estrés con los problemas digestivos?

d) ¿Qué crees que puedes hacer para evitar el estrés que puede llegar a producir enfermedades digestivas?

3 LOS ALIMENTOS Y LA DIETA

En esta unidad aprenderás...

- Cuál es la función de los alimentos.
- Qué tipos de energía requiere nuestro cuerpo para funcionar.
- Qué es una dieta equilibrada y saludable.
- Qué sucede en nuestro cuerpo cuando nuestra dieta no es la adecuada.
- Cómo se etiquetan y se conservan los alimentos.

¿Puedo comer lo mismo comiendo diferente?

Las frutas y verduras son alimentos muy importantes para una dieta saludable, pues su consumo ayuda a prevenir varias enfermedades cardiacas, el cáncer, la diabetes y la obesidad.

- ¿Qué nos aportan las frutas y las verduras de nuestra dieta?
- ¿De qué manera pueden determinados alimentos ayudarnos a prevenir enfermedades?
- ¿Puede seguirse una dieta equilibrada comiendo solo frutas y verduras?

1 La dieta

» Preferencia de alimentos antes de nacer

¿Sabías que la memoria gustativa empieza a formarse desde el útero? Durante el embarazo, los sabores de la dieta materna llegan al feto a través del líquido amniótico, lo que le permite tener ciertas experiencias gustativas y desarrollar el sentido del gusto.

El conjunto de alimentos que tomamos diariamente constituye nuestra **dieta**. Los alimentos que componen la dieta son extremadamente variados, y existen grandes diferencias entre los hábitos de las distintas poblaciones y épocas. Pero no todas las dietas son saludables.

Cada alimento cumple una función

Cada alimento aporta al organismo diferentes nutrientes y en distinta proporción. Por ejemplo, el aceite de oliva solo contiene lípidos y en una naranja prácticamente no existen estas moléculas orgánicas.

Los **nutrientes** son sustancias que se encuentran dentro de los alimentos y que el cuerpo necesita para realizar diferentes funciones y mantener la salud. Existen cinco tipos de nutrientes: **proteínas**, **grasas** o **lípidos**, **hidratos de carbono** o **glúcidos**, **vitaminas** y **minerales**.

De acuerdo con los nutrientes que aporta, cada tipo de alimento desempeña funciones diversas.

Función energética

Los alimentos con abundantes **glúcidos** o **hidratos de carbono**, como las patatas, o **lípidos**, como las grasas de la mantequilla, tienen una función energética, ya que su oxidación libera la energía que utilizamos.

Un caso distinto es el de la **fibra alimentaria**. Este componente de los vegetales está constituido por un tipo especial de glúcidos, como la celulosa, que resiste a la digestión y no se absorbe en el intestino humano, por lo que no posee una función energética pero facilita el movimiento intestinal.

Función plástica

Además de energía, nuestro organismo requiere sustancias para formar y mantener los tejidos como el muscular. Los alimentos ricos en **proteínas** como, por ejemplo, la carne, el pescado o las legumbres tienen una función plástica. Con ellos se construye nuestra propia materia, es decir, crecemos y reponemos las sustancias perdidas. Es importante saber que las proteínas corporales se renuevan continuamente y por ello esta fabricación es un proceso con una alta demanda energética.

Función reguladora

Los alimentos ricos en **sales minerales** y **vitaminas**, como las verduras y las frutas, ejercen esta función. Son nutrientes que se encuentran en cantidades muy pequeñas en los alimentos y son los principales responsables de que todos los procesos bioquímicos que tienen lugar en nuestro cuerpo se desarrollen con normalidad, pues su misión es controlarlos y acelerarlos según las necesidades orgánicas en cada situación. En este grupo se incluyen los **oligoelementos** y el **agua**.

La rueda de los alimentos

Con el objetivo de ayudar a los consumidores a conseguir una **dieta saludable**, los alimentos se distribuyen en grupos según el tipo de nutrientes que aportan y su función en el organismo. En nuestro país, el elemento gráfico más utilizado para representar esta agrupación en sectores es la **rueda de los alimentos**.

La rueda contiene la siguiente información:

- Cada sector engloba aquellos alimentos en los que predomina un nutriente.
- El tamaño de cada sector es proporcional a su presencia en una dieta equilibrada.
- Los sectores del mismo color incluyen alimentos que cumplen una función similar.
- Se incluye, además, la recomendación de realizar ejercicio físico y de ingerir agua en cantidades suficientes.

La DIETA es el conjunto de alimentos que se ingieren a diario. La dieta de las personas presenta importantes variaciones históricas y geográficas.

Energéticos

- **Grupo I.** Alimentos ricos en **glúcidos** o **hidratos de carbono**: productos derivados de los cereales, patatas, azúcar.
- **Grupo II.** Alimentos en cuya composición predominan los **lípidos**: mantequilla, aceites y grasas en general.

Plásticos

- **Grupo III.** Alimentos ricos en **proteínas**: productos de origen lácteo.
- **Grupo IV.** Alimentos ricos en **proteínas**: productos cárnicos, huevos, pescados, legumbres y frutos secos.

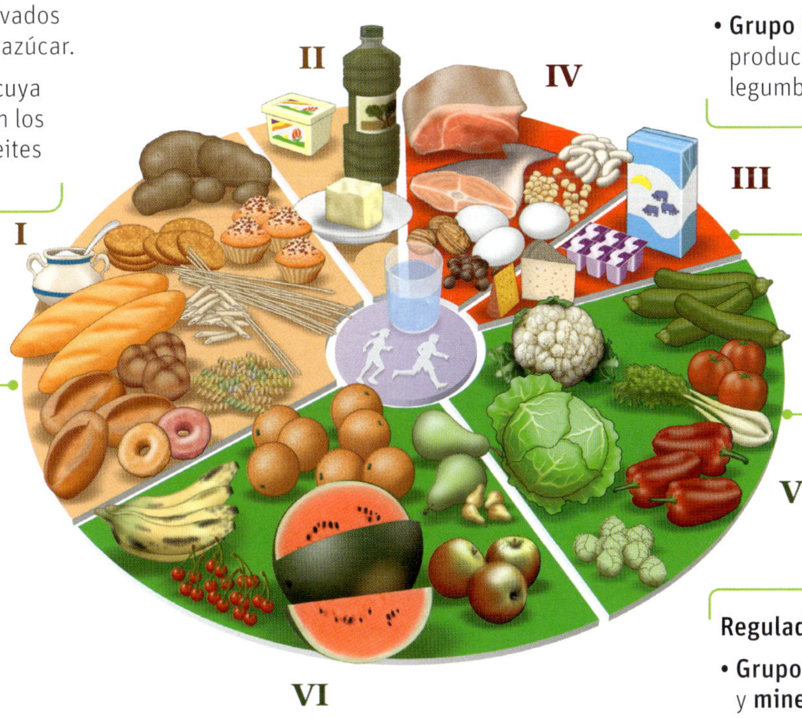

Reguladores

- **Grupo V.** Alimentos ricos en **vitaminas** y **minerales**: hortalizas y verduras.
- **Grupo VI.** Alimentos ricos en **vitaminas** y **minerales**: frutas.

ACTIVIDADES

1. Razona. Si haces mucho deporte y necesitas incorporar a tu dieta alimentos muy energéticos, ¿en qué sectores de la rueda de los alimentos los buscarías?

2. Piensa. Si un día no comes verduras ni hortalizas, ¿con qué otros alimentos podrás compensar esta falta de vitaminas y minerales, y lograr que tu alimentación sea equilibrada?

3. Explica. ¿Por qué se recomienda en la dieta el consumo de cereales integrales y el consumo de frutas enteras más que en zumo?

4. Compara. Llena un plato imaginario con los alimentos que tomaste ayer a lo largo de todo el día y compáralo con el plato saludable. ¿Se parecen?

5. Interpreta. En la gráfica aparece comparada la composición de dos alimentos. Los datos se expresan en gramos y se refieren a 100 g de alimento.

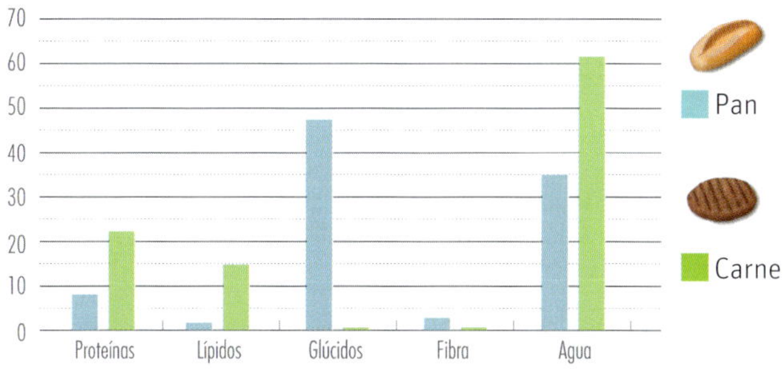

- Comenta las diferencias entre los componentes de estos alimentos e indica las funciones cada uno de ellos.

2 La dieta nos proporciona energía

Las **NECESIDADES ENERGÉTICAS** dependen del **metabolismo basal** de cada persona y de su actividad física.

Los alimentos brindan los nutrientes y la energía necesarios para el crecimiento y el mantenimiento del cuerpo. Para calcular la cantidad de energía que proporciona un alimento utilizamos la combustión: se hace arder en el laboratorio el alimento en cuestión y con la energía liberada se calienta el agua en un tubo de ensayo. Cuanta más energía libere, mayor temperatura alcanzará el agua.

En nuestro organismo, la energía contenida en los **nutrientes** que componen los alimentos se libera mediante la **respiración celular**, un proceso de **oxidación** que presenta bastantes aspectos en común con el de la combustión.

El tipo de energía que utilizamos

Nuestro organismo necesita energía para funcionar, pero no sirve cualquier forma de energía; por ejemplo, no podemos emplear la energía eléctrica o la térmica. **La energía útil** para los seres vivos es la que contienen los nutrientes, que son sustancias químicas. Esta energía que contienen los nutrientes se denomina **energía química**. La respiración celular libera la energía química que poseen los nutrientes. Esta energía es transformada en las células en tres formas de energía:

- **Energía mecánica.** Utilizada para la contracción muscular que causa el movimiento del esqueleto, los latidos del corazón o la ventilación pulmonar.
- **Energía química.** Empleada para fabricar nuevas moléculas. La síntesis o elaboración de materia propia requiere energía que queda acumulada en los compuestos que se fabrican, tanto los que constituyen las estructuras celulares como los que se almacenan como reserva.
- **Energía térmica o calor.** Utilizada para mantener la temperatura corporal entre 36 °C y 37 °C, independientemente de la temperatura ambiental.

OBSERVA La relación que existe entre los nutrientes y la energía.

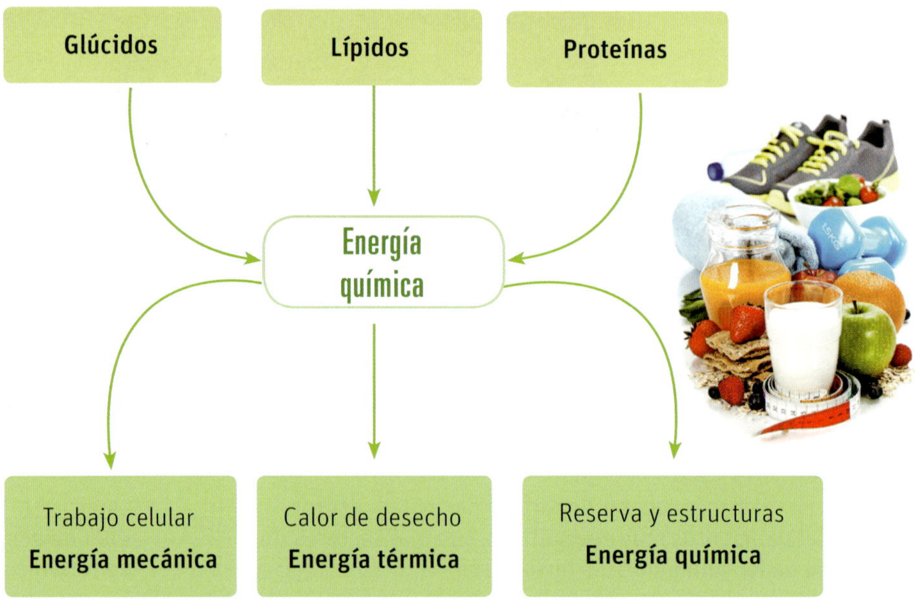

Cantidad de energía por gramo de nutriente

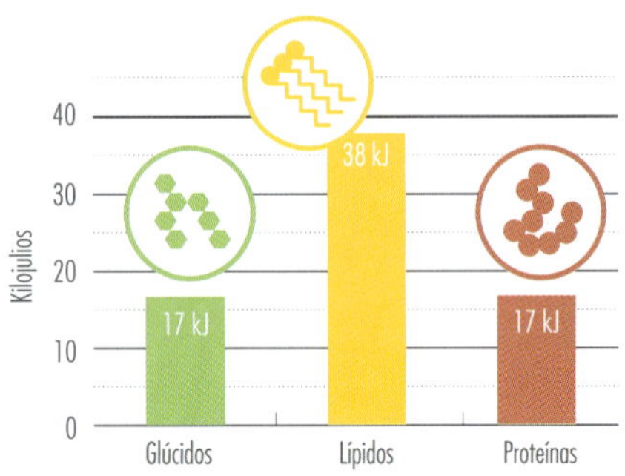

¿Cuánta energía aporta cada tipo de nutriente?

Mediante la respiración celular, cada tipo de nutriente aporta una cantidad determinada de energía útil. Como media, un gramo de lípidos libera 38 kilojulios (kJ) útiles para el organismo. Y un gramo de proteínas o un gramo de glúcidos aporta 17 kJ. Los distintos alimentos contienen una proporción característica de glúcidos, lípidos, proteínas, agua y minerales, y suministran una cantidad diferente de energía.

¿Cuánta energía necesitamos?

A tu edad necesitas más de 10 000 kJ al día para vivir. Aunque estemos quietos, incluso dormidos, precisamos energía. Las necesidades energéticas de una persona cuando está en completo reposo, en ayuno durante 12 horas y sin tener que luchar contra el frío o el calor, se conocen como **metabolismo basal** y dependen, entre otros factores, de la edad, el sexo, la altura y el peso.

Sin embargo, en condiciones de actividad normal los requerimientos energéticos son mayores y varían extraordinariamente. Los tres factores que más influyen en esta diversidad son la **actividad física**, la **temperatura ambiental** y la **actividad celular** (como la digestión).

Las unidades que proporcionan datos sobre la energía que suministra un alimento o la energía que gastamos durante una actividad son los kilojulios (kJ) y las kilocalorías (kcal).

Existen períodos de tiempo donde se necesita mayor cantidad de energía:

- La niñez y la adolescencia, por el crecimiento y el desarrollo del individuo.
- El embarazo, por la formación del feto, de la placenta y de otros tejidos.
- La lactancia, para la producción y la secreción de leche materna.
- En las enfermedades y posoperatorios, para combatir la enfermedad y recuperarse.

Reposo
Cuando duermes y la temperatura ambiente es agradable necesitas unas 65 kcal/h.

Actividad muy intensa
Para correr o subir escaleras a alta velocidad necesitas unas 1 000 kcal/h.

Gasto energético en función de la actividad física

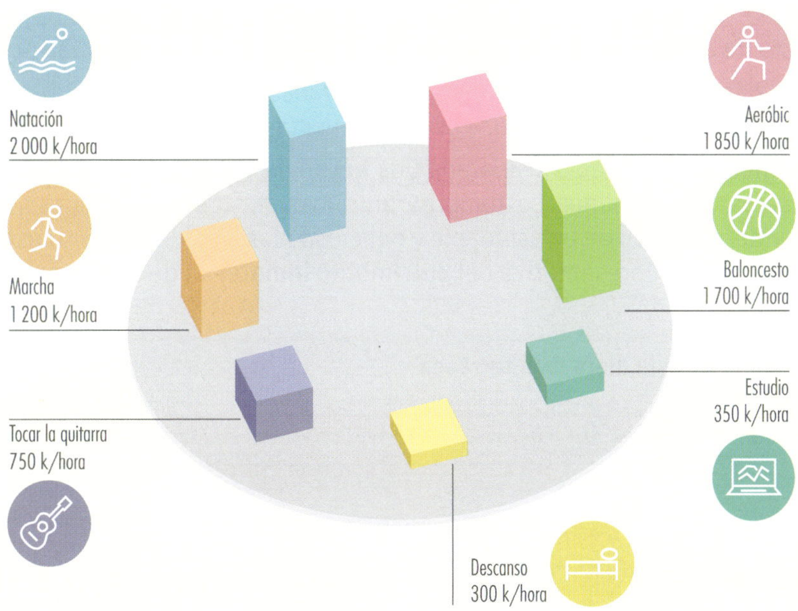

Necesidades energéticas en función del sexo y la edad (kJ/día)		
Edad	**Mujer**	**Hombre**
Adolescente	10 000	12 500
Adulto	8 300	10 800
Anciano	5 800	5 800

ACTIVIDADES

1. Analiza. ¿Por qué una persona puede desarrollar obesidad fácilmente al consumir en exceso golosinas, dulces y comida rápida? ¿Qué relación tiene este proceso con la energía?

2. Explica. ¿En qué momento crees que necesita el organismo mayor aporte energético, en invierno o en verano? ¿Por qué?

3. Deduce. En un experimento se utilizó una patata frita y un trozo de lechuga para ver cuál de los dos alimentos liberaba más energía. Los resultados aparecen en la tabla.

- Si la patata frita ha liberado al quemarse 300 kJ, y la lechuga, 15 kJ, ¿cuánta energía liberará la combustión de 100 gramos de cada una? ¿Por qué la temperatura del agua después de la combustión aumenta?

Parámetro	Patata frita	Lechuga
Masa en gramos	20	20
Temperatura del agua antes de la combustión	15 ºC	15 ºC
Temperatura del agua después de la combustión	27 ºC	17 ºC

3 ¿Todos necesitamos la misma dieta?

Proporción de energía en una dieta equilibrada

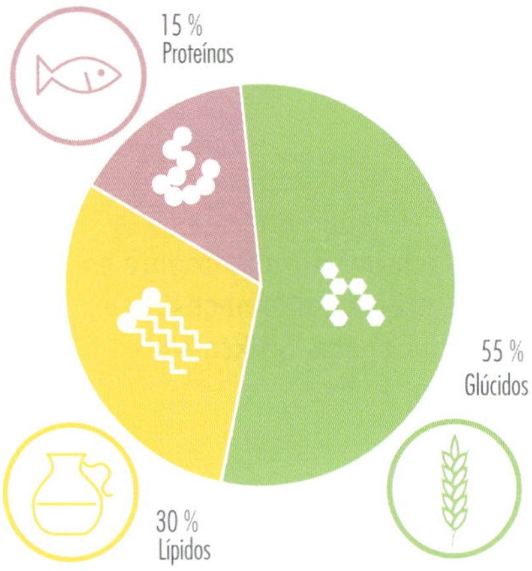

Con la gran diversidad de alimentos que existe se pueden preparar muchas dietas, pero no todas son adecuadas para mantener nuestro organismo en buen estado. Las condiciones que tiene que cumplir una dieta para que sea equilibrada son básicamente dos:

- **Aportar todos los tipos de nutrientes y en las proporciones adecuadas.** Debe incluir cada día alimentos de todos los grupos de la rueda de los alimentos.
- **Satisfacer las necesidades energéticas del organismo.** Si la energía que obtenemos de los alimentos que ingerimos es mayor de la que necesitamos, el cuerpo engorda. Y, si es menor, se pierde peso.

En una dieta equilibrada los glúcidos deben aportar, aproximadamente, el 55 % de la energía, los lípidos, el 30 %, y las proteínas, el 15 % restante.

Una dieta equilibrada y saludable: la dieta mediterránea

Los habitantes de los países mediterráneos disfrutan de una calidad de vida y de unas expectativas de salud y longevidad mejores que los de otros países. Un factor determinante es la llamada **dieta mediterránea**. Los alimentos de esta dieta son:

- **Los cereales.** El trigo y sus derivados, como el pan o la pasta, junto con las legumbres, como las lentejas, son la base de esta dieta. Son ricos en **glúcidos complejos.**
- **Las frutas y verduras.** Constituyen una excelente fuente de **vitaminas** y **minerales**. Además, junto con las legumbres y los cereales, suministran fibra alimentaria.
- **El pescado**, más que la carne, y las legumbres son las principales fuentes de **proteínas**.
- **El aceite de oliva.** Es la **grasa** más empleada como condimento y para cocinar.
- Otros elementos asociados a la dieta mediterránea son la vida activa, comer en compañía y disfrutar haciéndolo, y utilizar alimentos tradicionales de origen local.

La **dieta mediterránea** es considerada una **herencia cultural** que incluye recetas tradicionales, celebraciones, costumbres, productos típicos y actividades humanas alrededor del consumo de un saludable y delicioso plato, por lo que la Unesco la ha incluido en la lista representativa del **patrimonio inmaterial de la humanidad**.

OBSERVA Conoce las necesidades energéticas de un adolescente.

Pirámide de la dieta mediterránea

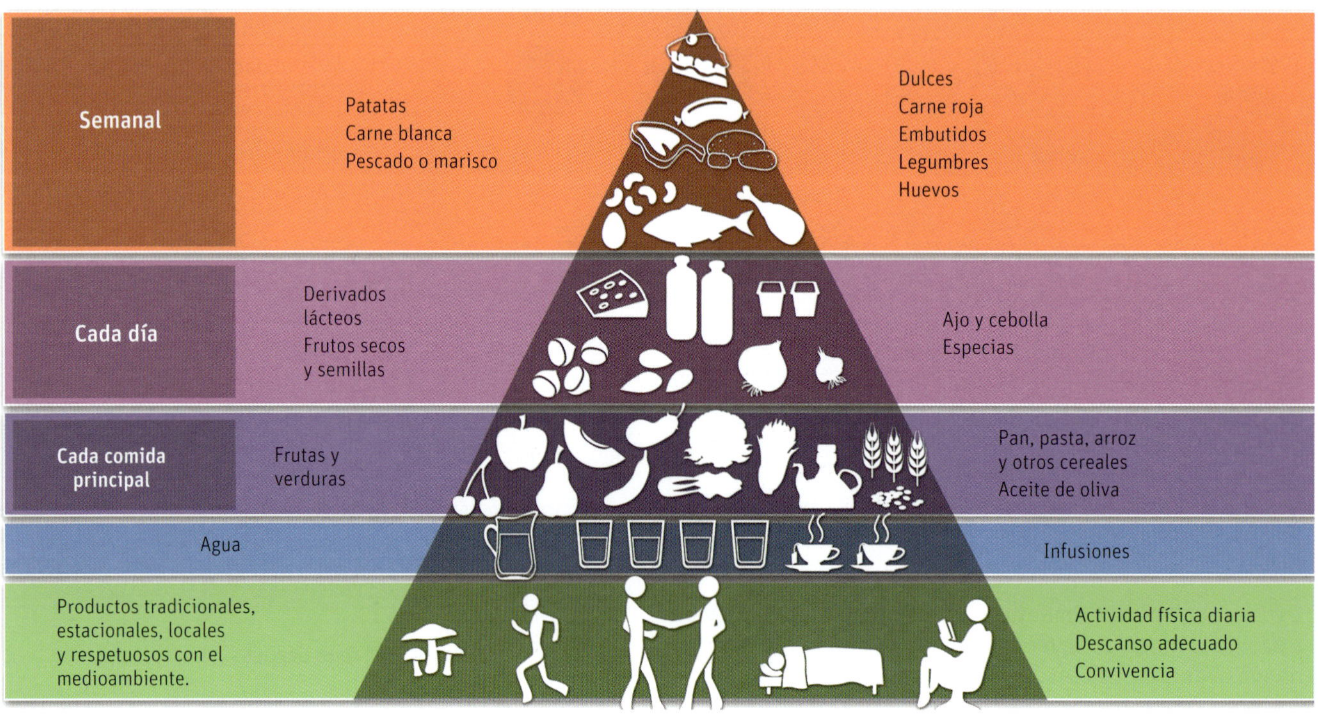

Dietas especiales

En ocasiones, no se pueden seguir todas las recomendaciones de una dieta equilibrada y es preciso suprimir o añadir ciertos alimentos para combatir algún trastorno o enfermedad. En estos casos se habla de dietas especiales.

La dieta para alérgicos a la proteína de la leche de vaca elimina los lácteos y sus derivados.

Dieta baja en colesterol. Esta dieta evita las carnes rojas grasas y aquellos productos alimentarios, como la bollería industrial, que son ricos en grasas saturadas y grasas *trans*, ambas perjudiciales para el organismo.

Dieta baja en sal. Esta dieta sustituye la sal que se añade a los alimentos por otros condimentos, como las especias. La suelen seguir las personas hipertensas.

Dieta sin gluten. Las personas que no toleran esta proteína (los celiacos), presente en algunos cereales como el trigo, deben consumir panes, pasta o galletas especiales que no la contienen.

Dieta para diabéticos. Esta dieta evita los glúcidos simples, los denominados azúcares, aunque puede incluir glúcidos complejos, como los que aportan los cereales.

Dieta hipocalórica o hipercalórica. Destinada a perder o ganar peso. Se recomienda seguir una dieta equilibrada, disminuyendo o aumentando la cantidad de alimentos según las necesidades.

Una **DIETA EQUILIBRADA** debe satisfacer las necesidades energéticas de nuestro organismo y debe aportarnos todos los tipos de nutrientes en las proporciones adecuadas.

ACTIVIDADES

1. Interpreta. Además de la rueda de los alimentos, las recomendaciones para una dieta equilibrada y saludable se representan mediante una pirámide, como la de la dieta mediterránea. En la base están los alimentos que deben sustentar la dieta, y en los estratos superiores, aquellos que tienen que tomarse con moderación. Además, contiene indicaciones sobre el estilo de vida mediterráneo.
   a) Indica el consumo recomendado para cada uno de los siguientes alimentos: cereales, frutos secos, bollería, frutas, verduras, embutidos y lácteos.
   b) ¿Qué cantidad diaria de agua se recomienda beber?
2. Investiga por qué se aconseja a las personas sanas que limiten o eliminen el consumo de sal.
3. Reflexiona. Si un familiar o amigo tiene diabetes, ¿qué alimentos le recomendarías no consumir?
4. Compara. Elabora una pirámide con todos los alimentos que has consumido en un día. Compárala con las de tus compañeros. Escribe un texto explicando si tu pirámide es más o menos saludable que las de tus compañeros.
5. Propón en casa un almuerzo o una cena basada en la dieta mediterránea, ayuda a cocinar y realiza un escrito corto en el cual destaques los beneficios de seguir las recomendaciones de esta dieta saludable.
6. Investiga qué son las calorías vacías, qué alimentos las contienen y que peligros tienen para la salud.

4 ¿Y si la dieta no es equilibrada?

» Aceite saludable

¿Sabías que el aceite de oliva combate el envejecimiento, protege el cerebro y reduce el riesgo de padecer enfermedades cardiacas, tensión alta o derrames cerebrales? España es el principal productor de este producto rico en ácidos grasos monoinsaturados.

La **malnutrición** es el estado que sobreviene como consecuencia de una dieta desequilibrada y puede deberse tanto a una **alimentación deficiente** como a un **consumo excesivo** de alimentos. En la actualidad, la falta de control y el consumo inapropiado de ciertos alimentos está generando en la población humana diferentes problemas de salud, como la obesidad.

La obesidad

La **obesidad** consiste en un exceso de grasa corporal producido por la ingestión excesiva de alimentos energéticos y asociada a un estilo de vida sedentario. Está considerada como uno de los factores de riesgo para contraer alguna de las principales enfermedades crónicas de nuestro tiempo, como la diabetes, las dolencias cardiovasculares o determinados tipos de cáncer.

Cómo prevenir el sobrepeso y la obesidad

Las medidas más importantes para prevenir el sobrepeso y la obesidad son una dieta equilibrada y el ejercicio físico diario:

Una dieta equilibrada

Además de seguir una dieta completa y equilibrada, hay que tener en cuenta consejos como los siguientes:

- Evitar la comida basura, los alimentos precocinados, la bollería industrial y las golosinas azucaradas.
- Comer solo cuando se tenga hambre, evitando el picoteo entre comidas.
- Alimentarse con variedad y consumir abundantes frutas y verduras.
- No hacer dieta o tomar fármacos sin consultar previamente con el médico.

Ejercicio físico diario

Realizar ejercicio físico a diario supone:

- Un estilo de vida en el que se practica actividad física para el desempeño de las tareas cotidianas, como desplazarse a pie o en bicicleta para ir al colegio.
- Una actividad física programada de tipo lúdico-deportivo adecuada a la edad y los intereses de cada persona, como baloncesto, natación, fútbol, gimnasia deportiva, atletismo, senderismo, etc.
- Una mejora en la flexibilidad y la movilidad de las articulaciones y un aumento del tono y la fuerza musculares.

Enfermedades carenciales

La **desnutrición** es una forma de **malnutrición** que se produce cuando la cantidad de alimentos que se consume no es suficiente para satisfacer las necesidades del organismo. Estas necesidades se compensan consumiendo las propias moléculas. En primer lugar, se consumen los depósitos de glúcidos, después los de lípidos y, en último lugar, los de proteínas.

En las sociedades occidentales no es frecuente la falta de comida, pero eso no significa que nuestra alimentación nos aporte los nutrientes que necesitamos. Las dietas poco variadas acarrean la falta de nutrientes, lo que constituye una forma de desnutrición, y provoca **enfermedades carenciales**. Estos trastornos se producen por la carencia de vitaminas o de sales minerales como el calcio.

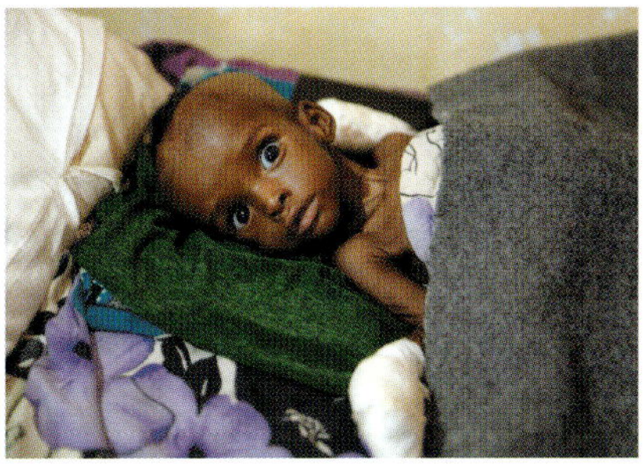

La alimentación es un derecho fundamental de todos los seres humanos. Sin embargo, se estima que hoy día 842 millones de personas no tienen lo suficiente para comer.

Anorexia y bulimia

La **anorexia nerviosa** es una enfermedad que se caracteriza por **el miedo intenso a ganar peso** y por una imagen distorsionada del propio cuerpo. Esta forma de desnutrición se caracteriza por un rechazo a la comida, a veces acompañado por un exceso de ejercicio físico, que conduce a un grave deterioro físico y fisiológico.

Estos enfermos también padecen a menudo **bulimia**, que consiste en ingerir grandes cantidades de alimentos y después provocarse el vómito para evitar engordar.

Algunos de estos trastornos son influenciados por estereotipos como la cultura de la delgadez. Para evitarlos, se recomienda fomentar la autoestima, transmitir un concepto de belleza basado en la salud y el cuidado, fomentar hábitos de alimentación saludable desde la infancia y establecer horarios regulares para comer.

OBSERVA Cómo elaborar un plato saludable.

Consejos para alimentarnos mejor

Planificar una alimentación equilibrada.

Tomar un desayuno completo por las mañanas.

Respetar el horario de las comidas.

Comer despacio y sin distracciones (televisión, videojuegos, etc.).

Alimentarse con moderación y variedad de forma saludable.

ACTIVIDADES

1. Elabora un mural con las causas y las consecuencias de la desnutrición. Si en algunos hogares tiran la comida y en otros sufren por la carencia de alimentos, ¿qué estrategias propones para mejorar esta situación? Compártelas en clase y realizad una campaña en el colegio.

2. Opina. ¿Cuál de los consejos para alimentarnos mejor te parece más difícil de seguir? ¿Por qué? En general, ¿qué crees que podrías hacer para comer mejor?

3. Imagina que solo tienes pan y pollo para alimentarte. ¿Podrías cubrir con estos alimentos tus necesidades energéticas? ¿Crees que sería una dieta equilibrada? Explica el motivo.

4. Realiza una entrevista a diferentes personas sobre su dieta. Deduce, para cada caso, si tienen hábitos alimentarios saludables. Posteriormente, recomiéndales algunos cambios para mejorar su alimentación.

5 El etiquetado: una información que debemos leer

El **ETIQUETADO** ayuda a los consumidores a tomar una **decisión informada** al comprar los productos alimentarios.

¿Realmente sabes lo que comes?

Como consumidores tenemos derecho a saber qué comemos. Solo si poseemos la información adecuada podemos escoger con fundamento entre un producto u otro. Las **etiquetas** que acompañan a los alimentos ofrecen información muy variada acerca de las sustancias que contienen, y nos resultarán muy útiles para valorar su calidad. Entre esta información encontramos datos sobre la cantidad, los ingredientes, la composición en nutrientes, el método de conservación o el modo de empleo.

La **información nutricional** proporciona datos sobre la energía y los nutrientes que aporta el alimento contenido en el envase. Constituye una parte esencial del etiquetado de un producto alimentario porque nos permite saber la clase de sustancias que se ingieren.

El etiquetado sobre información nutricional es obligatorio para la mayoría de los alimentos procesados. De forma **obligatoria**, y por cada 100 g o 100 mL del producto, se debe especificar en la etiqueta:

- El **valor energético**, en kcal o en kJ.
- Las **grasas** y, en particular, las saturadas.
- Los **hidratos de carbono**, en concreto, los azúcares.
- Las **proteínas**.
- La **sal** (se sobreentiende que sal equivale a **sodio**).
- **Sustancias** que puedan provocar **alergia**.

Información nutricional

Peso neto 250 g (Peso de alimentos sin envase)

Porción: 1 loncha (30 g) (Porción en medidas caseras)

Porciones por envase: 8 (Número de porciones por envase)

	100 g	Diario
Energía (kJ)	560	8 320
(kcal)	134	2 000
Proteínas (g)	17,2	50
Grasa total (g)	7,0	70
Solo saturadas	2,5	20
H. de c. disp. (g)	0,5	270
Azúcares (g)	0,5	20
Fibra alimentaria (g)	1,0	25
Sal (mg)	0,91	2,4
Vitamina 2 (mg)	0,21	24 %
Vitamina 12	0,56	60 %
Calcio (mg)	9	15 %
Fósforo (mg)	90	25 %
Yodo (mg)	18	10 %
Magnesio (mg)	2	5 %
Cinc (mg)	2,7	19 %
(*) (Diario)	Puede contener trazas de proteínas de la leche.	

Cantidad de nutrientes por cada 100 g

Cantidades diarias orientativas (CDO)

Contenido de vitaminas y minerales por cada 100 g

Porcentaje de la dosis diaria recomendada

Esta información se puede complementar de manera **voluntaria**, por tener interés para los consumidores, con:

- Las **cantidades aportadas** por una porción del alimento.
- El contenido en **otros tipos** de **nutrientes** como fibra alimentaria, vitaminas, minerales, almidones o polialcoholes.
- El **aporte** de **cada nutriente** a la cantidad diaria recomendada (CDR) o a la cantidad diaria orientativa (CDO). Se suele expresar en porcentajes.

ACTIVIDADES

1. **Analiza** la información de 5 etiquetas de productos que consumes regularmente. ¿Qué puedes deducir de ellos? ¿Son saludables o no? Explica tu respuesta y comparte tus conclusiones en clase.

2. **Investiga.** Los aditivos son sustancias que se añaden intencionadamente a los alimentos con el propósito de modificar sus características o mejorar su conservación. Al convertirse en componentes de los alimentos son, por tanto, ingredientes de estos, y deben figurar en el etiquetado, bien por su nombre, o bien por su número E.

a) En la imagen aparecen los aditivos de una golosina. Busca la función que desempeña cada uno de ellos.

b) ¿Hay alguno de estos aditivos que consideres innecesario? ¿Por qué?

6 Métodos de conservación de alimentos

Conservación y fechas límite

En España se producen al año más de 6 000 casos de **intoxicaciones alimentarias**, provocadas en su mayoría por microorganismos patógenos. La contaminación del alimento se produce como consecuencia de su manipulación, preparación o conservación inadecuadas.

En la etiqueta de muchos alimentos aparecen consejos para conservarlos, acompañados de fechas límite para su consumo. Pueden aparecer dos tipos de fechas límite:

- **Fecha de consumo preferente:** a partir de esta fecha el producto puede haber perdido algunas de sus propiedades nutritivas o haber cambiado de aspecto, olor o sabor, pero su consumo no supone ningún riesgo para la salud.
- **Fecha de caducidad:** a partir de esta fecha el alimento no debe consumirse, ya que no está garantizado que los cambios sufridos, como su contaminación por microorganismos, no provoquen daños en la salud.

A pesar de seguir los consejos sobre las fechas límite, los alimentos se contaminan si no se conservan y manipulan correctamente.

» ¿Si huele bien se puede comer?

Las bacterias y los hongos responsables de la descomposición de los alimentos producen malos olores y pueden cambiar su apariencia, pero generalmente no son perjudiciales para la salud, mientras que ciertas bacterias patógenas se reproducen en los víveres sin cambiar su apariencia pero pueden ocasionar graves problemas de salud, incluso la muerte.

Métodos de conservación

Los alimentos contienen sustancias que se alteran fácilmente debido a la acción de los agentes atmosféricos y a la actividad de los **microorganismos** que los utilizan como fuente de materia y energía. Algunos alimentos requieren tratamientos especiales para impedir o retardar el ataque de los microorganismos y preservar así sus propiedades nutricionales y gustativas. Los métodos más importantes son:

Frío. Se mantienen los alimentos a bajas temperaturas para ralentizar o detener el desarrollo de los gérmenes.

Aditivos. Se añaden para impedir la proliferación de microorganismos. Por ejemplo, la sal o los aditivos químicos artificiales (E).

Irradiación. Se somete a los alimentos a radiaciones ionizantes, como los rayos X, para destruir los microorganismos.

Al vacío. Se empaquetan los alimentos en recipientes a los que se extrae el aire o el oxígeno que contienen para detener el desarrollo de los microorganismos.

Calor. Si se somete a altas temperaturas, se reduce el número de microorganismos y sirve para conservar la leche.

Deshidratación. Se elimina el agua del alimento para impedir el desarrollo de microorganismos.

La **MANIPULACIÓN** correcta de los alimentos **evita** su contaminación y el contagio de enfermedades.

ACTIVIDADES

1. Explica. ¿Qué debes hacer con un alimento que ha sobrepasado su fecha de caducidad? ¿Por qué?
2. Razona. ¿Por qué es tan importante lavarse las manos antes de comer o de tocar la comida?
3. Realiza un manual con dibujos sobre consejos para evitar la contaminación de los alimentos. Comparte la información con tu familia y en el colegio.
4. Busca información. Al exportar o importar alimentos, ¿cómo se evita que se contaminen o dañen en el transcurso del viaje?
5. Investiga qué es la liofilización. ¿En cuál de los seis métodos de conservación la incluirías?

LO ESENCIAL

Los alimentos y la dieta

Una **dieta equilibrada** aporta todo tipo de nutrientes y en las proporciones adecuadas para satisfacer las necesidades energéticas de una persona.

Los habitantes de las zonas mediterráneas llevan una dieta equilibrada, que se puede representar mediante la **pirámide de la dieta mediterránea**.

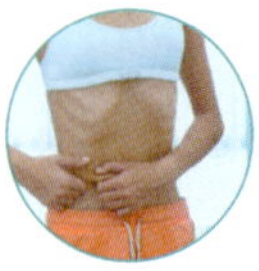

Si la dieta no es equilibrada se puede padecer **malnutrición**, dando lugar a trastornos como la **obesidad** o la **desnutrición**.

Para combatir algunos trastornos o enfermedades se deben seguir **dietas especiales** que suprimen o añaden ciertos alimentos, por ejemplo, las dietas sin gluten para celiacos.

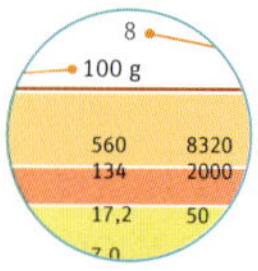

Los alimentos deben estar sometidos a normas de **conservación**, **etiquetado** y **manipulación**. La etiqueta de los productos proporciona información que nos permite elegir qué comer.

Para conservar más tiempo y en mejores condiciones los alimentos, se usan **métodos** como la aplicación de frío o calor, la adición de aditivos, la irradiación o el envasado al vacío.

1. Organiza tus ideas. Copia, completa y amplía el siguiente esquema para construir tu propio mapa mental de la unidad.

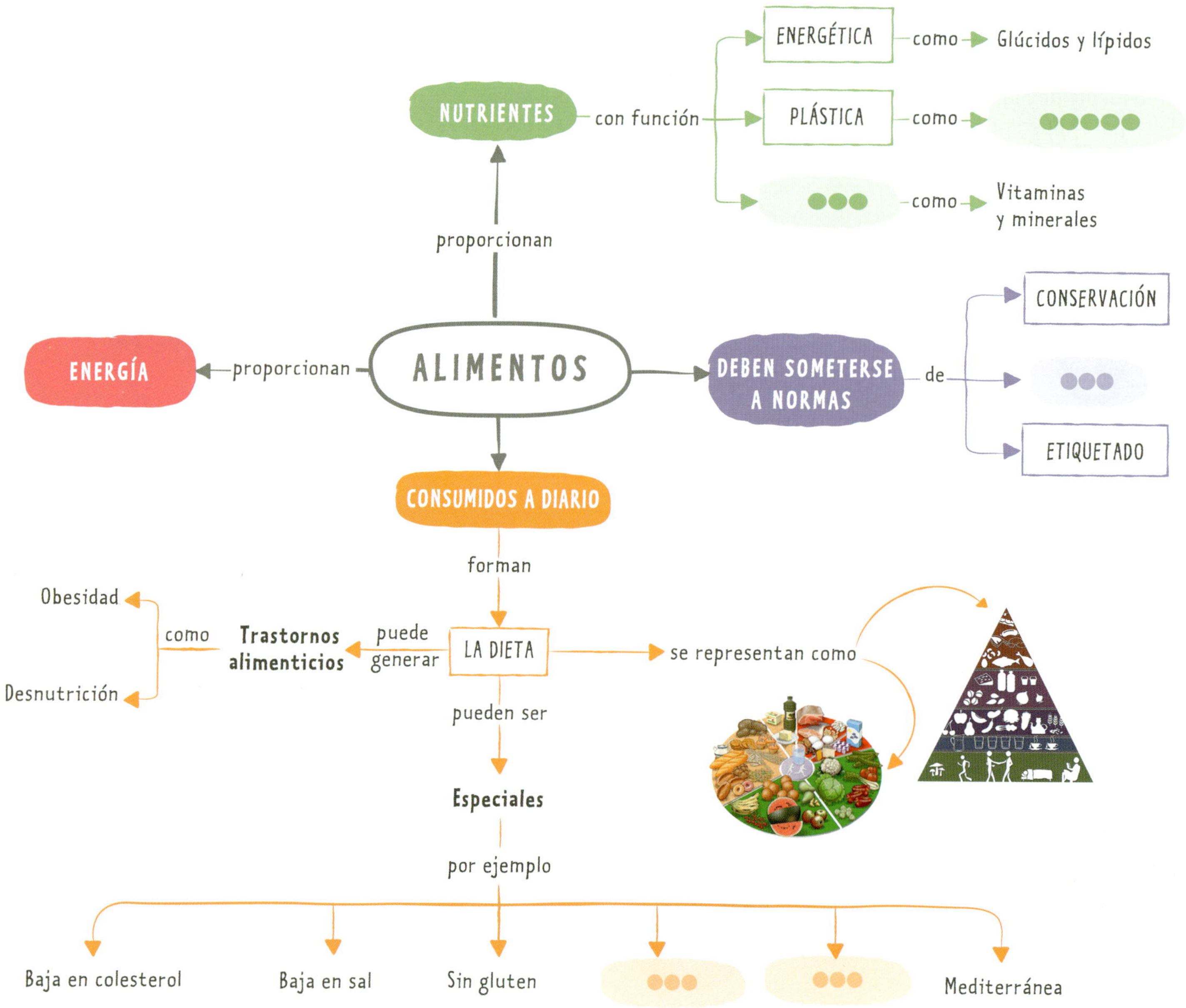

VALORA LO APRENDIDO Autoevaluación y resumen.

ACTIVIDADES FINALES

1. Clasifica. **Utiliza los alimentos para completar en tu cuaderno la tabla según su nutriente principal.**

• lentejas • manzanas • patatas • macarrones • pescadilla • huevo • leche • yogur • chocolate • mantequilla • almendras • lechuga • judías verdes • pollo • carne de ternera • pan • tomates • fresas

Nutriente principal			
Glúcidos	Lípidos	Proteínas	Vitaminas y sales minerales
patatas	●●●	●●●	●●●

- Organiza los anteriores alimentos en tres columnas dependiendo de la función que realicen: energética, plástica o reguladora.

2. Observa **la imagen, copia la tabla en tu cuaderno y ubica los alimentos en la columna en el lugar que corresponda.**

Función de nutriente		
Plástica	Energética	Reguladora
Carne	●●●	●●●
●●●	Galletas	●●●
●●●	●●●	Espinaca

- Busca otras imágenes de un desayuno, un almuerzo y una cena. Clasifica los alimentos guiándote por la tabla anterior. Extrae conclusiones de ella.

3. Establece. **Con ayuda de la rueda de los alimentos, completa en tu cuaderno este diagrama de Venn situando tres alimentos en cada óvalo, de forma que algunos compartan varias funciones.**

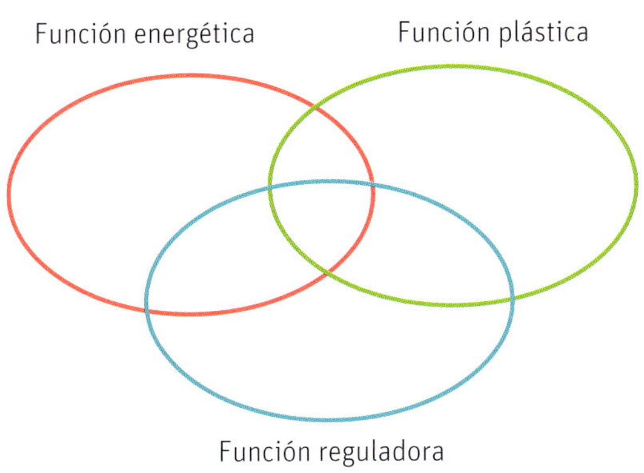

4. Deduce. **Si una persona, debido a su metabolismo basal y a su actividad física, gasta 15 000 kJ, ¿qué cantidad de proteínas, glúcidos y lípidos deberá consumir?**

5. Soy competente

Lee el texto y contesta a las preguntas.

La tabla muestra los tipos de alimento según su función nutritiva.

Función nutritiva	Alimentos	Características
Plástico	Proteínas	Construir materia propia
Regulador	Sales minerales y vitaminas	Regular funciones con normalidad
Energético	Glúcidos y lípidos	Liberar energía

- **Luis y sus compañeros tienen planeado jugar al fútbol esta tarde. ¿Qué alimentos deben consumir antes del juego para tener la energía suficiente para ganar?**

A. Proteínas, porque su procesamiento en el cuerpo genera materia propia.

B. Proteínas, porque su procesamiento en el cuerpo permite regular sus funciones.

C. Carbohidratos, porque su procesamiento regula las funciones con normalidad.

D. Carbohidratos, porque su procesamiento en el cuerpo genera energía.

- **Indica si son verdaderas o falsas las siguientes afirmaciones. Corrige las que sean falsas.**

a) Cereales y legumbres son ricos en glúcidos complejos.

b) Los celiacos deben tomar alimentos sin colesterol.

c) Hay unas grasas más saludables que otras.

d) La carne y el pescado son ricos en fibra alimentaria.

6. Compara **el gasto de energía y la emisión de gases de efecto invernadero que ocasiona el consumo de una fruta cultivada en España y otra procedente de un país suramericano.**

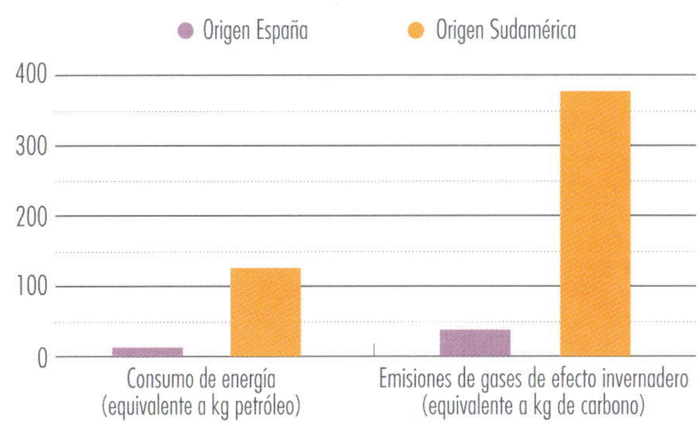

a) ¿A qué se deben estas diferencias? ¿Cuál es su importancia?

b) Justifica la recomendación de la dieta mediterránea sobre el consumo de frutas y verduras de temporada y cultivadas en una zona próxima a nuestro lugar de residencia.

7. Clasifica los siguientes alimentos según sean o no ricos en fibra: naranja, zumo de naranja, lentejas, pan blanco, pan integral y carne. Si la fibra no puede ser digerida y servir de nutriente a las células, ¿por qué es saludable comer alimentos que la contengan?

8. Observa las imágenes. ¿Qué alimentos de la tabla deberías consumir para obtener la energía necesaria en estas actividades?

Alimento	Valor energético (kcal)
Manzana	52
Jugo de naranja	42
Té	1
Mostaza	15
Café	1
Pollo	134
Espinacas	32

1

2

9. Relaciona. La FAO (Organización de las Naciones Unidas para la Agricultura y la Alimentación) propone estas fórmulas para calcular el metabolismo basal (kcal/día) para edades comprendidas entre 10 y 18 años.

Mujeres: 7,4 x peso en kilogramos + 428 x altura en metros + 572

Hombres: 16,6 x peso en kilogramos + 77 x altura en metros + 572

a) Calcula tu metabolismo basal.

b) Utiliza la información de la gráfica para calcular tu gasto energético diario para una actividad moderada.

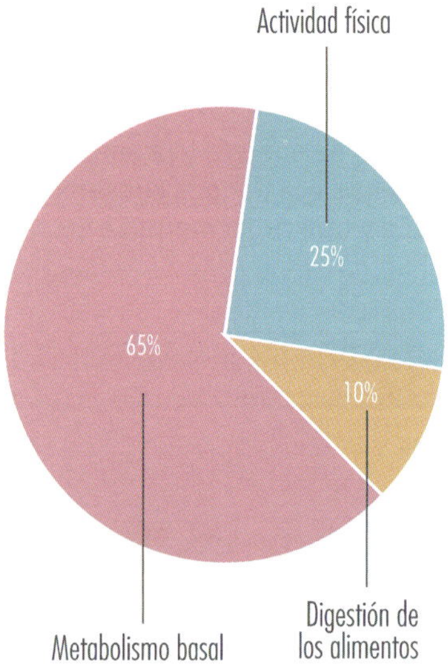

10. Analiza y extrae conclusiones. Piensa en lo que has comido a lo largo de una semana y elabora una lista con los alimentos que consideres que están de acuerdo con la dieta mediterránea y otra con los que no formen parte de la misma. ¿Qué podrías decir sobre tu alimentación?

11. Analiza. En España y en otros países mediterráneos, la esperanza de vida es elevada y ronda los 80 años. Los expertos afirman que en parte es debido al tipo de dieta.

a) Copia en tu cuaderno la siguiente frase y complétala:

En una dieta equilibrada, los ●●● deben aportar, aproximadamente, el 55 % de la energía, los ●●● el 30 % y las ●●● el 15 % restante.

b) Observa la pirámide de la dieta mediterránea y justifica por qué es una dieta equilibrada.

c) ¿Podrías argumentar que esta dieta tiene algo que ver con la esperanza de vida en los países mediterráneos?

12. Valora. El sobrepeso y la obesidad se diagnostican empleando el índice de masa corporal (IMC), que se calcula mediante esta fórmula:

IMC = peso (kg) / altura^2 (m)

Peso normal	Sobrepeso	Obesidad	Obesidad grave	Obesidad mórbida
IMC	IMC	IMC	IMC	IMC
18,5 a 24,9	25 a 29,9	30 a 34,9	35 a 39,9	40 o mayor

a) Calcula tu IMC con la fórmula anterior y evalúa la de otros dos familiares y dos amigos, ¿qué deduces?

b) Con los conocimientos que has adquirido en esta unidad, ¿qué consejos puedes dar a los que no tienen un peso normal?

c) ¿Qué dieta debe tener una persona con el IMC muy elevado?

13. Emprende. Diseña un cartel con el que prevenir la obesidad o la anorexia. En grupos elegid una campaña y elaborad vuestro propio cartel. ¿Qué mensaje os gustaría transmitir? ¿Con qué imagen y eslogan daríais fuerza a ese mensaje?

14. Realiza una lista de hábitos incorrectos de alimentación y al frente de cada uno de ellos escribe el problema de salud que puede desencadenar. Por ejemplo, consumo excesivo de refrescos azucarados – diabetes.

15. Razona. En el número 8 de la lista de las causas de mortalidad en el mundo está la diabetes, que provocó 1,4 millones de fallecimientos en 2011 (2,6 %), frente a 1 millón (1,9 %) en 2000.

a) ¿Qué relación encuentras entre estas dos gráficas?

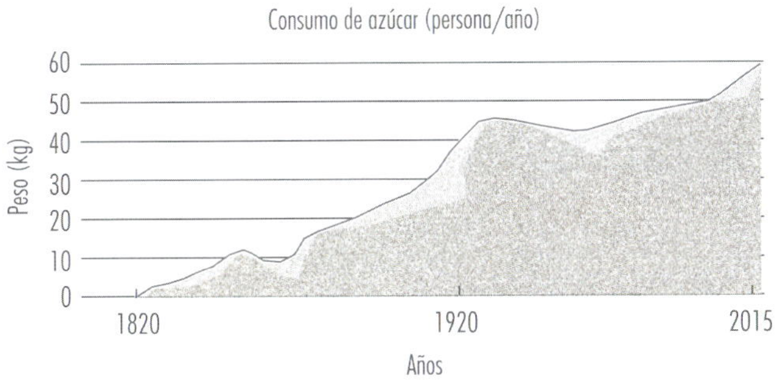

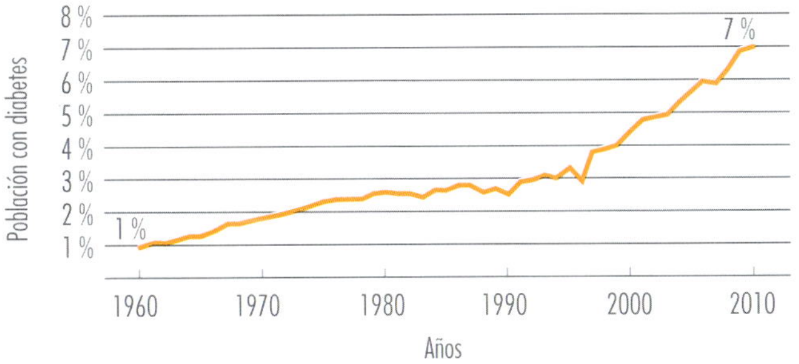

b) ¿Qué cambios en la dieta han podido provocar el aumento en el número de muertes en 2011, frente al año 2000?

c) ¿Qué alimentos deberían reducirse en la dieta para volver a la situación del año 2000?

d) ¿Qué consumo de azúcar se puede proyectar al año 2025?

16. Investiga. ¿Qué medidas ha tomado el gobierno español para reducir el consumo de comida poco saludable en las instituciones educativas? En tu colegio, ¿qué alimentos saludables ofrecen para que consumas?

17. Analiza. Con lo que sabes ahora sobre la dieta, responde:

a) ¿Quién crees que necesita más energía, los hombres o las mujeres? ¿Por qué?

b) ¿Hay alguna edad en la que los requerimientos sean mayores? Explica por qué.

18. Investiga qué aditivos lleva un yogur de fresa y la función que realiza cada uno de ellos.

19. Relaciona cada uno de los alimentos indicados con el método de conservación utilizado habitualmente con ellos.

• leche • aceitunas • carne fresca • café soluble • jamón serrano • frutas frescas • vinagre • yogur

20. Retoma la pregunta propuesta en la apertura de la unidad y respóndela utilizando todos los conocimientos adquiridos sobre los alimentos, los tipos de nutrientes y su función, las dietas, los trastornos del régimen alimentario y los métodos de conservación de los alimentos.

Ciencia en la calle

Lee y comprende el siguiente texto:

La obesidad, ¿un problema de salud pública?

España es considerado el segundo país con mayor índice de obesidad de Europa. Se estima que aproximadamente el 25 % de la población española es obesa o tiene problemas de sobrepeso.

Se entiende por sobrepeso, la condición en la que el peso corporal es mayor del que corresponde en relación al sexo, la talla y la edad. Se trata de una enfermedad que causa aproximadamente 131 000 muertes al año en nuestro país.

Un informe de la ONU sugiere poner en marcha políticas que minimicen el despilfarro de comida e influyan en la elección de determinadas opciones alimentarias que reduzcan de manera considerable la población obesa o con sobrepeso.

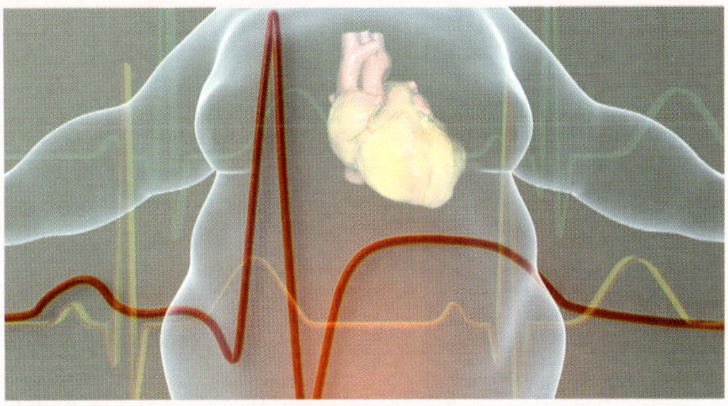

a) En tu opinión, ¿por qué la cantidad de personas obesas en España es tan alta?

b) ¿Crees que la obesidad es realmente un problema de salud pública? ¿Por qué?

c) Propón algunas medidas que puedan tomarse desde la Administración y desde las instituciones educativas para prevenir el sobrepeso y la obesidad de la población.

d) ¿Cómo podrías ayudar tú a evitar la obesidad de un familiar o amigo?

e) Realiza el montaje de una escena corta, junto a otros compañeros de clase, sobre las problemáticas familiares y sociales que padecen las personas obesas. Represéntala en clase y recoge en un informe los principales problemas señalados en tu representación y en la de tus compañeros.

f) Redacta un artículo sobre las consecuencias a corto y largo plazo de la obesidad.

4 LA ELIMINACIÓN DE LOS DESECHOS Y EL TRANSPORTE

En esta unidad aprenderás...

- A relacionar la estructura del sistema urinario con su papel en la excreción y la homeostasis.
- Cuáles son los componentes de la sangre y qué recorrido realiza esta por el sistema circulatorio.
- Cómo es el funcionamiento del corazón como bomba impulsora de la sangre.
- La relación coordinada que se establece entre los cuatro aparatos que participan en la función de nutrición.

¿Por qué se dice que el corazón es el motor de nuestro cuerpo?

El corazón de un adulto late alrededor de 70 veces por minuto en reposo. Pero si se realiza un gran esfuerzo, como una carrera, el corazón puede llegar a latir más de 180 veces por minuto.

Los atletas, como los de la imagen, están habituados a realizar ejercicio físico vigoroso. No solo sus músculos están preparados para la actividad física intensa, sus corazones también son capaces de bombear una cantidad de sangre mayor con cada latido.

- ¿Por qué late más rápido el corazón cuando realizamos un esfuerzo físico intenso?
- Si en cada contracción el corazón de una persona adulta impulsa 70 mL de sangre, ¿cuántos litros de sangre impulsará por minuto?
- ¿Qué cambios crees que ha experimentado el corazón de un atleta para bombear más sangre en cada latido?

1 ¿Qué desechos produce el organismo?

La ORINA tiene una composición similar a la del plasma sanguíneo, aunque posee una mayor concentración de sustancias de desecho, como la urea.

Las **células** transforman los **nutrientes** y los utilizan para obtener la **energía** y los materiales que nuestro organismo necesita, pero estos procesos también generan desechos que las células vierten a la sangre. Estos desechos pueden ser tóxicos para el organismo y deben ser expulsados al exterior.

La eliminación de las sustancias de desecho procedentes de la actividad de las células se denomina **excreción**.

La excreción del CO_2

El dióxido de carbono que se obtiene como producto de desecho en la respiración celular se expulsa al medio a través de los **pulmones**.

La sangre que llega a los pulmones va cargada de CO_2 recogido en los distintos órganos del cuerpo. La diferente concentración de CO_2 a uno y otro lado de la pared de los alvéolos lo empuja a pasar por **difusión** desde la sangre. Los alvéolos captan oxígeno (O_2) y excretan el dióxido de carbono (CO_2), proveniente del **metabolismo** celular.

Los desechos sólidos disueltos en agua

El CO_2 no es el único desecho que generamos. Otros productos de desecho son sólidos y se expulsan disueltos en agua formando la orina y el sudor.

- La **orina** es un líquido de color amarillo y transparente, aunque se puede volver opaca si está muy concentrada. Aproximadamente el 95% de la orina es agua y el 5% son sustancias disueltas en ella.

  Estas sustancias también se encuentran en la sangre, aunque en diferente proporción. Una de las sustancias que se excreta es la **urea**, un compuesto tóxico que se produce cuando se descomponen las proteínas en el hígado y se expulsa por medio de la orina.

- El **sudor** es similar a la orina, pero más diluido; alrededor del 99% es agua. Se produce en las **glándulas sudoríparas** que se distribuyen por toda la piel.

Glándula sudorípara

Las glándulas sudoríparas contribuyen a la regulación de la temperatura corporal. Si bien se distribuyen por toda la piel, son más abundantes en algunas partes del cuerpo, como la planta del pie, la palma de la mano, la frente o las axilas.

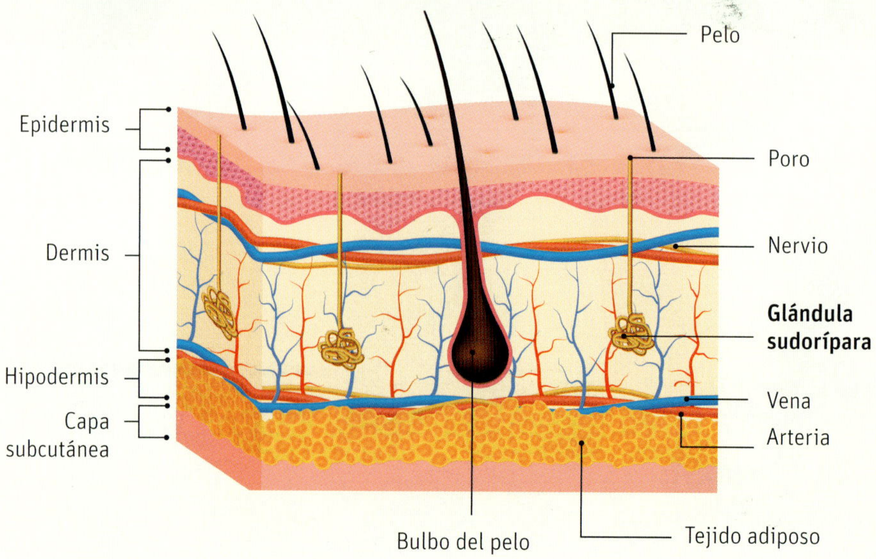

ACTIVIDADES

1. Razona. ¿Qué pasaría si los desechos que son liberados a la sangre no se expulsaran al medio externo?
2. Dibuja un esquema en el que se muestre cómo ocurre el proceso de excreción de CO_2.
3. Compara. ¿En qué se parecen y en qué se diferencian el sudor y la orina?
4. Investiga qué parámetros se suelen evaluar en un análisis de orina.

2 El sistema urinario

La orina se fabrica y se almacena en el **sistema urinario**, que también se encarga de expulsarla al exterior. Los órganos que componen el sistema urinario son los riñones, los uréteres, la vejiga y la uretra.

PRACTICA Identifica las partes del sistema urinario.

Estructura del sistema urinario

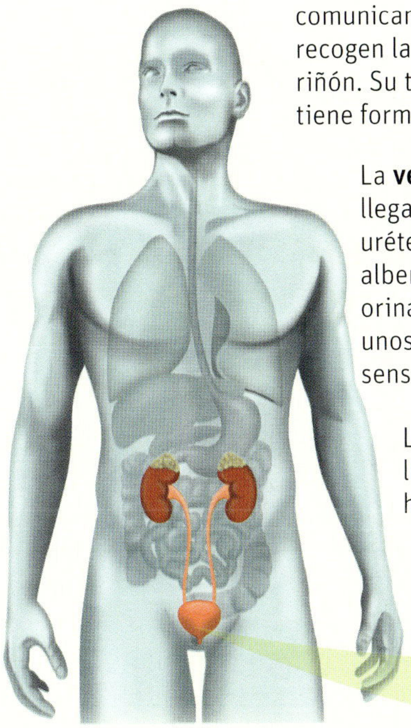

Los **uréteres**. Son dos conductos que comunican los riñones con la vejiga y recogen la orina fabricada en cada riñón. Su tramo inicial, la **pelvis renal**, tiene forma de embudo.

La **vejiga**. Acumula la orina que llega de manera continua por los uréteres. Es extensible y puede albergar una cantidad variable de orina. Cuando la vejiga contiene unos 300 mL se estimula la sensación de **micción**.

La **uretra.** Es el conducto que lleva la orina desde la vejiga hacia el exterior.

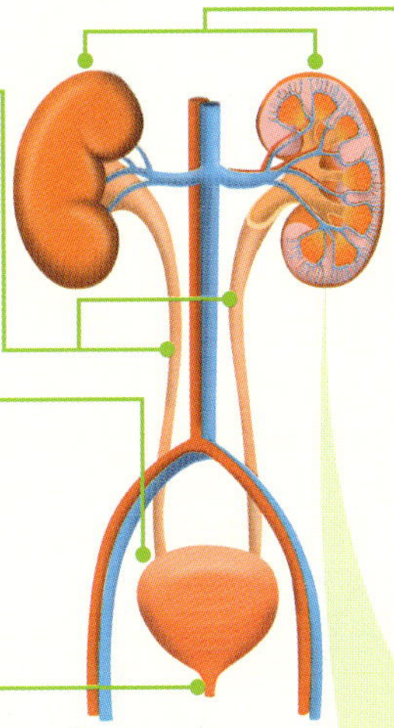

Los **riñones.** Son dos órganos, situados a ambos lados de la zona lumbar de la columna vertebral. El riñón se compone de tres partes:

- La **corteza**, o parte más exterior, de aspecto granuloso.
- La **médula**, o masa central, es la zona interna, de aspecto fibroso y dividida en zonas con forma de pirámide.
- Los **vasos sanguíneos** entran y salen del riñón por su parte cóncava; son, respectivamente, la **arteria** y la **vena renal**.

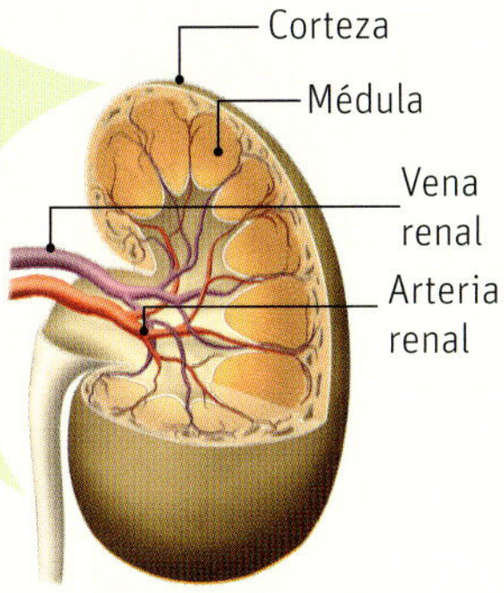

Si se observa el corte longitudinal de un riñón a gran aumento, se puede comprobar que contiene más de un millón de unidades básicas, denominadas **nefronas**.

Una nefrona está compuesta por dos elementos principales.

- Una **cápsula** hueca que rodea a un **ovillo de capilares sanguíneos**.
- Un **tubo fino**, que tiene forma de asa. Los tubos finos de varias nefronas desembocan en **tubos más gruesos** que recogen la orina originada en cada una de ellas.

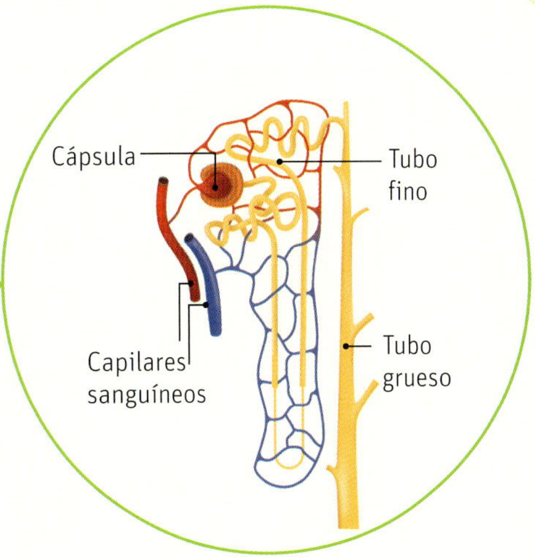

Los riñones son órganos del sistema urinario y su unidad funcional es la nefrona.

ACTIVIDADES

1. Razona. ¿Por qué la expulsión de las heces no se considera una forma de excreción?
2. Justifica ¿Puede considerarse la piel un órgano excretor? ¿Por qué?
3. Elabora un esquema que recoja la información de esta página sobre el sistema urinario.
4. Dibuja en tu cuaderno un riñón y señala las estructuras que lo forman.
5. Investiga qué tipo tejido forma la vejiga y cuáles son sus características más importantes.
6. Describe el recorrido que realiza la orina a lo largo del sistema urinario.

3 ¿Cómo funcionan los riñones?

En las nefronas, la sangre se filtra y del filtrado se obtiene la orina. El funcionamiento del riñón es el resultado del trabajo realizado por sus nefronas.

El funcionamiento de la nefrona

La sangre que circula por los capilares se **filtra** hacia la cápsula que lo rodea (llamada cápsula de Bowman). Así, el líquido que entra en la cápsula no es la sangre completa; solo contiene moléculas pequeñas como agua, sales, glucosa y urea.

El líquido filtrado pasa a lo largo del tubo, donde algunos de los componentes atraviesan sus paredes, vuelven de nuevo a él y se **reabsorben** al interior de los capilares que lo rodean.
Toda la glucosa, el agua y otras sustancias son devueltas a la sangre. Sin embargo, solo una pequeña parte de la urea (2 %) y de las sales retornan a la sangre de nuevo.

La **orina** es el resultado final que se **excreta**. Una vez formada viaja a través de los túbulos hasta llegar al uréter y de ahí a la vejiga, donde se almacena. Cuando la vejiga está llena se envía una señal al cerebro sobre la necesidad de orinar y esta es expulsada al exterior por la uretra.

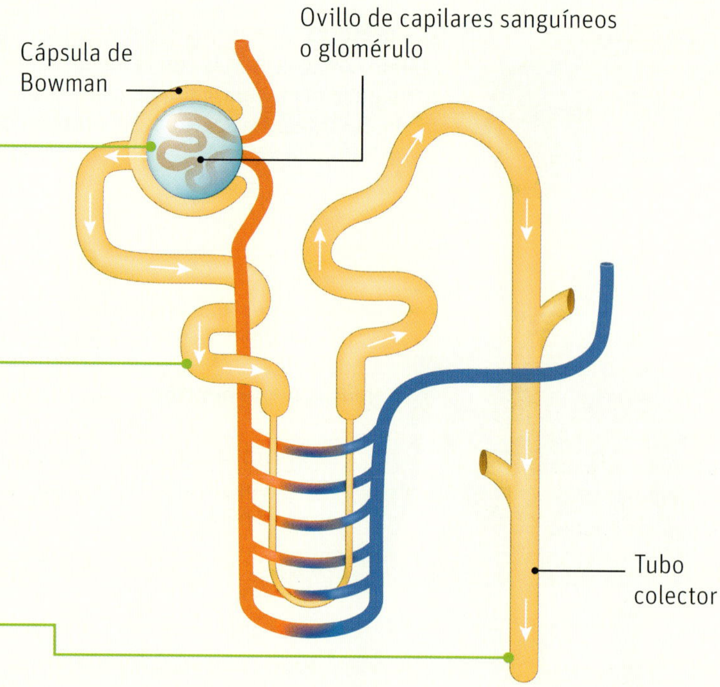

La doble función del riñón

Los **RIÑONES** realizan una doble función: ayudan a limpiar la sangre de desechos, excreción, y controlan la cantidad de agua y sales que esta contiene, homeostasis.

Los riñones, como los pulmones y la piel, son **órganos excretores**. Es decir, depuran la sangre liberándola de los desechos producidos por la actividad celular. Pero esta no es su única función.

En la orina, los desechos se eliminan con agua y sales minerales, pero ambas sustancias son necesarias para el buen funcionamiento del organismo. El volumen y la composición de la orina pueden ser muy variables. Por ejemplo, beber grandes cantidades de agua genera una orina muy abundante, diluida e incolora, mientras que si se ingieren pocos líquidos la orina es escasa, muy concentrada y de color más oscuro.

Los riñones tienen una segunda función que consiste en mantener constantes las cantidades de agua y sales minerales de la sangre. Así contribuyen a la **homeostasis**, o mantenimiento de las características del medio interno dentro de unos límites.

ACTIVIDADES

1. Explica cuáles son y en qué consisten cada una de las tres etapas de formación de la orina.
2. Razona. ¿Qué sucedería si el cuerpo humano no tuviera órganos excretores como los riñones o los pulmones?
3. Investiga por qué las personas con diabetes presentan glucosa en la orina.
4. Razona. ¿Por qué los glóbulos rojos de la sangre no aparecen en la orina? ¿Por qué tampoco aparece la glucosa?
5. Reflexiona. Por los riñones pasan cada día unos 1400 L de sangre, de los cuales 180 L son filtrados al interior de las cápsulas que se encuentran ubicadas en las nefronas. ¿Cómo es posible que solo se elimine 1,5 L de orina? Explica tu respuesta.

4 El sistema urinario y la salud

El sistema urinario es muy delicado y requiere hábitos saludables y buenas condiciones de higiene. Las enfermedades y trastornos más comunes del sistema urinario son la cistitis, los cálculos renales y el cólico nefrítico y la enfermedad renal.

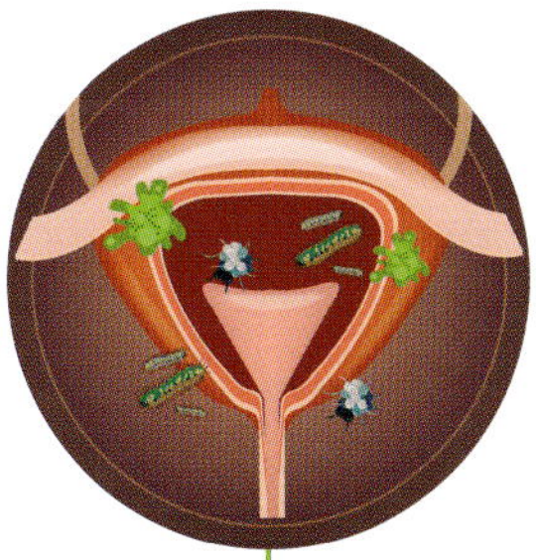

Cistitis

Es la inflamación aguda o crónica de la vejiga. Si no se trata, la infección puede llegar a afectar a los riñones y causar daño permanente en los mismos.

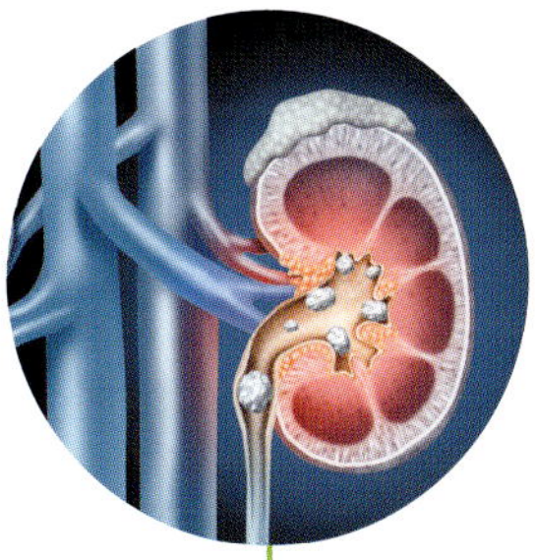

Cálculos y cólico nefrítico

Se manifiesta como un dolor lumbar muy intenso, de tipo espasmo, causado por la obstrucción del riñón por un depósito mineral situado en el uréter.

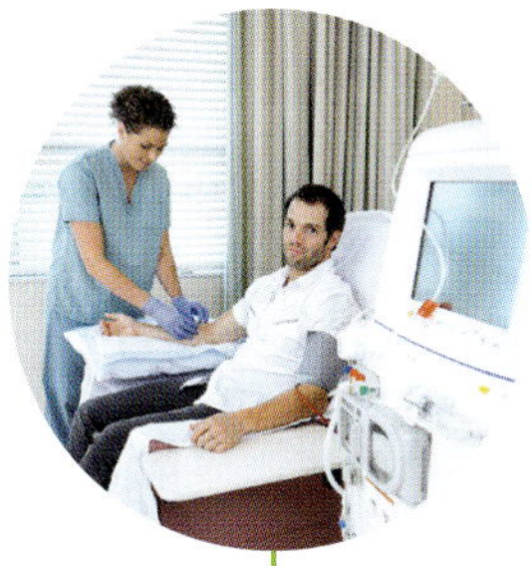

¿Y si el riñón no funciona?

Una enfermedad renal grave puede hacer que el riñón no sea capaz de cumplir su función depuradora. Si los dos están dañados será necesario someter al enfermo a hemodiálisis.

El uso de ropa ajustada puede fomentar las infecciones en la zona urogenital. **Mantener ropa cómoda y aseada** es muy importante.

La hemodiálisis

La hemodiálisis constituye un tratamiento provisional mientras se recupera la función normal de los riñones. En el caso de que no sea posible esta recuperación, la solución definitiva es el **trasplante** de riñón.

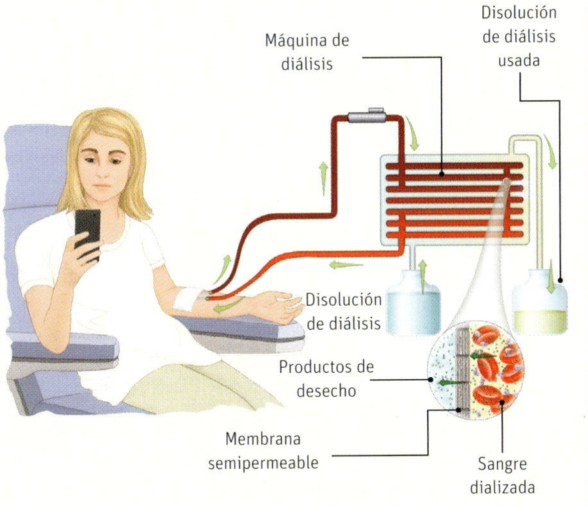

La hemodiálisis se realiza mediante una máquina o "riñón artificial", en la cual la sangre del enfermo se pone en contacto con una disolución especial, similar al plasma sanguíneo, a través de una membrana semipermeable. La membrana deja escapar de la sangre la urea y otros productos de desecho, pero impide el paso de moléculas más grandes, como las proteínas, y de las células sanguíneas.

Consejos para cuidar nuestro sistema urinario

- Consumir con moderación alimentos ricos en proteínas cuyos desechos deben ser eliminados con la orina, como la carne, sobre todo la de caza, o los mariscos.
- Beber agua en abundancia, unos dos litros diarios, para ayudar a disolver los desechos y así expulsarlos con más facilidad.
- Evitar los alimentos muy condimentados o salados, de igual manera que las bebidas alcohólicas, pues son irritantes y favorecen la incontinencia urinaria.

ACTIVIDADES

1. Investiga otras enfermedades del sistema urinario y resume en un esquema la información que encuentres, junto a la que ofrece el libro.
2. Explica cómo logra un "riñón artificial" limpiar la sangre de los enfermos.
3. Reflexiona. ¿Por qué beber agua en abundancia resulta beneficioso para el buen funcionamiento de los riñones?

5 El sistema circulatorio y la sangre

>> ¿Estás ahí?

El latido del corazón es la manifestación más perceptible de su actividad. La frecuencia con que el corazón late varía según las necesidades del organismo.

El sistema circulatorio humano

El sistema circulatorio se encarga del **transporte de sustancias** y componentes como nutrientes, desechos, gases (dióxido de carbono, oxígeno) y células a través de todo el cuerpo. Estas sustancias se transportan en un líquido, la **sangre**, que permanece siempre en el interior de tubos o **vasos** por los que circula, impulsada por el **corazón**.

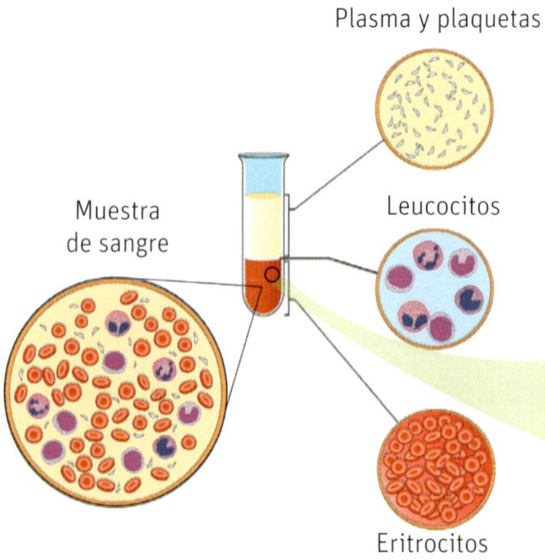

Estas células se encuentran suspendidas en el plasma.

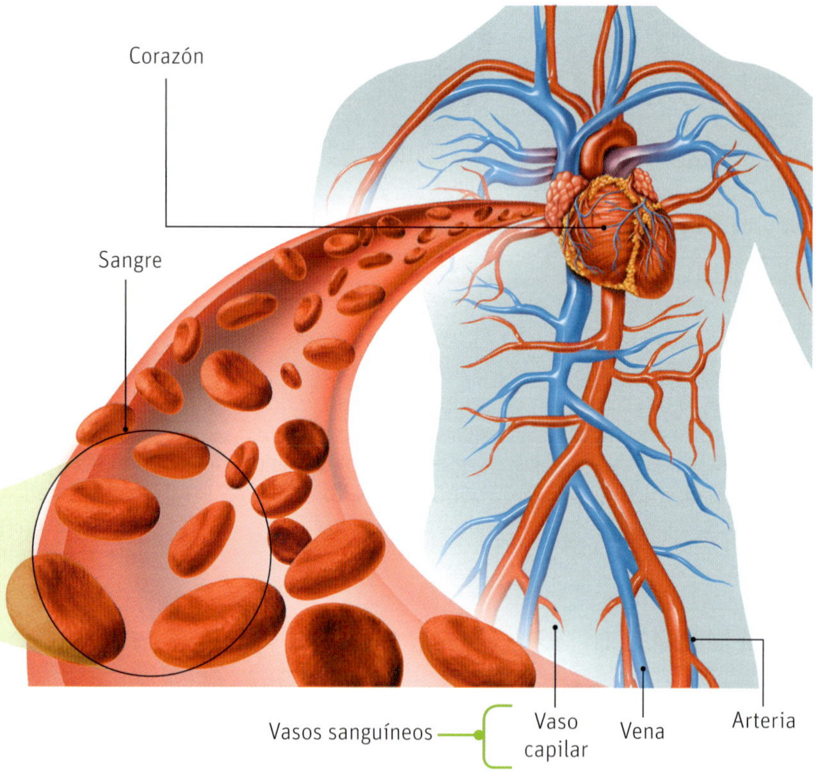

La sangre

La sangre está compuesta por una parte líquida, denominada **plasma**, y por diferentes tipos de **células sanguíneas**. Si se separan los dos componentes de la sangre, el 55 % del volumen corresponde al plasma y el 45 % a las células sanguíneas.

- El **plasma sanguíneo** es un líquido amarillento formado por agua (91 %), sales, proteínas, lípidos, glucosa y urea. En él están disueltas sustancias como nutrientes, desechos y dióxido de carbono.
- Las **células sanguíneas** se generan en la **médula ósea roja**, un tejido que rellena el interior de algunos huesos. Existen tres tipos de células sanguíneas.

Plaquetas o trombocitos	No son realmente células, sino fragmentos de células y se suelen encontrar formando pequeños grupos. Hay alrededor de 250 000 plaquetas por mm^3 de sangre, y su vida media está en torno a una semana. Su función es **controlar las hemorragias**.
Glóbulos blancos o leucocitos	Hay varios tipos de glóbulos blancos y todos tienen núcleo. Su número es de unos 8000 por mm^3 de sangre. Su vida media es de alrededor de un día. Su función es la **defensa de nuestro organismo**.
Glóbulos rojos, eritrocitos o hematíes	Proceden de células sin núcleo, con el aspecto de bolsitas de forma bicóncava. Contienen una proteína de color rojo, llamada **hemoglobina**, cuya función es transportar oxígeno a las células. Son las células más abundantes de la sangre. En 1 mm^3 de sangre hay alrededor de cinco millones, y su vida media es aproximadamente de unos cuatro meses.

Las funciones de la sangre

La sangre, con su gran contenido en agua, funciona como un sistema de transporte. Además, realiza otras funciones importantes.

Transporte	Transporta las sustancias sólidas disueltas en el plasma, como nutrientes o desechos, y los gases respiratorios, que son el oxígeno y el dióxido de carbono.
Distribución del calor corporal	Por ejemplo, durante un ejercicio intenso, la sangre se calienta a su paso por los músculos; esta misma sangre se enfría cuando pasa por la piel y eso contribuye a normalizar la temperatura del cuerpo.
Defensa frente a las infecciones	Los glóbulos blancos se encargan de fagocitar a los cuerpos extraños, como las bacterias, y de fabricar sustancias que ayudan a su destrucción.
Control de hemorragias	Las plaquetas colaboran en la coagulación de la sangre y ayudan a detener las hemorragias producidas por la rotura de los vasos sanguíneos.

PRACTICA El transporte de gases en la sangre.

El sistema linfático

Es un sistema de transporte semejante al circulatorio, pero no transporta sangre sino **linfa**, un líquido incoloro compuesto de glóbulos blancos, proteínas, grasas y sales que viaja desde los tejidos hasta la sangre a través de los **vasos linfáticos**.

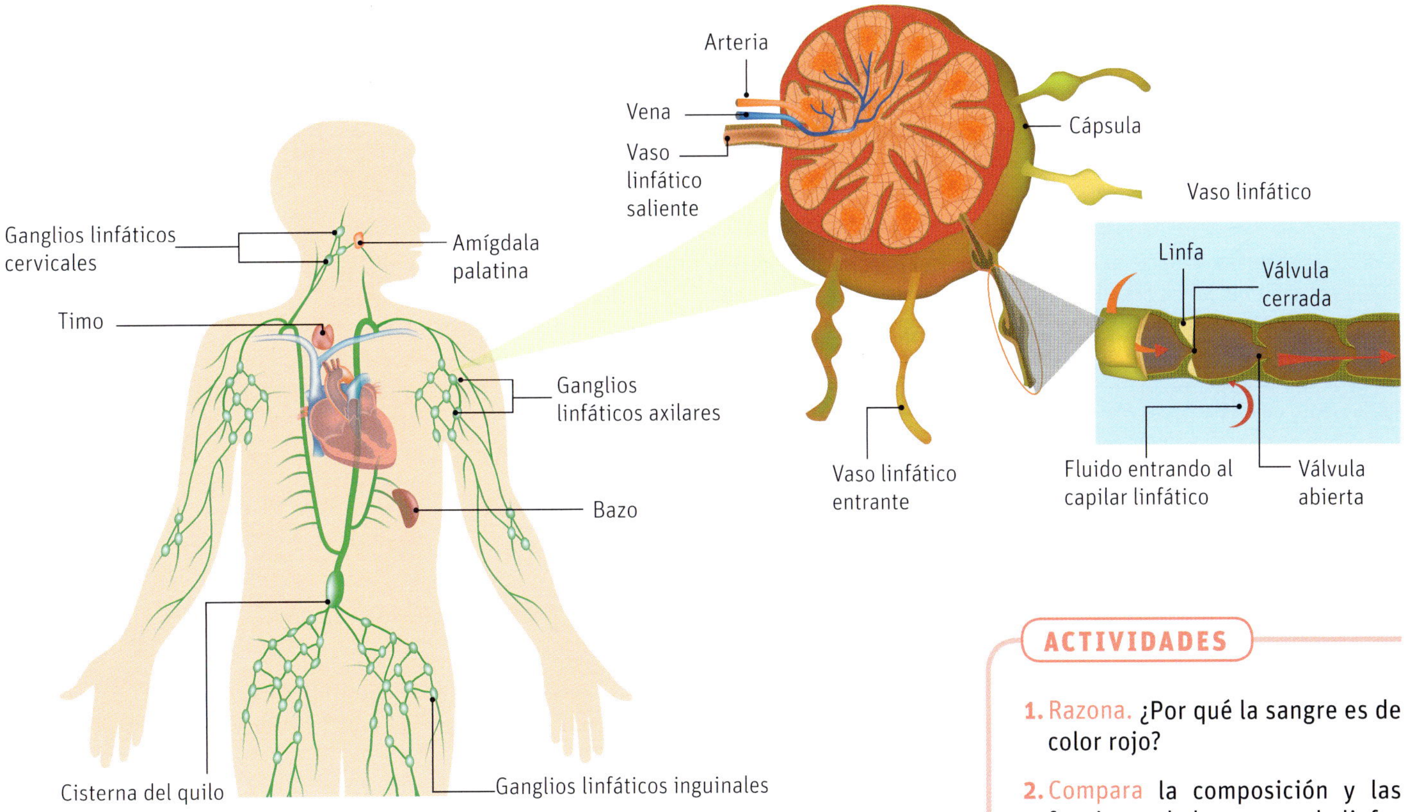

En el sistema linfático no existe una bomba que impulse la linfa, sino que esta se mueve aprovechando las contracciones musculares. En este sistema también hay **ganglios linfáticos** y **órganos linfoides**, como el timo, el bazo, la médula ósea y las amígdalas. Su función es la de filtrar la linfa de sustancias extrañas y destruirlas, así como producir glóbulos blancos.

ACTIVIDADES

1. Razona. ¿Por qué la sangre es de color rojo?
2. Compara la composición y las funciones de la sangre y la linfa.
3. Compara. Señala dos similitudes y dos diferencias entre los sistemas circulatorio y linfático.
4. Investiga cuál es la función de los órganos linfoides.

6 Los vasos sanguíneos y el corazón

» Haz la fila

En los vasos capilares más estrechos, los eritrocitos deben pasar en fila, uno detrás de otro. Incluso en algunos vasos deben comprimirse para poder pasar.

Los tubos que conducen la sangre se llaman **vasos sanguíneos**, y la bomba encargada de impulsarla a través de ellos es el **corazón**. El corazón y los vasos sanguíneos en conjunto se conocen como **sistema cardiovascular** (del griego *kardia*, 'corazón', y del latín *vasculum*, 'pequeño vaso').

Los seres humanos, como el resto de vertebrados, tenemos un **sistema circulatorio cerrado**, lo que significa que la sangre siempre circula por el interior de los vasos sanguíneos. Estos vasos sanguíneos son de tres tipos: **arterias**, **venas** y **capilares**.

Los vasos sanguíneos

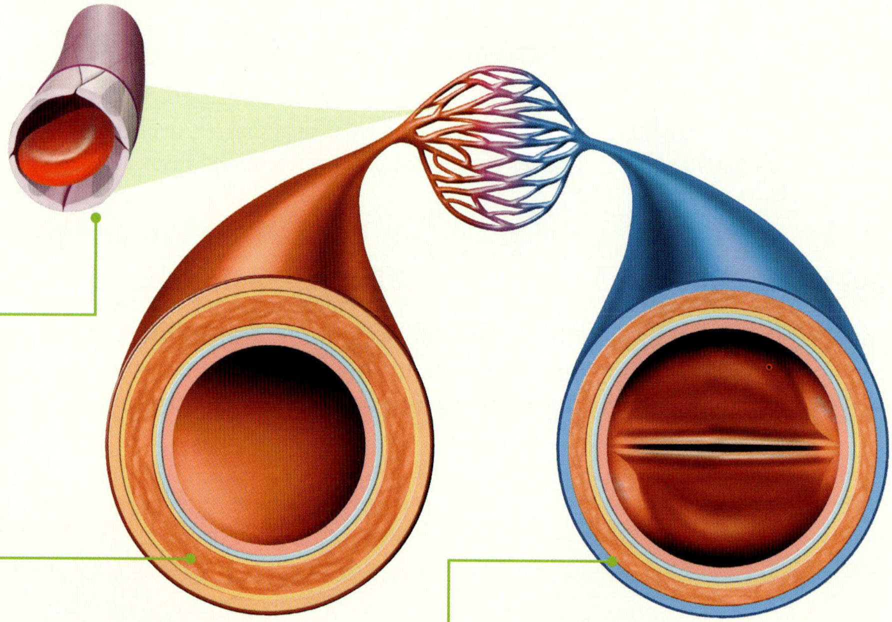

Los **capilares** son vasos de pequeñísimo diámetro, a veces inferior al de un cabello (*capillus*, 'cabello'). Forman densas redes en el interior de los órganos que conectan las arterias con las venas. La pared de los capilares es extraordinariamente fina y permite los intercambios entre la sangre y las células.

Las **arterias** son los conductos que llevan la sangre desde el corazón hacia los órganos. Sus paredes son fuertes, con una potente musculatura, pero a la vez elásticas. Por el interior de las arterias, la sangre circula a una elevada presión. Al alejarse del corazón, las arterias se ramifican y se hacen cada vez más finas.

Las **venas** conducen la sangre desde los órganos al corazón. Sus paredes son mucho más finas que las de las arterias. Por su interior, la sangre circula a baja presión. Una serie de **válvulas** impiden el retroceso de la sangre en su vuelta al corazón, ya que se aprovecha la contracción muscular para facilitar su avance.

OBSERVA La sangre y los vasos sanguíneos.

El corazón

El corazón es un órgano del tamaño de un puño situado en el centro del pecho, ligeramente desplazado a la izquierda.

Sus paredes son de un tejido muscular llamado **miocardio**, y el interior está hueco y dividido en cuatro cavidades:

- **Dos aurículas.** Son las cavidades superiores. Tienen las paredes finas y extensibles. A ellas llega la sangre conducida por las venas.
- **Dos ventrículos.** Son las cavidades inferiores. Tienen las paredes más gruesas y potentes, sobre todo la del ventrículo izquierdo. De los ventrículos sale la sangre del corazón conducida por las arterias.

La aurícula y el ventrículo derechos están comunicados entre sí, al igual que ambas cavidades de la parte izquierda. Sin embargo, un tabique separa por completo las cavidades de la parte derecha de las de la izquierda.

El latido del corazón

El corazón es el motor que impulsa a la sangre a moverse por los vasos sanguíneos, y lo hace continuamente. Si se detuviera, la sangre no circularía, y las células dejarían de recibir nutrientes y morirían.

Un **latido** del corazón es cada uno de los golpes rítmicos producidos por esta bomba impulsora y puede percibirse por la pulsación de alguna arteria. En cada latido suceden una serie de fenómenos que dan lugar al **ciclo cardiaco**.

El LATIDO del corazón es la manifestación más perceptible de su actividad. La frecuencia con que el corazón late varía según las necesidades del organismo.

El ciclo cardiaco

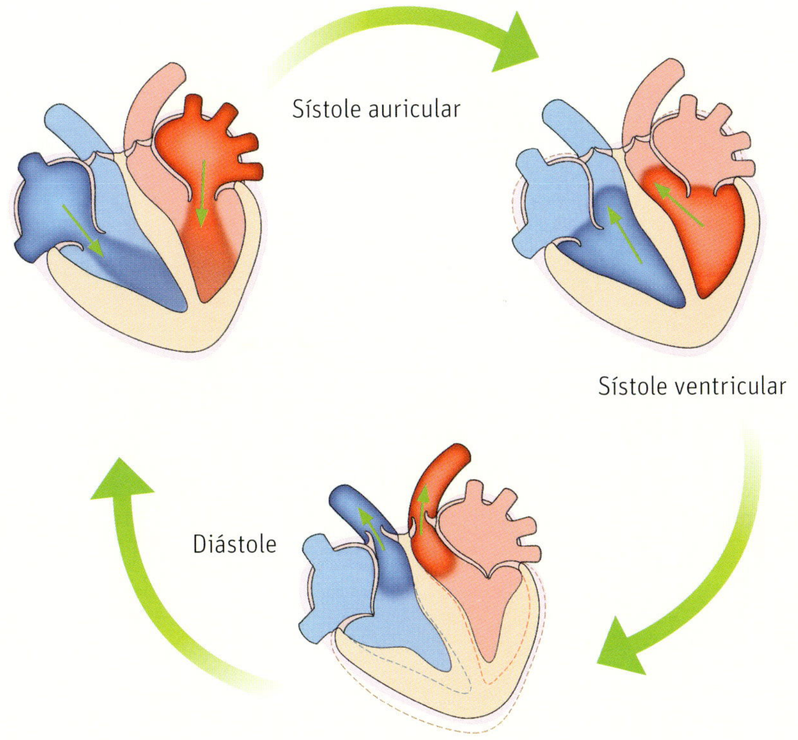

Sístole auricular

Las aurículas se contraen. La sangre que estaba contenida en ellas es impulsada a los ventrículos.

Sístole ventricular

Los ventrículos se contraen y la sangre sale por las arterias, lo que fuerza la apertura de las válvulas arteriales pulmonar y aórtica. La sangre no puede retroceder hacia las aurículas, ya que su empuje provoca el cierre de las válvulas auriculoventriculares.

Diástole

La musculatura de las paredes del corazón se relaja, pero la sangre de las arterias no puede retroceder hacia los ventrículos, ya que el cierre de las válvulas pulmonar y aórtica lo impide. Las aurículas se llenan de sangre procedente de las venas que, en la sístole auricular, se deslizará hacia los ventrículos.

Durante el latido, la parte derecha y la izquierda del corazón funcionan como dos bombas independientes. Aun así, lo hacen de forma sincronizada, es decir, laten al mismo tiempo.

ACTIVIDADES

1. Relaciona. **En reposo, el corazón late unas 65 veces por minuto. En la tabla aparecen los valores de la frecuencia cardiaca y del consumo de oxígeno durante cuatro periodos de 1 minuto con diferentes esfuerzos.**

Esfuerzo	Latidos por minuto	Consumo de O_2 (L/min)
Bajo	119	0,3
Medio	135	0,5
Alto	158	0,8
Muy alto	161	1,0

a) ¿Existe relación entre la frecuencia cardiaca y el esfuerzo? ¿Por qué?

b) ¿Qué relación se observa entre la frecuencia cardiaca y el consumo de oxígeno? ¿Por qué?

2. Calcula. **Tómate el pulso. A este ritmo, ¿cuántas veces ha latido tu corazón cada minuto?**

3. Piensa y deduce. **¿Por qué crees que la pared del ventrículo izquierdo es más gruesa que la del derecho?**

4. Razona. **La piel enrojece cuando los capilares se dilatan. ¿Qué objetivo tiene la vasodilatación?**

7 ¿Cómo circula la sangre?

>> Se manda solo

El corazón genera sus propios **impulsos eléctricos**, por lo que no detiene sus movimientos inmediatamente si lo sacan del cuerpo.

El recorrido de la sangre por el corazón

La estructura del corazón determina el camino que recorre la sangre y el sentido en que lo hace, impidiendo que la que circula por la parte derecha entre en contacto con la que circula por la parte izquierda.

La sangre que llega al corazón entra a las **aurículas** conducida por las **venas** y sale de los **ventrículos** por las **arterias**.

¿Cómo circula la sangre por el corazón?

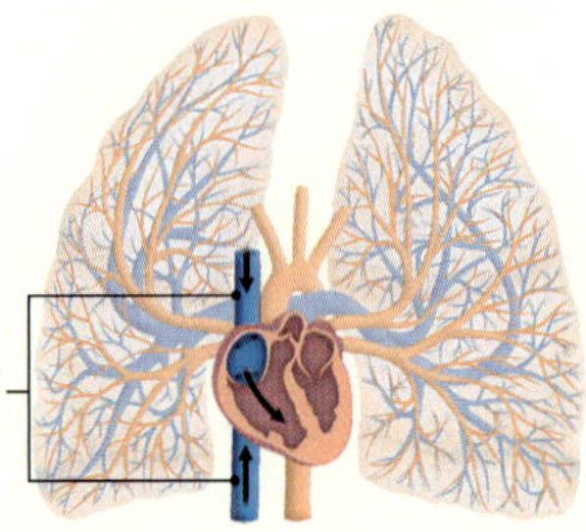

1. A la aurícula derecha llegan dos grandes venas, las **venas cavas**, que recogen la sangre procedente de todos los órganos.

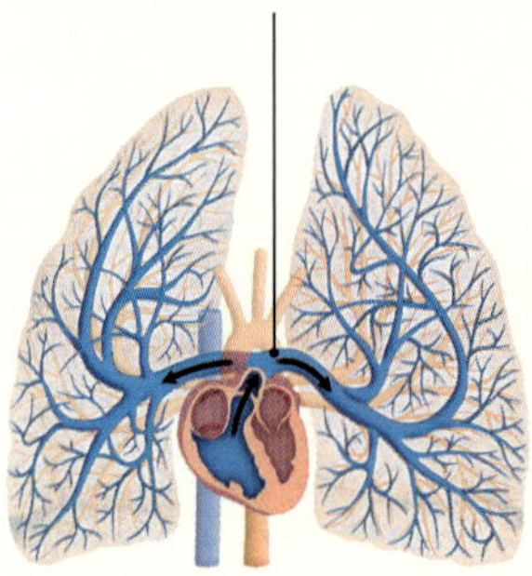

2. La sangre pasa al ventrículo derecho y sale por la **arteria pulmonar**, que se divide en dos para llevar la sangre a los pulmones.

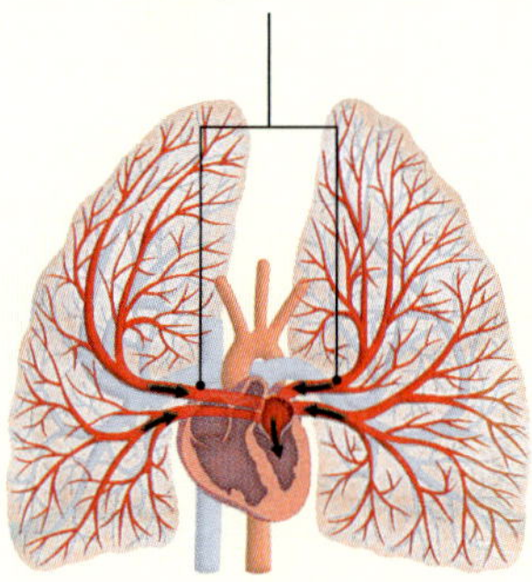

3. A la aurícula izquierda entra la sangre desde los pulmones a través de las **venas pulmonares**.

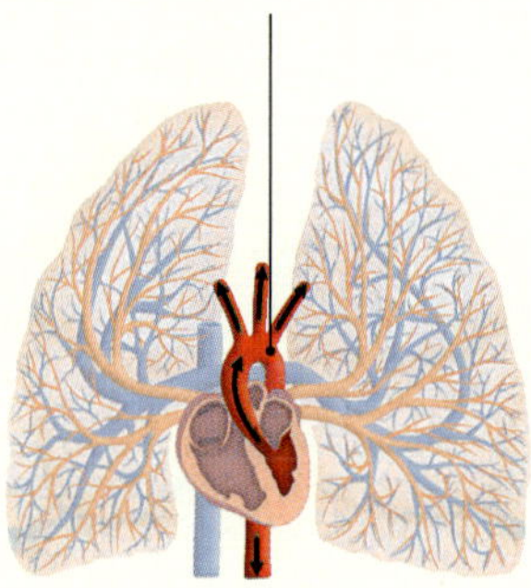

4. La sangre pasa al ventrículo izquierdo y sale por la **arteria aorta**, que se ramifica para desembocar en cada uno de los órganos.

Un recorrido de sentido único

El corazón posee unos dispositivos o **válvulas** que fuerzan a la sangre a circular por su interior en un único sentido.

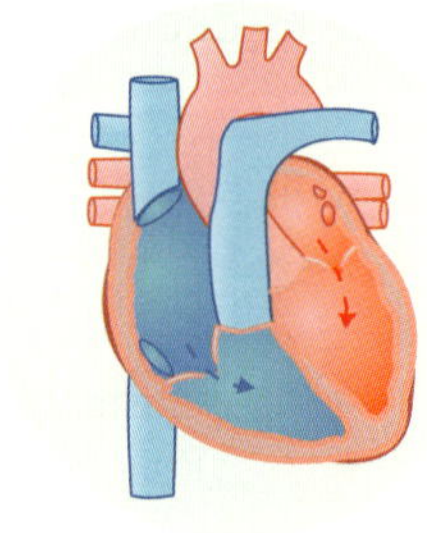

Válvulas auriculoventriculares. Comunican cada aurícula con el ventrículo del mismo lado. Estas válvulas se abren cuando la sangre pasa desde la aurícula al ventrículo y se cierran para impedir que circule en sentido contrario.

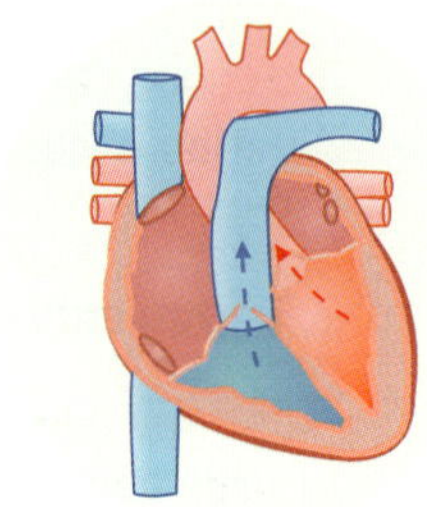

Válvulas arteriales (semilunares). Conectan cada ventrículo con la correspondiente arteria, de la que reciben sus nombres: **válvula pulmonar** y **válvula aórtica**. Se abren al paso de la sangre hacia las arterias e impiden su retroceso a los ventrículos.

Un circuito doble

Debido a su estructura, el corazón funciona como una **doble bomba**, lo cual tiene una consecuencia directa sobre el camino que sigue la sangre en el organismo, ya que debe recorrer un circuito doble.

El circuito pulmonar y el circuito general

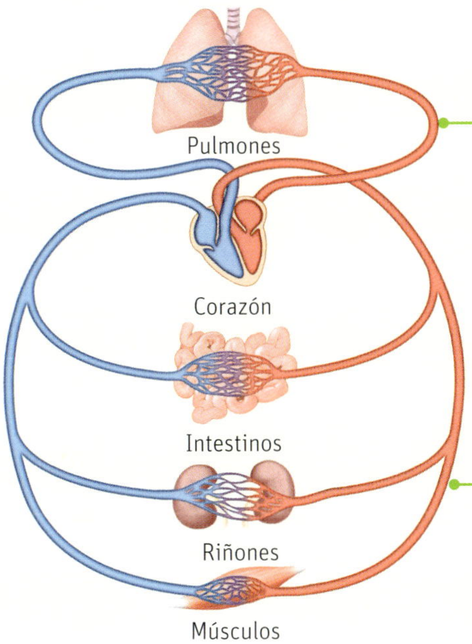

Circuito pulmonar o menor. La sangre sale del ventrículo derecho por las arterias pulmonares y se dirige hacia los pulmones. Allí se produce el intercambio de gases entre los alvéolos y la infinidad de capilares en los que se ramifican estas arterias. La sangre recoge oxígeno, pierde dióxido de carbono y vuelve al corazón por las venas pulmonares, que llegan a la aurícula izquierda.

Circuito general o mayor. La sangre sale del ventrículo izquierdo por la arteria aorta y llega a todos los órganos. En ellos se distribuye a través de los capilares y cede el oxígeno y los demás nutrientes necesarios para su actividad, a la vez que arrastra los desechos. Los capilares procedentes de los diferentes órganos se recogen en venas que devuelven la sangre al corazón, en la aurícula derecha.

La especial organización de nuestro sistema circulatorio como un circuito doble cumple dos condiciones fundamentales:

- Que **la sangre pase por los pulmones**, en los que **se oxigena** y elimina el dióxido de carbono, antes de ser distribuida hacia los órganos a los que suministra el oxígeno y de los que retira el dióxido de carbono.
- Que **los órganos** de nuestro cuerpo **reciban sangre rica en oxígeno y otros nutrientes**, con independencia de lo alejados que se encuentren del corazón.

ACTIVIDADES

1. Razona. Lee las siguientes frases e indica si son falsas o verdaderas.
   a) La velocidad de circulación de la sangre es la misma en todos los vasos sanguíneos.
   b) La sangre oxigenada es siempre la que circula por medio de las arterias.
   c) La frecuencia cardiaca y el ritmo cardiaco son términos que designan el mismo concepto.
   d) El intercambio entre la sangre y los tejidos tiene lugar en los capilares sanguíneos.
   e) La función de la sangre es solo abastecer de oxígeno a las células.
   f) El corazón de los mamíferos tiene cuatro cámaras: dos aurículas y dos ventrículos.
2. Reflexiona. ¿Por qué la sangre en el corazón circula siempre en el mismo sentido?
3. Justifica las afirmaciones que aparecen en el siguiente texto.

   > El sistema circulatorio humano, además de cerrado, es doble y completo, puesto que la sangre pasa dos veces por el corazón en cada vuelta, y hay una total separación entre la sangre rica y la sangre pobre en oxígeno.

4. Razona. ¿Dónde llegará la sangre con mayor contenido de oxígeno, a los muslos o a los pies? ¿Por qué?
5. Investiga. En cada latido se pueden percibir dos ruidos diferentes. ¿A qué corresponde cada uno de estos ruidos?
6. Describe el trayecto que realiza una gota de sangre desde que sale del ventrículo derecho hasta que vuelve a él tras pasar por un órgano.
7. Explica por qué la sangre que se mueve a través de los vasos sanguíneos no puede retroceder.

8 El sistema circulatorio y la salud

Enfermedades de la sangre

Algunas de las enfermedades del sistema circulatorio están relacionadas con la sangre, como ocurre con la anemia o la leucemia.

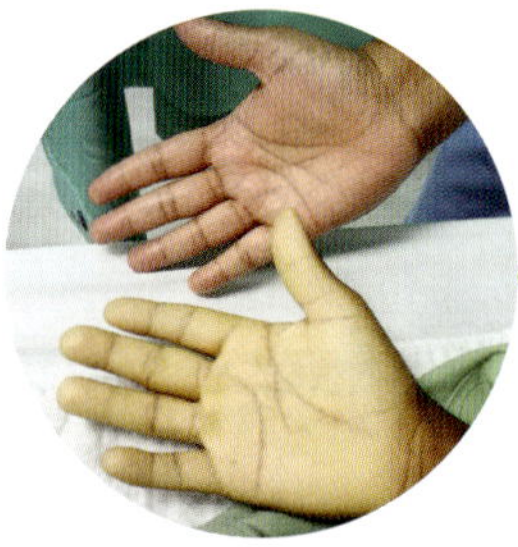

Anemia. Los síntomas de esta enfermedad son fatiga y perdida de vitalidad como consecuencia de un aporte deficiente de oxígeno a las células. La sangre de las personas con anemia presenta una baja cantidad de hemoglobina. La anemia más común es la que se produce por **falta de hierro**, un componente esencial de la hemoglobina.

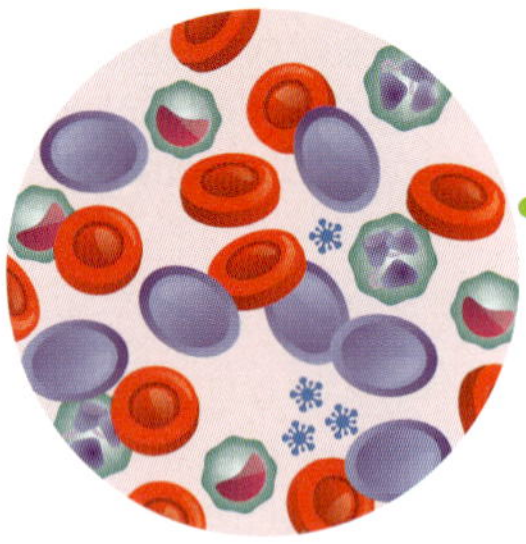

Leucemia. Es una forma de cáncer que afecta a las células de la médula ósea, el órgano encargado de fabricar la sangre. Se manifiesta por un aumento en el número de glóbulos blancos en la sangre, pero que son incapaces de luchar contra las infecciones. Además, disminuye el número de glóbulos rojos y de plaquetas.

Enfermedades del sistema circulatorio

Las dolencias que afectan a los vasos sanguíneos y al corazón se denominan **enfermedades cardiovasculares** (ECV). Se dan por diferentes causas.

Arteriosclerosis. Consiste en el endurecimiento de las arterias, generalmente por el depósito de lípidos, como el colesterol, en su pared interna. Esto hace disminuir el diámetro de la arteria y convierte su pared en rugosa y rígida. Como consecuencias, la sangre circula por los vasos de forma más lenta y las plaquetas se adhieren a las rugosidades de las placas, favoreciendo la formación de coágulos o trombos que pueden llegar a taponar las arterias más finas.

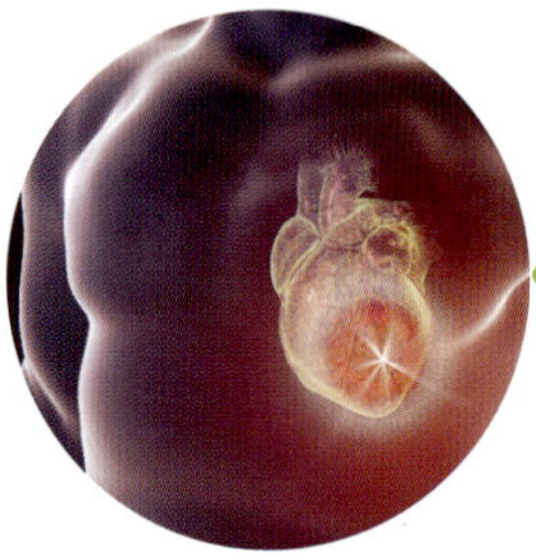

Infarto de miocardio. Se produce cuando alguno de los vasos sanguíneos que riegan el corazón se tapona. Esto provoca la muerte del tejido muscular de la zona que deja de recibir el aporte de oxígeno y nutrientes. Se dice entonces que se ha producido un **infarto agudo de miocardio**, conocido también como infarto o ataque al corazón. Si el bloqueo del vaso sanguíneo es solo parcial, la dolencia que se ocasiona se conoce como **angina de pecho**. De la rapidez con que la persona que sufre un infarto sea atendida dependerá, en gran medida, su supervivencia.

Enfermedades del sistema linfático

Ya que este sistema ayuda en el transporte de la linfa, junto a los sistemas circulatorio e inmunitario, puede presentar diferentes tipos enfermedades.

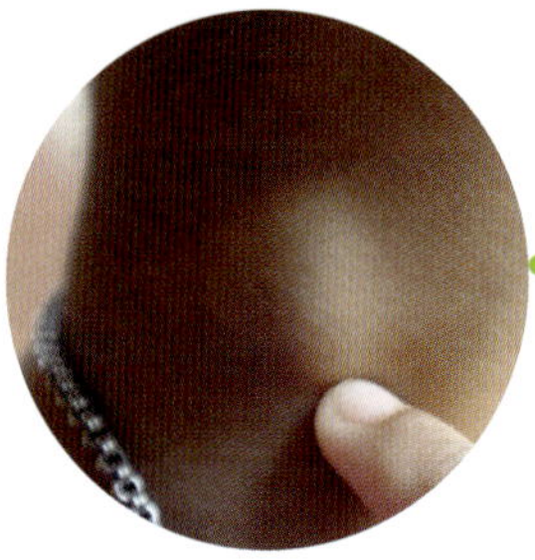

El mal funcionamiento del sistema linfático puede llevar a acumular líquido en los tejidos, lo cual causa una hinchazón llamada **linfedema**, que suele afectar los brazos o las piernas.

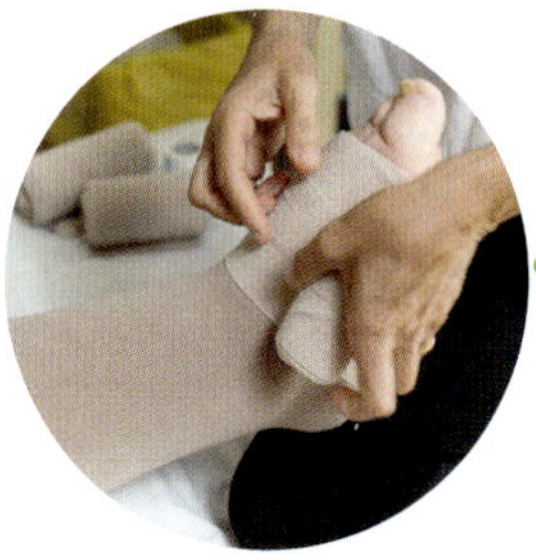

El sistema linfático puede verse afectado por infecciones, bloqueos y por cáncer en el tejido linfático. Este último recibe el nombre de **linfoma**. Los linfomas producen inflamación de los ganglios linfáticos.

Factores de riesgo de enfermedades cardiovasculares

Existen factores de riesgo que se asocian a una mayor probabilidad de sufrir una enfermedad cardiovascular.

¿Qué produce las enfermedades cardiovasculares?

La **obesidad** y el exceso de peso suelen estar asociados a errores alimentarios, como el consumo excesivo de grasas animales o de azúcares. La consecuencia es un sobrante de grasas en la sangre.

Niveles altos y continuados de **estrés** pueden acabar desencadenando enfermedades cardiovasculares.

El riesgo de sufrir una enfermedad cardiovascular aumenta con la **edad.**

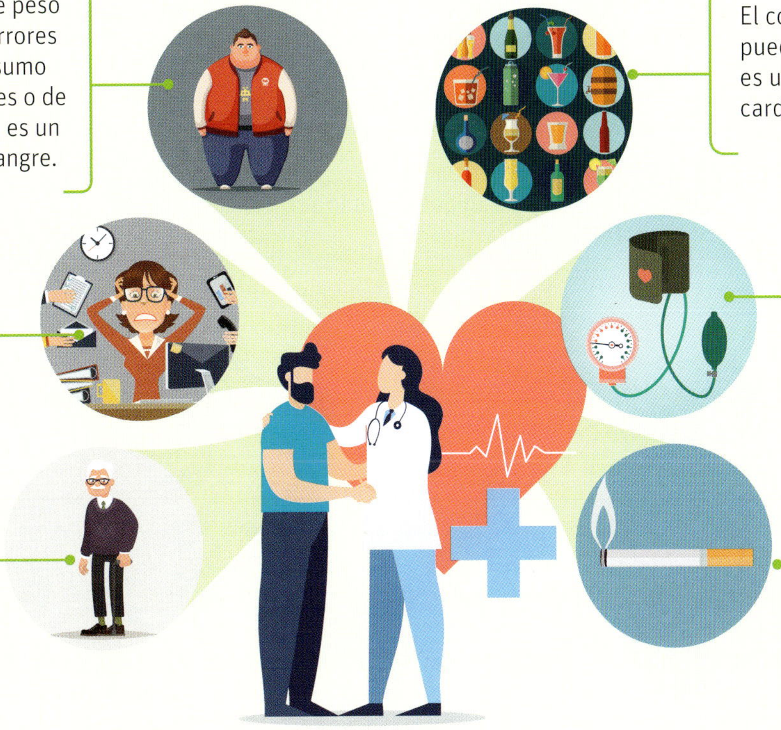

El consumo excesivo de **alcohol** puede debilitar el corazón, ya que es un tóxico para el músculo cardiaco.

La **hipertensión arterial** es una patología crónica que no presenta síntomas evidentes pero que afecta al corazón. Debe ser controlada por el médico.

El **tabaco** es el factor de riesgo cardiovascular más importante. Las enfermedades coronarias son tres veces más frecuentes en los fumadores que en el resto de la población.

Consejos para evitar las enfermedades cardiovasculares

Evitar el tabaco, pues la nicotina contrae las arterias y endurece sus paredes.

Combatir la obesidad y el sobrepeso siguiendo una dieta saludable y equilibrada.

Mantenerse activo y practicar ejercicio de forma regular para mejorar el estado del corazón.

ACTIVIDADES

1. Investiga. ¿Por qué las personas con anemia se sienten fatigadas y por qué pierden el color natural de la piel?
2. Investiga. La hemofilia es una enfermedad relacionada con la sangre. ¿En qué consiste?
3. Razona. ¿Por qué la sangre que circula por el interior del corazón no sirve para nutrir a las células del músculo cardiaco?
4. Investiga qué alimentos son recomendados para la buena salud cardiovascular.

9 Cuatro sistemas para una función: la nutrición

> **» ¿Se te hace agua la boca?**
> En promedio, una persona adulta produce entre un litro y un litro y medio de saliva al día.

Hemos visto que los seres vivos necesitan materia y energía con las que su cuerpo pueda crecer, moverse, reproducirse, etc., y que este funcionamiento genera desechos que deben ser expulsados al medio. El conjunto de estos procesos de entrada de sustancias, su transformación y su uso, y la expulsión al exterior de los desechos que se originan constituye la **nutrición**. En este proceso intervienen cuatro sistemas: el **digestivo**, el **respiratorio**, el **urinario** y el **circulatorio**.

El sistema digestivo

Se encarga de transformar las complejas moléculas que forman los alimentos (proceso de **ingestión**) en nutrientes (proceso de **digestión**). Cuando estas sencillas y pequeñas moléculas llegan al intestino, atraviesan sus paredes y pasan a la sangre que circula por los capilares que lo rodean (proceso de **absorción**).

El sistema digestivo **aporta nutrientes** que las células necesitan para su funcionamiento. Al final el sistema digestivo desecha aquello que no pudo ser digerido, en forma de heces (proceso de **egestión**).

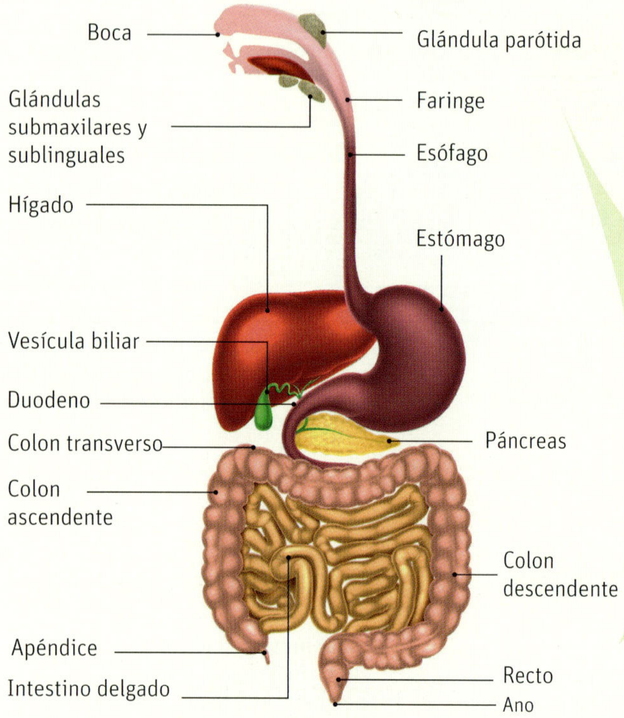

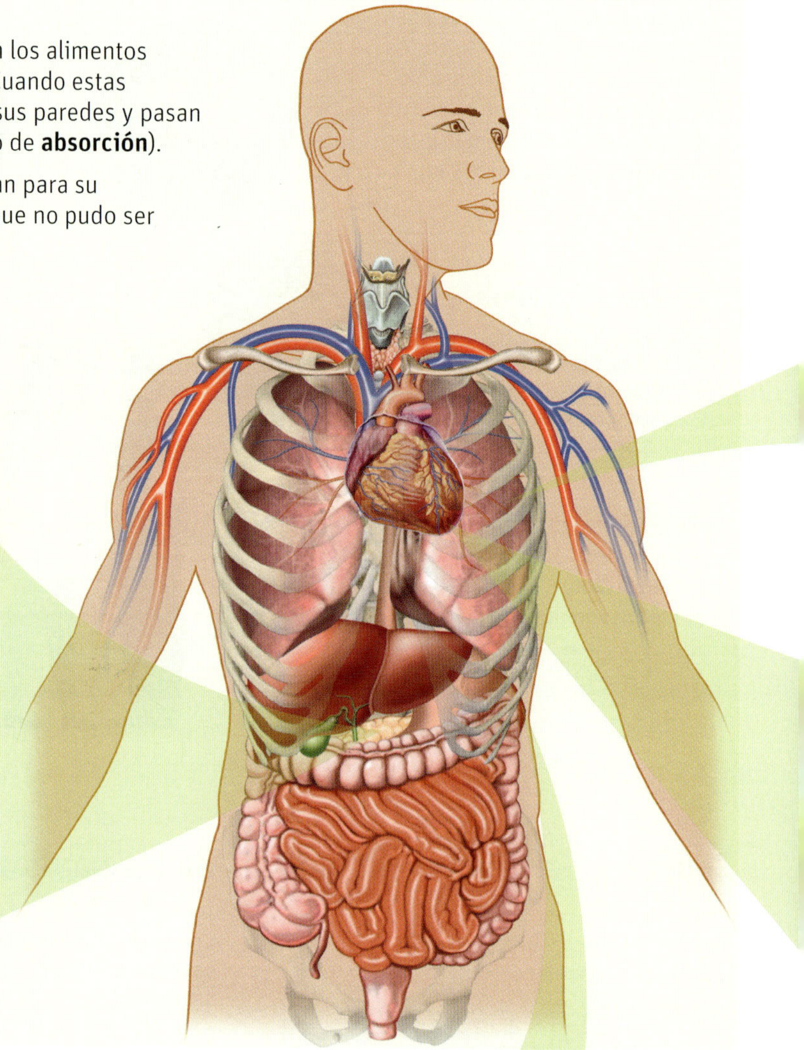

El sistema urinario

Al utilizar los nutrientes, las células generan dióxido de carbono y urea, que es otro producto de desecho que se origina a partir de nutrientes que contienen nitrógeno en sus moléculas, como las proteínas.

Los riñones tienen como función **limpiar la sangre** de urea y otros desechos, y son, como los pulmones, órganos excretores.

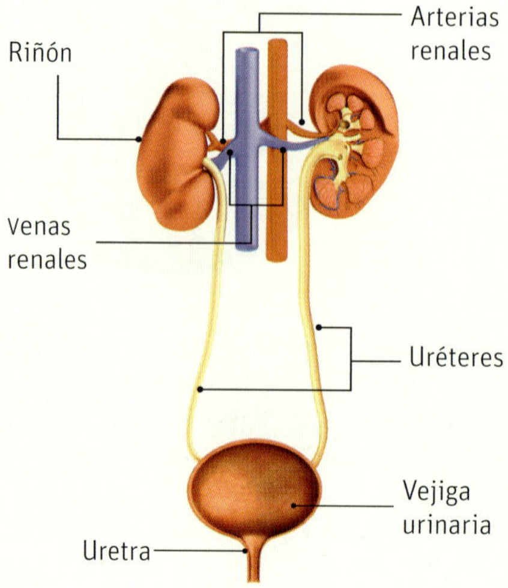

El sistema respiratorio

Para la nutrición celular no basta con los nutrientes que proporciona el sistema digestivo, sino que además hace falta oxígeno. Cuando se produce la respiración celular y se **utilizan los nutrientes orgánicos para obtener energía**, se genera dióxido de carbono, un desecho que es necesario eliminar. Los seres humanos obtenemos el oxígeno del aire, y a él expulsamos el dióxido de carbono.

El sistema respiratorio es el responsable de hacer circular el aire entre el organismo y el medio externo. Suministra el oxígeno imprescindible para la respiración celular y es un sistema excretor que expulsa el dióxido de carbono.

En la **NUTRICIÓN** humana intervienen de forma coordinada cuatro sistemas: el **digestivo**, el **respiratorio**, el **urinario** y el **circulatorio**.

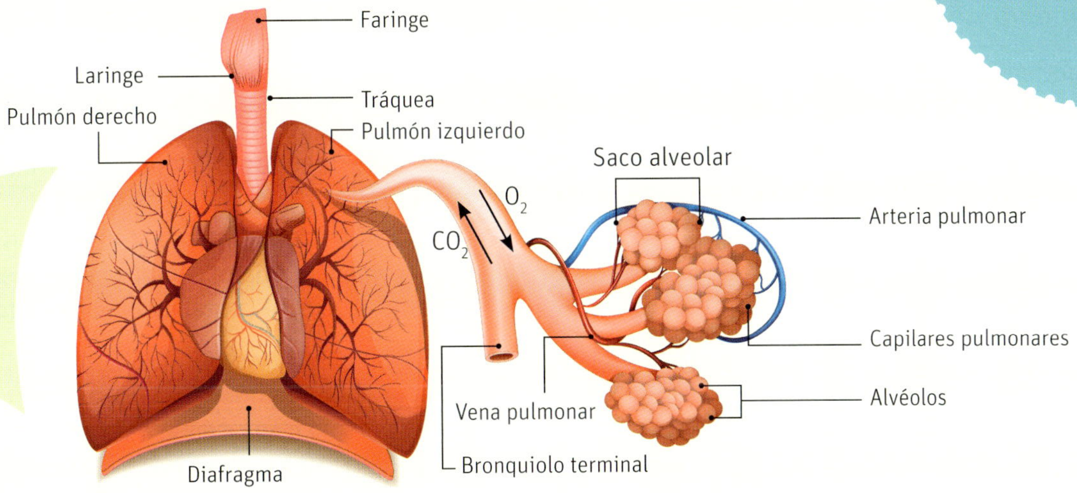

El sistema circulatorio

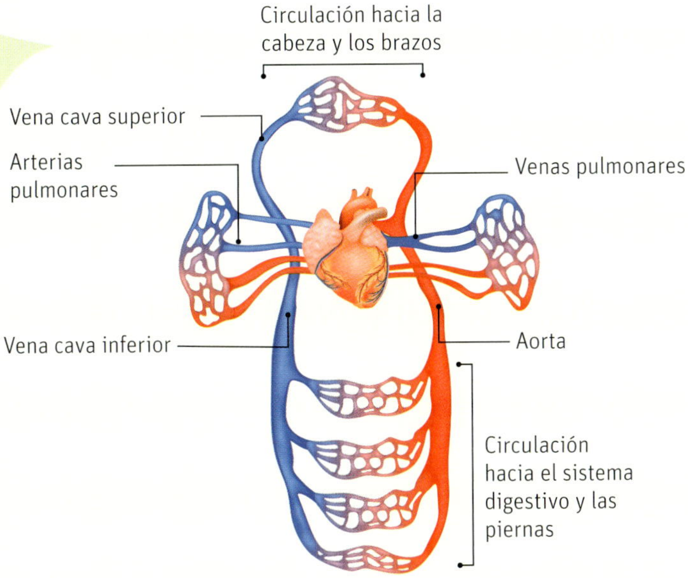

Los **nutrientes y los desechos son transportados por la sangre** que circula por los vasos sanguíneos. En los órganos, estos vasos forman extensas redes de capilares que permiten el intercambio entre las células y la sangre.

Así, las células emplean los nutrientes que aporta la sangre para obtener energía y fabricar materia propia.

Los residuos resultantes de estos procesos son vertidos a la sangre, y el sistema circulatorio se encarga de llevar los desechos producidos en las células a los órganos excretores.

ACTIVIDADES

1. Haz un esquema sobre los procesos que se llevan a cabo en el sistema digestivo, desde la toma de alimentos hasta la eliminación de desechos (ingestión, digestión, absorción y egestión) indicando en qué órganos tienen lugar y en qué consisten.

2. Razona. ¿Se puede vivir solo con un riñón? ¿Y sin los dos riñones? Justifica tus respuestas.

3. Escribe un par de consejos para cuidar cada uno de los aparatos que intervienen en la función de nutrición.

4. Elabora una tabla en la que describas la función de los diferentes órganos que forman el sistema respiratorio.

5. Piensa. ¿Qué órgano es compartido por los aparatos digestivo y respiratorio?

LO ESENCIAL

La eliminación de los desechos y el transporte

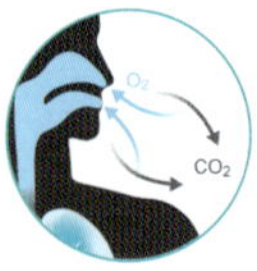

La **eliminación** de las sustancias de desecho se denomina **excreción**. El cuerpo humano excreta dióxido de carbono y otras sustancias disueltas en agua, como el sudor y la orina.

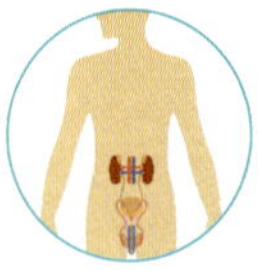

El **sistema urinario** se encarga de la formación, el almacenamiento y la expulsión al medio de la orina. Está formado por los riñones, los uréteres, la vejiga y la uretra.

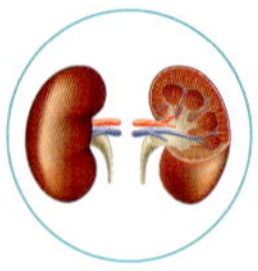

El **riñón** contiene más de un millón de unidades básicas llamadas **nefronas**, encargadas de filtrar la sangre y obtener la **orina**.

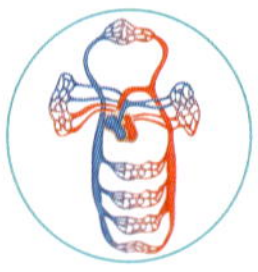

El **sistema circulatorio**, encargado del transporte de sustancias por nuestro organismo, está constituido por el corazón, la sangre y los vasos sanguíneos.

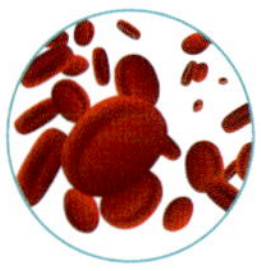

La **sangre** está compuesta por el plasma y por diferentes tipos de células. Circula a través de **arterias**, **venas** y **capilares** impulsada por las contracciones del **corazón**.

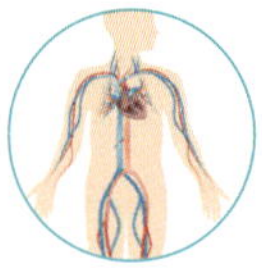

El **sistema circulatorio humano** es **cerrado**, **doble** y **completo**.

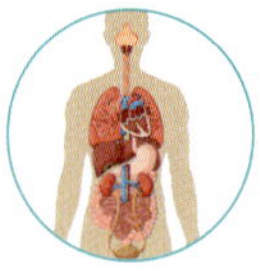

Mantener una dieta equilibrada, practicar ejercicio regularmente y evitar el consumo de sustancias nocivas resulta esencial para **evitar enfermedades cardiovasculares**.

En la **nutrición** humana intervienen de forma coordinada cuatro sistemas: el **digestivo**, el **respiratorio**, el **urinario** y el **circulatorio**.

1. Organiza tus ideas. Copia, completa y amplía el siguiente esquema para construir tu propio mapa mental de la unidad.

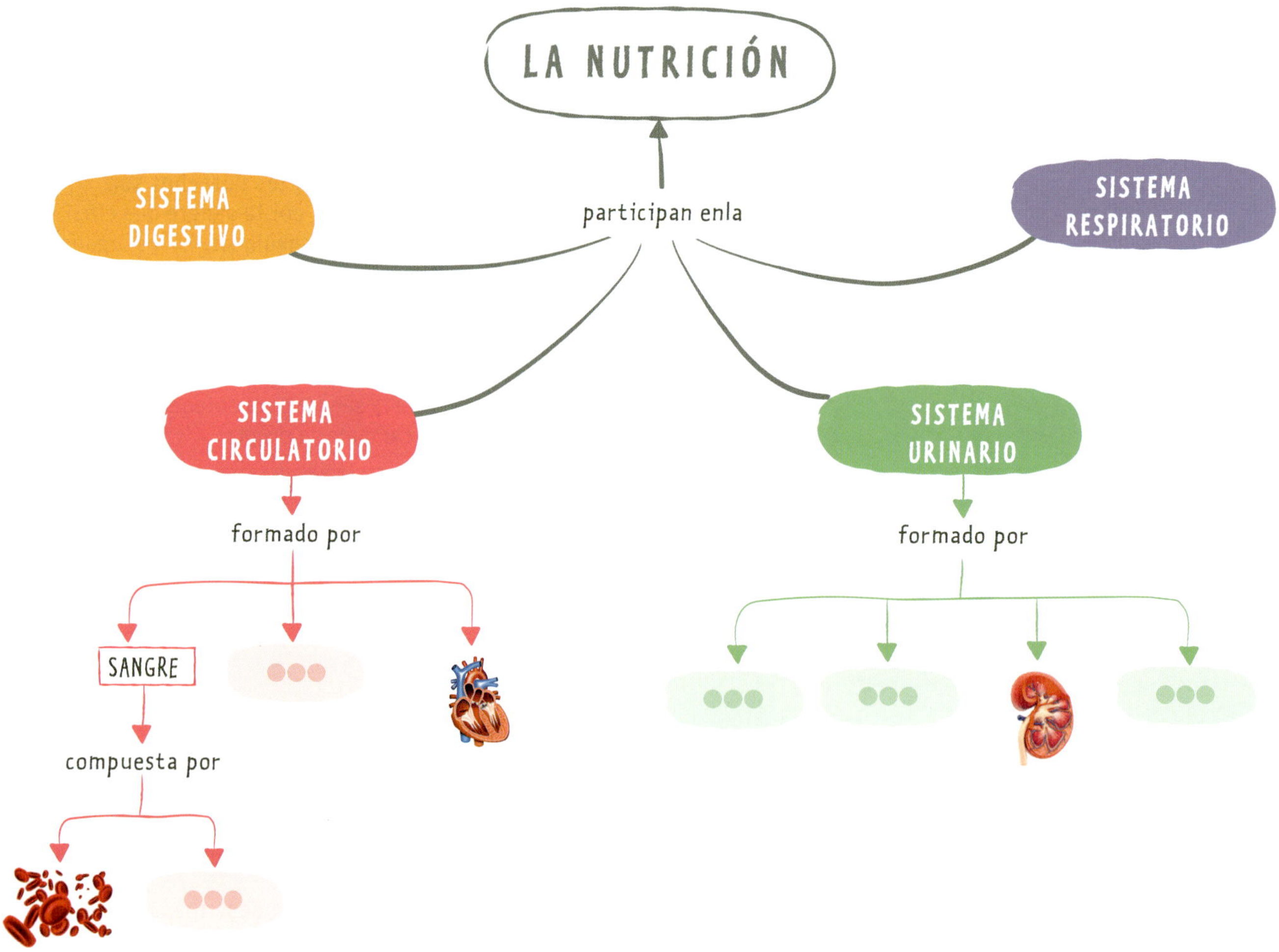

VALORA LO APRENDIDO Autoevaluación y resumen.

ACTIVIDADES FINALES

1. Recuerda. Observa la imagen y escribe en tu cuaderno el nombre de las partes del sistema urinario señaladas.

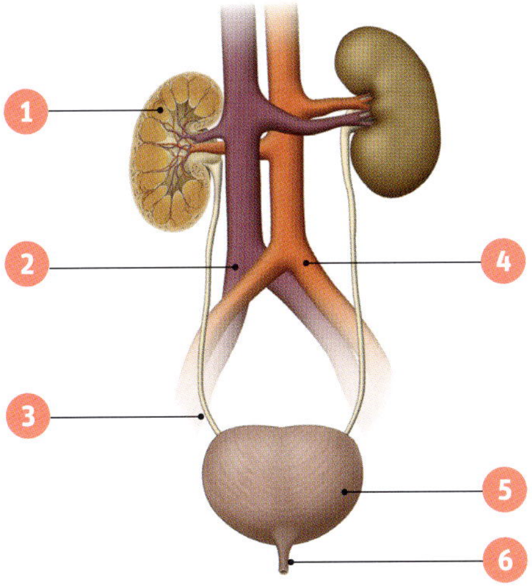

2. Argumenta. Responde a las siguientes preguntas.
   a) ¿Por qué los riñones, los pulmones y la piel se consideran órganos excretores?
   b) ¿Por qué se dice que los riñones llevan a cabo una doble función?
   c) ¿Puede ser el donante para un trasplante de riñón una persona viva? ¿Por qué?

3. Describe. ¿Cuál es la unidad funcional del riñón y qué estructuras la conforman?

4. Analiza. Lee las siguientes afirmaciones y responde a las preguntas.
   a) La totalidad de los 5 litros de sangre de nuestro cuerpo pasa por uno u otro riñón 300 veces cada día. ¿Cuántos litros de sangre, aproximadamente, se filtran diariamente en los riñones?
   b) El sistema urinario elimina entre 800 y 2 000 mililitros de líquidos al día. Por tanto, los médicos recomiendan tomar 2 litros de agua diarios, ¿por qué?

5. Justifica. El sudor tiene una composición similar a la orina pero más diluida; además, al evaporarse sobre la piel, hace que disminuya la temperatura del cuerpo. Razona la importancia del sudor en la excreción y en la homeostasis.

6. Sintetiza. Describe por medio de un esquema el recorrido que realiza el agua en tu organismo desde que la bebes hasta que pasa a ser parte de la orina.

7. Debate. Organizad un debate exponiendo el punto de vista de acuerdo con la siguiente situación.

   Supón que perteneces a un equipo de entrenamiento de un equipo de fútbol. El grupo A apoya el consumo de alcohol para bajar el estrés de los deportistas, mientras que el grupo B rechaza el consumo de alcohol para disminuir el estrés. Presenta tus argumentos.

8. Dibuja esta imagen en tu cuaderno y ubica las etapas del proceso de formación de la orina.

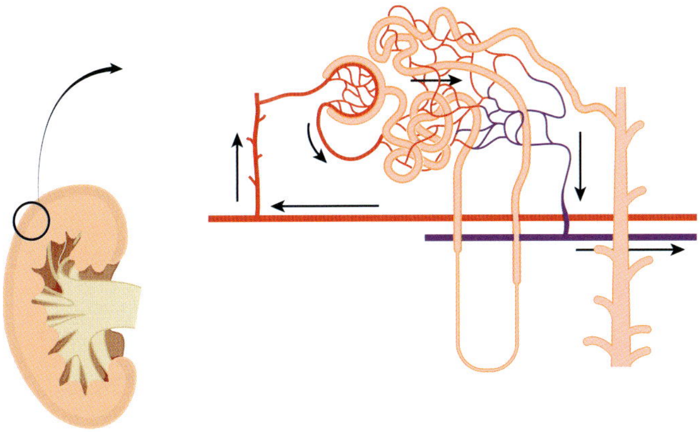

   a) Filtración
   b) Reabsorción
   c) Secreción

9. Analiza. Los riñones reciben sangre a través de las arterias renales que, una vez filtrada, se recoge en las correspondientes venas renales. El filtrado, transformado en orina, sale por los uréteres.

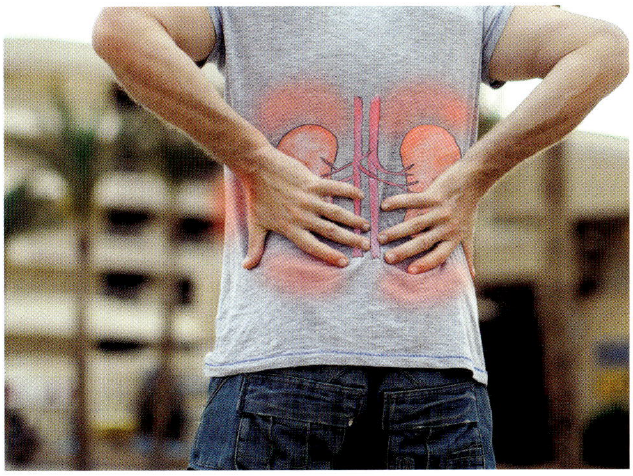

Al analizar la composición de los tres líquidos que se nombran a continuación, han aparecido los datos que se presentan en la tabla.

Cantidad (g/L)	Plasma que entra en los riñones	Plasma que sale de los riñones	Orina
Agua	920	910	950
Urea	0,3	0,2	20

   a) ¿Cuál de ellos contiene mayor proporción de agua? ¿Qué valor tiene esa proporción?
   b) ¿Cuánta urea, en g/L, lleva la sangre que circula por la vena renal?

10. Investiga. La urea es una sustancia nitrogenada producto de la degradación de las proteínas. ¿Por qué los animales terrestres expulsan esta sustancia y no amoniaco como los animales marinos?

11. Discute. El cardiólogo del Sr. García acaba de hacerle el electrocardiograma (ECG) que aparece en la imagen.

Un ECG es una representación gráfica de la actividad del corazón en un tiempo determinado. Cada pico constituye una contracción del músculo cardiaco.

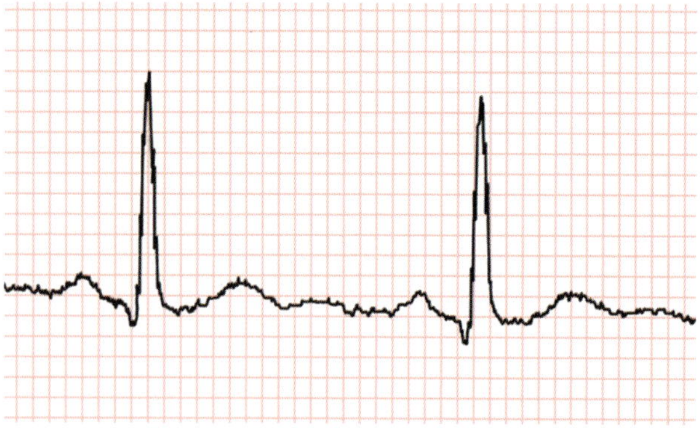

a) ¿Qué estructuras del corazón participan cuando aparecen los picos?

b) ¿Qué estaría pasando si los picos se presentaran más espaciados? ¿Y si dejaran de aparecer picos?

c) Sabiendo que cada pequeño cuadrado (1 mm) equivale a 0,04 segundos, ¿cuánto tiempo transcurre entre dos contracciones?

d) ¿Cuál es el número de latidos por minuto (frecuencia cardiaca) del Sr. García?

12. Diseña **un modelo con materiales de uso común, con el que puedas explicar cómo funcionan los diferentes sistemas del cuerpo para llevar a cabo la nutrición. Haz una presentación del modelo a tus compañeros de clase.**

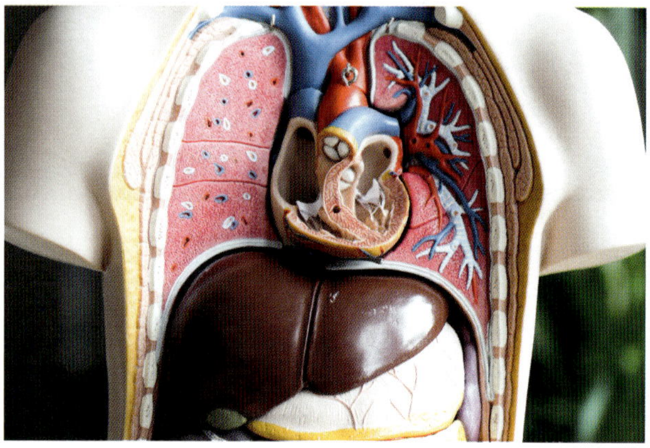

13. Ordena **en un cronograma las frases que describen el recorrido de un glóbulo rojo en el corazón, desde que sale del ventrículo derecho hasta que retorna al punto de partida.**

a) Las arterias pulmonares lo transportan hasta los pulmones.

b) De la aurícula izquierda pasa al ventrículo izquierdo.

c) De la aurícula derecha pasa al ventrículo derecho.

d) Del ventrículo izquierdo sale por la arteria aorta.

e) Las venas pulmonares lo conducen a la aurícula izquierda.

f) Vuelve a la aurícula derecha por una de las venas cavas.

14. Soy competente

Lee el texto y selecciona la opción que consideres correcta.

La rutina habitual en un análisis de sangre es un estudio hematológico (cantidad, forma, etc., de las células sanguíneas). Además, se pueden añadir datos sobre otras sustancias presentes en la sangre como la urea y la glucosa, entre otras.

En los valores habituales existen un máximo y un mínimo. Se consideran normales todos los valores incluidos dentro de esos límites.

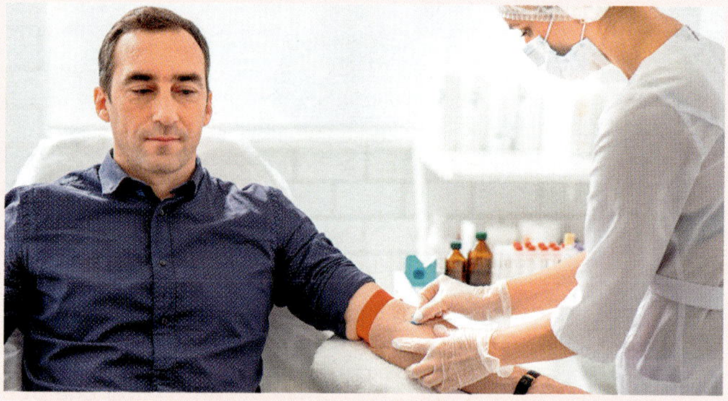

La siguiente tabla recoge los parámetros normales para un adulto y los valores resultantes del análisis de sangre realizado a Carlos.

Parámetro	Valores normales	Valores de Carlos
Glóbulos rojos (millones/mL)	4-5,5	2,3
Glóbulos blancos (miles/mL)	4,5-10	8
Plaquetas (miles/mL)	140-450	270
Urea (mg/dL)	7-20	13
Glucosa (mg/dL)	70-110	100
Colesterol (mg/dL)	100-200	120

- **Por los resultados que Carlos obtuvo en los análisis se puede concluir que:**

  A. Carlos tiene anemia.

  B. Carlos tiene problemas en el riñón.

  C. Carlos puede tener diabetes.

  D. Carlos tiene los valores dentro de los parámetros considerados normales.

- **Si en el análisis de sangre se observara un ligero aumento de los glóbulos blancos, ¿a qué podría ser debido?**

15. Investiga. **¿Por qué razón el oxígeno no se transporta disuelto en la sangre, sino unido a una molécula como la hemoglobina?**

16. Elabora una tabla que recoja, para las arterias, las venas y los capilares, la información relativa a estos parámetros: sentido de la circulación de la sangre, espesor de la pared del vaso sanguíneo, presión de la sangre y capacidad para intercambiar sustancias.

17. Analiza. La circulación sanguínea está muy relacionada con la respiración. Cuando una persona realiza actividad física, su ritmo cardiaco aumenta y al mismo tiempo aumenta su respiración.

a) ¿Cuáles crees que son los efectos de este incremento en los circuitos de circulación pulmonar y general?

b) ¿Qué puede ocurrirle al organismo si una persona se excede en la actividad física?

18. Argumenta. Las enfermedades cardiacas son una de las principales causas de mortalidad en los países desarrollados.

Este tipo de enfermedades se encuentran muy asociadas a un estilo de vida sedentario y a una alimentación poco adecuada.

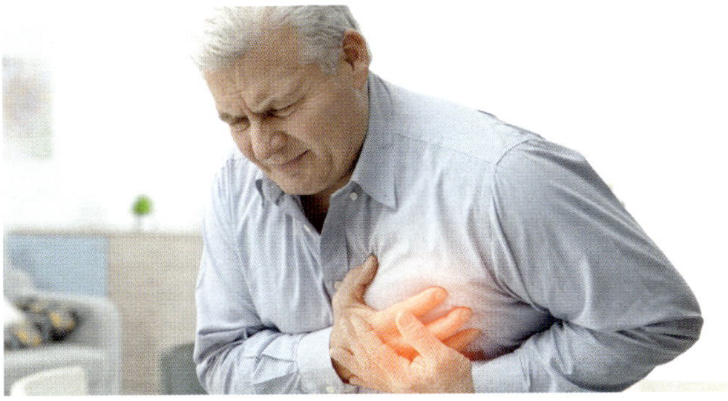

a) Describe las características de dos enfermedades del sistema cardiovascular.

b) ¿Por qué el sedentarismo es una causa de enfermedades cardiacas?

c) ¿Cuál es la razón por la que la alimentación inadecuada puede producir enfermedades cardiovasculares?

d) ¿Cómo se pueden prevenir las enfermedades cardiacas?

e) ¿Qué otros factores están asociados a la presencia de enfermedades cardiacas?

19. Retoma la pregunta de la apertura de la unidad y realiza un diagrama en el que expliques la respuesta, teniendo en cuenta cada uno de los sistemas corporales que están implicados.

Ciencia en la calle

Lee y comprende el siguiente texto:

El corazón de los atletas

El entrenamiento de los atletas ha logrado mejorar en su cuerpo la resistencia muscular e incluso puede producir cambios en su corazón. Así, el corazón de un atleta tiene los ventrículos más grandes en comparación con las personas que no hacen actividad física.

También se pueden encontrar otras diferencias, por ejemplo, la frecuencia cardiaca de un atleta en reposo va de 40 a 45 latidos por minuto, mientras que para otras personas es de aproximadamente de 70 latidos.

a) ¿Qué implicaciones tienen las características mencionadas en el texto sobre los demás sistemas corporales que participan en la nutrición?

b) ¿Qué puede explicar la diferencia en la cantidad de latidos cardiacos de un atleta en reposo con respecto a una persona que no realiza actividad física?

c) Consulta cuál es la diferencia entre los ejercicios de alto impacto y los de bajo impacto. ¿Cuál crees que es mejor?

d) ¿Por qué es beneficioso para nuestro sistema cardiovascular hacer ejercicio?

e) Para la mayoría de las personas es difícil adquirir el hábito de hacer ejercicio varias veces por semana o todos los días. ¿Qué consejos le darías a alguien que quiere empezar a hacerlo?

5 LA COORDINACIÓN DE NUESTRO ORGANISMO

En esta unidad aprenderás...

- En qué consisten la relación y la coordinación entre las diferentes partes del organismo y con el exterior.
- Qué es el sistema hormonal y cómo funciona.
- Cómo es una neurona y cómo se transmite el impulso nervioso.
- Cuál es la estructura de nuestro sistema nervioso y cómo se relaciona con el hormonal.
- Cómo funciona el sistema nervioso.

¿Cómo responde el cuerpo de una persona que salta al vacío?

El *puenting* o *bungee jumping* es un acto que desafía nuestro instinto de conservación. Por ello, el cuerpo responde de manera involuntaria ante esta situación extrema.

- ¿Qué acciones involuntarias lleva a cabo tu cuerpo al realizar este salto?
- ¿Has oído hablar de la adrenalina? ¿Sabes qué clase de sustancia es? ¿Podrías relacionar la adrenalina con la acción que se ve en la imagen?

1 Relación y coordinación

Ante una situación de miedo, por ejemplo, el encuentro con un perro que nos puede parecer agresivo, nuestro corazón comienza a latir más rápido, nuestras pupilas se dilatan, experimentamos temblores e incluso sudoración. Todos estos sucesos, que preparan a nuestro cuerpo para responder ante lo que puede suceder, están controlados por los sistemas **nervioso** y **endocrino**.

Los seres humanos nos relacionamos con el entorno y necesitamos coordinar el funcionamiento de nuestro medio interno. La **relación** y la **coordinación** incluyen los siguientes procesos:

Procesos que intervienen en la relación y en la coordinación

1. Recepción de estímulos

Obtención de información sobre lo que nos rodea, a través de los sentidos.

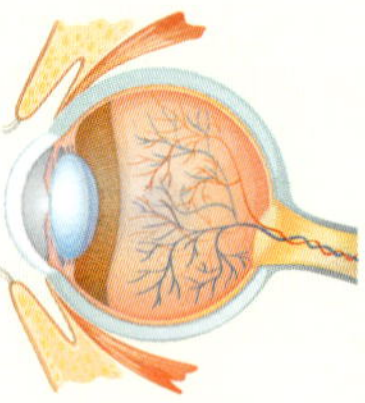

2. Coordinación y toma de decisiones, desde el sistema nervioso.

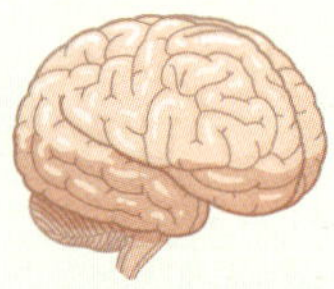

4. Homeostasis: control de nuestro medio interno (temperatura, ritmo respiratorio, etc.).

3. Acción: movimiento, secreción de sustancias (hormonas).

Los sistemas de relación y coordinación

En nuestro cuerpo hay dos sistemas interconectados para cumplir estas funciones:

- **Sistema hormonal o endocrino.** Son glándulas de secreción interna que liberan hormonas o mensajeros químicos a la sangre.
- **Sistema nervioso.** Son células especializadas conectadas que componen una gran red de nervios que se distribuye por todo el cuerpo. En algunas zonas, las células nerviosas se concentran formando órganos como el **encéfalo** o la **médula espinal**.

  El sistema incluye órganos y receptores sensoriales que reciben información del exterior (ojos, oídos, etc.). Además, se relaciona con el sistema esquelético (músculos y huesos) y con las glándulas de otros sistemas, que realizan las diferentes acciones (movimientos o secreción).

El mecanismo receptor-coordinación-efector

El funcionamiento de este mecanismo tiene tres ejes fundamentales:

- Unas partes se especializan en la recepción de estímulos (órganos sensoriales).
- Otras, en labores de coordinación y toma de decisiones (como el cerebro).
- Otras, en la actuación (glándulas y músculos efectores).

El equilibrio interno u homeostasis

El control nervioso y hormonal del **medio interno** asegura la estabilidad de sus características principales: temperatura interna, composición de sus líquidos (sangre, linfa, líquidos intercelulares), etc. Este equilibrio se llama **homeostasis**.

Dos sistemas parecidos y relacionados, pero diferentes

El sistema nervioso y el hormonal pueden actuar por separado o hacerlo de forma conjunta y coordinada. En ambos casos la información viaja, aunque hay algunas diferencias destacadas.

El sistema nervioso y el sistema endocrino

El sistema nervioso

Está integrado por un conjunto de estructuras y órganos formados por **tejido nervios**o. Se encarga de procesar estímulos y de dar la orden de respuesta a estas señales.

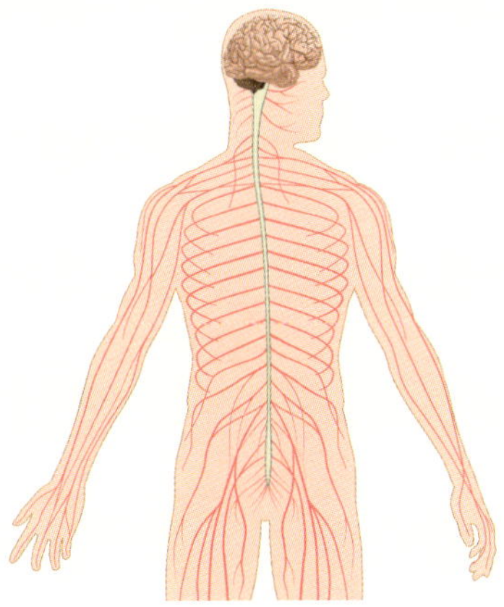

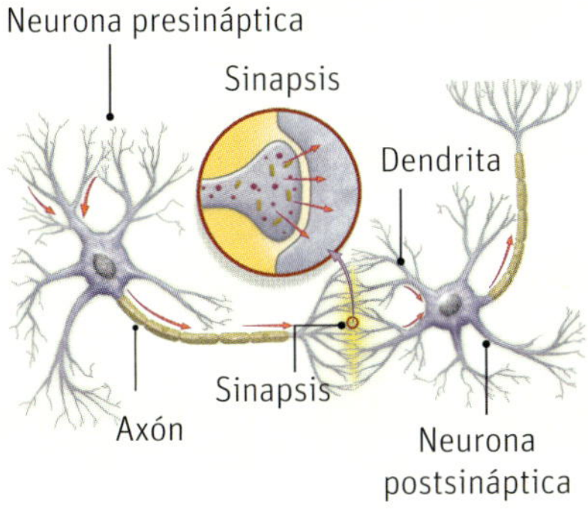

La información circula en forma de **impulso eléctrico**, pero al pasar de una neurona a otra, o al llegar al órgano efector, se transmite por **neurotransmisores**, que recorren un espacio **sináptico**, entre la membrana presináptica y la membrana postsináptica del órgano efector.

El sistema endocrino

Está formado por el conjunto de **glándulas secretoras de hormonas** (sustancias químicas) que participan en el mantenimiento del equilibrio y el control de las funciones del organismo.

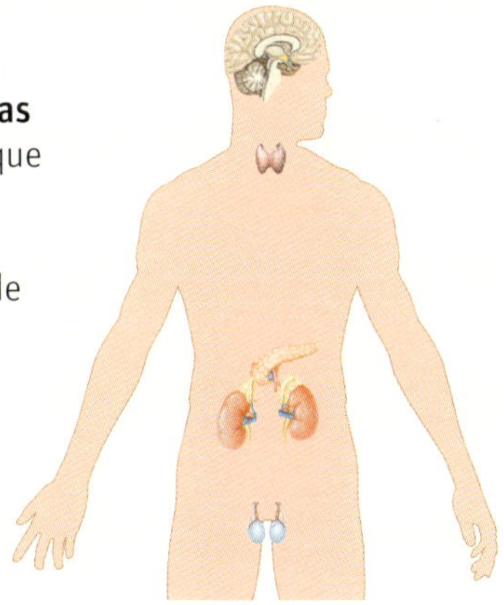

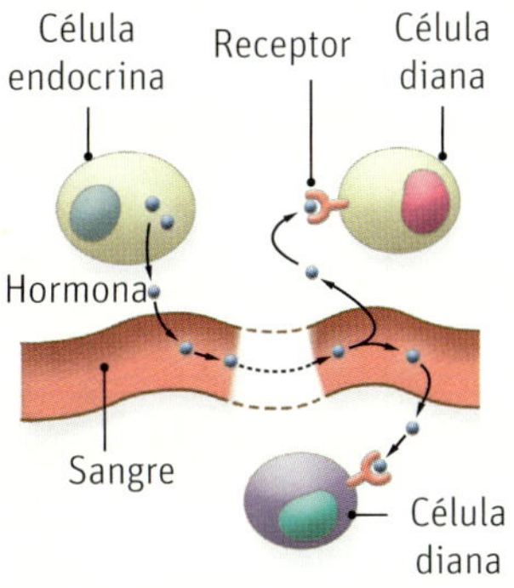

Las **glándulas endocrinas** vierten a la sangre mensajeros químicos denominados **hormonas**. La sangre los lleva a algunos órganos conocidos como **diana**. Las hormonas están más tiempo en la sangre de lo que dura el impulso nervioso.

ACTIVIDADES

1. Observa la imagen:
   a) ¿Cuál es el estímulo y la respuesta que se observan en la situación de la imagen?
   b) ¿Qué sentido se encarga de la recepción del estímulo? ¿Qué número indica esta fase?
   c) ¿Cuáles son las respuestas frente al estímulo?

2. Busca ejemplos de mecanismos de tipo receptor-coordinador-efector diferentes de los de estas páginas.
3. Investiga sobre el tiempo de reacción o respuesta de los sentidos en una persona que está bajo los efectos del alcohol. ¿Qué funciones se ven afectadas?
4. Compara el funcionamiento y las estructuras de los sistemas nervioso y endocrino mediante un cuadro comparativo.
5. Explica. ¿Cómo viajan los estímulos a través del sistema nervioso? ¿Cómo viajan los estímulos por el sistema hormonal?

2 El sistema endocrino u hormonal

El sistema endocrino está compuesto por una serie de órganos, entre los cuales se encuentran las **glándulas**, que actúan en conjunto para regular la actividad de nuestro organismo.

Principales glándulas del sistema endocrino

Paratiroides

Son cuatro estructuras con forma de lenteja que se sitúan detrás de la **tiroides** y participan en la regulación del calcio.

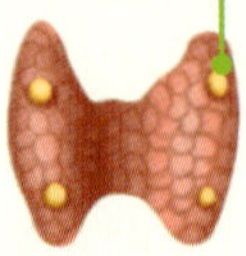

Epífisis o glándula pineal

Se encuentra en el encéfalo. Controla el ciclo diario y el sueño, a través de la **melatonina**.

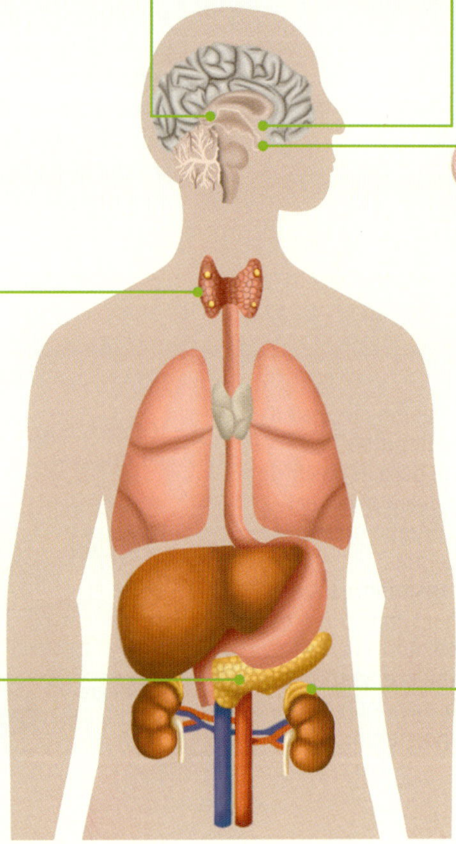

Hipotálamo

Es la glándula encargada de controlar y estimular la producción hormonal de la hipófisis, a la que está unido, mediante los **factores liberadores**, que son **neurohormonas**.

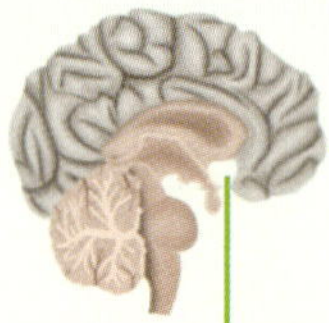

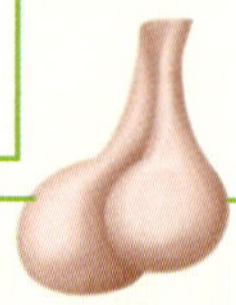

Glándula pituitaria

Se sitúa en la base del encéfalo. Se considera la glándula maestra, ya que regula muchas funciones corporales y además controla a las demás glándulas. Produce hormonas como **oxitocina**, **prolactina** y la **hormona del crecimiento**.

Tiroides

La tiroides produce las hormonas **tiroxina** y **calcitonina** a través de las que regula aspectos del metabolismo general del cuerpo.

Páncreas

Es importante en la regulación del azúcar en la sangre. Secreta **insulina** que disminuye los niveles de glucosa y glucagón, y también estimula la liberación de glucosa almacenada en el hígado.

Suprarrenales

La corteza de estas glándulas produce las hormonas **cortisol** y **aldosterona**, encargadas de regular la absorción de sodio.

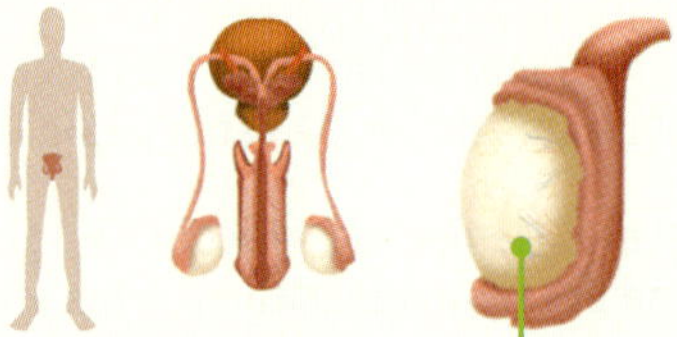

Testículos

Los testículos producen **testosterona** que es la hormona encargada de la aparición de los caracteres sexuales secundarios en los hombres.

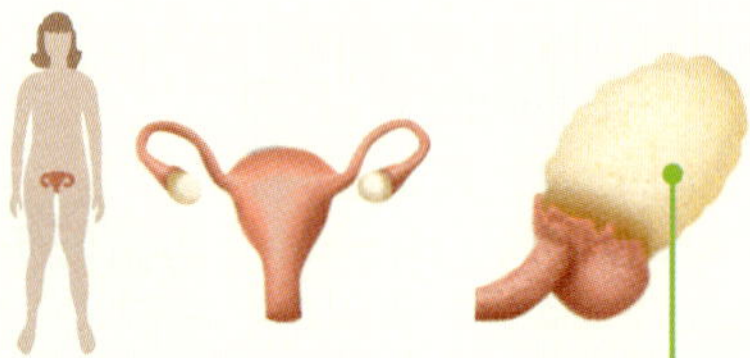

Ovarios

Los ovarios secretan **progesterona** y **estrógenos** que son responsables de la aparición de los caracteres sexuales secundarios en las mujeres.

Las hormonas

Las hormonas son **mensajeros químicos** que ejercen su acción sobre las células controlando y coordinando su actividad. Cada tipo de hormona actúa solo sobre determinadas células, llamadas **células diana**, especialmente programadas para responder ante su presencia.

Las hormonas son **muy eficaces**, ya que una mínima cantidad de estas sustancias es suficiente para que cumplan su función. Por otra parte, su acción es más lenta pero más continuada que la de los impulsos nerviosos.

Los mecanismos de acción hormonal

Aunque las glándulas endocrinas se encuentran separadas y dispersas por el organismo, su funcionamiento está coordinado y regulado. En gran parte, esto lo hace el encéfalo desde el hipotálamo, al activar la liberación de hormonas de unas glándulas u otras. Se trata de un **control nervioso involuntario**.

Además, la regulación suele presentar un mecanismo de **retroalimentación negativa** o autocontrol, de forma que, si una situación se vuelve problemática, este actúa corrigiendo la desviación. Es lo que ocurre con el control normal de la glucosa en sangre mediante dos hormonas antagónicas producidas en el páncreas: la insulina y el glucagón.

» Curiosidad y aprendizaje

Cuando sentimos curiosidad, el cerebro aprende de manera más eficaz, ya que se activa el sistema de recompensas del cerebro, segregando dopamina, una hormona y neurotransmisor liberada por el hipotálamo.

PRACTICA El funcionamiento hormonal.

Regulación del nivel de azúcar en la sangre

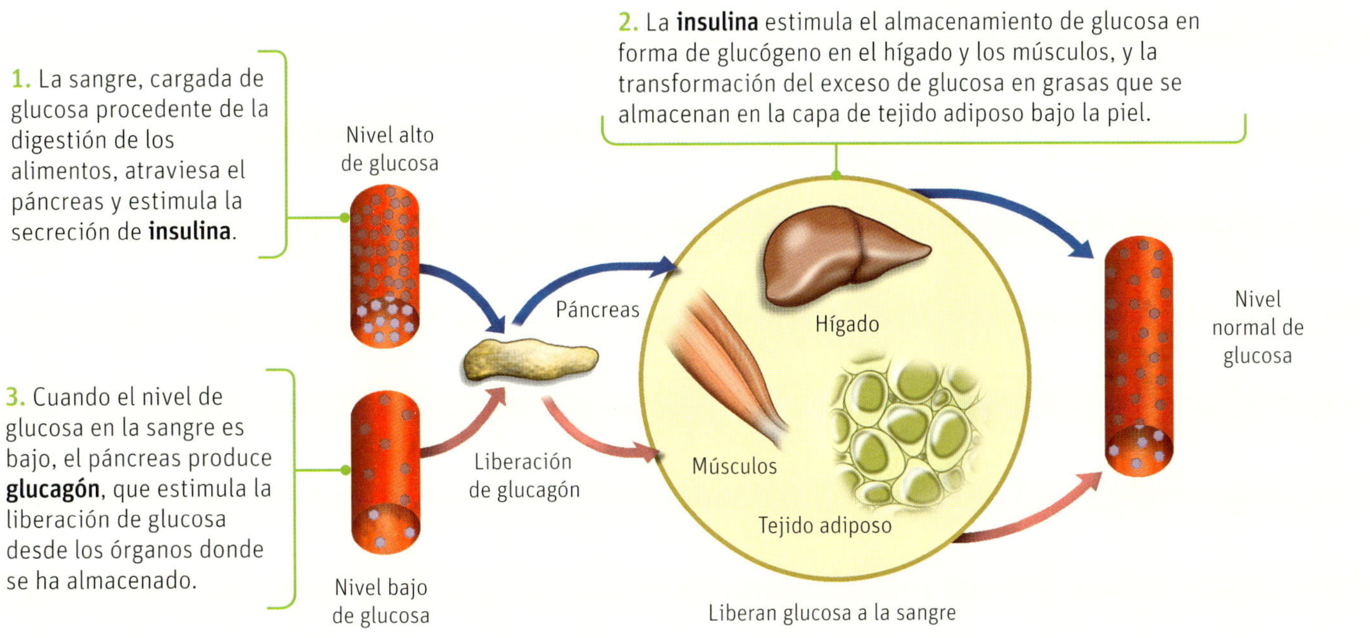

ACTIVIDADES

1. Observa el esquema de regulación de azúcar en la sangre. ¿Qué factor desencadena el proceso de secreción de insulina? ¿Cuál lo detiene?
2. Explica. ¿Qué quiere decir que las hormonas son específicas? ¿Qué son las "células diana"?
3. Compara los mecanismos de retroalimentación negativa y positiva. Utiliza ejemplos para explicar sus diferencias y similitudes.
4. Razona. ¿Por qué la regulación hormonal es más lenta y persistente que la nerviosa?

3 El sistema nervioso: componentes

La unidad del sistema nervioso

Como otras células, las **neuronas** presentan membrana, citoplasma con orgánulos y núcleo. Sin embargo, su especialización como conductoras de los **impulsos nerviosos** hace que adopten un aspecto muy particular.

La estructura básica de las neuronas se compone de un **cuerpo celular** o soma y una serie de prolongaciones o neuritas, en ocasiones muy largas, de las que existen dos tipos: **dendritas** y **axones**.

Estructura de una neurona

Cuerpo celular o soma. Contiene el núcleo y la mayor parte del citoplasma y de los orgánulos. Suele formar parte de la llamada **sustancia gris**, frecuente en la médula y en el encéfalo.

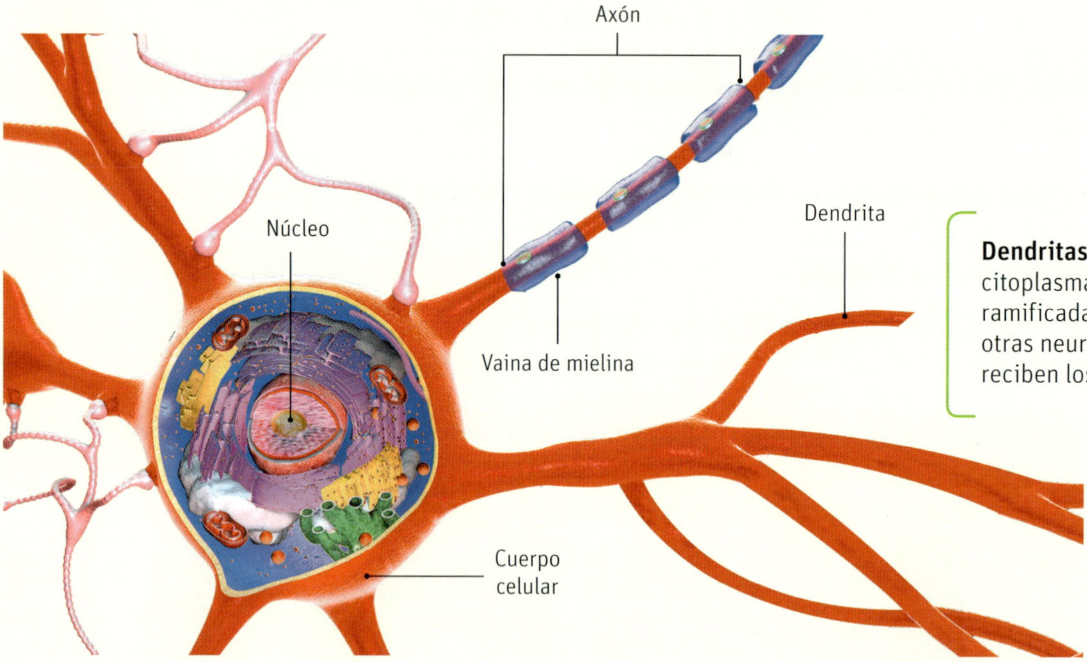

Dendritas. Son prolongaciones citoplasmáticas, a veces muy ramificadas, que contactan con otras neuronas, de las que reciben los impulsos nerviosos.

Axón. Es una prolongación del cuerpo neuronal. Algunos son muy largos y recorren amplias zonas del cuerpo hasta contactar con músculos y glándulas agrupados en conjuntos de fibras denominadas **nervios**.

En muchos nervios, el axón está recubierto por una **vaina de mielina**, procedente de células acompañantes de las neuronas o células gliales, lo que acelera la velocidad del impulso.

Tipos de neuronas

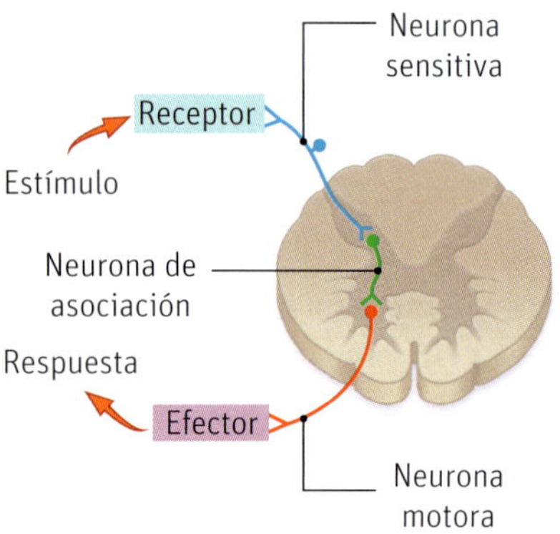

Tipos de neuronas

Atendiendo al sentido en que conducen sus impulsos, se distinguen tres tipos:

- **Aferentes o sensitivas.** Conducen los impulsos hacia los centros nerviosos.
- **Interneuronas o de asociación.** Forman parte del sistema nervioso central, enlazando vías aferentes y eferentes.
- **Eferentes o motoras.** Conducen los impulsos hacia músculos o glándulas.

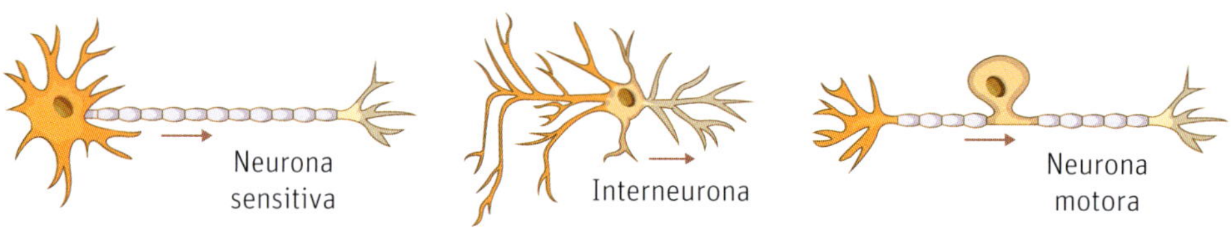

El impulso nervioso

La información nerviosa se transmite por la neurona en forma de impulsos eléctricos muy breves. La neurona utiliza para ello dos iones abundantes en el organismo: el sodio (Na^+) y el potasio (K^+). Abre o cierra canales existentes en su membrana de forma que esos iones entran o salen de la célula, cambiando así la diferencia eléctrica que hay entre el interior (negativo) y el exterior (positivo).

Durante unos milisegundos varían las cargas eléctricas que hay a un lado y a otro de una zona concreta de la membrana, recuperándose a continuación la situación original. El instante de diferencia anormal de cargas eléctricas es el **impulso nervioso**, que se desplaza velozmente a lo largo de la membrana desde las dendritas hasta el axón. La velocidad del impulso eléctrico oscila entre 50 y 100 m/s.

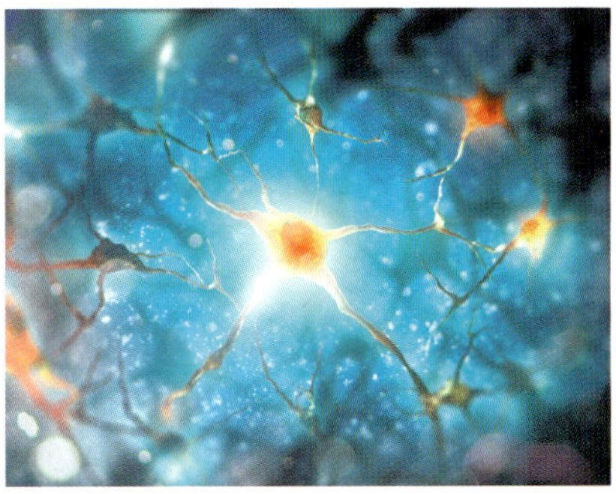

Las neuronas generan cambios eléctricos al ser estimuladas.

¿Qué pasa cuando el impulso llega al final de una neurona?

Entre una neurona y la siguiente, o entre una neurona y una célula efectora (músculo o glándula), el impulso se transmite mediante mensajeros químicos llamados **neurotransmisores**. Están contenidos en pequeñas vesículas que la neurona fabrica y almacena en el extremo de su axón. Cuando el impulso nervioso llega a esa zona, las vesículas se fusionan con el botón terminal del axón y los neurotransmisores se vierten al pequeño espacio sináptico que hay entre la neurona y la otra célula.

De este modo, los neurotransmisores contactan con la membrana de la otra célula y generan un nuevo impulso nervioso que viajará hacia su axón o, si es una célula efectora, se producirá su contracción muscular, o la secreción, si es una glándula.

OBSERVA Las neuronas.

Sinapsis

El paso del impulso nervioso entre una neurona y otra célula se denomina **sinapsis**.

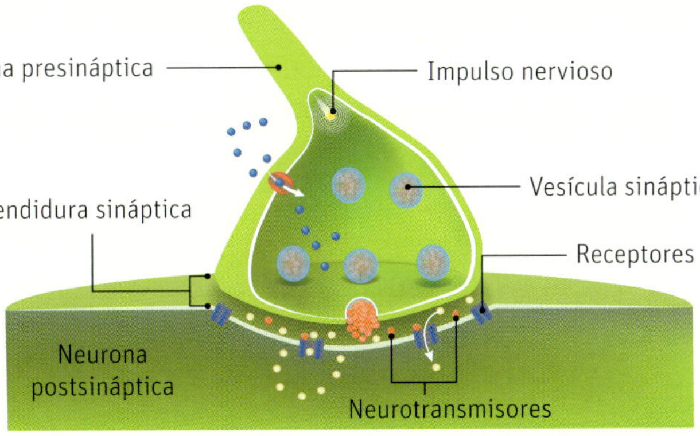

En una sinapsis química la neurona presináptica libera moléculas de **neurotransmisores** en la pequeña hendidura sináptica que la separa de la neurona postsináptica.

ACTIVIDADES

1. Investiga. Las sustancias psicoactivas, como drogas, venenos y fármacos, actúan sobre el sistema nervioso. Alteran la percepción, inhiben la sensación de dolor o varían el estado anímico. Algunas son químicamente parecidas a neurotransmisores. Indica su posible mecanismo de actuación.
2. Elabora un esquema que resuma las partes de la neurona y sus funciones.
3. Analiza. El impulso nervioso no es continuo. ¿Dónde se interrumpe y qué lo sustituye?
4. Elabora un esquema o dibujo que explique la transmisión del impulso nervioso.
5. Investiga sobre la acción de diferentes tipos de neurotransmisores y menciona situaciones cotidianas en las cuales actúan.

4 ¿Cómo está organizado el sistema nervioso?

El sistema nervioso obtiene información y detecta cambios, tanto en el medio interno como en el externo, los valora y responde con órdenes a los músculos o glándulas. Las rutas entre los centros sensitivos y los centros de coordinación pueden ser de tres tipos: **aferentes**, **eferentes** y **mixtas**.

Tipos de nervios según su función

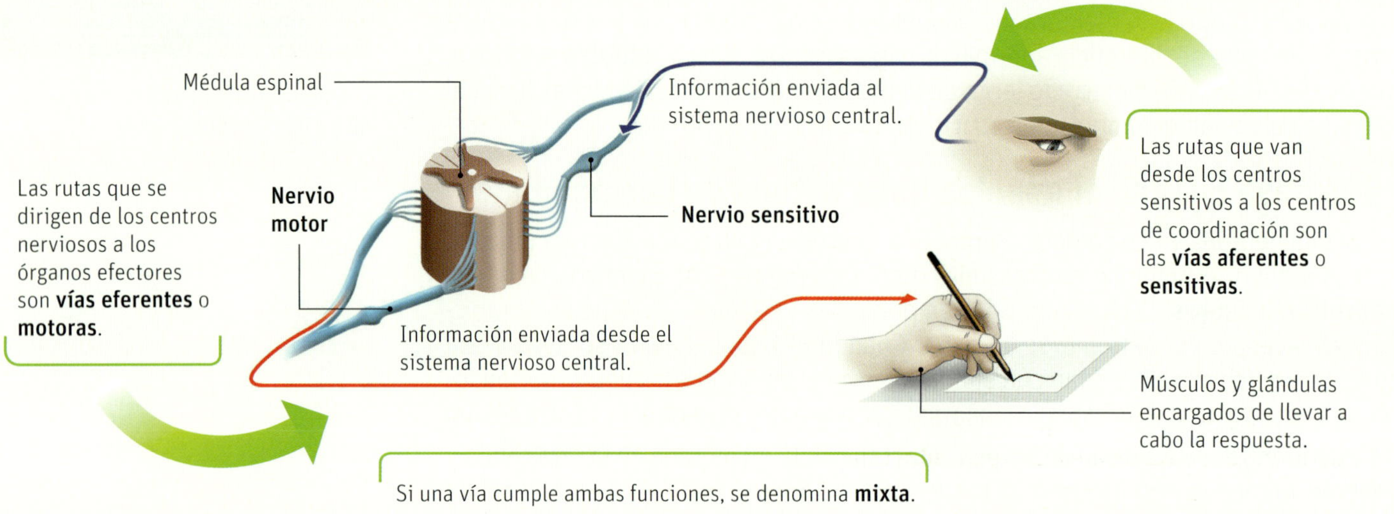

El sistema nervioso se suele clasificar según dos criterios distintos, uno anatómico y otro funcional.

Clasificación anatómica del sistema nervioso

- **Sistema nervioso central** (SNC). Son las neuronas que tienen todas sus partes integradas en el encéfalo o en la médula espinal.
- **Sistema nervioso periférico** (SNP). Son todas las neuronas que poseen alguna parte fuera de los dos órganos del sistema central. Incluye los nervios que salen fuera del encéfalo o de la médula y las neuronas periféricas.

Clasificación funcional del sistema nervioso

Esta distribución considera el tipo de órganos efectores que regula y los puntos de los que recibe información.

- **Sistema nervioso somático.** Recibe información de los órganos sensoriales del cuerpo y envía órdenes a los efectores somáticos o músculos esqueléticos de contracción voluntaria. Está relacionado fundamentalmente con percepciones externas y acciones voluntarias.
- **Sistema nervioso autónomo o vegetativo.** Recibe información de los receptores viscerales internos y lleva órdenes a los efectores autónomos o viscerales, que son la musculatura lisa o cardiaca y las glándulas que no están bajo control voluntario. Las vías eferentes son de dos tipos y cada órgano se encuentra inervado de forma doble. Este sistema consta de los sistemas **simpático** y **parasimpático**.

  Las vías simpáticas y parasimpáticas tienen carácter antagónico, es decir, mientras que unas activan una acción, las otras la relajan o la inhiben.

  El sistema autónomo no es totalmente independiente del central, de manera que la mente consciente influye en él, aunque no de la manera voluntaria y directa con la que actuamos desde el sistema nervioso somático.

ACTIVIDADES

1. Elabora un cómic donde representes una situación de peligro y la respuesta del sistema nervioso frente a ella. Señala en tu cómic las vías aferentes y eferentes.
2. Explica. De acuerdo con la clasificación funcional, ¿qué tipo de sistema nervioso actúa cuando estamos levantando un objeto?
3. Observa la imagen.
   a) ¿La actividad realizada por el niño corresponde al sistema nervioso autónomo o somático?
   b) ¿A qué tipo de sistema nervioso corresponden los órganos de la imagen?

5 El sistema nervioso central

El **sistema nervioso central** recibe y procesa información para controlar las funciones corporales. Está compuesto por el **encéfalo** y la **médula espinal**, ambos protegidos por capas membranosas y por estructuras óseas.

En el interior de estos órganos y entre las membranas está el **líquido cefalorraquídeo**, que sirve de protección contra los traumatismos.

Envolturas protectoras del sistema nervioso central

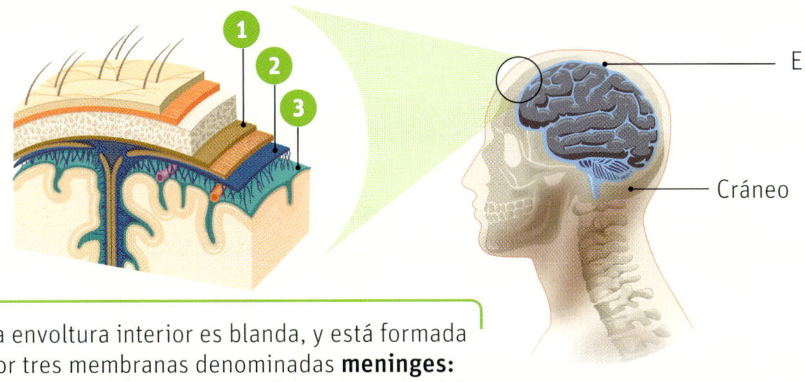

La envoltura interior es blanda, y está formada por tres membranas denominadas **meninges: duramadre** (1), **aracnoides** (2) y **piamadre** (3).

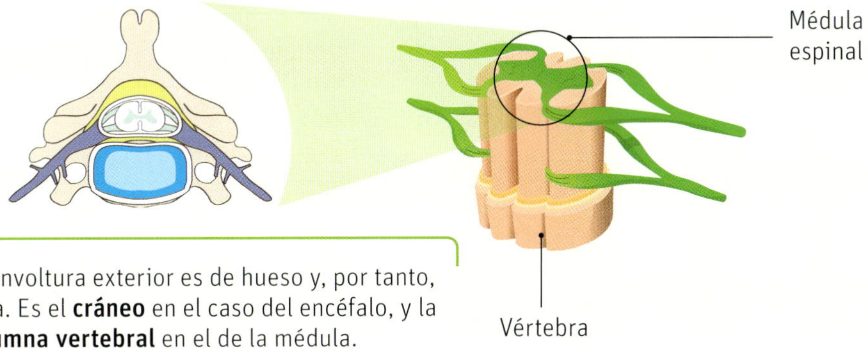

La envoltura exterior es de hueso y, por tanto, dura. Es el **cráneo** en el caso del encéfalo, y la **columna vertebral** en el de la médula.

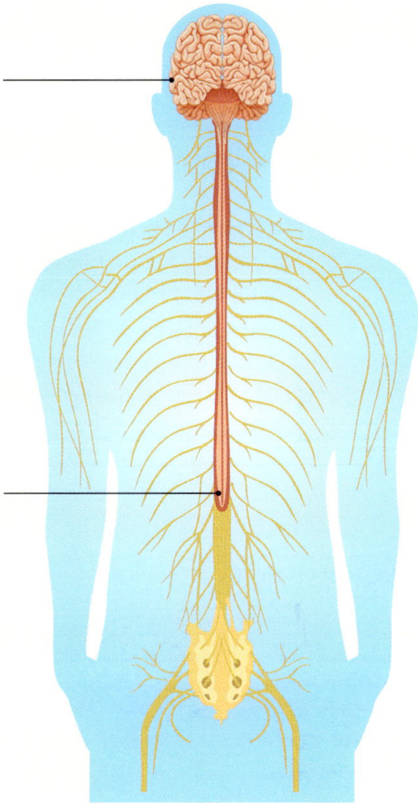

Tanto el encéfalo como la médula presentan una estructura interna compuesta por dos zonas bien diferenciadas por su aspecto y su color:

- La **sustancia gris**, integrada por los cuerpos neuronales y las dendritas. Son los centros de control, donde se decide el rumbo de los impulsos nerviosos.
- La **sustancia blanca**, formada por los axones, generalmente recubiertos de mielina. Son los nervios de conexión (el “cableado”) entre los centros de control.

ACTIVIDADES

1. Analiza. En medicina se suele utilizar el sufijo *-itis* para indicar inflamación. ¿Conoces alguna enfermedad con esa terminación relacionada con la inflamación de una estructura protectora del SNC? Busca información sobre ella (síntomas, posibles tratamientos, etc.).
2. Compara las estructuras que sirven de protección al encéfalo contra traumatismos.
3. Resume. ¿Cuáles son las partes que componen el sistema nervioso central? ¿Cuáles son las sustancias que se encuentran en el interior de sus órganos?
4. Busca información sobre los trastornos neurodegenerativos provocados por la pérdida de tejido nervioso y escribe un pequeño texto sobre ellos.
5. Explica qué son la sustancia gris y la sustancia blanca que forman parte del encéfalo y de la médula espinal.
6. Razona. Los motociclistas deben usar el casco.
   a) ¿Qué características tiene un casco de buena calidad? Compáralo con las características del cráneo.
   b) ¿Por qué es tan importante el uso del casco?

6 El encéfalo

El **encéfalo** es la parte del sistema nervioso central que se encuentra en el interior del cráneo. Es de uno de los órganos mayores del cuerpo, con una masa media de 1,4 kg. En él residen los centros superiores de coordinación y la consciencia. La organización básica del tejido nervioso en el encéfalo consiste en distribuir hacia la parte externa la sustancia gris, dejando la sustancia blanca en el interior.

Estructura y funcionamiento del encéfalo

El encéfalo tiene continuidad hacia la parte posterior del cuerpo por la médula espinal. Del encéfalo parten los nervios craneales del sistema nervioso periférico. Dividir el encéfalo en partes es difícil dada su complejidad, pero podemos distinguir las siguientes:

Las partes del encéfalo

El cerebro es la principal estructura del encéfalo. Está dividido en **dos hemisferios** que se comunican por un conjunto de fibras nerviosas llamadas **cuerpo calloso**. Su superficie está replegada a través de **circunvoluciones** y surcos profundos que la dividen en lóbulos.

La parte interna de los hemisferios está constituida por sustancia blanca, compuesta por los axones, mientras que la parte externa, o corteza cerebral, está formada por sustancia gris.

En el cerebro podemos diferenciar también el **sistema límbico**, que rodea al cuerpo calloso, y el **tálamo** y el **hipotálamo**, dos estructuras que regulan la comunicación entre el encéfalo y el sistema hormonal.

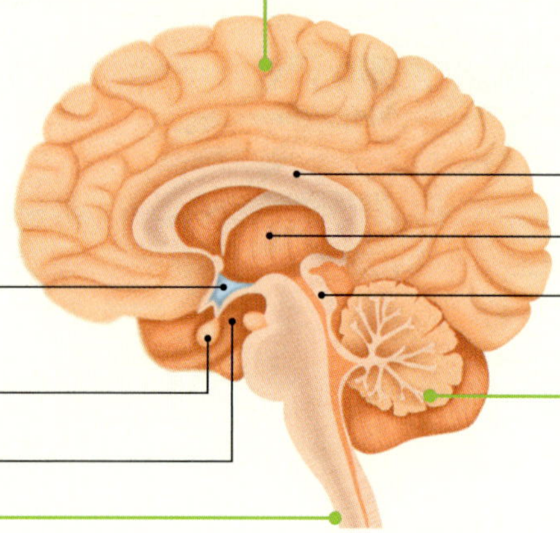

Tronco del encéfalo

Está formado por el mesencéfalo, la protuberancia anular y el **bulbo raquídeo**, o zona por la que el encéfalo se une con la médula espinal. El bulbo controla de forma automática importantes funciones corporales, como el flujo de sangre que circula por los vasos sanguíneos y los movimientos respiratorios y del tubo digestivo.

El cerebelo

Está ubicado en la parte inferior y posterior del encéfalo.

Presenta, al igual que el encéfalo, pliegues superficiales y dos hemisferios. Se encarga de coordinar movimientos tales como andar o manipular instrumentos y nos permite mantener el equilibrio.

El encéfalo es una estructura muy compleja. Algunas de sus funciones son las siguientes:

- **Interpretación sensorial y generación de órdenes motoras.** Tienen lugar en la corteza cerebral.
- **Lenguaje.** Implica varias zonas cerebrales.
- **Lógica, creatividad y lateralidad en el cerebro.** Las actividades lógicas y analíticas activan áreas del hemisferio izquierdo, y las más creativas activan el derecho.
- **Emociones.** Afectan principalmente a la zona del sistema límbico, que incluye el hipocampo.
- **Aprendizaje, razonamiento y memoria.** Las funciones cognitivas complejas abarcan zonas, como el sistema límbico, el cerebelo y los lóbulos frontales.
- **Consciencia.** Influye sobre todo en la relación entre la corteza y el tronco encefálico.

ACTIVIDADES

1. Elabora un mapa conceptual que resuma la estructura del encéfalo.
2. Deduce. ¿Cómo se disponen la sustancia gris y la blanca en el cerebro y en el cerebelo?

7 La médula espinal

Durante el desarrollo embrionario de un nuevo individuo, el encéfalo y la médula espinal aparecen como un cordón nervioso dorsal continuo, que luego se diferencia en las distintas partes del sistema nervioso central. A su alrededor se va formando tejido óseo que lo protege, y que dará lugar al cráneo y las vértebras.

En la médula espinal, la organización del tejido nervioso es al contrario que en el cerebro: la sustancia gris se sitúa en el interior y la sustancia blanca hacia el exterior. En el centro de la médula, rodeado de sustancia gris, hay un tubo relleno de líquido cefalorraquídeo denominado **epéndimo**.

Desde la médula parten **nervios** hacia el resto del cuerpo.

La médula sirve fundamentalmente para la **transmisión de mensajes** entre el encéfalo y las partes inferiores del cuerpo (sensaciones que ascienden y órdenes que descienden). Además, puede elaborar respuestas automáticas rápidas denominadas **actos reflejos**.

COMPRENDE Alteraciones del sistema nervioso.

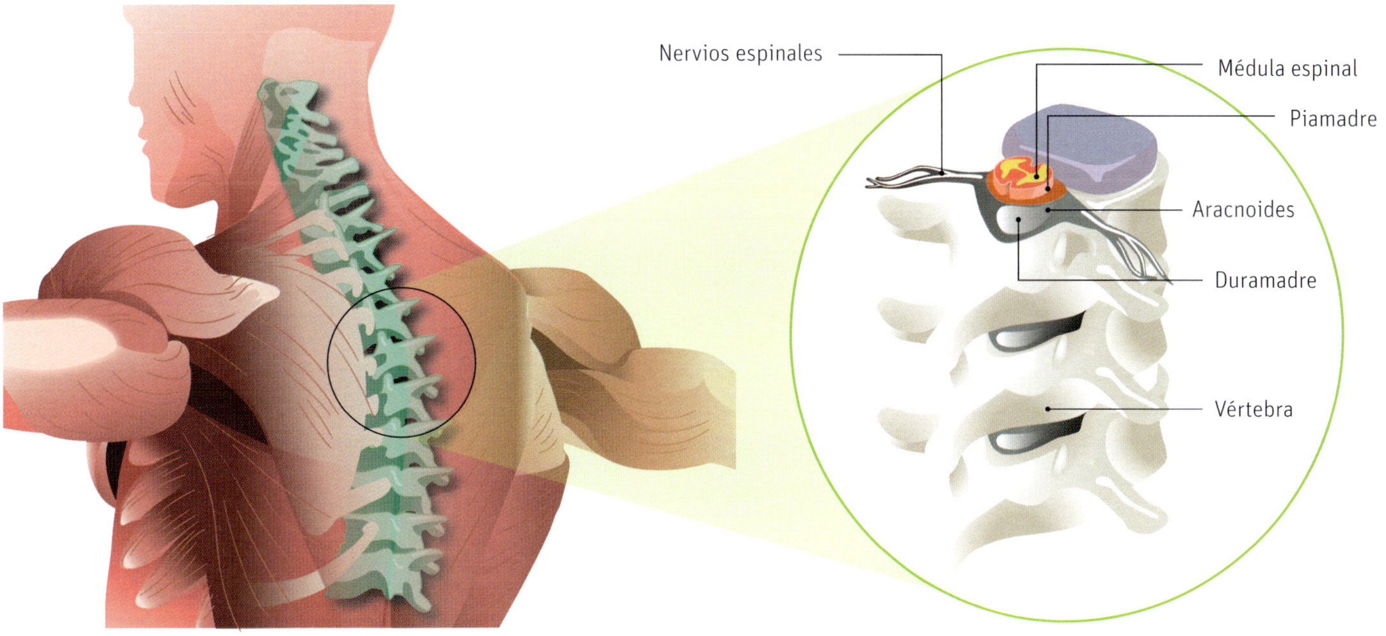

ACTIVIDADES

1. Explica. ¿Qué función cumplen las vértebras en el sistema nervioso?

2. Razona. La columna vertebral cumple una función de sostén y también una de protección.
   a) ¿Por qué son graves las lesiones en la columna vertebral?
   b) ¿Qué consecuencias puede traer una lesión en la columna vertebral?

3. Compara las características de los movimientos que son regulados por la médula espinal y por el cerebro.
   a) ¿Qué se entiende por reflejo?
   b) Escribe o dibuja un ejemplo de movimiento automático. ¿Cómo se origina dicho movimiento?

4. Explica la composición y la distribución de las sustancias gris y blanca que se encuentran en la médula espinal.

5. Busca información. La punción lumbar consiste en la introducción de una aguja por encima o por debajo de la 4.ª vértebra lumbar. A esa zona no llega la médula espinal, que acaba unos centímetros más arriba, por lo que no resulta dañada.

   Sirve para extraer líquido y analizarlo en busca de algún indicador de lesión o infección.

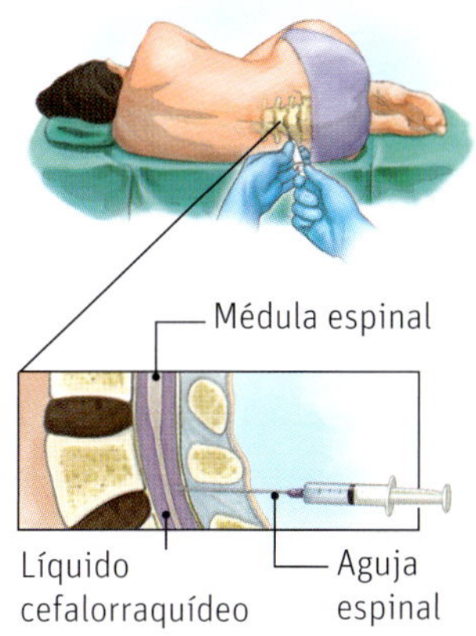

   - ¿Qué líquido es el que se obtiene? Busca información sobre esta técnica y sus diferentes aplicaciones.

8 El sistema nervioso periférico

El sistema nervioso periférico está constituido por pares de **nervios** que salen y vuelven al sistema nervioso central. Cuando parten del encéfalo se denominan **nervios craneales**, y cuando lo hacen desde la médula espinal reciben el nombre de **nervios raquídeos** o **espinales**. En el trayecto de algunos nervios hay **ganglios nerviosos**, formados por cuerpos neuronales donde se establecen las sinapsis de unas neuronas con otras.

Los nervios del sistema nervioso periférico

Nervios craneales. Son 12 pares de nervios que enlazan con zonas diferentes del encéfalo y se dirigen a distintas partes de la cabeza, recibiendo sensaciones o enviando órdenes. Los hay **sensitivos**, **motores** y **mixtos.**

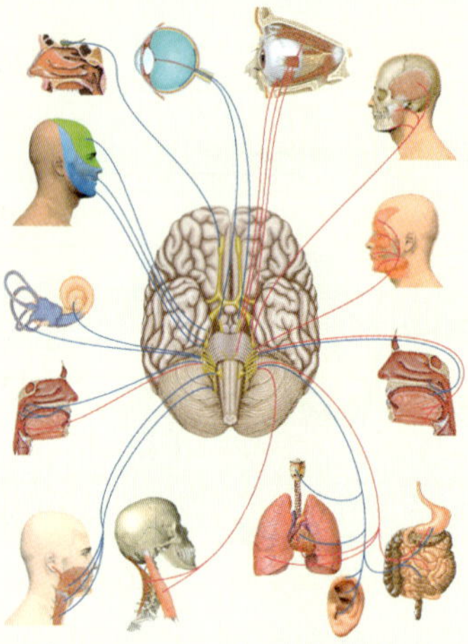

Los **nervios espinales** o **raquídeos**. Son 31 pares de nervios que salen secuencialmente de distintas partes de la médula espinal. Todos son mixtos.

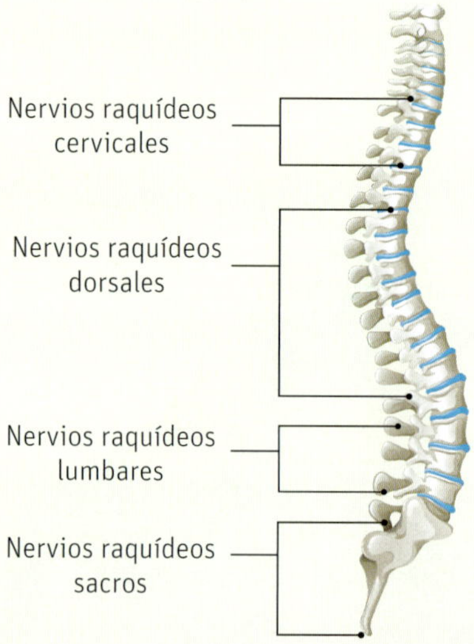

Los actos reflejos: respuestas involuntarias

Los actos reflejos son **respuestas** rápidas, automáticas e involuntarias a estímulos. Este tipo de respuestas (retirar la mano del fuego, reaccionar ante un tropezón, etc.) son muy rápidas y útiles, ya que permiten evitar daños.

En los actos reflejos, como el que muestra la ilustración de abajo, las respuestas son elaboradas por neuronas motoras de la **médula espinal**; el encéfalo no interviene en ellas y, por este motivo, se ejecutan involuntariamente.

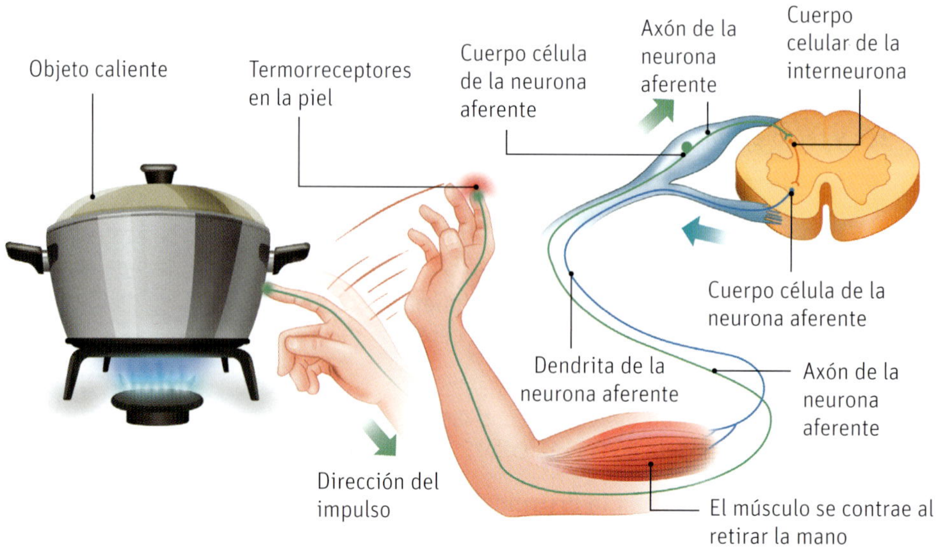

ACTIVIDADES

1. **Compara**, mediante un cuadro, la función, la estructura y la ubicación de los nervios raquídeos y los nervios craneales.
2. **Elabora** un esquema explicativo de la función de los tres tipos de nervios.
3. **Observa** la imagen que explica el reflejo rotuliano.

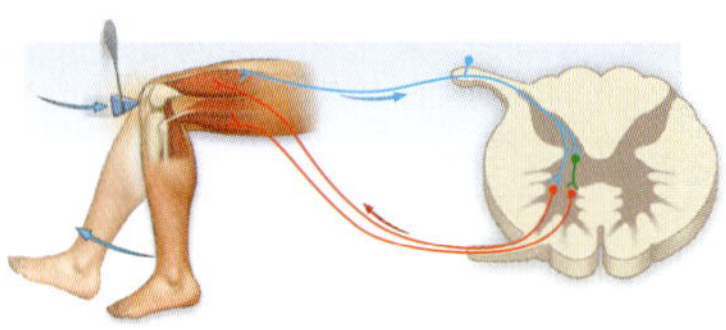

   a) ¿Dónde se produce este reflejo?
   b) ¿Qué significa que la respuesta es involuntaria?
   c) Escribe otros ejemplos de actos reflejos.

9 Sistemas nerviosos somático y autónomo

Control voluntario e involuntario

Si todas las funciones del organismo estuvieran bajo control voluntario consciente, sería imposible vivir. Funciones como la respiración, la digestión o el control cardiaco poseen **mecanismos involuntarios** de control llevados a cabo por el **sistema nervioso autónomo**, mientras que el somático funciona de manera consciente y voluntaria.

El sistema nervioso autónomo constituye una doble red de **nervios** y **ganglios.**

El sistema nervioso autónomo

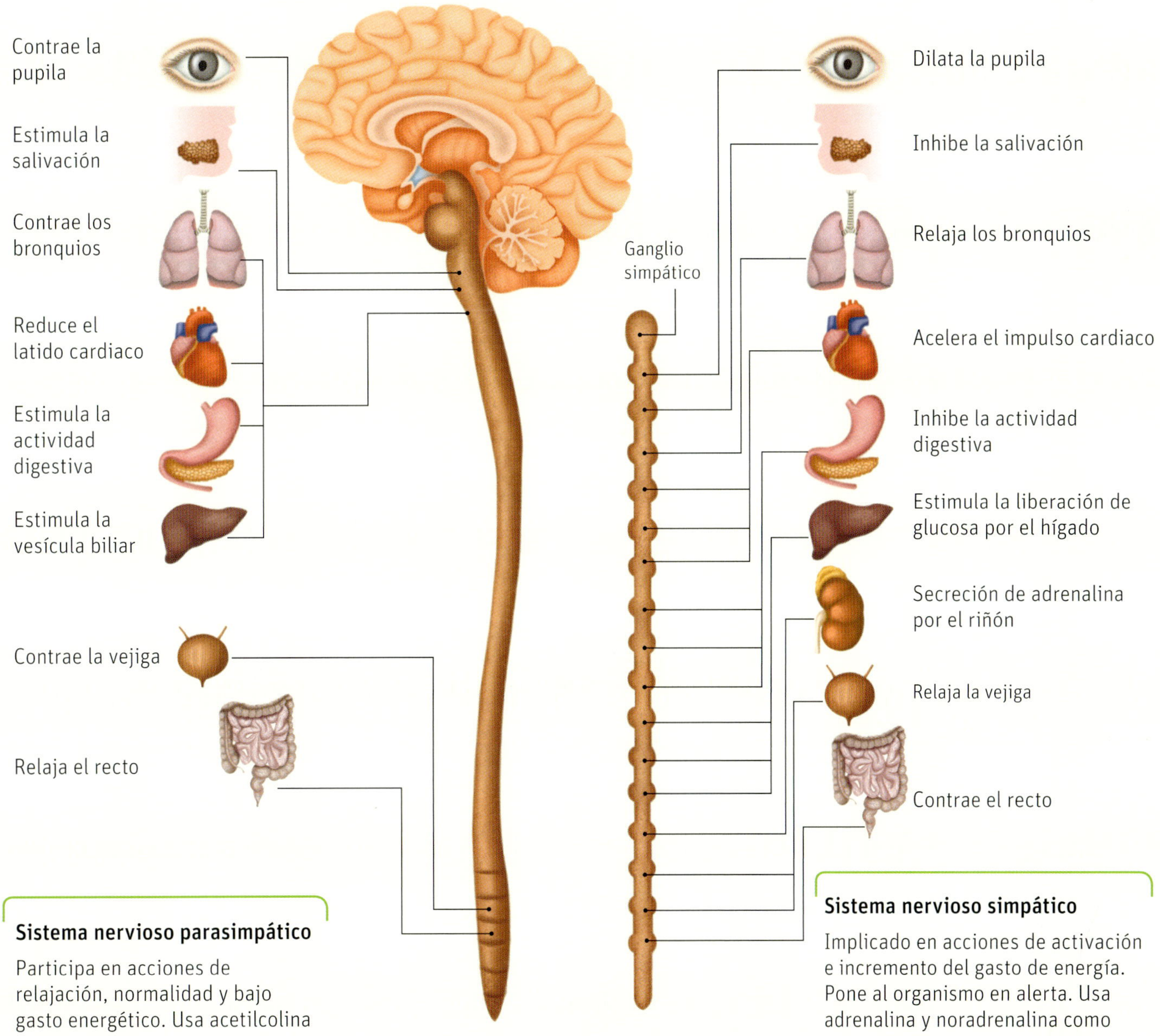

Sistema nervioso parasimpático

Participa en acciones de relajación, normalidad y bajo gasto energético. Usa acetilcolina como neurotransmisor.

Sistema nervioso simpático

Implicado en acciones de activación e incremento del gasto de energía. Pone al organismo en alerta. Usa adrenalina y noradrenalina como neurotransmisores.

ACTIVIDADES

1. Investiga. Los trastornos del sistema nervioso autónomo pueden presentarse como resultado de enfermedades, tales como la enfermedad de Parkinson. ¿Cuáles son los síntomas más comunes de esta enfermedad?

2. Razona. La diferencia entre las partes autónoma y somática del sistema nervioso es funcional, mientras que entre el sistema central y el periférico es anatómica. ¿Corresponde todo el encéfalo al sistema somático?

LO ESENCIAL

La coordinación de nuestro organismo

La función de relación en el cuerpo humano es coordinada por los sistemas **nervioso** y **endocrino**. Sus funciones incluyen la percepción y la respuesta a los estímulos.

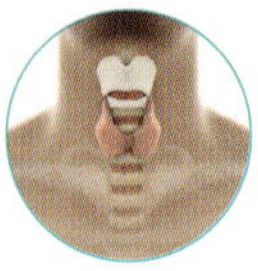

El sistema hormonal está constituido por **glándulas** que producen **hormonas**, unos mensajeros químicos que actúan sobre órganos específicos.

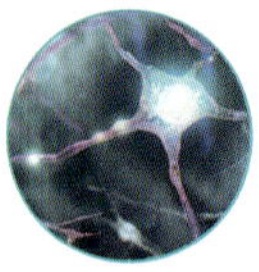

El sistema nervioso está compuesto por **neuronas** que pueden ser aferentes, interneuronas o eferentes. Las neuronas poseen un soma, un axón y dendritas.

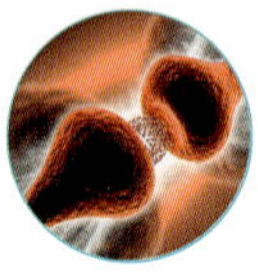

Cuando la neurona recibe un estímulo se transmite el **impulso nervioso** que pasa de una neurona a otra mediante conexiones denominadas **sinapsis**.

El sistema nervioso humano se divide según su anatomía en **central** y **periférico**, y según su función (voluntaria e involuntaria) en **somático** y **autónomo**.

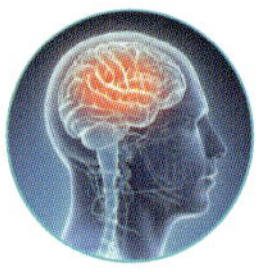

El sistema nervioso central recibe y procesa la **información** para controlar las funciones corporales. Está compuesto por el **encéfalo** y la **médula espinal**.

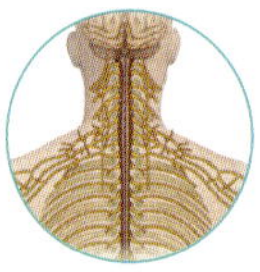

El sistema nervioso **periférico** está compuesto por **nervios** distribuidos por todo el cuerpo. Estos nervios conectan el sistema nervioso central con todos los órganos del cuerpo.

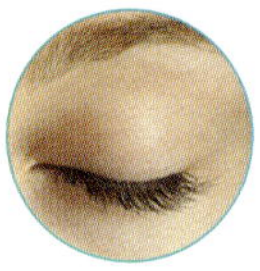

El sistema nervioso **somático** lleva a cabo acciones voluntarias, mientras que el **autónomo** controla las involuntarias, como la respiración y el parpadeo.

1. Organiza tus ideas. **Copia, completa y amplía el siguiente esquema para construir tu propio mapa mental de la unidad.**

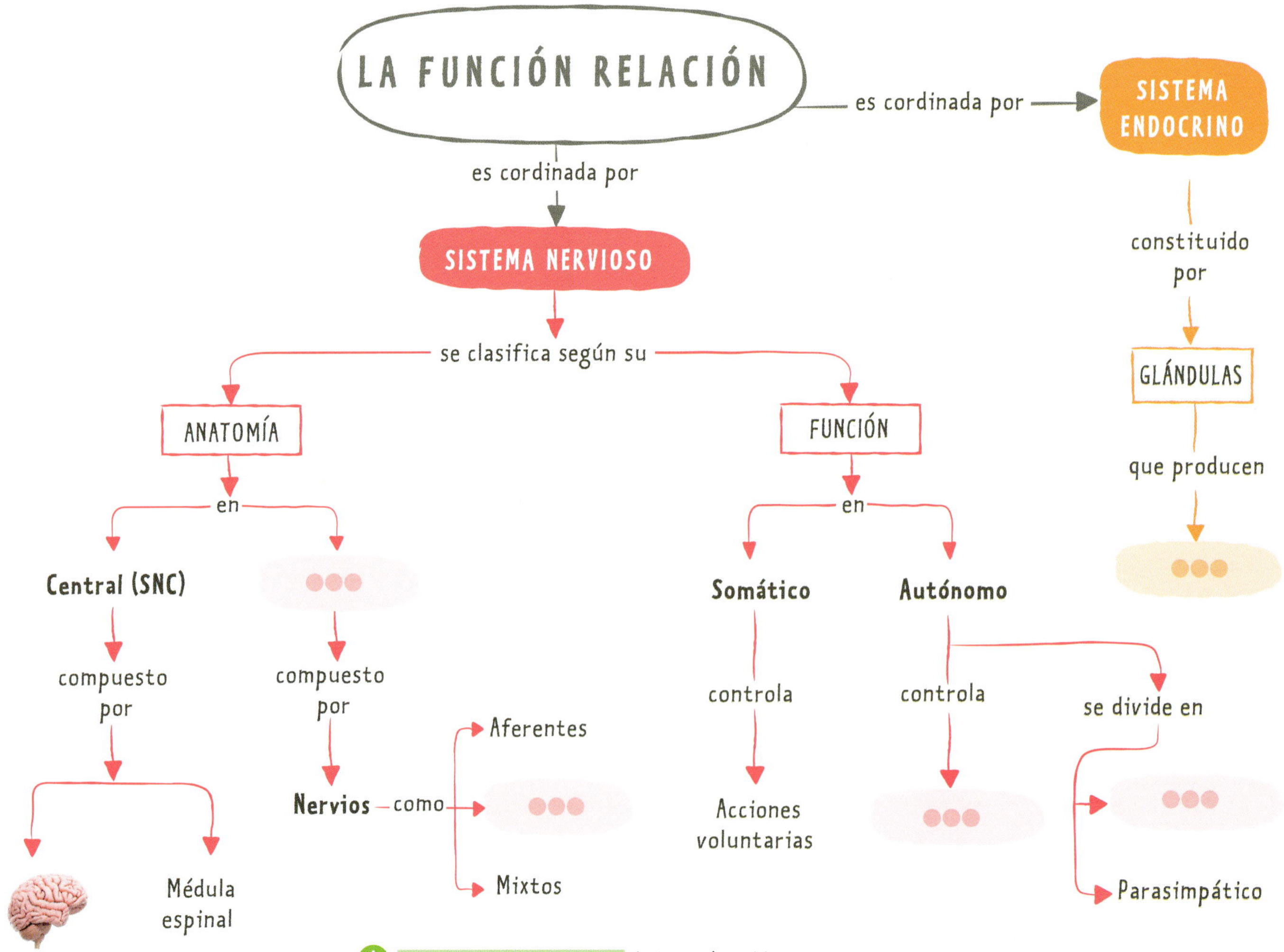

VALORA LO APRENDIDO Autoevaluación y resumen.

ACTIVIDADES FINALES

1. Argumenta. La cantidad de glucosa en sangre está regulada por la acción de las hormonas insulina y glucagón. Además, la falta de glucosa en sangre es una de las señales que activan la sensación de hambre, informando al hipotálamo, que induce en el encéfalo la percepción consciente.

Muchos nutricionistas aconsejan comer cinco veces al día. El motivo es que así se reduce el ansia al llegar a las comidas principales. Razona este argumento en función de lo comentado antes sobre la sensación de hambre.

2. Observa. Nuestro sistema endocrino produce hormonas que cumplen diferentes funciones en el organismo. Si estas hormonas se producen en exceso o de forma insuficiente pueden generar distintas enfermedades.

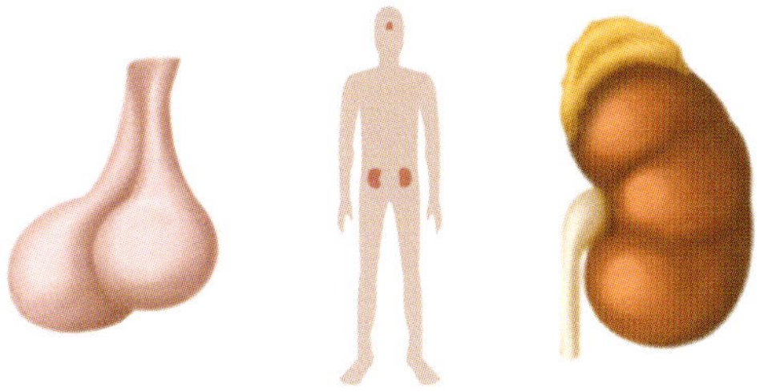

a) ¿Cuáles son las glándulas señaladas en la imagen?

b) ¿Cuáles son las funciones de estas glándulas?

c) ¿Cuáles pueden ser las consecuencias de una disminución en la producción de hormonas?

d) ¿Qué crees que puede ocurrir cuando se excede la producción de las hormonas?

3. Interpreta. La imagen representa una de las características fundamentales de una hormona.

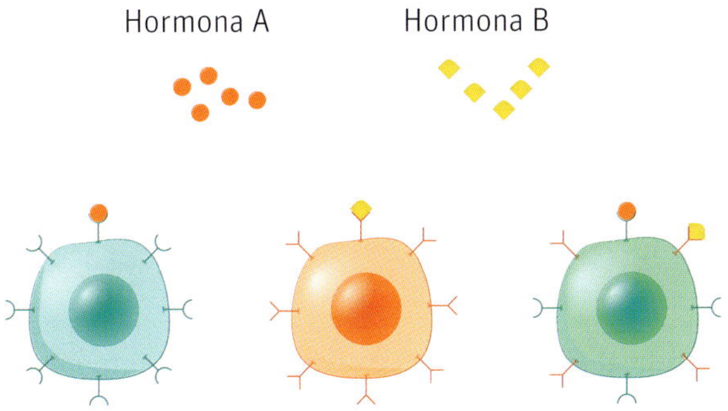

a) ¿Cuál es esa característica?

b) ¿Cómo se llaman las células que captan o reciben las hormonas en el cuerpo?

c) ¿Por qué las hormonas representadas en la imagen poseen formas diferentes?

4. Analiza. Una madre llega a la consulta del médico para una asesoría, pues su hijo tiene una talla y un peso inferiores a los de sus compañeros de clase. El médico le indica que el problema puede presentarse por la baja producción de una hormona.

a) ¿Qué hormona está asociada al crecimiento?

b) ¿Qué glándula está encargada de la producción de la hormona que está fallando?

5. Deduce. El análisis de sangre de un individuo reveló un nivel de hormona tiroidea de 2,4 mg/dL. La concentración normal de la tiroxina está entre 4,4 y 9,9 mg/dL.

a) ¿Qué afección padece esta persona?

b) ¿Qué síntomas debe presentar?

6. Soy competente

Observa la siguiente gráfica.

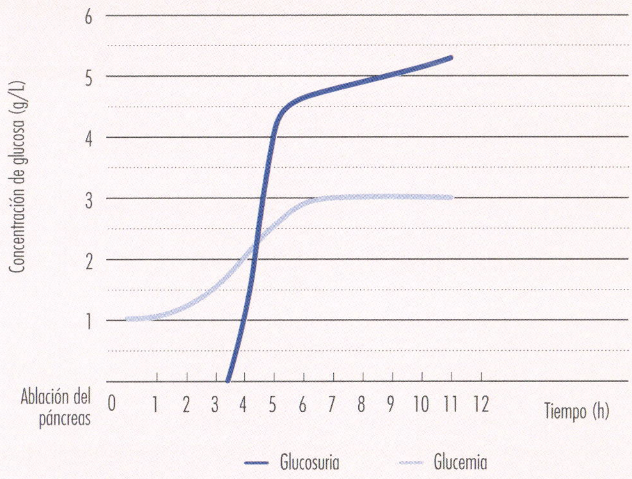

La extirpación del páncreas en animales de laboratorio les provoca, además de graves trastornos digestivos, síntomas de diabetes: aumento de la glucemia (glucosa en sangre) y glucosuria (presencia de glucosa en la orina). Estos animales tienen siempre sed y comen mucho, pero adewlgazan, se debilitan y mueren al poco tiempo.

a) Describe las gráficas y explica la evolución de la glucemia y la glucosuria.

b) ¿A qué puede ser debida la variación de la glucemia y la glucosuria tras la extirpación del páncreas? Justifica adecuadamente tu respuesta.

7. Identifica. De acuerdo con su anatomía, el sistema nervioso puede dividirse en sistema nervioso central y sistema nervioso periférico.

a) ¿Cuáles son las funciones de los sistemas nerviosos central y periférico?

b) ¿Cómo se relaciona el sistema nervioso central con el sistema nervioso periférico?

8. Compara. **En un edificio de innovaciones tecnológicas se instalaron unas cortinas que funcionaban de manera inteligente. En el exterior del edificio se colocaron sensores de luz que con las variaciones de intensidad generan corrientes que viajan por cables hasta el ordenador principal del edificio; este, a su vez, envía una orden a un motor que mueve las cortinas para abrirlas o cerrarlas dependiendo del requerimiento de iluminación. Esta tecnología se puede considerar como una analogía del funcionamiento del sistema nervioso.**

a) ¿Qué órganos representan los sensores de luz? ¿Qué tipo de nervios representan?

b) ¿Qué órganos del sistema nervioso representan los cables que van hasta el ordenador principal? ¿Qué tipo de nervios representan?

c) ¿Qué órganos representan el motor que mueve las cortinas? ¿Qué tipo de nervios representan?

9. Reflexiona. **Según la Organización Mundial de la Salud, "droga es toda sustancia que, introducida en el organismo por cualquier vía de administración, puede alterar de algún modo el sistema nervioso central del individuo y es además capaz de crear dependencia, ya sea psicológica, física o ambas".**

a) Según esta definición, ¿son el alcohol y el tabaco drogas?

b) ¿Por qué crees que se genera dependencia hacia estas sustancias?

c) Es posible que, en alguna ocasión, te propongan consumir algún tipo de drogas. Elabora una lista con algunos argumentos para rechazar el ofrecimiento de drogas.

10. Relaciona. **¿En qué se traduciría una lesión en los siguientes centros nerviosos?**

a) Daños en la corteza motora del cerebro.

b) Deterioro grave del cerebelo.

c) Deterioro grave del bulbo raquídeo.

d) Fractura de la médula espinal.

11. Explica. **El cerebro y la médula espinal conforman el sistema nervioso central. Esos órganos se encuentran rodeados por los huesos del cráneo y las vértebras. ¿Cuál es la función de estos huesos?**

12. Analiza. **María accidentalmente toca la espina de un cactus con su dedo.**

a) Organiza en tu cuaderno correctamente los siguientes eventos según cómo suceden durante un acto reflejo.

I. Envío del impulso nervioso desde el receptor hasta la médula ósea o encéfalo.
II. Ejecución de la respuesta.
III. Recepción del estímulo.
IV. Se pone en contacto la neurona sensitiva con la neurona motora.
V. Transmisión del mensaje al músculo correspondiente.

b) Escribe el nombre de la estructura o del tipo de célula encargada de que ocurra cada uno de los eventos.

c) Elabora una secuencia de imágenes que muestre la reacción de María, señalando lo que ocurre en cada momento.

d) Razona por qué la respuesta automática es más rápida que si todo el proceso fuera voluntario o consciente.

13. Razona. **En 1906 dos eminentes biólogos recibieron simultáneamente el Premio Nobel de Medicina pero no estaban de acuerdo sobre la organización del sistema nervioso:**

- Para Camilo Golgi, las neuronas forman una red continua: una fibra de una neurona se prolonga por la fibra de otra neurona sin un límite preciso entre ellas.
- Para Santiago Ramón y Cajal, las neuronas son células individualizadas: sus prolongaciones pueden estar muy próximas pero nunca soldadas.

a) ¿Qué hipótesis resultó correcta?

b) ¿Qué estructura pone en contacto dos neuronas adyacentes? ¿Cómo se transmite el impulso de una neurona a otra?

14. Relaciona. **Indica si en las siguientes acciones está implicado el sistema nervioso somático o el autónomo:**

a) Reflejo rotuliano, movimientos peristálticos del esófago, contracción del bíceps, dilatación de la pupila, relajación de la musculatura intestinal, movimiento de la lengua.

b) Describe el funcionamiento de los sistemas nerviosos somático y autónomo.

15. Compara. El siguiente esquema muestra la organización del sistema nervioso.

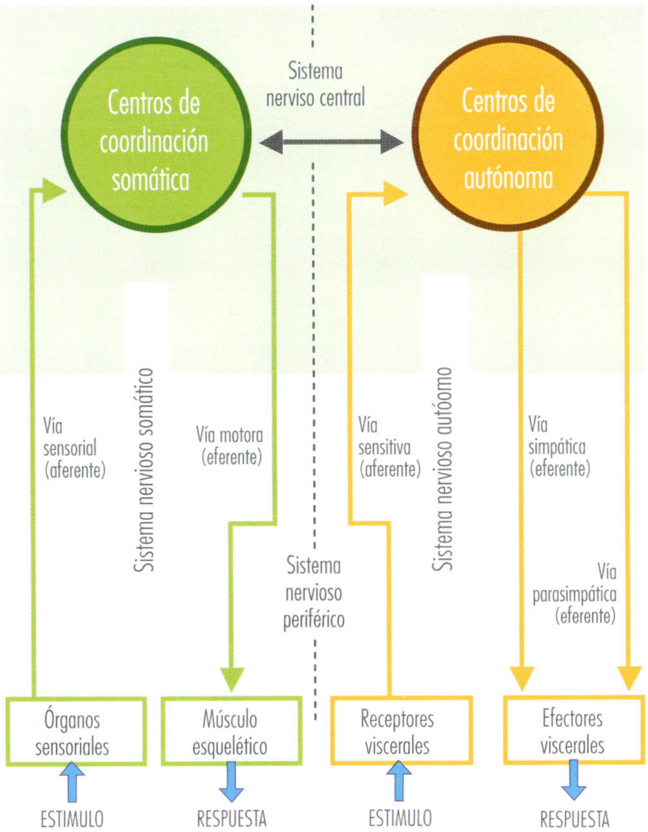

a) Describe las diferencias entre el sistema nervioso somático y el sistema nervioso autónomo.

b) Elabora un esquema que represente un ejemplo de la actividad del sistema nervioso somático y del sistema nervioso autónomo.

c) Elabora un dibujo o esquema en el cual se represente la actividad del sistema nervioso autónomo y el sistema nervioso somático.

16. Observa la imagen y luego responde a las preguntas.

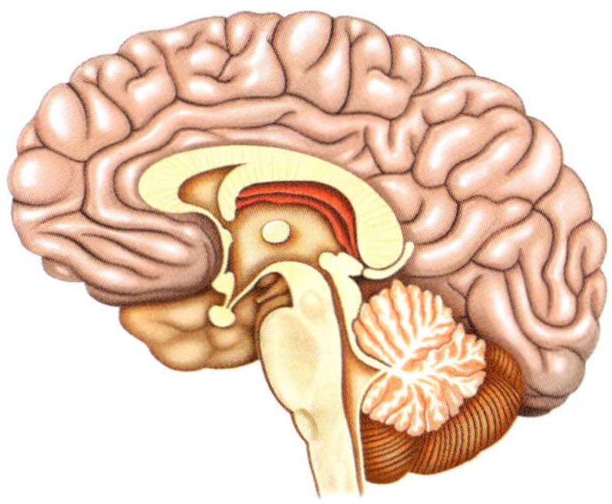

a) ¿A qué estructura del sistema nervioso central corresponde la imagen?

b) Nombra y sitúa sus tres partes principales.

c) ¿Cuáles son las funciones de esta estructura?

17. Retoma la pregunta propuesta en la apertura de la unidad y respóndela utilizando todos los conocimientos que has adquirido.

Ciencia en la calle

Lee y comprende el siguiente texto:

El uso del teléfono móvil cuando se está conduciendo es una actividad que pone en riesgo tanto a los conductores como a los peatones.

Revisar el móvil cada vez que suena o vibra se ha convertido en una acción cotidiana casi automática, que, sin embargo, puede tener consecuencias fatales cuando se está al volante.

Actualmente se están promoviendo iniciativas que buscan llamar la atención sobre los peligros de usar el móvil cuando se conduce. Entre ellas destacan las campañas que apelan a la responsabilidad, no solo de los conductores, sino también de las personas que realizan las llamadas.

Las distracciones con el teléfono móvil causan el 25 % de los accidentes en carreteras.

a) ¿Contestar una llamada cuando suena el móvil es un acto voluntario o involuntario?

b) ¿Qué parte del sistema nervioso se activa cuando suena el teléfono móvil?

c) Investiga sobre otros daños que puede ocasionar el uso excesivo del móvil al sistema nervioso.

d) ¿Crees acertada la prohibición del uso del teléfono móvil al volante? Razona tu respuesta.

6 RECEPTORES Y EFECTORES

En esta unidad aprenderás...

- **Qué son los estímulos y cómo los captamos y percibimos.**
- **Cómo trabajan los órganos de los sentidos y cómo cuidarlos.**
- **Cuáles son los principales huesos y músculos del aparato locomotor.**
- **Cómo se relacionan funcionalmente los huesos y los músculos.**
- **Cuáles son y cómo se previenen las lesiones en el aparato locomotor.**

¿Cómo mantiene la gimnasta esa postura?

Los gimnastas despiertan admiración porque sus músculos y huesos les permiten realizar movimientos sorprendentes.

- ¿Qué propiedades de los músculos y de los huesos les permite realizar movimientos tan complejos?
- ¿Cómo interactúan los músculos y los huesos en un movimiento?
- Además de los músculos y los huesos, ¿qué otros órganos y aparatos pone en juego la gimnasta para hacer su ejercicio?

1 Estímulos, receptores y sentidos. Tacto y piel

COMPRENDE Estímulos, receptores y respuestas.

Estímulos y receptores de estímulos

Toda señal externa o interna que informa al sistema nervioso es un **estímulo**. Los estímulos pueden ser sonidos, presión, cambios de temperatura, presencia de luz o sustancias químicas.

El sistema nervioso posee sensores para detectar los diferentes estímulos, son los **receptores**. Según su localización, se dividen en dos tipos:

- Externos o **exterorreceptores**: están en la periferia del cuerpo y responden a estímulos externos. Abarcan la vista, el olfato, el gusto, el oído y el equilibrio, pero también las terminaciones nerviosas de la piel responsables del sentido del tacto.
- Internos o **interorreceptores**: localizados en el interior del organismo, nos informan sobre cambios químicos, de presión, etc. Incluyen los **propiorreceptores**, ubicados en tendones, zonas articulares y músculos estriados, que informan sobre posición, orientación, movimiento corporal, estiramiento o contracción muscular, etc.

Tipos de receptores según la naturaleza del estímulo

Sentidos y órganos sensoriales

Los **receptores sensoriales** son terminaciones nerviosas que reaccionan ante estímulos enviando un impulso nervioso. La mayoría se encuentran en la piel y responden a diferentes estímulos. Los demás están agrupados y especializados en estímulos concretos (luz, sustancias químicas, ondas sonoras...). Todos se localizan en los **órganos de los sentidos**: ojos, oídos, fosas nasales, lengua y piel. Tradicionalmente se consideran cinco sentidos: **vista, oído, olfato, gusto** y **tacto**, aunque el tacto en realidad responde a varios tipos de estímulos y de receptores. A ellos hay que añadir, al menos, el **equilibrio** (ubicado en el oído interno).

Los receptores sensoriales táctiles

Están distribuidos por toda la piel, aunque no por igual. Las yemas de los dedos, por ejemplo, poseen muchos más receptores que otras zonas. Son de dos tipos:

- **Terminaciones nerviosas libres.** Son las más abundantes y responden a dos tipos de estímulos:
  - Los nocivos, actuando como nocirreceptores o receptores del dolor.
  - Las presiones ligeras (tacto), el movimiento de los pelos, etc.
- **Terminaciones nerviosas encapsuladas.** Son dendritas envueltas en tejido conjuntivo. Se trata de mecanorreceptores de tacto y presión, y reciben los nombres de sus descubridores (Meissner, Krause, Ruffini, Vater, Pacini).

La piel

La **piel** está conformada por tres capas: epidermis, dermis y tejido subcutáneo.

La **PIEL** es un órgano fino y de gran superficie donde se ubican los **receptores del sentido del tacto**, que incluye la presión, el estiramiento, la temperatura y el dolor.

Capas de la piel

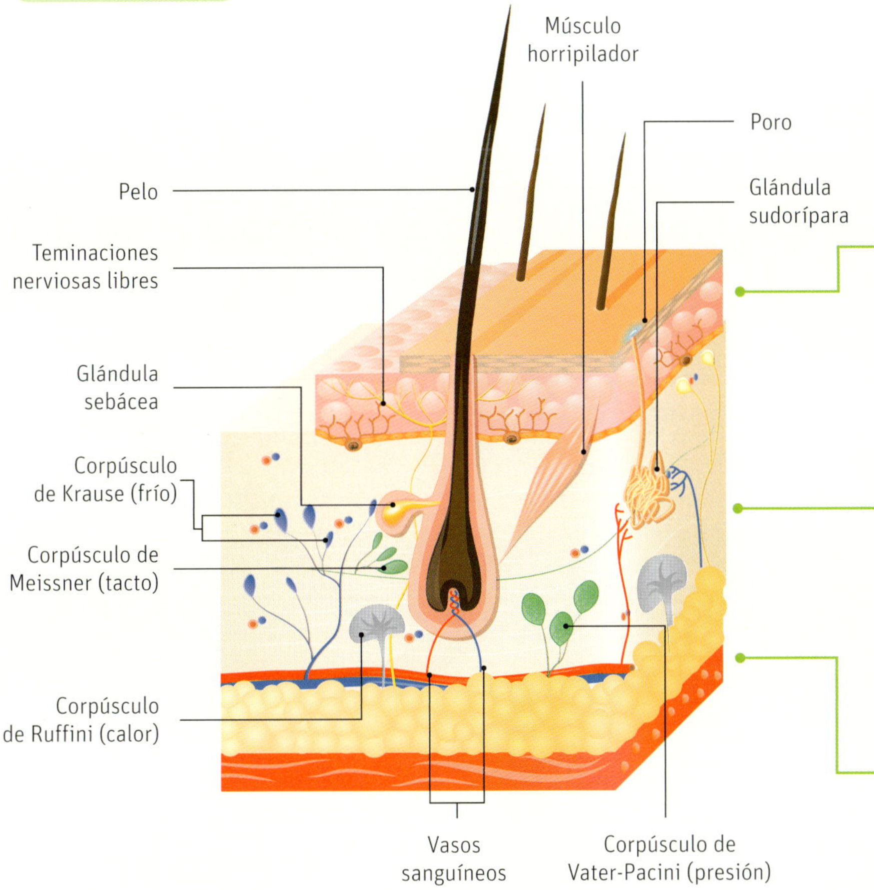

Epidermis. Son varias capas de células o epitelio pluriestratificado. Las células se reproducen constantemente en la parte basal, siendo empujadas hacia fuera. Según ascienden, se van impregnando de queratina y mueren como escamas.

Dermis. Capa de tejido conjuntivo que alberga los folículos pilosos que producen los pelos, y las glándulas sebáceas o sudor (sudoríparas). Presenta vasos sanguíneos y pequeños músculos lisos que erizan los pelos (músculos horripiladores), así como las terminaciones sensoriales táctiles.

Tejido subcutáneo. Formado por fibras conjuntivas y tejido graso. Contiene nervios y vasos sanguíneos. Da movilidad a la piel, almacena grasa y sirve de aislante térmico.

ACTIVIDADES

1. Resume en una tabla o esquema los cinco sentidos con los respectivos tipos de receptores que poseen. Utiliza diferentes imágenes para ilustrar cada uno.

2. Analiza. Al tocar la piel con la punta de dos alfileres diferenciamos dos puntos según la distancia a la que estén. ¿La distancia mínima para distinguirlos es idéntica en todo el cuerpo? ¿Por qué?

3. Elabora. Louis Braille elaboró un alfabeto de puntos táctiles con el que las personas invidentes pueden leer. Busca el alfabeto braille y escribe tu nombre, luego trata de "leerlo" tocando las letras con los ojos cerrados.

4. Piensa ¿En qué sentidos se concentran los receptores de estímulos químicos? Escribe un ejemplo de este tipo de estímulos.

2 La recepción sensorial: los ojos y la vista

Los **ojos** son los órganos encargados de la **visión**. A través de ellos se reciben las imágenes del exterior y se convierten en impulsos nerviosos que viajan hacia el cerebro y son procesados en la corteza visual.

Estructura del ojo

En la parte exterior del ojo hay estructuras anejas que los protegen: el **sistema lacrimal**, con glándulas y conductos que mantienen húmeda la córnea, las **cejas**, los **párpados** y las **pestañas**. Los músculos oculares sirven para mover los globos oculares.

El globo ocular está compuesto por tres capas principales: la **esclerótica**, la **coroides** y la **retina**. Su movimiento depende de los músculos oculares.

Globo ocular

Esclerótica. Es de tejido fibroso y protege el globo. La parte anterior es transparente, sobresaliente y abombada, y se denomina **córnea**. El resto es de color blanco.

Coroides. Es la capa opaca que oscurece el interior del ojo. Tiene vasos sanguíneos y pigmentos. La parte anterior, bajo la córnea, comprende estos elementos:

- **Cuerpo ciliar** y **ligamentos suspensorios**. Sobre ellos se sitúan el músculo ciliar y el iris. Los ligamentos sujetan y estiran el **cristalino**, la lente de enfoque.
- **Iris.** Es la parte coloreada del ojo, compuesta por fibras musculares lisas en forma radial y circular. Posee un orificio central o **pupila**.

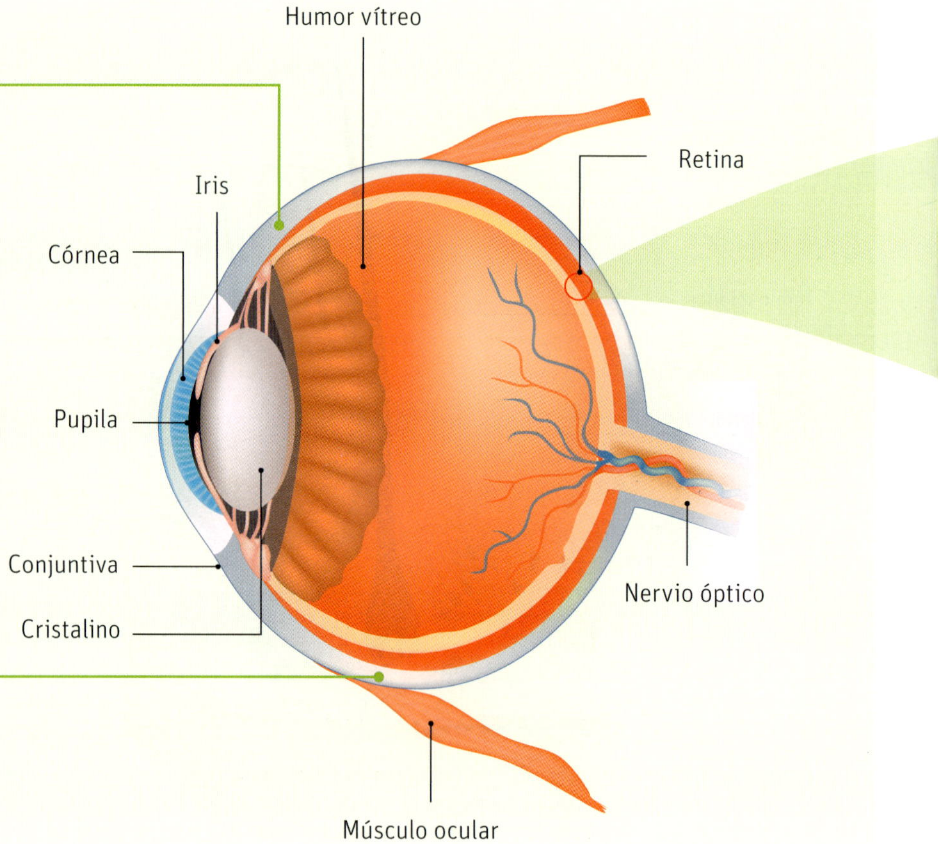

La mecánica de la visión

La visión es un proceso cerebral, pero antes necesita que el ojo enfoque y capte la imagen de forma similar a como lo hace una cámara fotográfica. Ello incluye:

- **Contracción** o **dilatación de la pupila** mediante la musculatura lisa que forma el iris. Así se regula la cantidad de luz que entra en el ojo.
- **Enfoque** o **acomodación del cristalino**, que adapta su curvatura para modificar la dirección de los rayos de luz y permitir que las imágenes de los objetos situados a diferentes distancias se formen correctamente sobre la retina.
- **Paralelismo** y **convergencia de los ojos**, que se producen cuando los músculos de uno y otro ojo se movilizan involuntariamente para crear una visión única.

Los fotorreceptores

OBSERVA Cómo funciona la vista.

Los fotones de luz que han atravesado el ojo estimulan las **células fotorreceptoras** que forman parte de la retina. Estas células son las encargadas de emitir un impulso nervioso que se dirige por el **nervio óptico** hasta el cerebro. Los receptores de la retina son de dos tipos:

- Los **bastones**, que son estimulados por intensidades de luz muy bajas, si bien no perciben los colores.
- Los **conos**, que son menos sensibles a la luz pero que responden a tres longitudes de onda desiguales, cuya información sumada nos proporciona la visión del color.

La retina

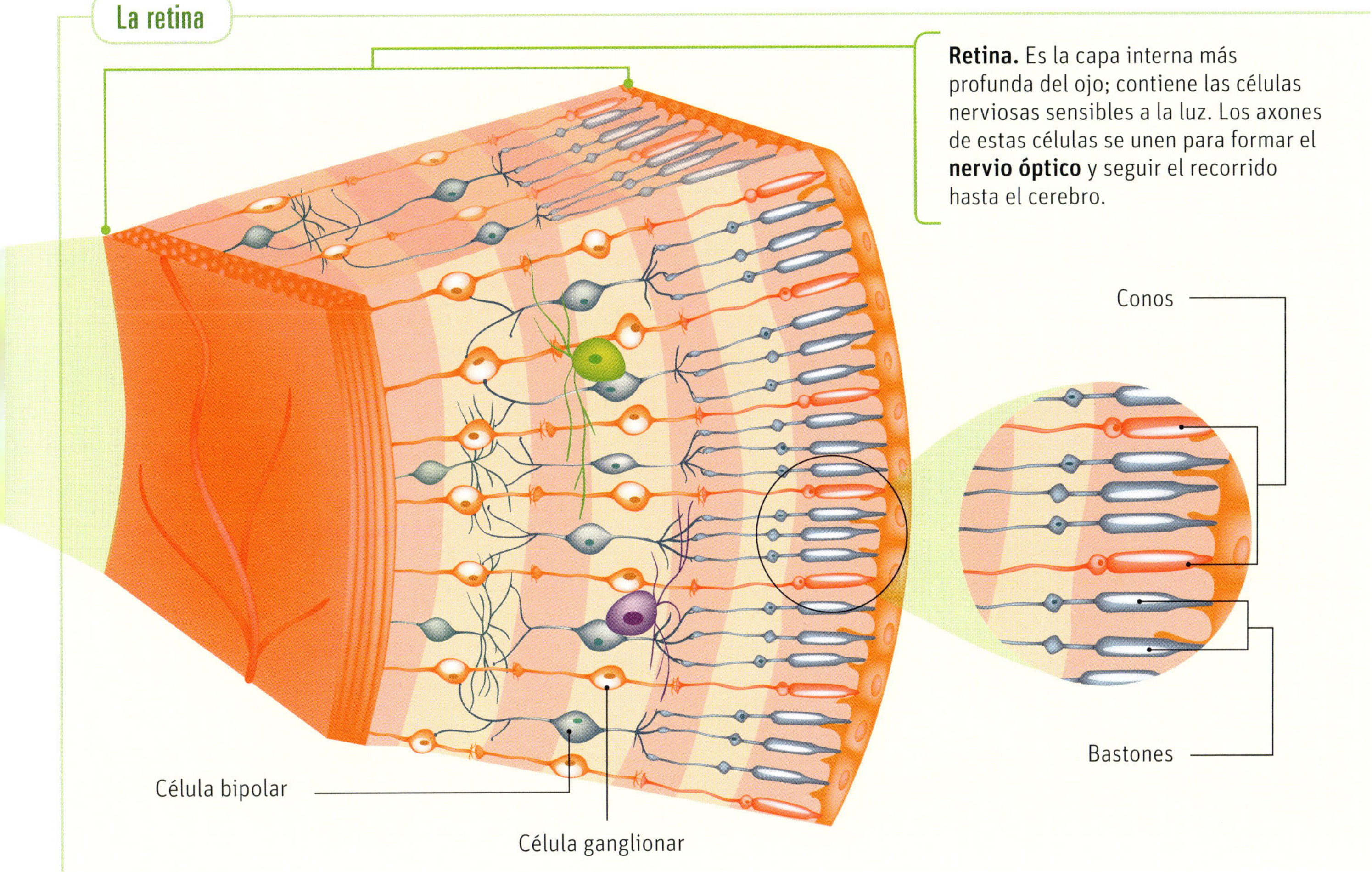

ACTIVIDADES

1. Explica. ¿Por qué es importante el sentido de la vista para los diferentes seres vivos?
2. Analiza. ¿Qué importancia tienen las estructuras protectoras del ojo?
3. Elabora un esquema que represente las estructuras presentes en el ojo.
4. Investiga qué es la fotofobia y cuáles son sus causas. ¿Existe alguna relación entre el color de los ojos y la sensibilidad a la luz?
5. Sintetiza en un esquema las funciones de las estructuras que forman parte del ojo.
6. Compara las funciones de los receptores conocidos como conos y bastones mediante una tabla.
7. Elabora una práctica que te permita evaluar la capacidad visual de algunos de tus compañeros. Escribe los materiales, el procedimiento, los resultados y el análisis.
8. Razona. Observa tu pupila al mirarte al espejo en un lugar con mucha luz y con poca luz.
   a) ¿Qué cambios observas en tu pupila en cada lugar?
   b) ¿A qué se deben las diferencias observadas en las pupilas?
9. Compara el funcionamiento del ojo con el de una cámara fotográfica. ¿En qué se parecen y en qué se diferencian?

3 El oído, la audición y el equilibrio

El sentido del oído

Los **oídos** tienen funciones importantes en la **audición** y el **equilibrio**. El oído presenta tres partes principales: el oído externo, el oído medio y el oído interno.

El oído

El **oído externo** incluye el **pabellón auricular** u **oreja**, formado por cartílago y piel, encargado de captar las ondas sonoras y dirigirlas al interior del oído; y por el **conducto auditivo externo**, que posee glándulas sudoríparas modificadas que generan el cerumen. Finaliza en la membrana timpánica o **tímpano**.

El **oído medio**, o **caja del tímpano**, se sitúa en el hueso temporal y tiene tres huesecillos: **martillo**, **yunque** y **estribo**, conectados entre sí y a la membrana del tímpano para transmitir las vibraciones. Presenta dos ventanas hacia el oído interno y una comunicación con la faringe por la **trompa de Eustaquio**, para igualar las presiones a ambos lados del tímpano.

El **oído interno** o **laberinto** se ubica en el hueso temporal y presenta una parte externa ósea y otra interna membranosa. La parte ósea está rellena de **perilinfa**, un líquido similar al cefalorraquídeo, mientras que las estructuras membranosas contienen un líquido llamado **endolinfa**.

Funcionalmente se diferencian dos porciones. La primera está destinada al mantenimiento del equilibrio y se encuentra formada por el **vestíbulo**, con dos sectores diferenciados llamados **utrículo** y **sáculo**, y los **conductos semicirculares**.

La segunda tiene como función la audición y está constituida por la **cóclea** o **caracol**, que contiene el **órgano de Corti** responsable de transformar las ondas sonoras en impulsos eléctricos que se transmiten al cerebro a través del nervio auditivo.

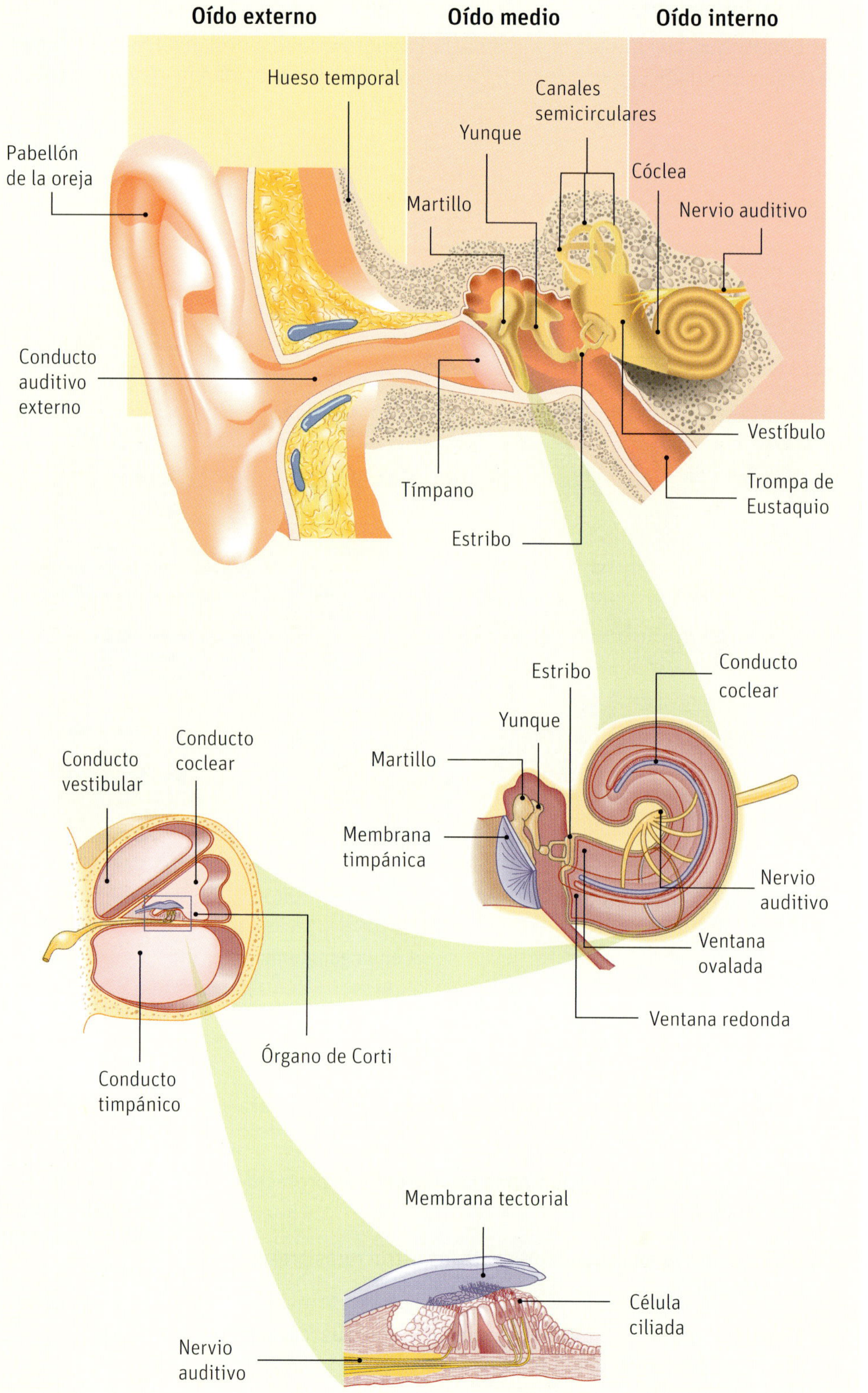

La mecánica de la audición

Las vibraciones, u ondas sonoras, que transmite el aire son captadas en las orejas y dirigidas por el conducto externo hasta el tímpano, al que hacen vibrar. Esta vibración sigue por la cadena de huesecillos del oído medio, enlazados entre sí y con el tímpano, llegando a la endolinfa del interior del conducto coclear, situado dentro del caracol, en el oído interno.

El movimiento de la endolinfa estimula las **células ciliadas** que hay en su interior, que transforman el estímulo en impulsos nerviosos que viajan por el **nervio auditivo** hacia el encéfalo.

La mecánica del equilibrio

Hay dos tipos de sensaciones de equilibrio:

- **Equilibrio estático.** Informa sobre la posición de la cabeza y la aceleración lineal. Se percibe en el utrículo y el sáculo del vestíbulo óseo. Los cambios de posición son el estímulo que se transmite como impulso nervioso.
- **Equilibrio dinámico.** Informa acerca de la rotación o giro. Se percibe en los conductos semicirculares que poseen las tres direcciones del espacio. El giro mueve la endolinfa dentro de los canales, lo que es percibido por los cilios de las células sensoriales de la base de los canales ("ampollas").

La estimulación de los receptores de equilibrio envía impulsos nerviosos al encéfalo a través del **nervio auditivo**, que también se encargan de transportar los mensajes auditivos.

El equilibrio auditivo

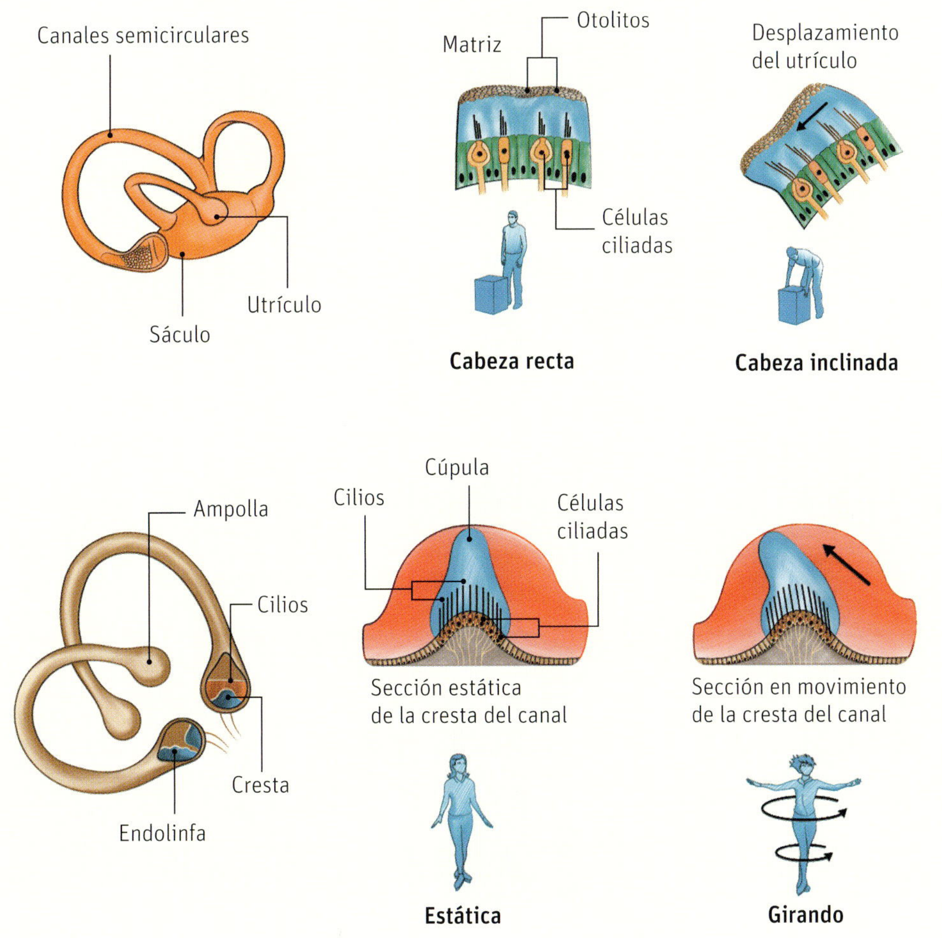

La **ESTIMULACIÓN** de los receptores de equilibrio envía **impulsos nerviosos** al encéfalo por el nervio auditivo, que también transporta los mensajes auditivos.

PRACTICA El oído y el equilibrio.

ACTIVIDADES

1. Identifica si las siguientes partes forman el oído externo, el oído medio o el oído interno.

   · Trompa de Eustaquio · Martillo · Lóbulo auricular · Cóclea · Yunque · Cartílago · Cavidad timpánica

2. Explica. Si empiezas a girar sobre ti mismo varias veces y te paras de repente, tendrás la sensación de que sigues dando vueltas. ¿Por qué experimentas dicha sensación?

3. Argumenta. ¿Por qué la rotura de alguno de los huesecillos del oído medio ocasiona sordera?

4. Analiza. La interpretación emocional de los sonidos, como en la música o en un mensaje lingüístico, implica además a otras zonas del cerebro.

   a) ¿Qué funciones podrá afectar una lesión o rotura de piezas del oído como el tímpano o la cadena de huesecillos?

   b) ¿Puede una persona tener problemas de audición sin que se haya visto dañado el oído? ¿Por qué? ¿Cuáles serían?

4 Problemas con el oído y la vista

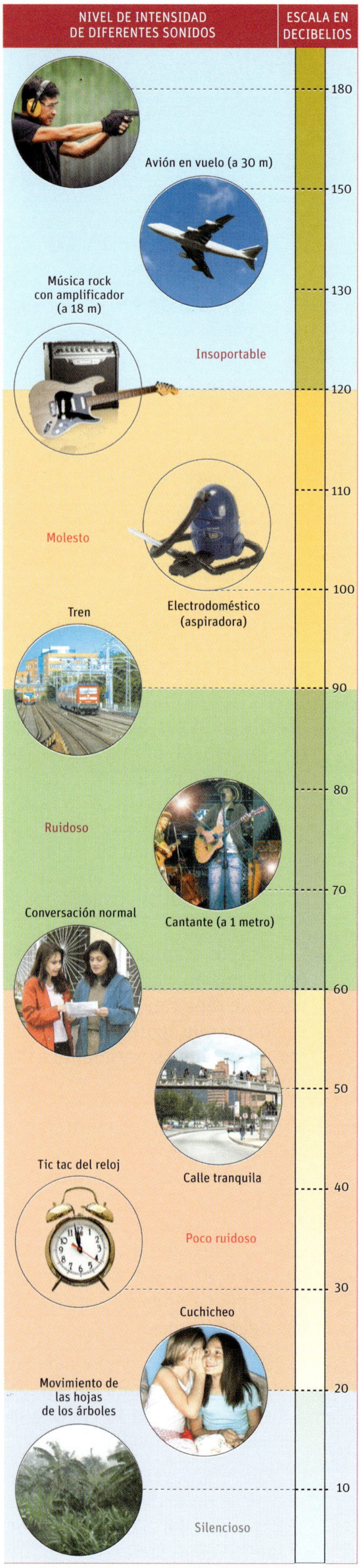

El campo auditivo humano

El **campo auditivo humano** corresponde a una banda específica de **frecuencias** y a un rango específico de **intensidades**, que pueden ser percibidas por nuestro oído. En concreto, el oído humano percibe frecuencias de entre 20 Hz y 20 kHz. Las vibraciones acústicas fuera de este campo no se consideran sonidos, aunque puedan ser percibidos por otros animales.

En cuanto a la intensidad del sonido, para medirla se utilizan los **decibelios** (dB). El oído humano capta los niveles de intensidad acústica comprendidos entre 0 dB (umbral) y 120-130 dB. Esto es cierto para el rango de frecuencia media (1-2 kHz). Para frecuencias más bajas o más altas, la dinámica se reduce.

Es importante saber que todos los sonidos superiores a 90 dB dañan el oído interno e incluso pueden causar daños irreversibles por encima de 120 dB.

En la tabla de la izquierda aparecen diferentes actividades y su intensidad en decibelios.

Trastornos del oído

El oído es una de las partes más sensibles del cuerpo humano. Algunas enfermedades que pueden afectarlo son:

Trastornos del oído

Otitis

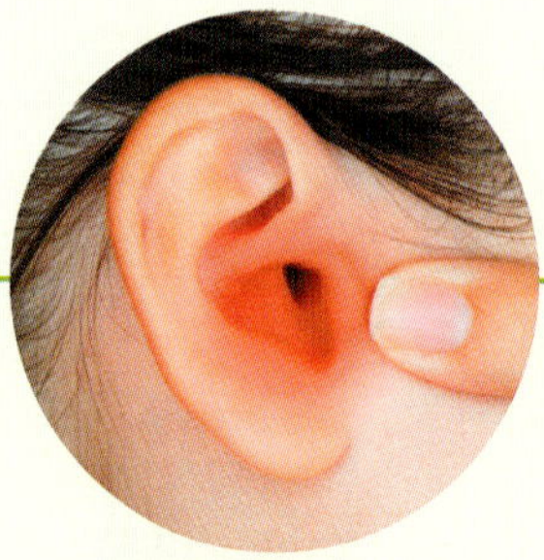

Es la inflamación del oído, generalmente por causa infecciosa. Según su localización anatómica se clasifica en otitis externa y otitis media, siendo esta última la más común.

Vértigo

El vértigo es una sensación de movimiento o giros que a menudo se describe como mareo. Se debe a un problema en la parte del oído interno que controla el equilibrio.

El síndrome de Ménière

Es una enfermedad del oído interno, de causa desconocida. Puede causar mareo intenso, pérdida de la audición y la sensación de presión o dolor en el oído. Es una causa común de sordera.

Enfermedades de la vista

Las enfermedades que afectan al ojo se clasifican en enfermedades refractarias y no refractarias. Las **enfermedades refractarias** afectan la acomodación; la imagen no se enfoca correctamente en la retina y se produce visión borrosa o distorsionada. Las **enfermedades no refractarias** no se relacionan con la acomodación de la imagen.

Las **enfermedades refractarias** más comunes son la miopía, el astigmatismo y la hipermetropía.

Enfermedades refractarias de la visión

Miopía

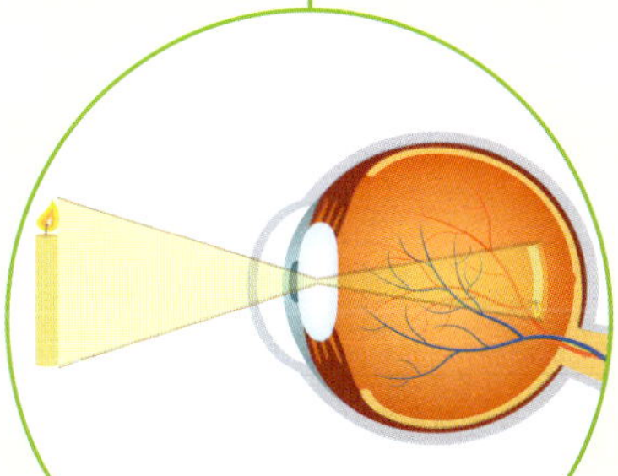

Visión lejana desenfocada

Se debe a una excesiva longitud del globo ocular, que hace que los objetos se dibujen delante de la retina. Los individuos miopes ven nítidamente los objetos cercanos, mientras que los lejanos los observan borrosos. Para corregir este defecto, se utilizan gafas con lentes divergentes.

Astigmatismo

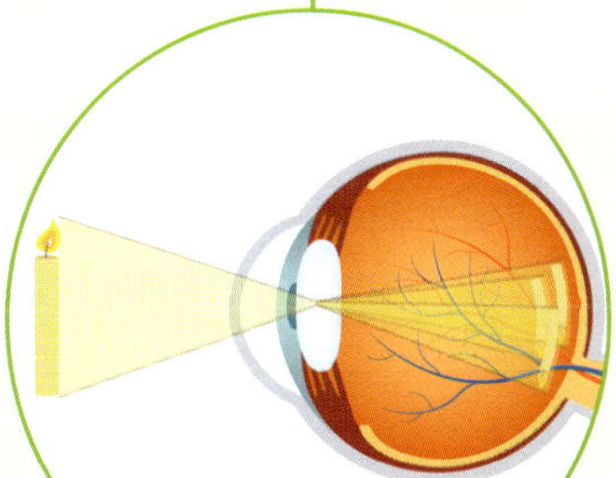

Imagen deformada

Se produce cuando la córnea presenta una curvatura irregular. Esto provoca una visión borrosa y distorsionada. La irregularidad de la estructura de la córnea suele estar determinada genéticamente o puede ser provocada tras las intervenciones quirúrgicas. Se corrige utilizando lentes cilíndricas.

Hipermetropía

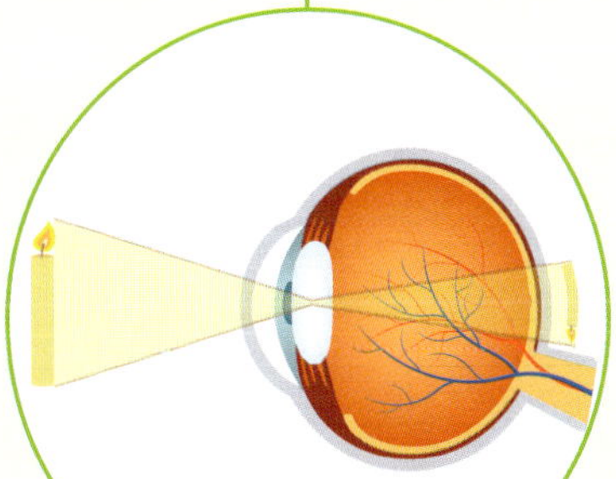

Visión cercana desenfocada

Es debida a una escasa longitud del globo ocular, que hace que los objetos se dibujen detrás de la retina. Gracias a la acomodación del cristalino, los individuos hipermétropes pueden enfocar los objetos lejanos; no obstante, los objetos próximos los perciben borrosos.

Las enfermedades **no refractarias** más comunes son las cataratas, el daltonismo, el glaucoma y la conjuntivitis.

- Las **cataratas** son la pérdida de transparencia del cristalino. La visión se hace borrosa y turbia, lo que dificulta tareas como leer, escribir y conducir.
- El **daltonismo** es un trastorno congénito que consiste en la dificultad para distinguir colores como el rojo, el verde y, en ocasiones, el azul.
- El **glaucoma** es el aumento de la presión intraocular debido a la falta de drenaje del humor acuoso. Puede producir daño total o parcial del nervio óptico.
- La **conjuntivitis** es la inflamación de una cubierta transparente de la parte blanca del ojo llamada conjuntiva. Causa lagrimeo, picazón y secreción del ojo.

ACTIVIDADES

1. Reflexiona. ¿Qué medidas de protección se pueden tomar frente a los altos niveles de ruido?

2. Deduce. ¿Qué enfermedad puede tener una persona a quien le cuesta un poco leer letreros lejanos?

5 Los sentidos del olfato y el gusto

» Muchos sabores

Algunas personas poseen papilas gustativas adicionales en sus lenguas, lo cual se traduce en un mayor número de receptores de sabores específicos. Estas personas constituyen un 25 % de la población y pueden ser exitosas como catadores de alimentos y bebidas.

El sentido del olfato

El sentido del olfato es el responsable de percibir los olores, que son partículas de sustancias químicas disueltas en el aire. Por esta razón, cuenta con quimiorreceptores. Este sentido se localiza en las **fosas nasales**, que se encuentran revestidas por el epitelio de la mucosa nasal denominado **pituitaria**.

En la pituitaria se distinguen dos regiones: la roja y la amarilla.

- La **pituitaria roja** reviste la parte inferior y media de la cavidad nasal. Contiene abundantes capilares sanguíneos para calentar el aire que se inspira.
- La **pituitaria amarilla** se sitúa en la parte superior de las fosas nasales. Contiene los receptores olfativos constituidos por células ciliadas responsables de recibir y transportar los estímulos.

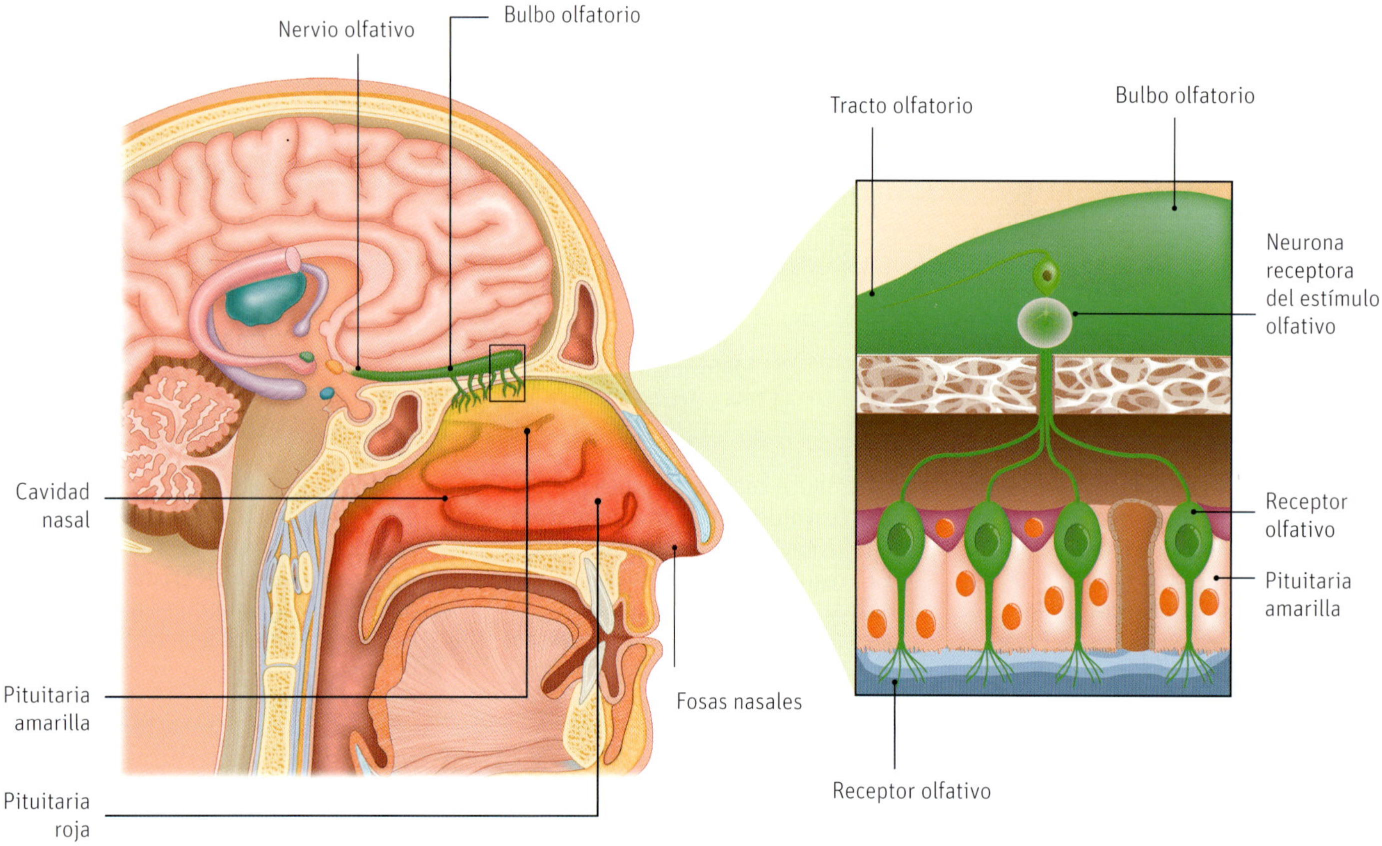

Los receptores olfativos

Los receptores olfativos son sensibles a sustancias gaseosas o volátiles presentes en el aire inspirado. Estos receptores pueden captar más de 3 000 partículas volátiles diferentes y emitir impulsos que a través del nervio olfativo llegan al bulbo raquídeo y de ahí a la corteza cerebral olfatoria, donde se hace consciente la sensación en forma de olor.

El olfato y el gusto se relacionan

El sentido del olfato está íntimamente relacionado con el del gusto, ya que ambos presentan **quimiorreceptores** que envían estímulos al cerebro, que es el encargado de interpretarlos como un sabor particular. El daño en alguno de estos dos sentidos tiene consecuencias negativas en la calidad de vida de la persona que lo sufre, aunque no en su supervivencia.

El sentido del gusto

El sentido del gusto funciona con la ayuda de **quimiorreceptores** que perciben sustancias químicas presentes en los alimentos. Estos receptores se encuentran en los **botones gustativos** de las **papilas** de la lengua y también en el paladar, la faringe y la laringe.

La lengua, además de tener receptores para sabores, tiene **receptores térmicos** que indican la temperatura de la comida, y **receptores mecánicos** que permiten percibir la textura de lo que masticas.

El **sabor** es la sensación resultante de la percepción de los alimentos por el olfato y el gusto. La apreciación del gusto se clasifica en cuatro tipos básicos: **ácido**, **amargo**, **dulce** y **salado**. Pero hay que sumar un quinto sabor, el "**umami**", que se puede asociar al caldo de carne y alimentos ricos en aminoácidos.

Los sentidos del OLFATO y del GUSTO reciben estímulos químicos que activan los receptores.

Los receptores del gusto

Existen varios tipos de papilas gustativas sensibles a sustancias disueltas en la saliva. Según su forma se clasifican en: **caliciformes, fungiformes** y **filiformes**.

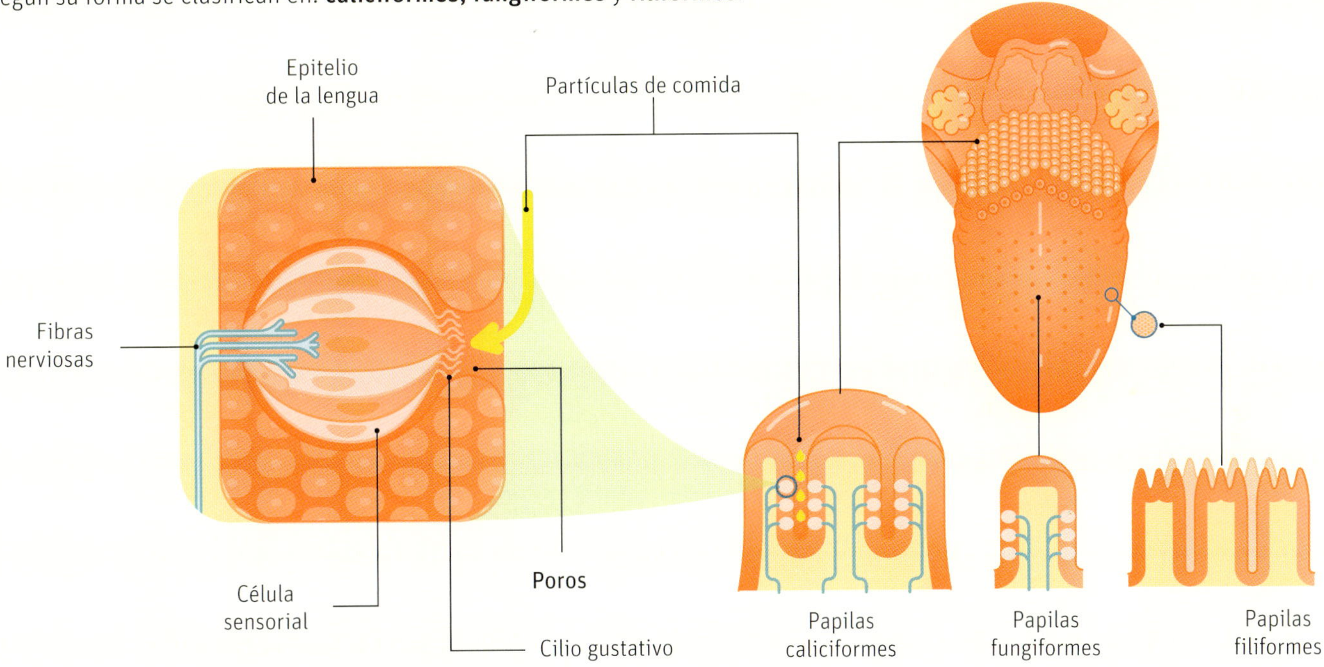

ACTIVIDADES

1. Compara. ¿Qué diferencias existen entre la pituitaria roja y la amarilla?
2. Elabora un diagrama que muestre el recorrido de las moléculas de un perfume hasta llegar a ser percibidas por el olfato.
3. Analiza. Cuando estamos resfriados, podemos perder capacidad olfativa. ¿Por qué?
4. Nombra. ¿Qué tipo de receptores se pueden encontrar en la lengua? ¿Cuál es su función?
5. Diseña una práctica o experimento que te permita comprobar la relación entre los sentidos del gusto y el olfato.
6. Reflexiona. Un catarro puede impedirnos disfrutar de una comida. ¿Por qué?
7. Explica. ¿Por qué los alimentos calientes suelen tener más sabor en comparación con los fríos?
8. Elabora un esquema de la lengua con la ubicación de las papilas gustativas. ¿Es verdad que los sabores se sienten en diferentes partes de la lengua?
9. Investiga sobre el sabor umami. ¿Quién lo descubrió? ¿A qué sabe? ¿En qué alimentos se encuentra?
10. Investiga. ¿El picante utilizado en diferentes alimentos es considerado un sabor? ¿Por qué?

6 El cuidado de los sentidos

Los sentidos están formados por órganos que requieren de nuestro cuidado, ya que desempeñan funciones muy importantes (ver, escuchar, percibir olores, degustar, sentir la presión o los cambios de temperatura). Es necesario prestarles atención con prácticas de higiene para garantizar su adecuado funcionamiento. A continuación se presentan algunos **hábitos saludables** que te permitirán mantener en buen estado los órganos de los sentidos.

El cuidado de la piel

La piel es una barrera defensiva que impide la entrada de microorganismos. Cualquier herida o pequeña lesión puede ser la puerta de entrada para organismos patógenos que pueden causar infecciones y enfermedades. Por esta razón, es necesario mantener una escrupulosa higiene de la piel mediante la limpieza con agua y jabón, y la ducha diaria.

El acné, una de las infecciones cutáneas más comunes durante la pubertad, se produce porque los folículos pilosos se llenan de grasa y células muertas de la piel. Ello exige lavar frecuentemente la zona afectada con agua caliente y jabón, y evitar su manipulación con los dedos.

También es importante cuidar la piel del efecto nocivo de la radiación procedente del sol utilizando filtros de protección solar.

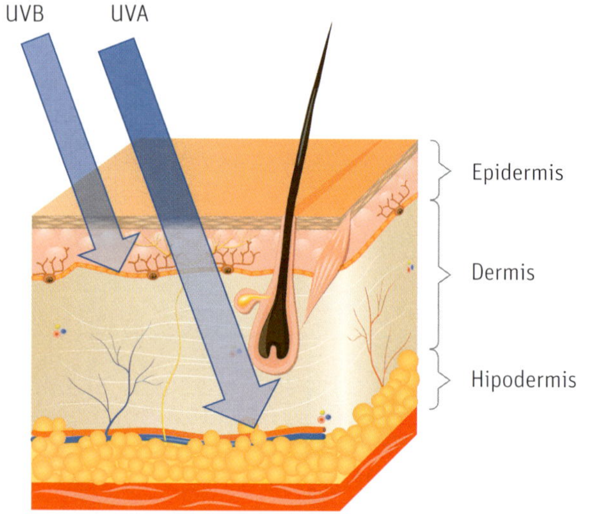

Piel sin filtro UV

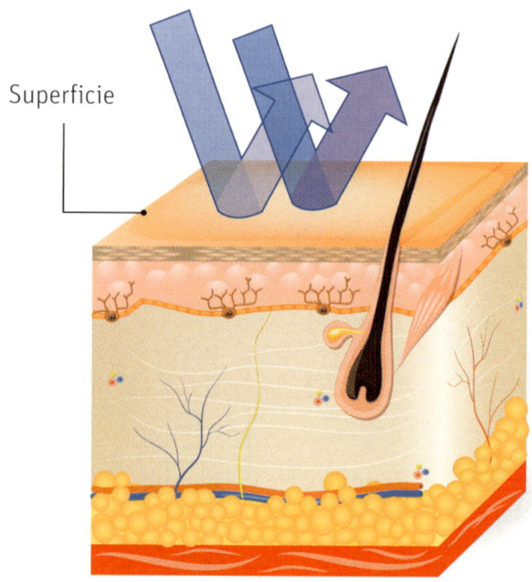

Piel con filtro UV: refleja la radiación

El cuidado del olfato y del gusto

El mantenimiento y cuidado de los sentidos del gusto y del olfato favorecen la percepción adecuada de olores y sabores. Algunos hábitos saludables que se pueden poner en práctica son:

- Mantener las fosas nasales siempre limpias. Los vahos y los lavados nasales o la humidificación del aire son útiles para despejar la nariz.
- No hurgar la nariz con los dedos ni con objetos que puedan lesionar la pituitaria.
- Emplear un pañuelo, preferiblemente desechable, para sonarse.
- Es conveniente respirar por la nariz, ya que nos permite calentar el aire que penetra en nuestros pulmones, evitando así los resfriados.
- Lavar los dientes y la lengua con cepillo y dentífrico.
- No consumir alimentos muy calientes ni muy fríos.

Cuidado de los oídos

Para una correcta audición, y para prevenir infecciones, es preciso mantener despejados los conductos auditivos externos. Para su limpieza tan solo debe utilizarse agua y jabón o soluciones fisiológicas.

El conducto auditivo externo posee un mecanismo de autolimpieza, de forma que el vello que lo recubre elimina el cerumen al exterior y no requiere ningún tipo de higiene; nunca deben introducirse bastoncillos de algodón u objetos que puedan dañar el tímpano.

Por otra parte, la exposición prolongada a niveles sonoros intensos destruye los receptores sensoriales del oído y conduce a la pérdida de la capacidad auditiva y a la sordera. Escuchar música a gran volumen es uno de los factores que provoca déficits auditivos entre los jóvenes.

Cuidado de los ojos

Los ojos tienen un mecanismo propio de limpieza constituido por el sistema lacrimal y los párpados, que mantienen limpia y húmeda la superficie externa del globo ocular. No obstante, los ojos deben lavarse diariamente con agua para eliminar las legañas producidas durante el sueño.

Para cuidar el sentido de la vista es conveniente adoptar buenos hábitos:

- Si advertimos que nos cuesta enfocar o se nos fatiga la vista, debemos acudir a un oftalmólogo.
- Utilizar una buena luz para leer y estudiar.
- Es bueno descansar la vista y ejercitar la acomodación visual levantando la mirada del texto o la pantalla cada cierto tiempo y enfocando a objetos lejanos.
- Hay que mantener siempre una distancia suficiente con respecto a las pantallas de televisión o de ordenador y no pasar mucho tiempo frente a ellas.
- No se debe mirar nunca directamente al sol, y menos con prismáticos o telescopio.

ACTIVIDADES

1. **Escribe** en tu cuaderno un párrafo sobre la importancia del uso de protección solar para la piel.
2. **Analiza** las consecuencias de la falta de higiene y cuidado de los sentidos.
3. **Elabora** un esquema que resuma los hábitos saludables relacionados con los sentidos que realizas a diario.
4. **Investiga y razona.** Leer el teléfono móvil en un vehículo en movimiento es una práctica que se ha vuelto cotidiana en nuestra sociedad tecnológica.
   a) ¿Qué consecuencias puede traer a corto y largo plazo esta práctica?
   b) ¿Por qué no es recomendable leer en un vehículo que se encuentra en movimiento?
5. **Observa** a tus compañeros y familiares e identifica comportamientos que son perjudiciales para los sentidos.
6. **Investiga.** ¿Por qué es importante realizar una exfoliación a la piel, como mínimo, una vez al mes? ¿Qué sucede si no se realiza esta exfoliación?
7. **Compara** los cuidados que se deben tener con cada sentido. ¿Cuál consideras que requiere mayores cuidados?
8. **Analiza** la siguiente imagen. En ella se muestra una situación bastante cotidiana en los hogares de todo el mundo.

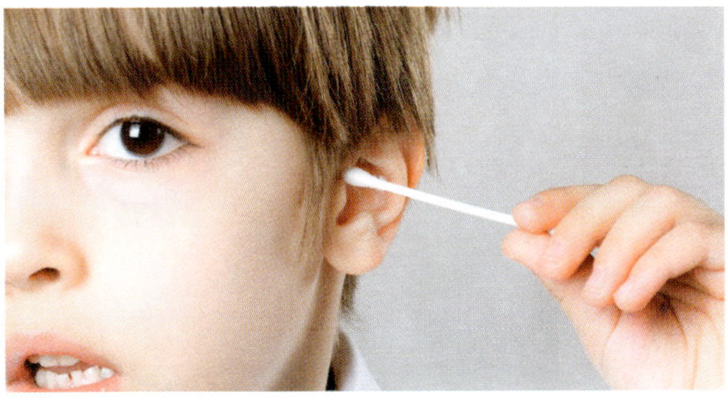

   a) ¿Recomendarías la realización de esta práctica?
   b) ¿Qué consecuencias tiene realizar esta práctica?
   c) ¿Qué parte del oído se puede dañar introduciendo objetos como el de la imagen?

7 Sensación, percepción, emoción y sentimiento

Colores, sonidos y aromas suaves generan emociones positivas ligadas a la relajación muscular.

Los estímulos y las emociones

Al ser estimulados, los receptores sensoriales envían impulsos nerviosos al encéfalo, donde generan un tipo u otro de sensación: imágenes, sonidos, aromas...

La **sensación** es el resultado primero de un estímulo en el cerebro: podemos observar imágenes, oímos sonidos, sentimos presiones, calor o frío; olemos aromas o apreciamos sabores.

A partir de las sensaciones, el cerebro integra, relaciona e interpreta, para lo que cuenta con la experiencia. Así se elabora la **percepción**, el segundo paso mental.

Las sensaciones y las percepciones van unidas, y junto con la experiencia, los recuerdos, los deseos, los valores y la genética, hacen que el organismo responda de manera involuntaria o automática. A partir de la respuesta corporal, el cerebro construye todas las **emociones**.

Los sentimientos y las emociones

Hay **emociones primarias** como ira, miedo, alegría, tristeza, sorpresa y asco. Aparecen de forma involuntaria a partir de sensaciones o percepciones. Tomándolas como base, con nuestras experiencias y aprendizajes elaboramos las **emociones secundarias** o sociales como vergüenza, simpatía, envidia, culpa, admiración, celos, indignación, desdén u orgullo.

Un paso posterior del cerebro es el desarrollo de **sentimientos**. Estos resultan de la valoración consciente del estado corporal, percepciones, emociones e ideas.

Los sentimientos surgen de las emociones, pero a diferencia de ellas son conscientes y podemos tratar de ampliarlos, mantenerlos o eliminarlos.

Es importante tener en cuenta que las personas con niveles altos de inteligencia emocional consiguen los siguientes objetivos en su relación con los demás:

- Que quienes le rodean se sientan a gusto con ella.
- Que al estar a su lado no experimenten ningún tipo de sensación negativa.
- Que confíen en ella cuando necesiten algún consejo en diferentes aspectos, tanto en el plano personal como profesional.

El **miedo** se asocia con el nerviosismo, la ansiedad, la preocupación.

La **ira** aumenta la frecuencia cardiaca y eleva algunas hormonas como la adrenalina.

El **asco** se asocia a una impresión desagradable y una sensación de repugnancia.

La **tristeza** disminuye la energía y en ocasiones paraliza el metabolismo.

La **alegría** se asocia con la armonía, el placer y la diversión.

La **sorpresa** amplía el campo visual y la retina recibe mayor cantidad de luz.

Los aspectos fisiológicos de las emociones

Las emociones van siempre acompañadas de **reacciones somáticas**. Son muchas las reacciones somáticas que presenta el organismo, pero las más importantes son las alteraciones en la circulación, los cambios respiratorios y las secreciones glandulares.

El encargado de regular los aspectos fisiológicos de las emociones es el sistema nervioso. El sistema nervioso autónomo acelera y desacelera los órganos a través del simpático y parasimpático; la corteza cerebral puede ejercer una gran influencia inhibitoria de las reacciones fisiológicas. De este modo algunas personas con entrenamiento dominan estas reacciones y llegan a mostrar un autocontrol casi perfecto.

Un área que resulta importante en el manejo de las emociones y sus manifestaciones fisiológicas es la **inteligencia emocional,** la cual abarca diferentes aspectos, entre ellos:

- El área intrapersonal, que incluye el autoconocimiento y la autorregulación de las emociones.
- El área interpersonal que incluye la empatía y las habilidades sociales.

La **INTELIGENCIA EMOCIONAL** es el conjunto de capacidades y habilidades que nos posibilitan para comprender, expresar y equilibrar nuestras **emociones** y orientar nuestro pensamiento y conducta.

Bienestar emocional y físico

El neurocientífico y premio príncipe de Asturias Antonio Damasio sugiere que la mejor manera de contrarrestar las emociones negativas es con emociones positivas aún más fuertes, por lo que debemos aprender a fomentar dichas emociones. Las emociones forman parte natural de las personas, no debemos evitarlas sino conocerlas y aprender a utilizarlas.

Los sentimientos son el primer paso hacia la consciencia o proceso de conocimiento de uno mismo y de la realidad exterior. Esta es una característica patente en los seres humanos y presente también en algunos animales con un sistema nervioso central complejo.

ACTIVIDADES

1. Observa la imagen.

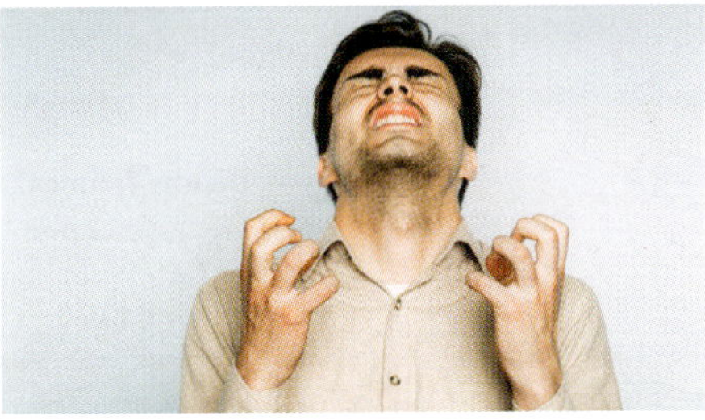

   a) ¿Qué emoción crees que experimenta la persona de la imagen?

   b) ¿Cómo responde el organismo ante esta emoción?

2. Imagina un estímulo agradable y otro desagradable. A partir de ellos, elabora un esquema con la secuencia de posibles hechos que desencadenan.

3. Analiza. Del mismo modo que las respuestas corporales a los estímulos nos generan emociones, el estado emocional influye en el estado y bienestar físico. ¿Qué consecuencias se derivan de esto para la salud?

4. Investiga. El detector de mentiras es una máquina para descubrir si un sujeto falsea las respuestas a las preguntas que se le plantean. ¿Cómo funciona esta máquina? ¿Qué fiabilidad tiene? ¿Cómo se relaciona esta máquina con los estímulos y las respuestas?

5. Elabora un folleto o cómic en el cual expliques cuatro de los siguientes aspectos que te ayudan a desarrollar una inteligencia emocional.
   - Detectar las emociones que hay detrás de tus actos.
   - Juzgar la forma en que te sientes.
   - Descubrir el mensaje oculto de tu lenguaje corporal.
   - Controlar lo que piensas para controlar cómo te comportas con los demás.
   - Pensar antes de actuar.
   - Comprender tu realidad y la de otras personas.
   - Detectar la empatía que sientes hacia los demás.

6. Compara las reacciones que se producen frente a las situaciones que causan las diferentes emociones primarias.

8 Efectores: la respuesta muscular

>> **Tus expresiones**

Hay más de treinta músculos faciales que ayudan a crear expresiones de felicidad, sorpresa o tristeza en la cara. Los músculos del ojo son los más activos y la lengua es considerada el músculo más fuerte del cuerpo.

Tipos de músculos

Los músculos se clasifican en tres grupos según su forma de contraerse y el control del que dependen:

- **Músculo liso.** Tiene una contracción más lenta y duradera, gobernada de manera involuntaria por el sistema nervioso autónomo. Se denomina músculo blanco y "tapiza" todo el tracto gastrointestinal.
- **Músculo estriado.** Se contrae de manera rápida y voluntaria, al estar inervado por el sistema nervioso somático. Se lo conoce como músculo rojo y es el responsable de los movimientos corporales que podemos decidir.
- **Músculo cardiaco.** Es similar al estriado, pero carece de control voluntario. Solo existe en el corazón. Tiene un sistema de activación propio que marca el ritmo cardiaco, aunque puede ser alterado por el sistema nervioso autónomo.

Los músculos del cuerpo humano

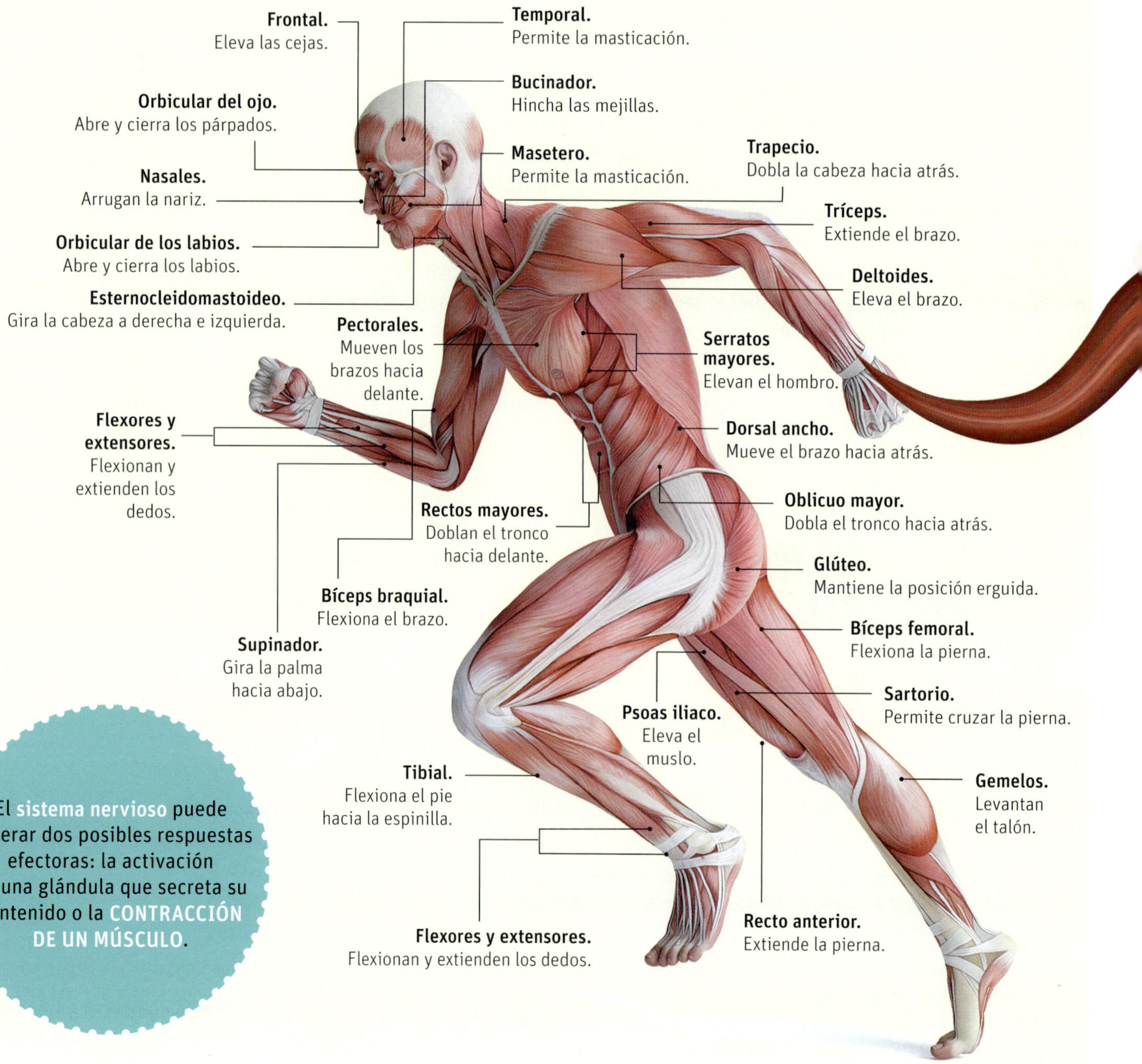

El sistema nervioso puede generar dos posibles respuestas efectoras: la activación de una glándula que secreta su contenido o la CONTRACCIÓN DE UN MÚSCULO.

Acción antagónica de los músculos

Para que el sistema funcione, los músculos se disponen de forma **antagónica** en cada articulación: la contracción de unos coincide con la relajación de sus antagonistas, lo que determina un tipo de movimiento u otro.

En la cabeza encontramos músculos masticadores y cutáneos, que son los que nos permiten realizar gestos. Los músculos del cuello y el tronco posibilitan la movilidad de la cabeza en relación con el tronco, así como los movimientos de este. Los músculos de las extremidades gobiernan el movimiento de las extremidades anteriores y posteriores, tanto en su articulación con el tronco (cinturas escapular y pelviana) como en sus articulaciones propias: codo, rodilla, etc. En algunas zonas hay varias capas superpuestas, por lo que debajo de los músculos más superficiales hay otros.

Estructura de los músculos y acción antagónica

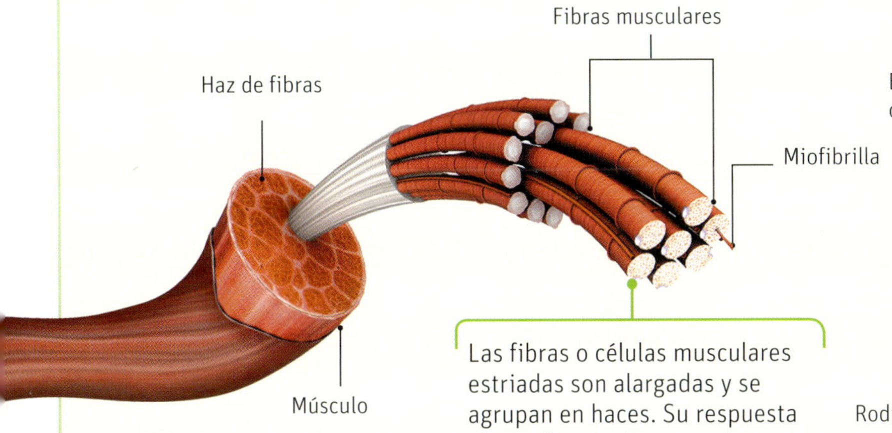

Las fibras o células musculares estriadas son alargadas y se agrupan en haces. Su respuesta al impulso nervioso consiste en la **contracción**, lo que supone el acortamiento y ensanchamiento del músculo.

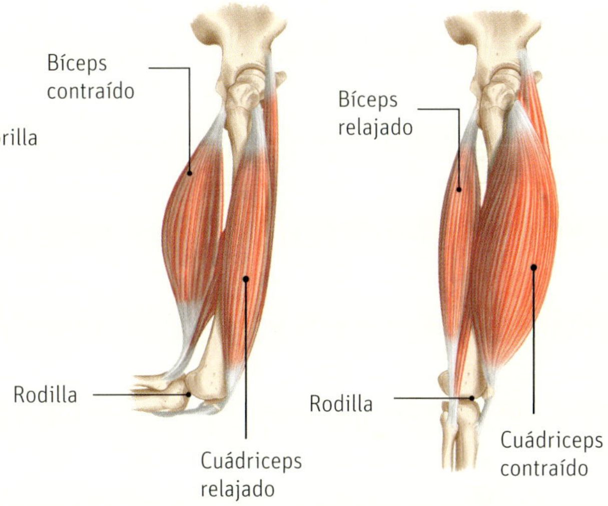

ACTIVIDADES

1. Experimenta. Cierra una mano sobre el brazo contrario, mueve ese antebrazo en ambos sentidos lentamente y advierte qué músculos se contraen o se relajan. Después, búscalos en esta página y describe la mecánica de los movimientos que has realizado.

2. Compara los diferentes tipos de músculos, teniendo en cuenta su estructura, funciones y ubicación.

3. Explica las funciones que realizan los músculos presentes en el estómago. ¿A qué tipo de músculos corresponden?

4. Analiza. Las paredes del esófago están recubiertas por músculos que se activan de manera inconsciente. Por ello, el paso de la comida de la boca hacia estómago es un proceso casi automático.
   a) ¿Qué tipo de músculo presentan las paredes del esófago?
   b) ¿Es posible pasar alimento estando cabeza abajo?
   c) ¿Cómo se realiza el control de la actividad muscular del esófago?

5. Sintetiza las características más representativas de cada uno de los tipos de músculos.

6. Experimenta el levantamiento de varios libros utilizando una sola mano e identifica la acción antagónica de los músculos del brazo.

7. Identifica, señala y escribe en tu cuaderno el nombre de los músculos que están involucrados en los siguientes movimientos:
   a) Movimiento de giro de las manos
   b) Movimiento de la cabeza

9 El sistema esquelético

> **» Los huesos y el movimiento**
>
> Cada mano humana posee 27 huesos y cada pie, 26. En total, 106 huesos están involucrados en su movimiento. Esto representa más de la mitad de los huesos del esqueleto humano. De este modo, podemos realizar movimientos precisos y coordinados, como escribir en un teclado, dibujar, comer o sujetar un bolígrafo.

El sistema muscular actúa sobre el **sistema esquelético** que da soporte a la mayoría de los músculos, trabaja en conjunto con estos para realizar desplazamientos, ofrece protección a los órganos internos vitales y produce la mayoría de las células sanguíneas.

El esqueleto está conformado por **huesos** que se unen mediante **articulaciones**. En el interior de los huesos se encuentra una matriz extracelular compuesta de fibras de colágeno y cristales de fosfato de calcio que les otorgan **dureza**, **resistencia**, **ligereza** y **cierta flexibilidad**.

El esqueleto humano

El esqueleto humano de un adulto está formado por 206 huesos agrupados de la siguiente manera.

- **El esqueleto axial** está constituido por 80 huesos de la cabeza, el cuello y el tronco.
- **El esqueleto apendicular** está constituido por 126 huesos de las extremidades de la cadera, la pelvis, los omóplatos y la clavícula.

Los principales huesos del cuerpo humano

El esqueleto constituye un armazón interno que sostiene nuestro cuerpo y protege sus partes más delicadas. En él se insertan los músculos que permiten el movimiento.

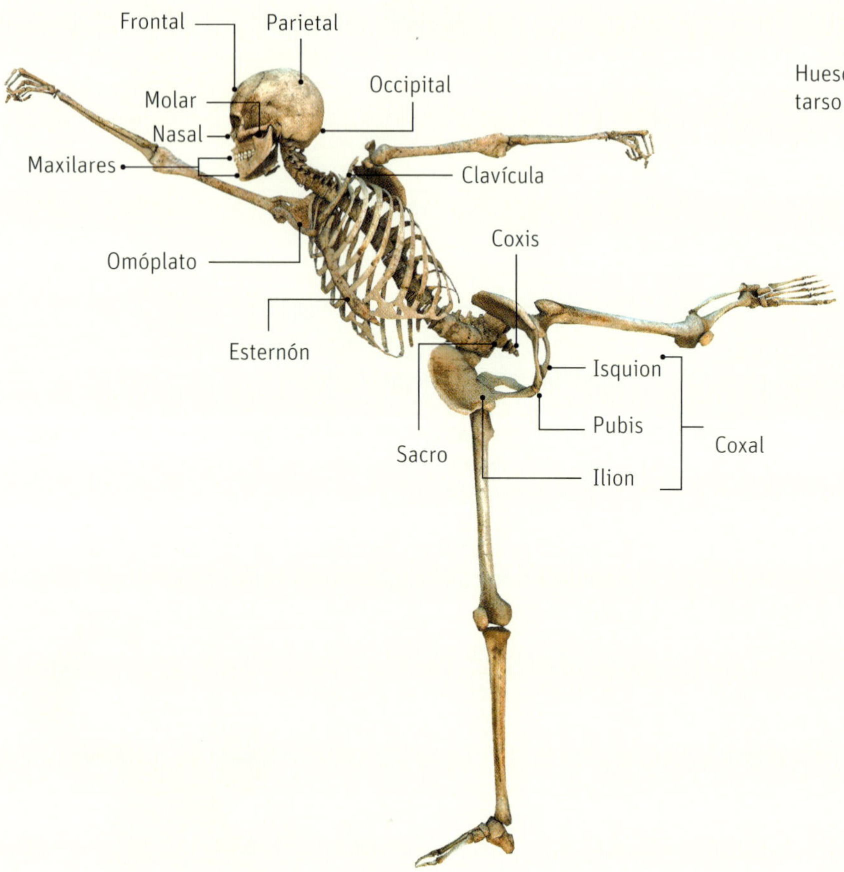

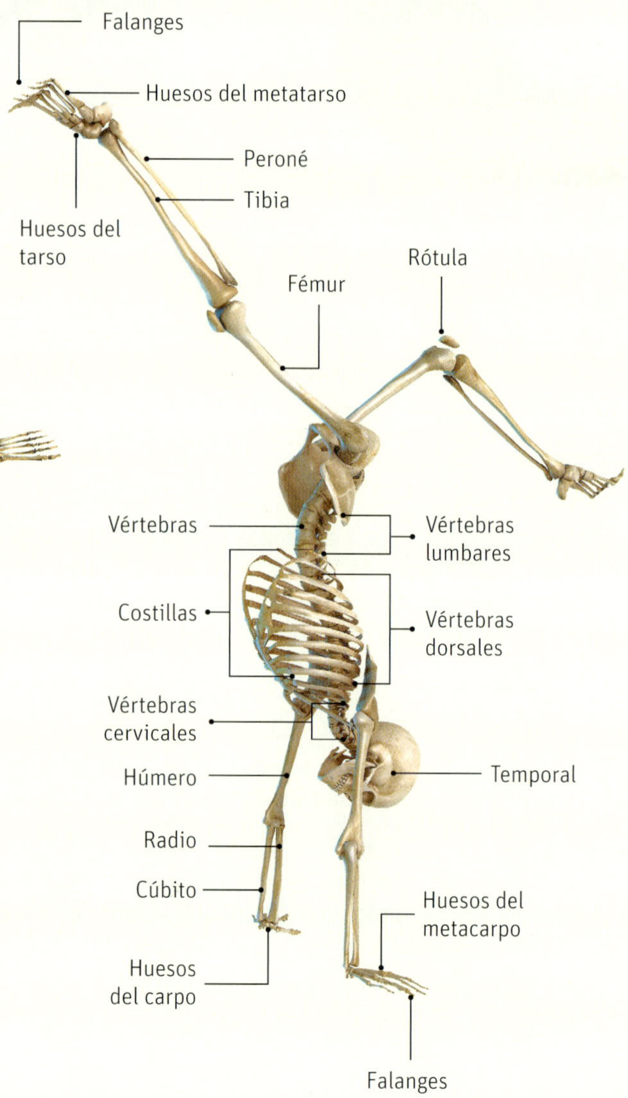

Las articulaciones

Son estructuras que unen los huesos del esqueleto y permiten la **movilidad** de la mayoría de sus piezas. Según su movilidad existen diferentes tipos y se pueden clasificar del siguiente modo.

Los tipos de articulaciones según su movilidad

Inmóviles

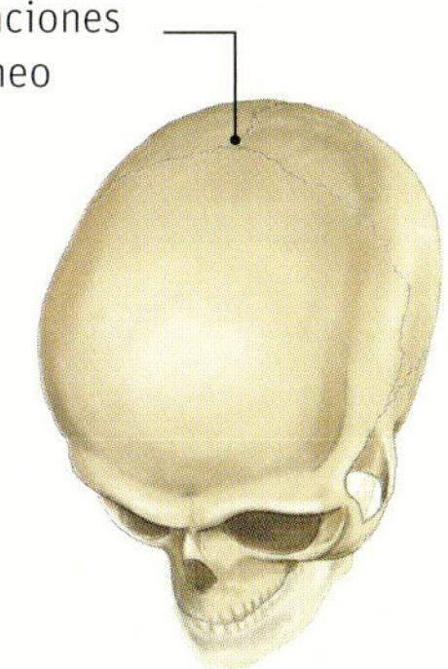

Impiden el movimiento de los huesos que agrupan. Por ejemplo, las articulaciones que unen los huesos del cráneo.

Semimóviles

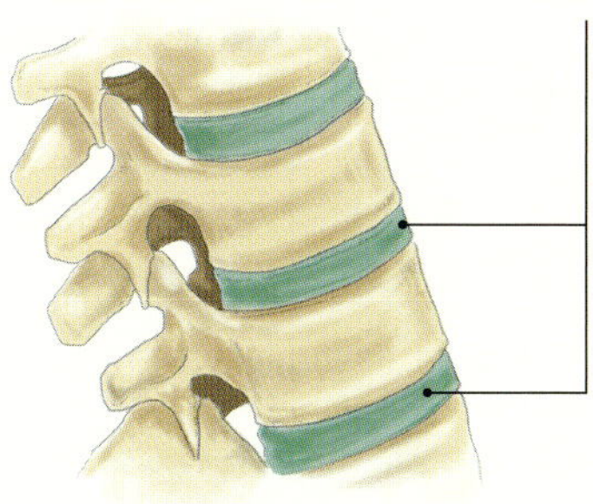

Las semimóviles realizan pequeños desplazamientos entre los huesos. Este es el caso de las articulaciones de las vértebras.

Móviles

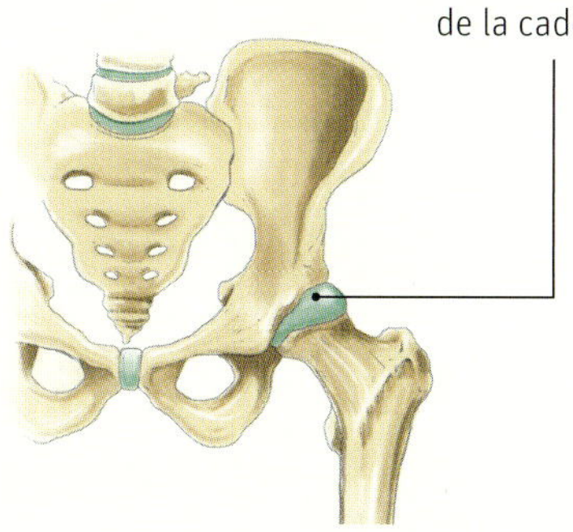

Permiten la realización de una gran variedad de movimientos entre los huesos, como las articulaciones del codo, la cadera y la rodilla.

Tendones y ligamentos

En conjunto, los **huesos**, los **músculos** y las **articulaciones**, junto con los **tendones**, los **ligamentos** y los **cartílagos**, conforman el **sistema músculo-esquelético** que permite realizar la gran variedad de actividades físicas cotidianas:

- Los **tendones** unen los músculos a los huesos por medio de tejido conectivo.
- Los **ligamentos** unen los huesos que forman la articulación y los mantiene en su lugar. Están formados por una proteína blanca y resistente, llamada colágeno, y otra proteína amarilla, conocida como elastina.
- En las articulaciones móviles, la libertad de movimiento está dada por la presencia de una bolsa situada entre los huesos que contiene un líquido lubricante conocido como **líquido sinovial**, lo que le da el nombre de cápsula sinovial o sinovia.

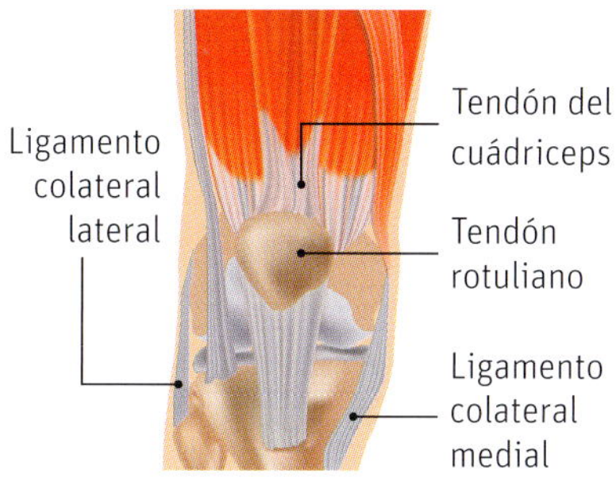

La articulación móvil en la rodilla.

ACTIVIDADES

1. Compara. ¿Hay alguna característica común entre los huesos de las piernas y los brazos? Explícala.
2. Analiza. ¿Por qué es importante para el sistema esquelético el consumo de alimentos ricos en calcio?
3. Reflexiona. Las roturas de ligamentos de rodilla o de menisco suelen ser más frecuentes entre los jugadores de fútbol que entre los ciclistas. ¿Por qué crees que es así?
4. Razona sobre lo que sucedería si el esqueleto no estuviera articulado. Escribe las conclusiones.
5. Escribe en una lista los huesos del cuerpo humano que protegen los órganos internos.
6. Investiga las razones por las cuales se afirma que el consumo de calcio está asociado al de vitamina D.
7. Deduce la función de los tendones y ligamentos a partir de la observación de la siguiente imagen.

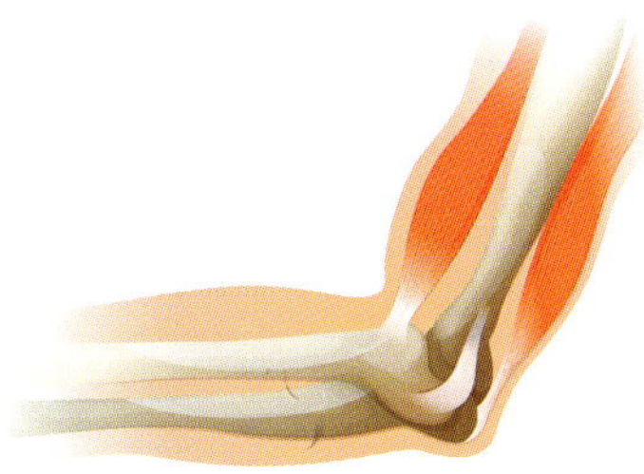

10 Prevención y cuidados del sistema locomotor

Las lesiones o trastornos óseos y articulares

El sistema locomotor puede verse afectado por golpes, ejercicio intenso, posturas incorrectas o por trastornos de nacimiento, entre otros. Las lesiones o trastornos del sistema locomotor pueden ser óseos, articulares y musculares.

Algunas de las **lesiones** o **trastornos óseos** más comunes son:

- **La fractura ósea.** La rotura puede ser **completa** o parcial (**fisura**). Causa dolor y hemorragia interna. Si la piel está afectada, es una **fractura abierta**. Las fracturas deben ser inmovilizadas y pueden requerir cirugía. El hueso, como tejido vivo, puede soldar de nuevo. Las fracturas pueden estar causadas por golpes y son más probables si se padece osteoporosis (pérdida de calcio óseo).
- **La escoliosis.** Es la desviación de la columna vertebral. Puede ser de nacimiento o adquirida. Se puede tratar con medidas diversas, desde fisioterapia hasta cirugía.

Los **trastornos** o **lesiones articulares** más frecuentes son estas.

- **Dislocación** — Consiste en la **separación traumática** de huesos en una articulación. Si se produce en articulaciones móviles (codo, hombro, tobillo, rodilla, etc.), con la pérdida de contacto entre los huesos, se llama **luxación.** Se debe inmovilizar y enfriar con hielo hasta la llegada del médico.
- **Tendinitis** — Es la **inflamación de un tendón**. Suele deberse a sobreactividad. Exige reposo.
- **Lesiones en ligamentos** — Se producen por el **estiramiento** o **torsión excesiva** de un ligamento. Se clasifican en tres grados (I, II y III), que van desde la distensión parcial hasta la rotura total con arrancamiento de hueso. La distensión o torcedura se denomina **esguince**. Causan inflamación, hematoma y dolor.
- **Artritis** — Es la **inflamación de las articulaciones** con hinchazón y dolor. Pueden provocarla la edad avanzada, las lesiones, las infecciones o una mala alimentación.
- **Artrosis** — Se produce por el **desgaste** del cartílago en los extremos de los huesos y las articulaciones.
- **Hernia discal** — Consiste en el **desplazamiento** del disco intervertebral, lo que presiona el nervio causando dolor intenso e incluso daños neurológicos.

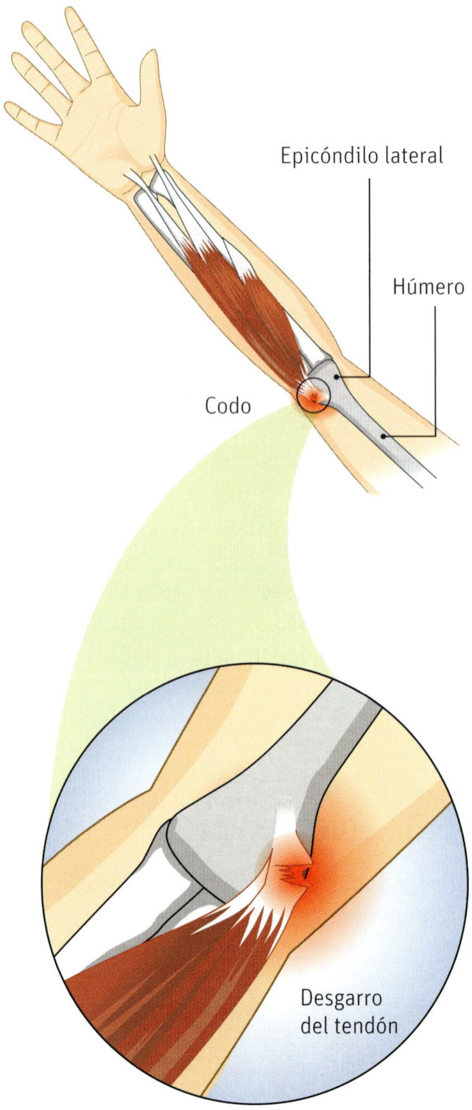

Lesión muscular y desgarro del tendón en el área del codo.

Las lesiones o trastornos musculares

Las lesiones musculares más comunes son las siguientes:

- El **calambre muscular**. Es un espasmo involuntario de un músculo en esfuerzos prolongados y excesivos. Se produce por falta de oxigenación del músculo o pérdida de líquidos y sales.
- Las **distensiones, desgarros** o **tirones musculares**. Son desgarros en las fibras musculares. Se generan por ejercicios violentos, calentamientos inadecuados o accidentes. Suelen provocar **hematoma.**

Factores de riesgo

La mayoría de las personas alcanzan el punto máximo de **densidad ósea** entre los 20 y los 30 años de edad. A partir de ese momento generalmente la densidad ósea empieza a disminuir. El ejercicio físico puede ayudar a mantener la fuerza muscular, la coordinación y el equilibrio, lo que contribuye a prevenir las caídas y las fracturas. Esto es especialmente importante para los adultos mayores y para las personas que han sido diagnosticadas con **osteoporosis**, pues ellos tienen mayor probabilidad de sufrir fracturas y lesiones óseas y musculares.

Las personas que mantienen posturas prolongadas y forzadas, manipulan cargas pesadas, realizan actividades que requieren movimientos repetitivos o mantienen una postura inadecuada también tienen un riesgo alto de sufrir trastornos óseos y musculares.

¿Cómo prevenir las lesiones osteomusculares?

Algunas medidas preventivas frente a las lesiones óseas o musculares son:

- Mantener una postura adecuada al sentarse.
- Mantener la espalda recta al levantar elementos pesados.
- Evitar periodos largos de movimientos repetitivos. En caso de no poder evitar estos periodos, se recomienda realizar pausas activas.
- Mantener hábitos de vida saludable que permitan evitar condiciones de sobrepeso y obesidad.

Hábitos posturales

Durante la etapa infantil comienza a verse la adopción de posturas inadecuadas, que pueden modificar la biomecánica postural. De no ser corregidas a tiempo, perdurarán durante toda la vida.

Es importante tomar conciencia de la importancia de mantener una correcta higiene postural. Al sentarse se deben apoyar los pies en el suelo y evitar cruzar las piernas para no interrumpir la circulación. La postura del cuerpo desempeña un papel muy importante en la salud, ya que una mala postura puede derivar en graves trastornos físicos que pueden afectar la calidad de vida.

La postura inadecuada en el estudio y el trabajo es un problema común en la actualidad.

ACTIVIDADES

1. Explica. ¿Por qué las personas mayores tienen más probabilidad de fracturarse un hueso a pesar de realizar movimientos menos violentos?
2. Analiza. Muchas lesiones producen hinchazón y un marcado color oscuro en la zona que tarda mucho en quitarse. ¿Cómo se denomina esto y a qué se debe?
3. Razona. En los esguinces y las distensiones musculares se suele recomendar el uso de hielo en la zona afectada. ¿Por qué razón?
4. Investiga. ¿Cuál es el procedimiento adecuado para tratar una fractura?
5. Experimenta. Basándote en la investigación anterior, realiza una práctica de primeros auxilios, simulando el procedimiento que debe realizarse en caso de una fractura.
6. Investiga sobre la osteoporosis y las recomendaciones ante esta enfermedad.
7. Identifica. ¿Qué tipo de lesión se observa en la imagen?

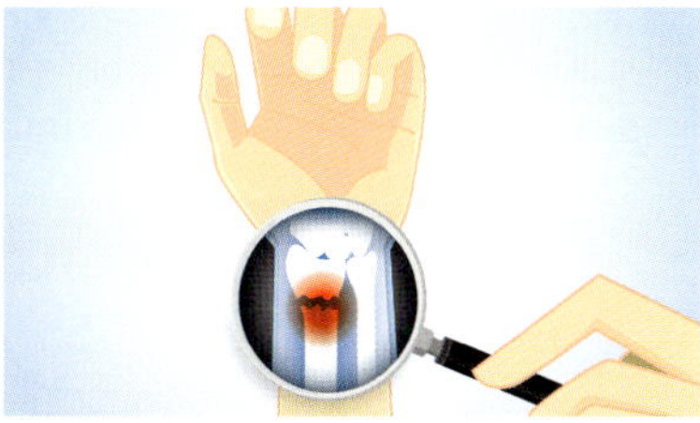

8. Resume los cuidados que se deben tener con la zona resaltada en la imagen.

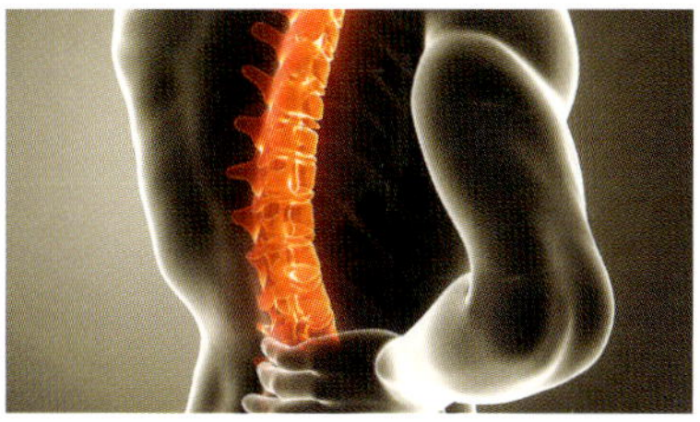

LO ESENCIAL

Receptores y efectores

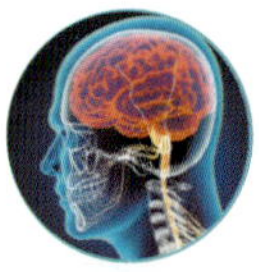

Nuestro **sistema nervioso** recibe información del exterior y del interior del organismo. Toda señal interna o externa que informa al sistema nervioso es un **estímulo**.

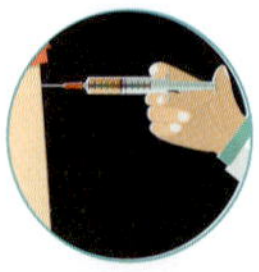

Los **receptores sensoriales** reciben estímulos que transforman en **impulsos nerviosos**.

Los órganos de los sentidos se encargan de captar la información del medio. Tradicionalmente se consideran cinco sentidos: **vista**, **oído**, **olfato**, **gusto** y **tacto**.

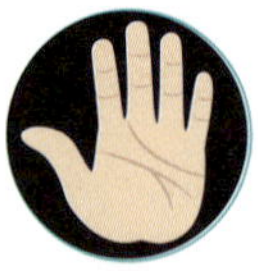

El sentido del **tacto** reside en la **piel** y sus receptores detectan presión, dolor, temperatura y erizamiento.

El **ojo** es el órgano encargado de la **visión**. Contiene dos tipos de células fotorreceptoras: los **conos** y los **bastones**.

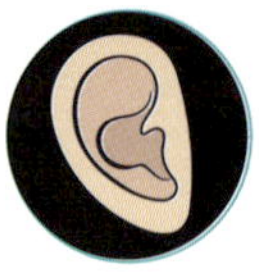

El **oído**, además de encargarse de la **audición**, también posee receptores necesarios para mantener el **equilibrio**.

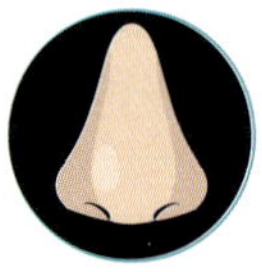

El **olfato** y el **gusto** poseen quimiorreceptores que detectan estímulos producidos por **sustancias químicas**.

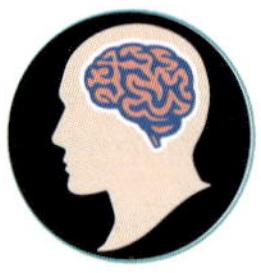

El **cerebro** interpreta la información captada por los **receptores** y la transforma en sensaciones percibidas, las cuales, a su vez, pueden generar **emociones**.

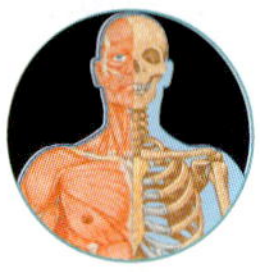

El **sistema locomotor** está conformado por el **sistema muscular** y el **sistema esquelético**.

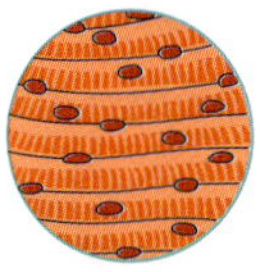

Se diferencian los **músculos liso**, **estriado** y **cardiaco**, por la forma de contraerse y el control del que dependen.

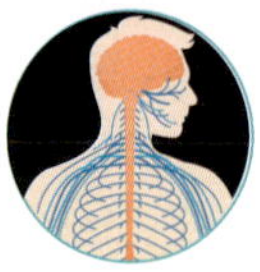

Una respuesta del sistema nervioso es el **movimiento**, que se consigue con la **contracción** de los **músculos** que mueven los **huesos** de un esqueleto con articulaciones.

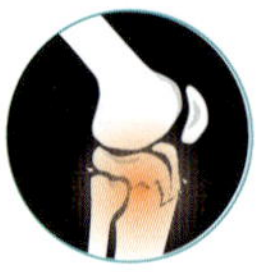

El **sistema locomotor** puede sufrir **lesiones** por golpes, ejercicio intenso, posturas incorrectas o por trastornos de nacimiento.

1. Organiza tus ideas. Copia, completa y amplía el siguiente esquema para construir tu propio mapa mental de la unidad.

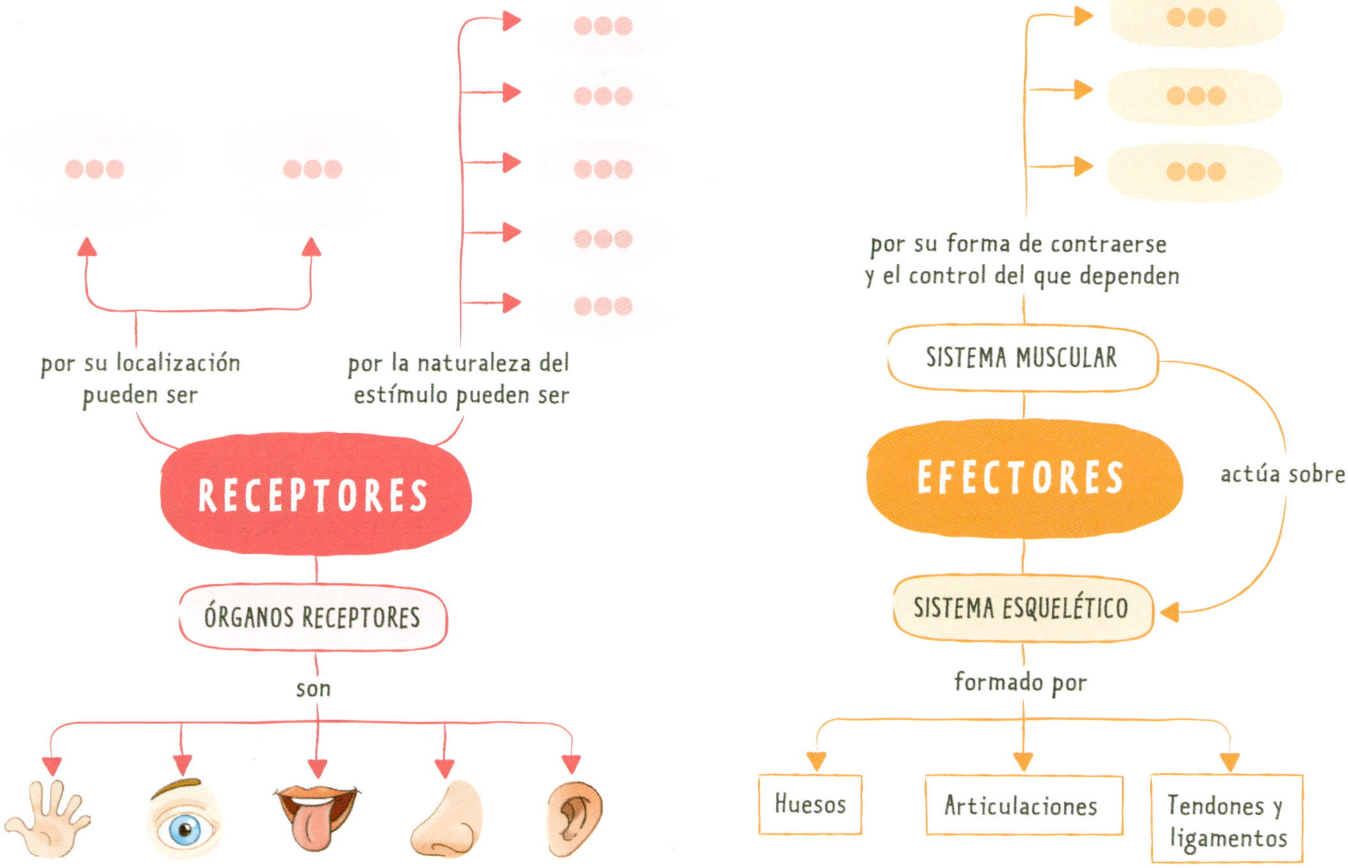

VALORA LO APRENDIDO Autoevaluación y resumen.

1. Deduce. **Escribe en tu cuaderno las frases y subraya con rojo el estímulo y con azul la respuesta.**
   a) Coloqué mi mano sobre la estufa caliente y la retiré de inmediato.
   b) Sentí mucho dolor luego de que la enfermera me aplicara el medicamento inyectado.
   c) Nuestro cuerpo produce insulina al aumentar el nivel de azúcar en la sangre.
   d) Practiqué mi deporte extremo preferido y sentí de inmediato la liberación de adrenalina.
   e) Toqué una planta y retiré mi mano porque sentí el pinchazo de las espinas.

2. Relaciona. **Observa las imágenes e identifica el sentido con el que se relaciona cada una.**

1

2
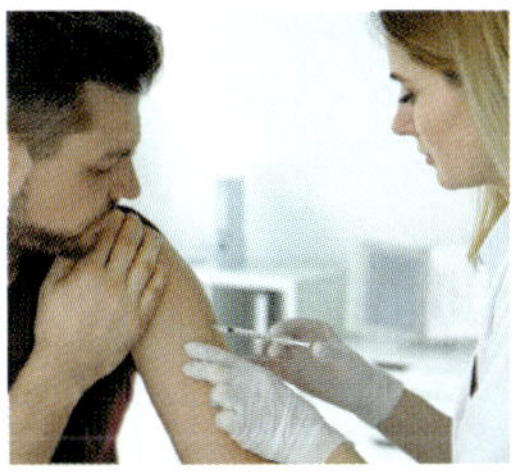
3

4

3. Argumenta. **Responde a las siguientes preguntas.**
   a) ¿En qué capa de la piel se cambian las células de manera constante?
   b) Cuando alguien te da un beso, ¿qué tipo de receptores perciben este estímulo?
   c) Explica la función de los quimiorreceptores y su relación con los sentidos.
   d) ¿Por qué el olor a comida en ocasiones activa las glándulas salivales?

4. Razona. **Algunas personas nacen con analgesia congénita, es decir, sin la capacidad de sentir dolor. Lejos de ser algo bueno, es causa de gravísimos problemas. Piensa en qué pueden consistir algunos de esos problemas y razona por qué la capacidad de sentir dolor es buena y necesaria.**

5. Analiza. **Algunos animales tienen los ojos adaptados a la vida nocturna como el búho.**
   a) En cada milímetro cuadrado de la retina del ojo humano existen 2 000 células (conos y bastones); en cambio, en el ojo de un ave nocturna hay 10 000 de estas células. ¿Cuántas veces es más potente la visión de un ave nocturna con respecto a la del ser humano?
   b) ¿Qué otras adaptaciones puede tener la visión de un búho en comparación con el ser humano?

6. Analiza. **La adaptación es la facultad del ojo para ajustarse a los niveles de iluminación. En la gráfica se presenta la relación entre el tiempo y la adaptación del ojo.**

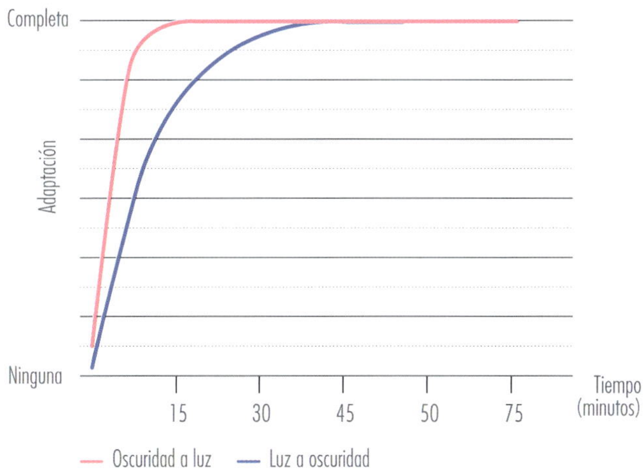

   a) ¿Qué sucede al cabo de un minuto?
   b) ¿Qué tiempo debe transcurrir para que la adaptación del ojo sea completa?
   c) ¿Qué proceso es más rápido, la adaptación del ojo de zonas oscuras a ambientes luminosos o viceversa?
   d) Escribe una conclusión a partir de la gráfica.

7. Explica. **Cuando es de noche y apagas la luz para ir a dormir, ¿sientes algún cambio en tus ojos? En las siguientes imágenes puedes ver el ojo de una persona cuando pasa de una zona oscura a una zona iluminada.**

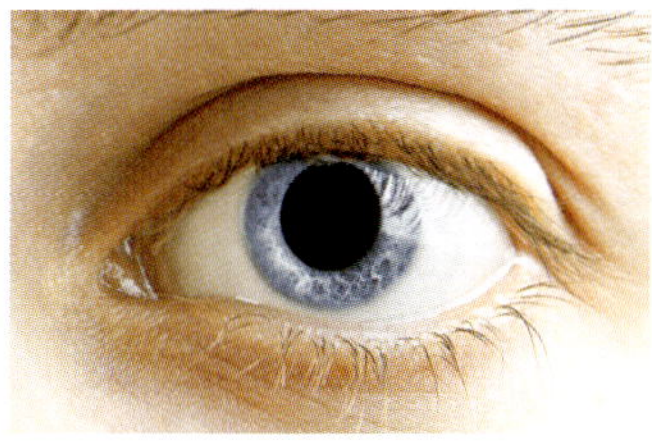
Zona oscura

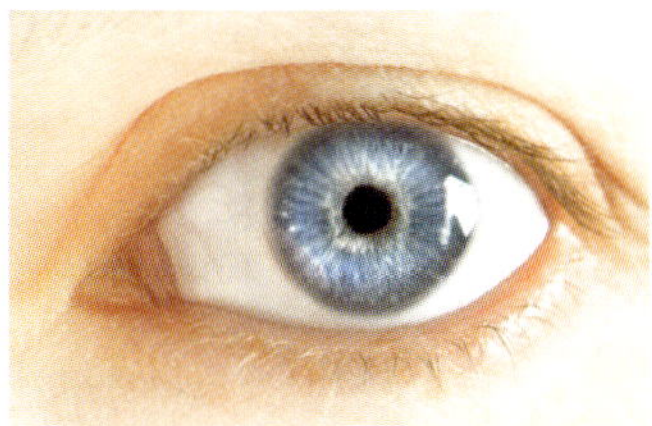
Zona iluminada

- Teniendo en cuenta la información anterior responde a las siguientes preguntas.

   a) ¿Qué diferencias encuentras entre las imágenes?
   b) ¿Consideras que se trata de una acción voluntaria o involuntaria? Explica tu respuesta.
   c) ¿Qué parte o partes del ojo se ven comprometidas?
   d) ¿Qué tipo de receptores se pueden identificar?
   e) ¿Qué sucedería en la situación contraria, si la persona fuera de una zona con mucha luz a una zona oscura?
   f) ¿Por qué al pasar el tiempo se ve mejor en la oscuridad?

8. Describe. Si vas en un automóvil con los ojos cerrados y los oídos tapados, tienes sensación de movimiento.

a) ¿Qué órgano es el responsable de dicha percepción?

b) Si el coche diera acelerones y frenazos o tomara curvas, ¿qué tipo de sensación experimentarías en cada caso?

c) Describe, para estos cambios de movimiento, el funcionamiento sensorial que lo advierte.

9. Comprende. Nuestros ojos captan una misma imagen desde posiciones ligeramente diferentes, lo que se denomina visión binocular. Con este tipo de visión obtenemos la sensación tridimensional.

Este es el fundamento del cine en 3D, en el que cada secuencia contiene dos imágenes superpuestas. Al ser la pantalla plana, es decir, al carecer de relieve, necesitamos unas gafas especiales en las que cada lente nos deje ver solo una de las dos imágenes.

- Indica cuáles de las siguientes afirmaciones son verdaderas y cuáles no:

a) La visión de cada ojo es algo distinta, de forma que lo que ve uno no es igual a lo que ve el otro.

b) La diferencia en la visión de cada ojo es mayor cuanto más lejos esté el objeto que miramos.

c) Nuestro cerebro es el que integra ambas imágenes y, al ser ligeramente diferentes, nos crea la sensación de relieve.

d) Todos los animales tienen visión tridimensional.

e) La visión binocular permite un mejor cálculo de las distancias de los objetos.

10. Sintetiza. Realiza una tabla de tres columnas. En la primera columna debes registrar los sentidos, en la segunda columna los órganos sensoriales encargados de la percepción de los diferentes estímulos y en la tercera una acción para mantenerlos sanos.

11. Relaciona. Indica al menos cuatro parejas de músculos antagónicos de nuestra musculatura somática o esquelética.

12. Compara. ¿Qué diferencias y similitudes encuentras entre un ligamento y un tendón?

13. Comprende. Los músculos son órganos efectores capaces de contraerse y relajarse. Al estar unidos a huesos y tener estos articulaciones móviles, podemos desplazar diferentes partes de nuestro esqueleto.

- ¿Cuáles de las siguientes frases son verdaderas y cuáles no?

a) La movilidad de un hueso con respecto a otro requiere que haya cualquier tipo de articulación entre ellos.

b) Los músculos se suelen presentar por parejas antagónicas, produciendo cada uno el movimiento opuesto al otro. Así, si tratamos de contraer los dos músculos antagónicos con la misma fuerza, no se dará movimiento alguno.

c) La rotura de un ligamento supone que el músculo ya no se une al hueso correspondiente.

d) A diferencia de la musculatura estriada, de contracción voluntaria, la lisa no presenta inervación.

14. Analiza. Una persona comienza a comer justo después de subir una escalera. Todavía tiene la sensación del esfuerzo realizado al ascender, notando que su latido cardiaco, al principio acelerado, poco a poco se va volviendo normal. Mientras eso sucede, va partiendo trozos de su comida, llevándoselos a la boca y masticándolos. Al tragar, su esófago empuja el alimento hasta el estómago, donde se empezará a digerir entre movimientos de las paredes de este órgano.

a) ¿Cuántos tipos de músculos hay implicados en todos los movimientos mencionados?

b) ¿Cuáles son de contracción voluntaria?

c) ¿Qué músculo se encarga de cada uno de los movimientos mencionados?

15. Relaciona. Asocia cada uno de estos ejercicios o acciones con la lesión que más fácilmente pueda generarse a partir de ellos, eligiéndola del listado que aparece más abajo.

a) Retorcerse un brazo.

b) Golpearse el antebrazo con un objeto duro.

c) Estar nadando durante un tiempo excesivo para las condiciones físicas de la persona.

d) Correr una larga distancia apoyando mal el talón.

Lesiones:
- distensión • calambre muscular
- luxaciones • fractura ósea • artrosis
- tendinitis • artritis • hernia discal

16. Concluye. ¿Todas las articulaciones permiten el movimiento entre los huesos implicados? Razona tu respuesta.

17. Describe. Las lesiones de menisco son muy frecuentes en determinados deportes. ¿Qué es el menisco, dónde se localiza y qué función desempeña?

18. Analiza. **Lee la pregunta y selecciona la opción correcta.**

- Las articulaciones son uniones entre huesos que en algunos casos permiten el movimiento de rotación de un hueso respecto al otro gracias a los músculos. ¿En cuál de los siguientes casos se identifica la acción de una articulación?
  a) Una persona que permanece inmóvil de pie.
  b) El movimiento peristáltico del tracto digestivo.
  c) La masticación de los alimentos en la boca.
  d) El latido acelerado del corazón.
- Una campaña de salud invita a los adultos y ancianos a realizar ejercicio diariamente para mantener su sistema locomotor. El ejercicio diario ayuda a este sistema porque...
  a) ... contrae los huesos.
  b) ... tonifica los músculos.
  c) ... aumenta la capacidad respiratoria.
  d) ... mejora la digestión de los alimentos.

19. Explica. **El cráneo y la columna vertebral tienen una función muy importante. ¿Cuál es?**

20. Soy competente

Lee y selecciona la opción que consideres correcta.

A veces, se aplica demasiada presión sobre un hueso y este se fractura. Las fracturas son causadas por caídas, golpes con un objeto, o al torcerse o doblarse el hueso. En la siguiente imagen se muestran los diferentes mecanismos de una fractura.

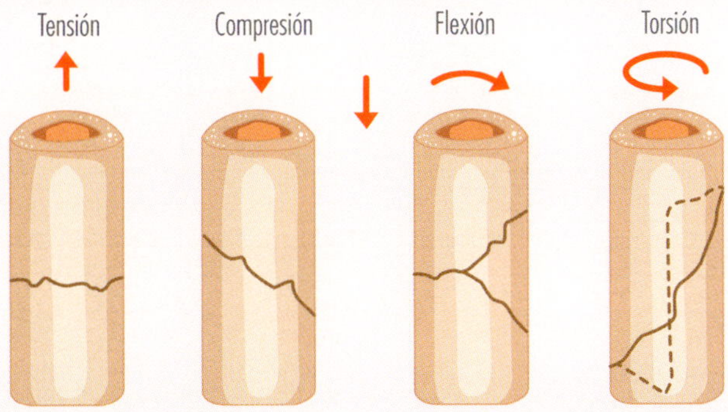

A partir de la información anterior se puede inferir que:

A. En una fractura por tensión el hueso se rompe transversalmente.

B. En una fractura por compresión el hueso se rompe en tres trozos.

C. En una fractura por flexión se produce una rotura espiroideal que abarca todo el hueso.

D. En una fractura por torsión se da lugar a una rotura con un trazo oblicuo.

21. Retoma **la pregunta de la apertura de unidad y respóndela utilizando todos los conocimientos adquiridos sobre receptores, efectores, estímulos y respuestas.**

Ciencia en la calle

Lee y comprende el siguiente texto:

El parkour

El *parkour* es una disciplina deportiva callejera que reúne a muchos practicantes alrededor del mundo, que se denominan *traceurs* y *traceuses* (masculino y femenino). Con los entrenamientos adecuados los deportistas logran subir edificios y muros, saltar y hacer mortales sin necesidad de tener superpoderes.

a) **¿Por qué algunas personas dicen que los practicantes de parkour tienen superpoderes?**

b) **¿Qué condiciones debe tener una persona para practicar parkour?**

c) **La práctica de parkour acarrea bastantes riesgos si se hace sin el entrenamiento adecuado. ¿Qué recomendaciones le darías a un deportista de parkour para evitar lesiones en el sistema locomotor?**

7 LA REPRODUCCIÓN

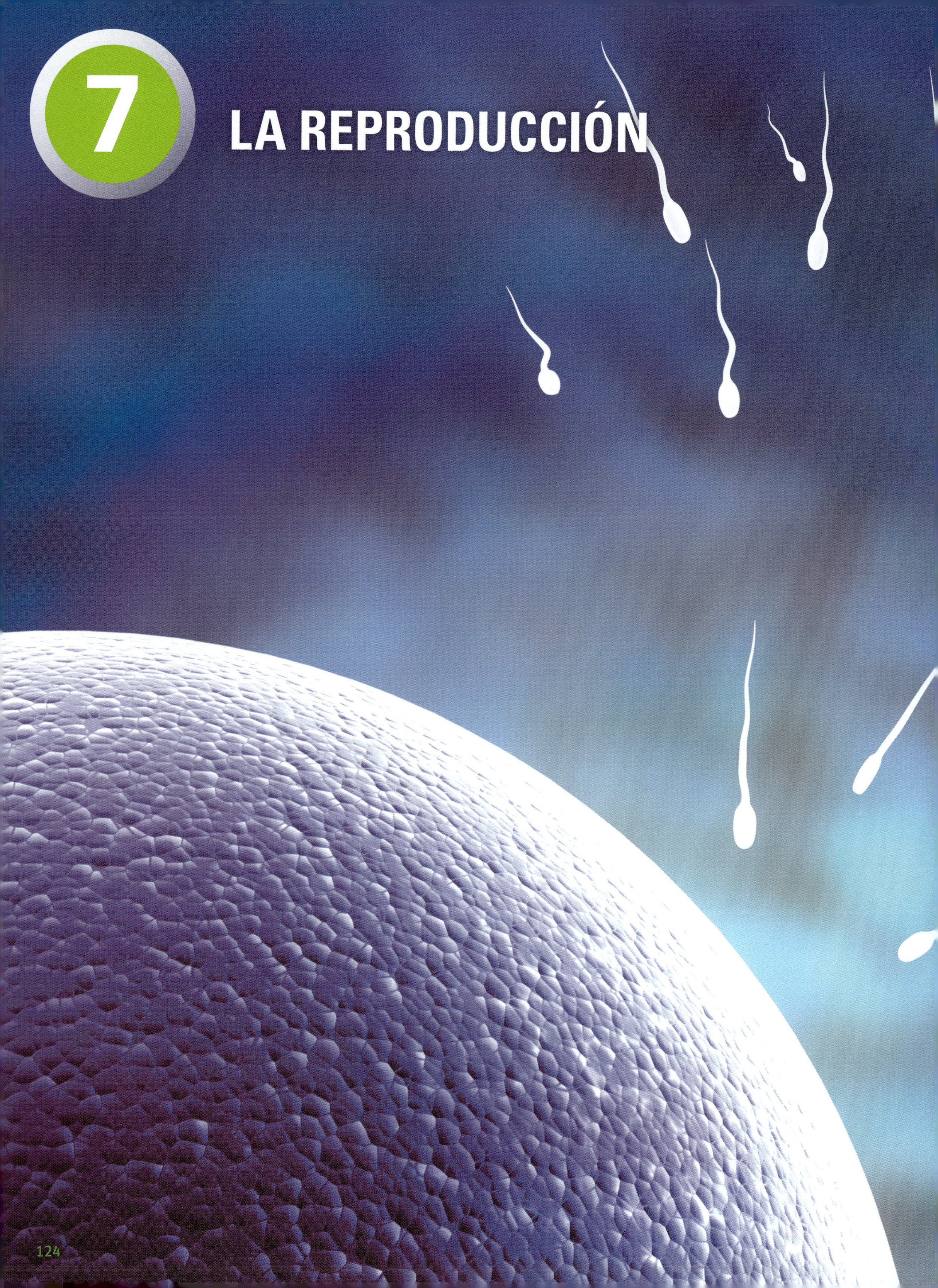

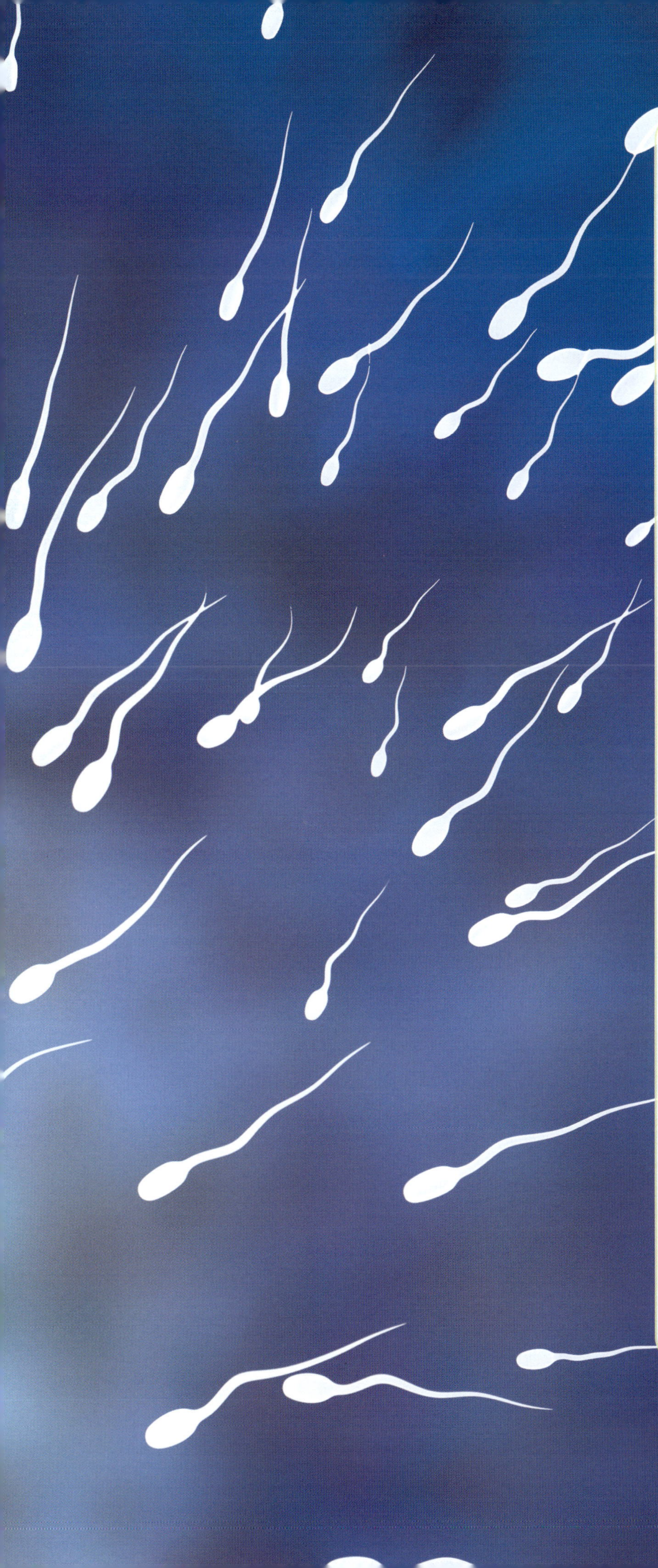

En esta unidad aprenderás...

- En qué consiste la reproducción en los seres humanos.
- Cómo son y cómo funcionan los sistemas reproductores humanos.
- Cómo es el proceso de formación de un nuevo ser humano.
- Qué avances científicos mejoran la reproducción y la sexualidad humanas.

¿Por qué tantos espermatozoides y un solo óvulo?

Los óvulos maduros son las células más grandes dentro del cuerpo de una mujer. Son esféricos e inmóviles. Con un tamaño de 0,14 mm, pueden ser visibles sin ayuda de un microscopio. Los espermatozoides, por el contrario, son de las células más pequeñas en el cuerpo de un hombre. Poseen una cabeza de 5 a 8 µm y una cola, que les permite moverse, con una longitud aproximada de 50 µm.

- ¿Cuál es la función del óvulo? ¿Y la del espermatozoide?
- ¿Por qué crees que el óvulo posee la forma y el tamaño que lo caracterizan?
- ¿Por qué el espermatozoide tiene esa curiosa forma?
- ¿Están relacionados el tamaño y la forma de ambos gametos con su función?

1 La reproducción en los seres humanos

ACTIVIDADES

1. Analiza **la siguiente afirmación y explica en qué sentido es correcta: "La reproducción no es una función indispensable para los seres vivos".**

2. Explica **por qué los hijos se parecen a sus padres y, sin embargo, no son iguales a ninguno de ellos.**

3. Calcula. **El óvulo tiene unos 150 micrómetros (μm) de diámetro, mientras que un espermatozoide mide 60 μm de longitud.**
   a) ¿Cuántos óvulos habría que situar uno detrás de otro para alcanzar la longitud de un centímetro (1 cm)?
   b) ¿Cuántos espermatozoides serían necesarios para obtener la misma longitud? (1 μm es la millonésima parte de 1 m).

La reproducción de los seres humanos es **sexual**. Esto significa que una parte de la información genética de la madre y la del padre se unen para crear un nuevo individuo. El nuevo ser tendrá algunos caracteres semejantes a sus progenitores pero también distintos, ya que su combinación será exclusiva y diferente a la de otros seres humanos.

Para que tenga lugar la reproducción, es necesario que se lleven a cabo una serie de procesos que se describen a continuación.

- **La formación de gametos.** Los gametos son células reproductoras especializadas en el transporte y la transmisión de la información genética de los progenitores. Los gametos femeninos son los **óvulos** y los gametos masculinos son los **espermatozoides**.
- **La fecundación.** Es la unión de un óvulo y un espermatozoide. La célula resultante de esa unión se denomina **cigoto**. En los seres humanos la fecundación es interna, ya que se da en el interior de las vías genitales femeninas.
- **El desarrollo embrionario.** Los seres humanos somos **vivíparos**. El cigoto se desarrolla en el interior del útero materno, dividiéndose repetidamente para dar lugar a nuevas células. Las células hija se van especializando para formar los tejidos y los órganos del cuerpo.
- **El nacimiento.** Una vez completado el desarrollo embrionario tiene lugar el **parto**, que es la salida del feto del cuerpo de la madre. El recién nacido continuará creciendo durante la infancia y la adolescencia.

El ciclo reproductor en los seres humanos

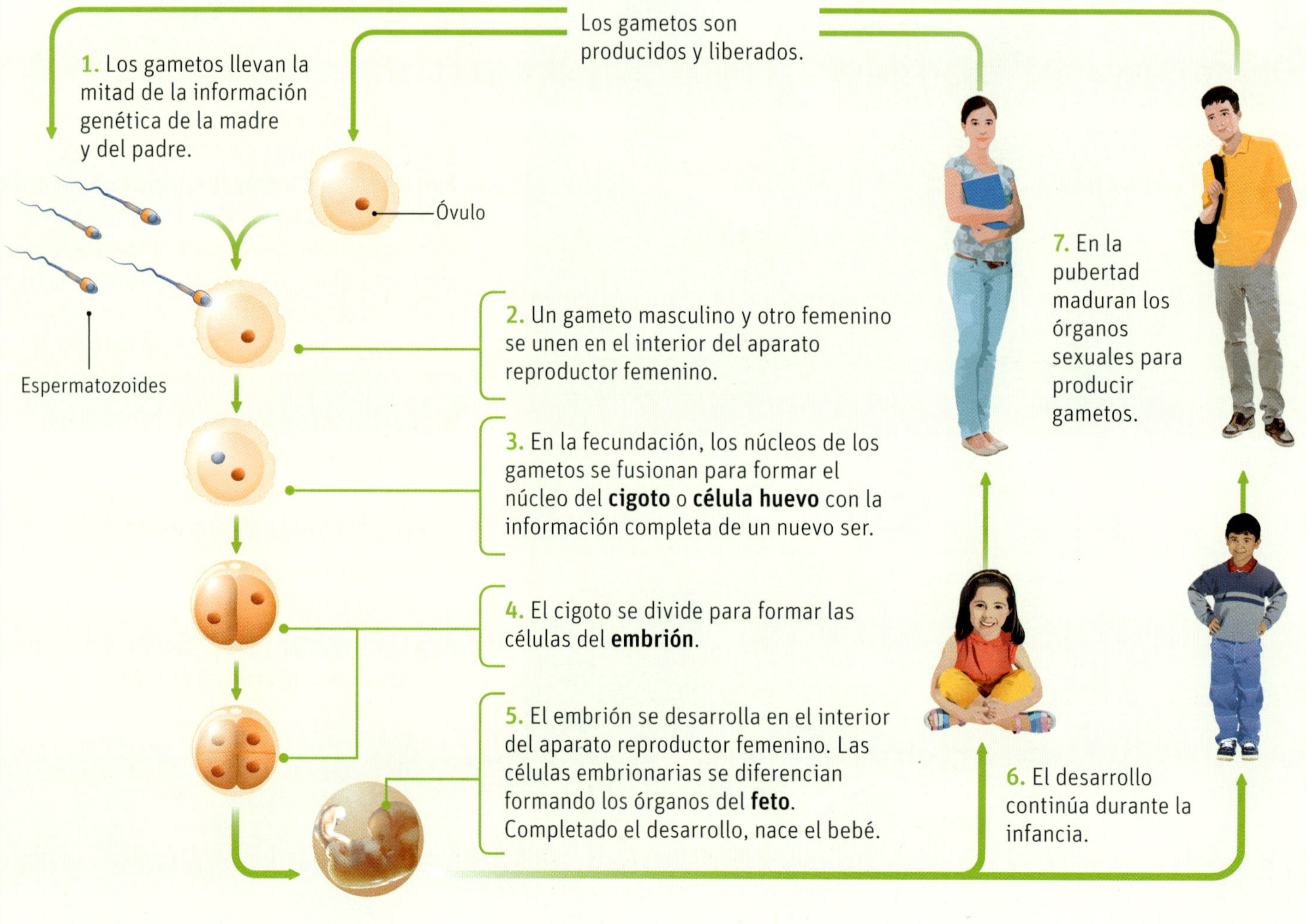

2 De la infancia a la edad adulta

La adolescencia

La **adolescencia** es un período de transición entre la infancia y la edad adulta. Su comienzo está marcado por un acontecimiento biológico, la **pubertad**, un proceso durante el cual se produce la maduración de los órganos sexuales. La aparición de la menstruación en las chicas y las primeras eyaculaciones en los chicos determinan el inicio de la pubertad y, con ella, el principio de la edad fértil.

Cambios físicos y desarrollo humano

Desde el nacimiento, las mujeres y los hombres se distinguen por sus órganos reproductores: los ovarios, el útero y la vulva en las mujeres, y los testículos y el pene en los hombres. Estas características se conocen como **caracteres sexuales primarios**.

Durante la pubertad, el cuerpo va experimentando cambios progresivos que acentúan las diferencias entre los dos sexos: senos, distribución del vello, altura, etc. Estos cambios físicos, conocidos como **caracteres sexuales secundarios**, comienzan a producirse a partir de la generación de nuevas hormonas fabricadas por la hipófisis.

ACTIVIDADES

1. Investiga. ¿Por qué se dice que las chicas maduran o crecen antes que los chicos?

2. Elige la opción correcta.
   - ¿Cuál de estos cambios se produce en chicos y chicas?
     a) Aparición del vello corporal.
     b) Cambio en el tono de la voz.
   - ¿Cuál de las siguientes alternativas es una característica de la adolescencia?
     a) Capacidad para tomar decisiones con total autonomía.
     b) Apego a los padres y demás familiares.

Caracteres secundarios

Hombres

- Ensanchamiento de hombros y espalda
- Desarrollo muscular
- Cambio de la voz y, en algunos casos, se vuelve notoria la nuez de adán.
- Crecimiento del vello en el pecho y la barba
- Aparición de las primeras eyaculaciones nocturnas involuntarias

Ambos

- Aparición del acné
- Aumento de la transpiración
- Aparición de vello en pubis y axilas
- Maduración de los genitales internos y externos

Mujeres

- Desarrollo de los senos
- Aumento del tejido adiposo en cadera, muslos y abdomen
- Ensanchamiento de las caderas
- Aumento del flujo vaginal
- Aparición de la primera menstruación

Los cambios psicológicos

La adolescencia es un período muy enriquecedor, lleno de grandes dudas, pero también de descubrimientos: uno de ellos es la sexualidad. Durante la adolescencia tienen lugar en el cuerpo numerosos cambios hormonales. Esta **alteración hormonal** produce cambios psíquicos que afectan a la personalidad y al comportamiento. Por ejemplo, los frecuentes cambios de humor en la adolescencia se deben a esa nueva situación hormonal.

La adolescencia es un proceso en el que las personas aumentan su **madurez corporal y psicológica**. Por eso, los adolescentes aspiran a ser autónomos y a menudo entran en conflicto con los adultos, tratando de reafirmar su personalidad.

3 El sistema reproductor femenino

El sistema reproductor femenino consta de los **ovarios**, la **vulva** y las **vías genitales**. Excepto la vulva, estas estructuras se localizan en la cavidad abdominal.

Las partes del sistema reproductor femenino

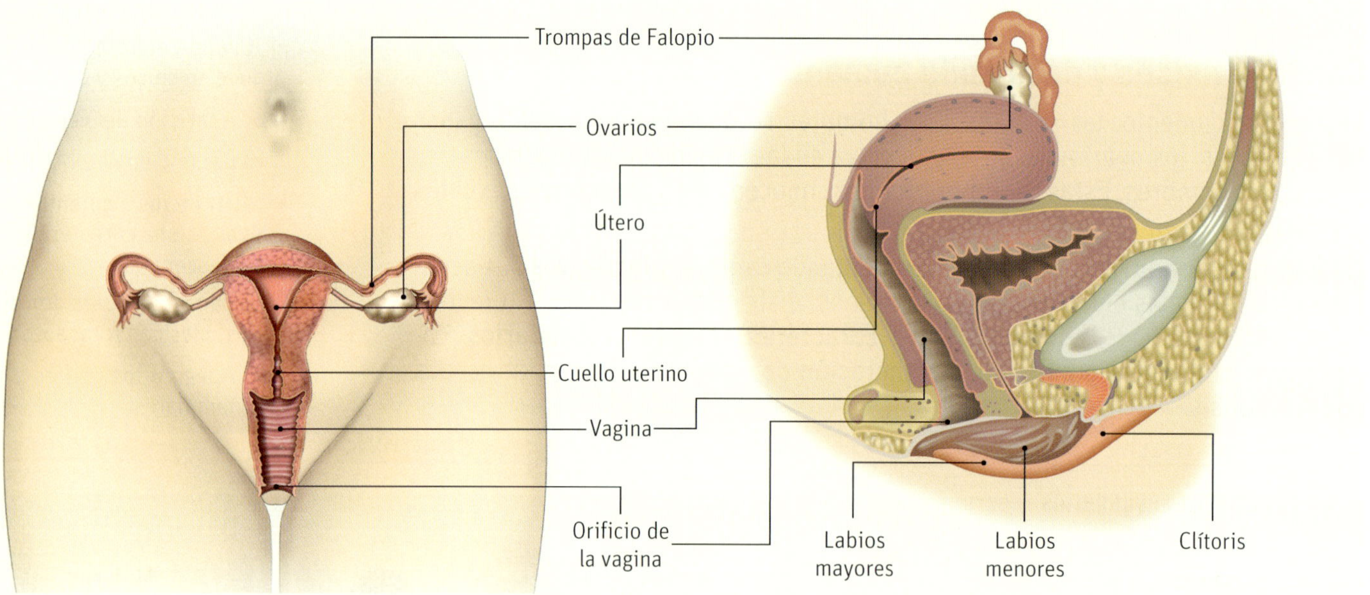

- Los **ovarios**. Son dos órganos de unos 3 cm de longitud y forma de almendra situados en la cavidad abdominal. Fabrican los **óvulos** y también **estrógenos** y **progesterona**, hormonas que regulan el desarrollo de los caracteres sexuales femeninos y preparan el organismo para un posible embarazo.
- La **vulva**. Es el conjunto de los genitales externos femeninos. Los más externos son los **labios mayores**, y los más internos, los **labios menores**. Situado en el ángulo anterior se encuentra un órgano eréctil, el **clítoris**. Entre los labios menores se localizan el **orificio de la uretra** y, por debajo de este, el **orificio de la vagina**.
- Las **vías genitales**. Son conductos y cavidades que reciben los espermatozoides y albergan al embrión. Incluyen:
  - Las **trompas de Falopio**. Son dos conductos con forma de embudo. Su parte estrecha desemboca en el útero. Su función es recoger al óvulo desprendido por el ovario y transportarlo hasta el útero.
  - El **útero** o **matriz**. Es un órgano hueco con forma de pera. La cavidad uterina se une a la vagina por un estrecho conducto denominado **cuello del útero**. La función del útero es albergar y nutrir al embrión.
- La **vagina**. Es un conducto elástico comunicado con el útero y abierto al exterior. En ella se depositan los espermatozoides en la unión sexual.

OBSERVA Las partes de los sistemas reproductores femenino y masculino.

Los óvulos

Son células inmóviles de gran tamaño. Su **núcleo** contiene la información hereditaria materna. En el **citoplasma** hay una sustancia de reserva, el **vitelo**, que nutre al embrión en las primeras fases. Está rodeado por una **corona** de células protectoras.

Los óvulos se forman antes del nacimiento. Al nacer, cada ovario contiene una reserva de óvulos inmaduros en unas cavidades, llamadas **folículos**. Los folículos no sufren cambios hasta que llega la pubertad. A partir de ella comienza su maduración y tienen lugar las primeras ovulaciones. Una mujer ovula unas 400 veces, hasta que, hacia los 50 años, llega la **menopausia** y cesan las ovulaciones.

El óvulo

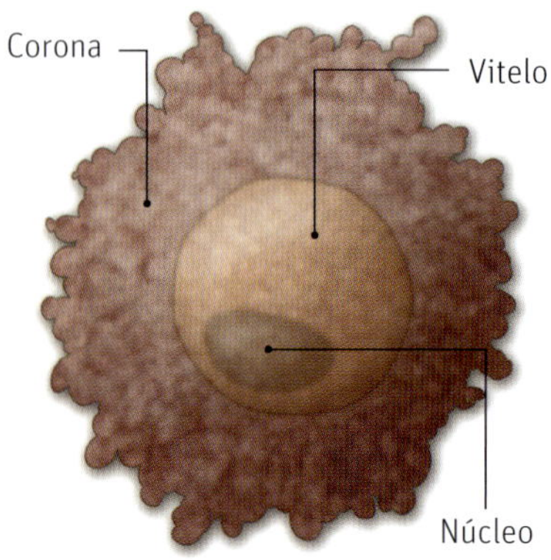

El ciclo ovárico y el ciclo menstrual

Desde la pubertad hasta la menopausia, la ovulación y las menstruaciones se producen regularmente. Ambos son ciclos con una duración de más o menos veintiocho días y se ponen de manifiesto por la aparición del sangrado vaginal que constituye la **menstruación**. El ciclo ovárico y el ciclo menstrual son procesos cíclicos que tienen lugar en el **ovario** y en la mucosa del útero o **endometrio**.

OBSERVA ¿Cómo se producen los ciclos sexuales en la mujer?

El ciclo ovárico y ciclo menstrual

Fase folicular. Esta fase comienza el primer día del ciclo (primer día de la menstruación) y se caracteriza por el rápido crecimiento y la maduración de un folículo.

Ovulación. Se abre el folículo y se expulsa el óvulo a la cavidad abdominal. Es recogido por la trompa e introducido en su interior. El proceso dura unos minutos.

Fase de cuerpo amarillo. El resto del folículo se transforma en una estructura residual, el cuerpo amarillo o cuerpo lúteo, que va degenerando hasta desaparecer.

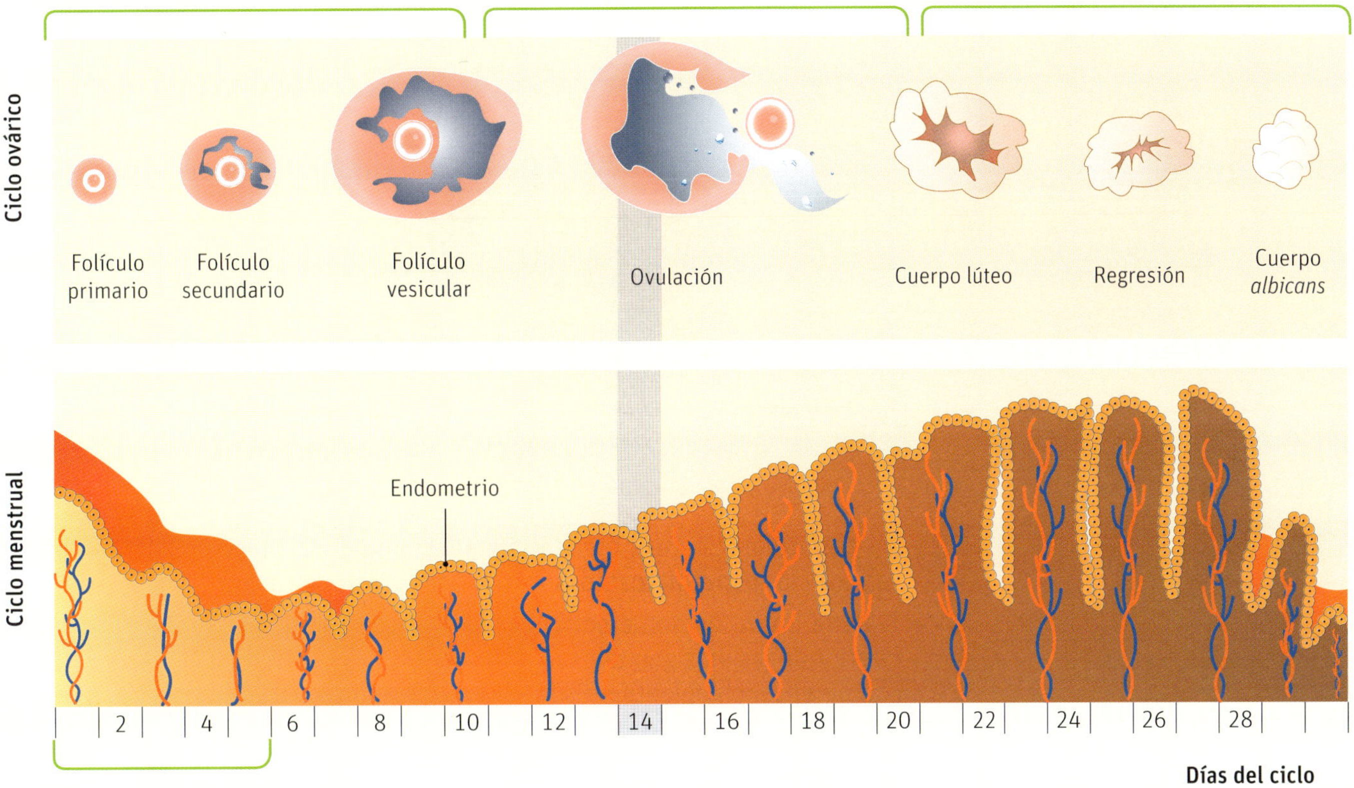

En el útero, al inicio del ciclo, el endometrio degenera y se destruye. La rotura de los capilares sanguíneos provoca la **menstruación** o regla, que dura de 3 a 6 días.

La mucosa del útero o endometrio se hace progresivamente más gruesa y crea una red de capilares sanguíneos; así, el útero se prepara para albergar al óvulo por si este fuera fecundado.

Si no hay fecundación, esta mucosa degenera y se destruye para regenerarse en el siguiente ciclo. Una nueva menstruación se inicia unos 14 días después de la ovulación.

ACTIVIDADES

1. Explica. ¿Por qué tras la menopausia las mujeres no pueden volver a quedar embarazadas?
2. Deduce. ¿Cuál es la función de las trompas de Falopio en el sistema reproductor femenino?
3. Explica. ¿Cuál es la función de las hormonas estrógeno y progesterona?
4. Analiza. ¿Qué es el endometrio? ¿Cuál es la función que desempeña?

4 El sistema reproductor masculino

El sistema reproductor masculino está constituido por los **testículos**, el **pene**, las **vías genitales** y las **glándulas anejas**. La mayor parte de estas estructuras se encuentran fuera de la cavidad abdominal.

Las partes del sistema reproductor masculino

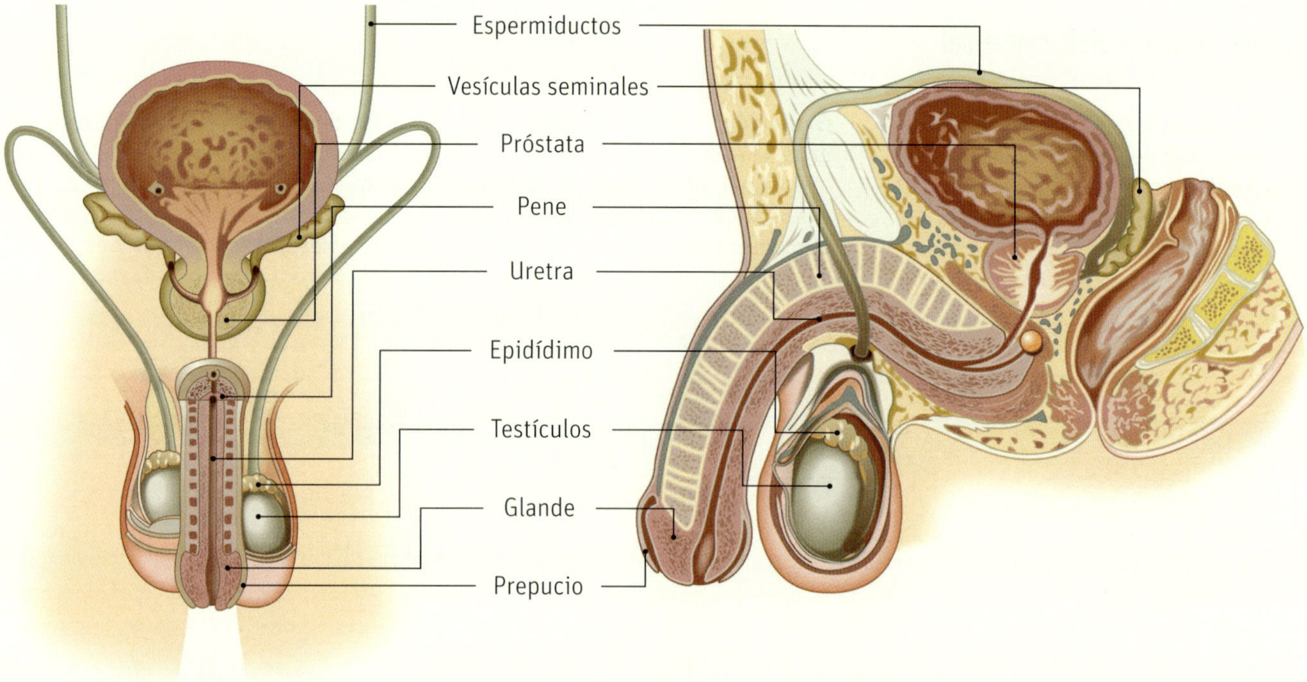

- Los **testículos**. Son dos órganos situados en una bolsa de piel llamada **escroto**. Fabrican los **espermatozoides** y la hormona **testosterona**.
- El **pene**. Es un órgano eréctil que permite depositar los espermatozoides en el interior de las vías genitales femeninas durante el coito. Tiene forma cilíndrica, con un ensanchamiento en su extremo, el **glande**, recubierto por un repliegue de la piel, el **prepucio**.
- Las **vías genitales**. Son conductos que permiten la salida de los espermatozoides:
  - El **epidídimo**. Donde se almacenan los espermatozoides.
  - Los **canales deferentes**. Son finos tubos que conducen los espermatozoides desde el epidídimo hasta la uretra.
  - La **uretra**. Es el conducto de evacuación de la vejiga, donde también desembocan los canales deferentes.
- Las **glándulas anejas**. Son las **vesículas seminales** y la **próstata**. Producen el líquido seminal, que es vertido a los canales deferentes y que nutre y activa a los espermatozoides. Esta secreción, junto con los espermatozoides, constituye el **semen** o esperma. Durante la eyaculación, el 10 % expulsado constituye los espermatozoides.

El espermatozoide

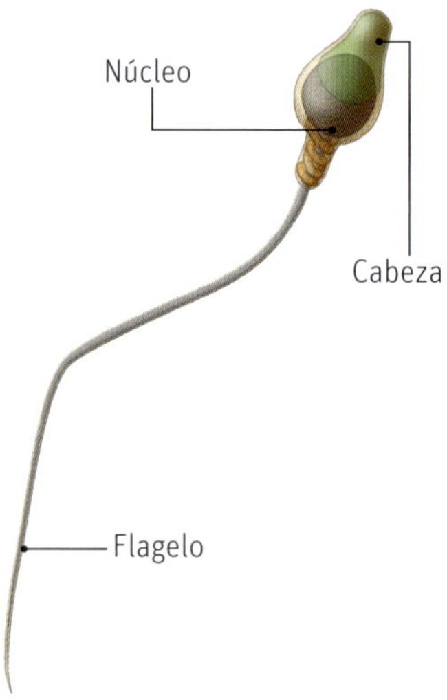

Los espermatozoides

Son células de tamaño diminuto, muy especializadas. La porción delantera, denominada **cabeza**, contiene el **núcleo** con el material hereditario paterno. Poseen un largo filamento, llamado **flagelo**, mediante el cual se desplazan.

La formación de los espermatozoides

Los espermatozoides se forman en el interior de los **testículos**, en unos finísimos tubitos denominados **tubos seminíferos**. Cada testículo alberga una gran cantidad de tubos seminíferos amontonados en su interior, que desenrollados alcanzarían una longitud cercana a un kilómetro.

En sus paredes se localizan las células madre de los espermatozoides, las cuales se multiplican continuamente desde la pubertad y durante toda la vida. Pueden llegar a producir cerca de mil espermatozoides por segundo. La formación de un espermatozoide dura de 64 a 72 días y ocurre mediante la **espermatogénesis**.

>> ¡Muy pequeños!

Los espermatozoides son células muy pequeñas. En la cabeza de un alfiler caben alrededor de veinte millones.

La espermatogénesis

Las **células madre** situadas en la periferia del tubo se multiplican activamente.

Algunas de estas células maduran y van sufriendo transformaciones conforme emigran hacia el centro del tubo.

Los **espermatozoides** ya formados son liberados en la cavidad del tubo y se almacenan en el epidídimo.

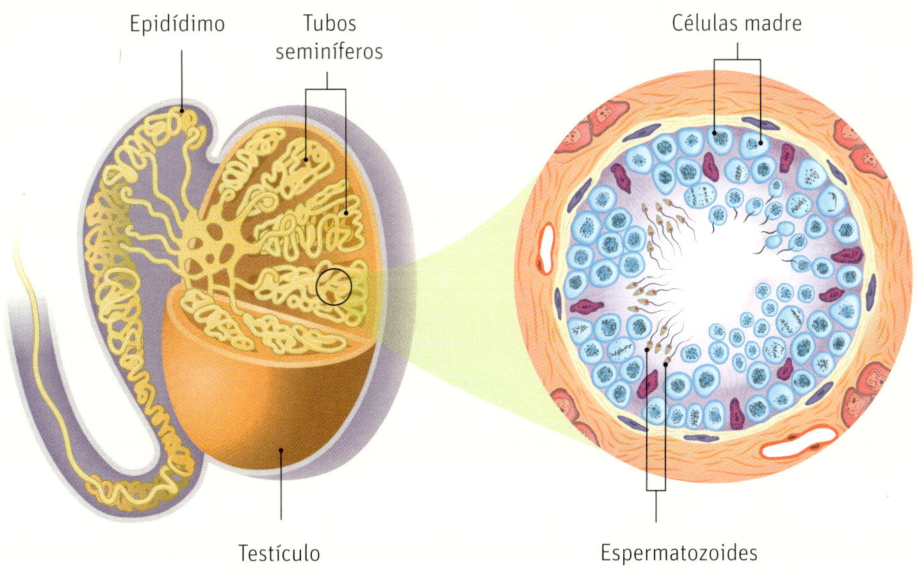

El semen

Los espermatozoides son células muy pequeñas que necesitan un medio acuoso para sobrevivir. Las **vesículas seminales** y la **próstata** segregan sustancias que forman el líquido seminal, en el que nadan los espermatozoides, y que les suministra nutrientes, principalmente glúcidos y protección.

El semen sale al exterior en la eyaculación y permite el movimiento de los espermatozoides por la vagina hacia el útero.

OBSERVA Cómo tiene lugar la formación de los gametos.

La erección

La erección es el endurecimiento del pene y se produce porque los **cuerpos cavernosos**, que son dos cámaras que rodean el pene, se llenan de sangre y funcionan como un sistema para mantener la erección. Durante la erección se puede dar el coito, que finaliza con la eyaculación o expulsión del semen.

ACTIVIDADES

1. Explica. ¿Cuál es la importancia de la próstata y las vesículas seminales para la reproducción?
2. Deduce. Además de la fabricación de espermatozoides, ¿qué otra función tienen los testículos?
3. Sintetiza. Elabora un mapa conceptual sobre los órganos reproductores masculinos.
4. Compara. ¿Qué diferencias puedes encontrar entre los óvulos y los espermatozoides?

5 La fecundación

La **fusión** de un **ÓVULO** y un **ESPERMATOZOIDE** da lugar a la célula huevo o **CIGOTO**.

La **fecundación** es el proceso de fusión de un **espermatozoide** y un **óvulo** para formar una **célula diploide** conocida como **cigoto**. Este proceso tiene lugar en las trompas de Falopio y puede producirse entre 36 y 60 horas después de la relación sexual.

Un único espermatozoide de los que logran atravesar la corona de células que protege al óvulo perfora su membrana y se fusiona con el núcleo.

Para que se produzca la fecundación, un espermatozoide y un óvulo tienen que coincidir, reconocerse como células pertenecientes a la misma especie y unirse. Esa unión desencadena el desarrollo de un nuevo ser que tendrá características de sus dos progenitores.

El proceso de fecundación se lleva a cabo en cuatro etapas que concluyen con la formación del **cigoto** o **huevo**.

Las etapas de la fecundación

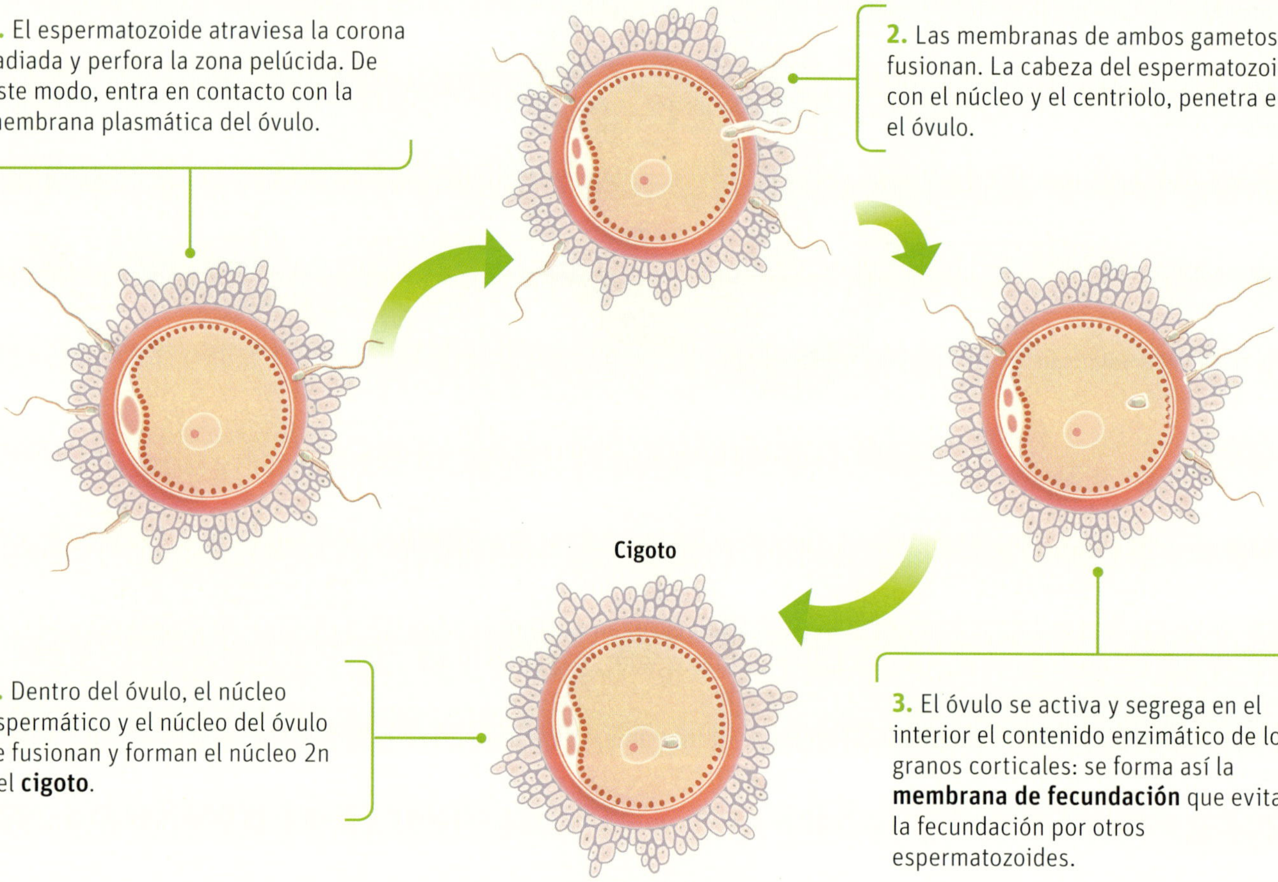

1. El espermatozoide atraviesa la corona radiada y perfora la zona pelúcida. De este modo, entra en contacto con la membrana plasmática del óvulo.

2. Las membranas de ambos gametos se fusionan. La cabeza del espermatozoide, con el núcleo y el centriolo, penetra en el óvulo.

3. El óvulo se activa y segrega en el interior el contenido enzimático de los granos corticales: se forma así la **membrana de fecundación** que evita la fecundación por otros espermatozoides.

4. Dentro del óvulo, el núcleo espermático y el núcleo del óvulo se fusionan y forman el núcleo 2n del **cigoto**.

ACTIVIDADES

1. Razona. ¿Qué condiciones se necesitan para que se dé el proceso de fecundación? ¿Por qué el cigoto se considera una célula diploide (2n) mientras que los gametos o células sexuales se consideran haploides (n)?

2. Sintetiza en un cronograma todos los procesos de la fecundación.

3. Investiga y explica. ¿Cuánto tiempo pueden sobrevivir los espermatozoides en el interior del aparato reproductor femenino? ¿Cómo evita el óvulo la entrada de más de un espermatozoide?

4. Investiga. ¿Cuáles pueden ser las causas por las que la fecundación no se logra dentro del vientre materno?

6 La anidación

Una vez en el útero, el embrión penetra en el **endometrio**, donde finalmente se implanta, emitiendo unas ramificaciones muy finas que unen su envoltura con el útero. Este proceso se denomina **anidación** y puede producirse hasta el día 14 después de la fecundación.

Es un proceso muy importante, ya que establece un vínculo físico entre la madre y el embrión, gracias al cual el segundo recibe hormonas que desencadenan la formación del sistema nervioso.

A partir de la anidación, desaparece la menstruación y la producción de óvulos, con lo que se imposibilita una nueva fecundación hasta después del nacimiento del bebé.

Fecundación y anidación

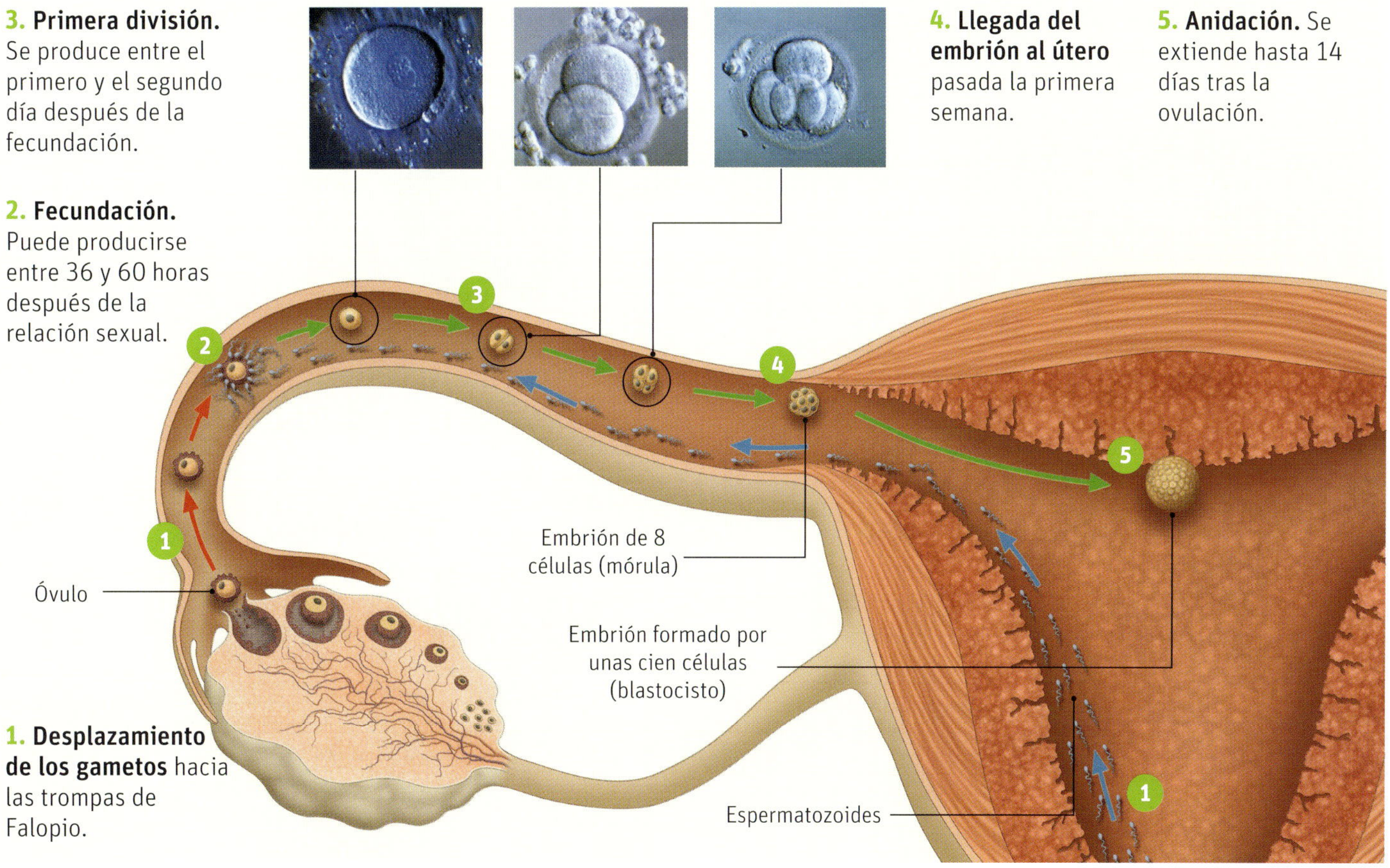

El desarrollo de la placenta

Durante los primeros días del crecimiento, el embrión se nutre de las reservas que contenía el óvulo. Sin embargo, estas reservas se agotan pronto, por lo que, en el útero, las ramificaciones creadas durante la anidación se van desarrollando hasta formar un órgano nuevo para alimentar al embrión: la **placenta**.

A través de la placenta, el embrión toma el oxígeno y las sustancias nutritivas de la sangre materna, y expulsa el dióxido de carbono y las sustancias de desecho.

La placenta permanece unida al embrión mediante una estructura similar a una cuerda denominada **cordón umbilical**, que contiene los vasos sanguíneos encargados de transportar sustancias.

Simultáneamente a la formación de la placenta, se genera la **bolsa amniótica**, una fina membrana en cuyo interior está el líquido amniótico, que rodea y protege al embrión.

ACTIVIDADES

1. Explica. ¿Se debe dar la fecundación para que luego se produzca la anidación? Justifica.
2. Deduce. ¿Qué proceso tarda más tiempo, la fecundación o la anidación?
3. Analiza. ¿Qué pasaría si el óvulo fecundado no descendiera hasta el útero?

7 La gestación

La **gestación** o **embarazo** es el crecimiento y **desarrollo del feto** en el interior del útero materno. En el ser humano dura unas 40 semanas contadas desde el primer día de la última menstruación, o 38 semanas contadas desde la fecundación.

La gestación

Primer trimestre

Mes 1. Comienzan a formarse el corazón y el sistema nervioso.

Mes 2. Comienza a formarse el cerebro. A partir de este momento se llama feto.

Mes 3. Realiza movimientos. Los órganos sexuales externos están formados.

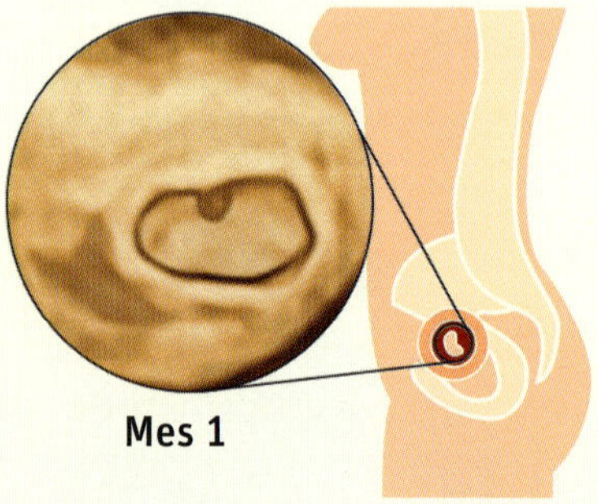

0,3 cm
0,5 g

4 cm
5 g

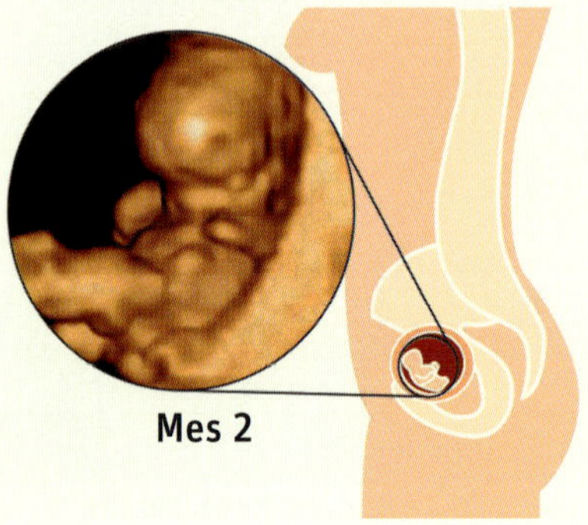

13 cm
22 g

Segundo trimestre

Mes 4. El sistema circulatorio está completo y el esqueleto se organiza. Aparecen los reflejos de tragar y absorber.

Mes 5. Termina la maduración del sistema nervioso y la madre percibe los movimientos del feto.

Mes 6. Los bronquios y los pulmones casi han madurado. Aparecen el pelo y la gesticulación facial.

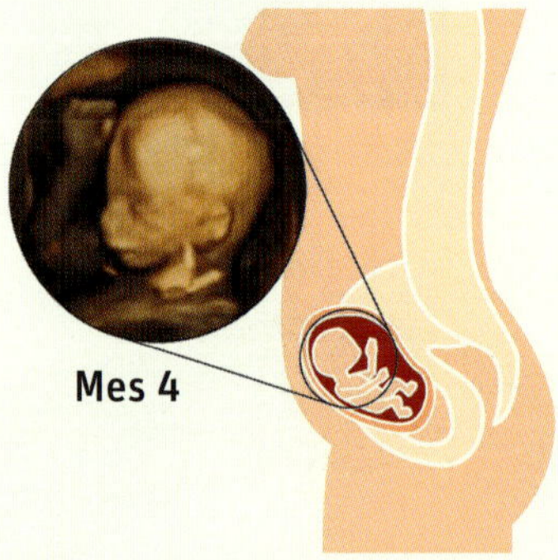

16 cm
50 g

26 cm
245 g

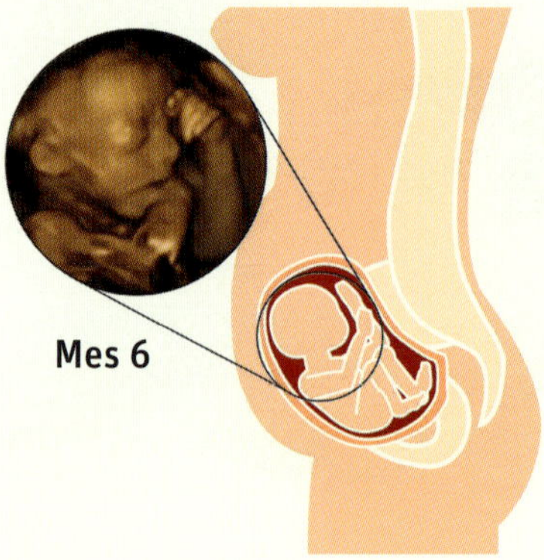

30 cm
640 g

Las ECOGRAFÍAS son imágenes obtenidas del interior del cuerpo mediante ultrasonidos. Esta técnica no supone ningún riesgo ni para el feto ni para la madre.

Control médico de la gestación

La gestación debe ser controlada para asegurar que se está desarrollando sin problemas. Para ello, el médico realiza un seguimiento a través de mediciones del peso y valoraciones del estado de salud de la madre, análisis de sangre y orina, etc.

También se suelen realizar **ecografías** que permiten ver la posición, el grado de crecimiento y la frecuencia cardiaca o el sexo del feto. Las ecografías son imágenes obtenidas del interior del cuerpo mediante ultrasonidos.

En embarazos de alto riesgo se puede practicar una prueba llamada **amniocentesis**. En este proceso se extrae una pequeña muestra del líquido amniótico que rodea al embrión, para analizarlo y poder descartar o prever la posible existencia de alteraciones genéticas o cromosómicas.

>> Un útero que crece

El útero de la madre crece durante el embarazo junto con el bebé. Hacia el final de la gestación, el útero puede incrementar unas 20 veces su peso y puede llegar a multiplicar por 500 su capacidad. Después del parto el útero regresa progresivamente al estado previo al embarazo.

Tercer trimestre

Mes 7. El feto se prepara para el nacimiento. Posee los órganos necesarios para vivir fuera del útero, pero le falta crecer y desarrollarse.

Mes 8. El feto está cubierto por una capa de grasa llamada vermix caseoso, la piel se engrosa y es de color rosado. Los sentidos se afinan.

Mes 9. El feto gana peso, sus pulmones han madurado, está listo y en posición para nacer.

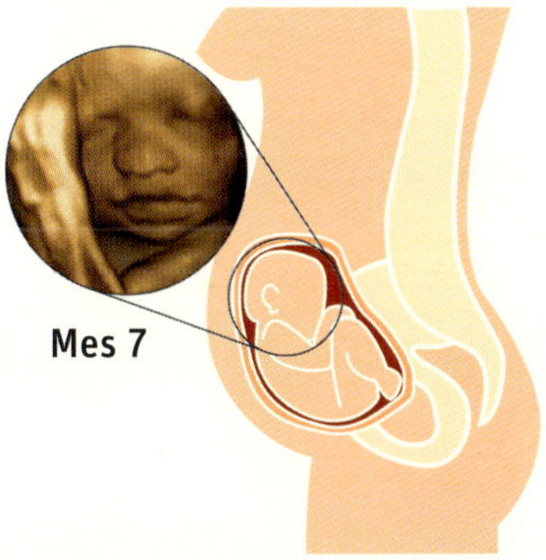

40 cm
1500 g

45 cm
2500 g

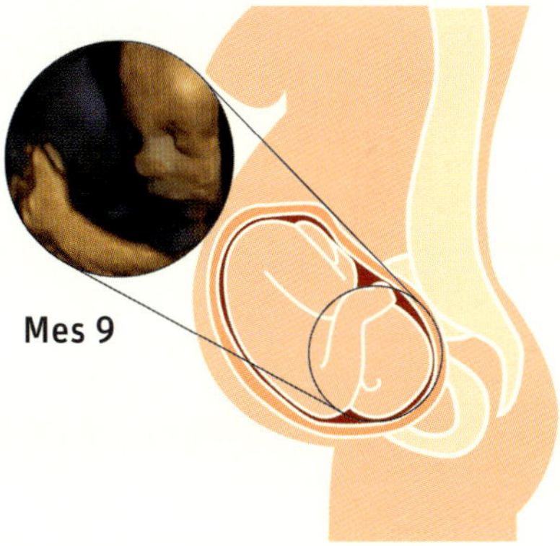

60 cm
2800-3500 g

ACTIVIDADES

1. Explica. ¿Cómo recibe los nutrientes el bebé durante los 9 meses que permanece en el útero de la madre?
2. Investiga sobre las tecnologías utilizadas en las ecografías 3D y 4D y explica brevemente su funcionamiento.
3. Deduce. ¿Desde qué mes se encuentra preparado el feto para su nacimiento? ¿Es posible la supervivencia de un recién nacido con solo cinco meses de gestación? Justifica tu respuesta.
4. Explica. ¿Cuál es la función de la placenta durante el proceso de gestación?
5. Busca información. ¿Qué nutrientes requiere en mayor proporción una mujer embarazada? ¿Qué sucede cuando hay deficiencia de ácido fólico?
6. Sintetiza. Escribe en tu cuaderno un párrafo corto en donde se resuman los cambios del feto durante cada uno de los trimestres del embarazo.

8 El nacimiento

El parto

Tras nueve meses de embarazo, la gestación ha finalizado. Entonces, el feto coloca su cabeza hacia el cuello del útero; el **parto** es inminente.

El parto puede durar de seis a doce horas y en él pueden distinguirse tres fases.

Fases del parto

1. Fase de dilatación

Es la fase de mayor duración. Comienza con **contracciones** espontáneas de la capa muscular del útero, lo que ocasiona que el diámetro del cérvix aumente, provocando un ensanchamiento o **dilatación** del cuello uterino.

En ocasiones, se produce la rotura del amnios y con ello la expulsión del **líquido amniótico** que rodea al feto: es la **rotura de aguas**.

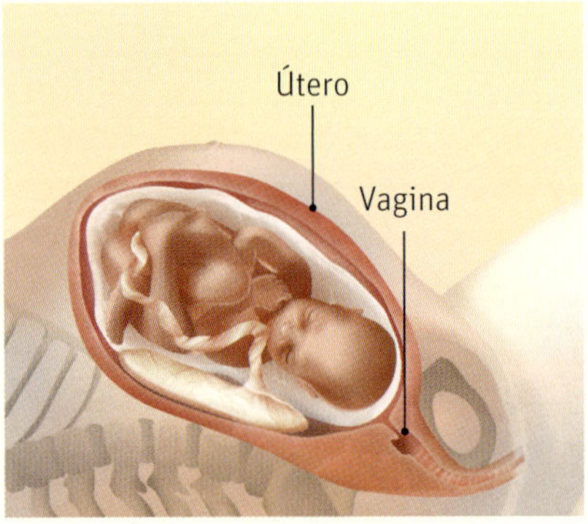

2. Fase de expulsión

Dura unos treinta minutos. Las contracciones, cada vez más largas e intensas, van impulsando al feto hacia el exterior. La madre puede ayudarlo a salir "empujando", es decir, contrayendo voluntariamente los músculos del abdomen.

Una vez expulsado, el personal sanitario liga y corta el cordón umbilical que unía el feto a la placenta. El primer llanto del bebé activa su aparato respiratorio.

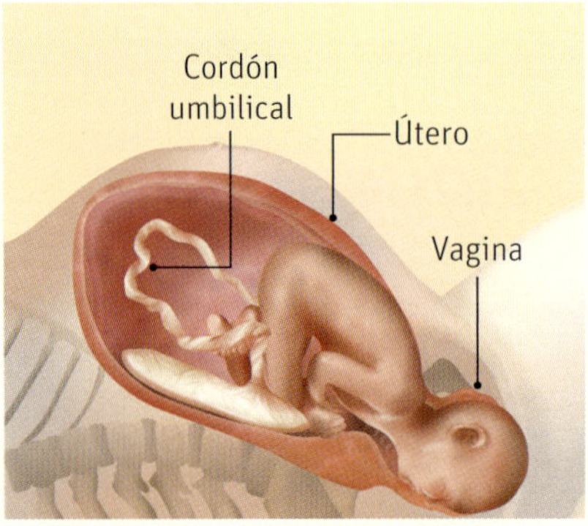

3. Fase de alumbramiento

Unos 15 minutos después de la fase de expulsión se reanudan las contracciones uterinas que habían cesado con el nacimiento del bebé.

Estas contracciones hacen que la placenta se despegue de la mucosa uterina produciéndose su expulsión.

La rotura de los vasos sanguíneos ocasiona una hemorragia que cesa cuando se produce el **retraimiento del útero**.

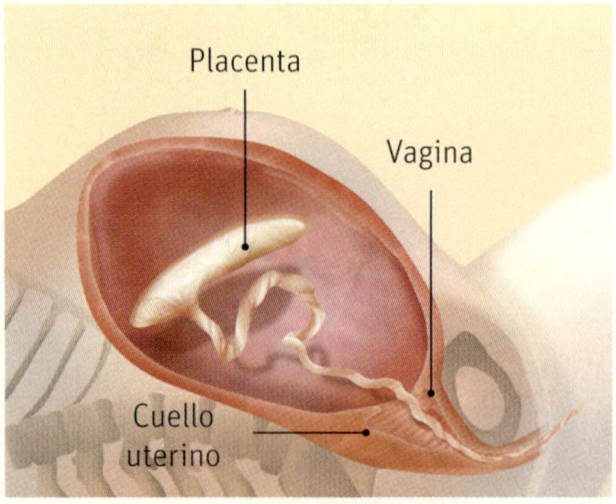

La cesárea

En ocasiones, el parto vaginal resulta complicado por diferentes motivos, por lo que el feto se extrae mediante una intervención quirúrgica denominada **cesárea**. La cesárea se lleva a cabo por medio de una incisión a través del abdomen y de la pared uterina.

La decisión de practicar una cesárea está basada en criterios médicos y normalmente se toma cuando el parto vaginal puede suponer un riesgo para la madre o para el bebé.

ACTIVIDADES

1. Calcula. Los ginecólogos calculan la fecha probable del parto contando 40 semanas a partir del inicio de la última regla. Si la gestación solo dura nueve meses (36 semanas), ¿por qué realizan así sus cálculos? ¿Cuál será la fecha del parto de una embarazada que tuvo la última regla el 15 de septiembre?

2. Explica. ¿A qué se debe la rotura de aguas? ¿Qué proceso inminente anuncia?

3. Razona. ¿Por qué motivo el tabaco, el alcohol, los medicamentos y otras sustancias que consume la madre pueden afectar al feto?

4. Ordena secuencialmente los siguientes procesos: anidación, desarrollo del embrión, formación de la placenta, parto, ovulación, desarrollo del feto, fecundación. Puedes utilizar una línea del tiempo o colores, iconos, dibujos, fechas, frases esquemáticas, etc.

9 Reproducción asistida

En ciertos casos, en los que los procesos naturales de fecundación no pueden darse o se dan con dificultad, se utilizan técnicas de **reproducción asistida**.

La reproducción asistida consiste en la manipulación de los **óvulos** y los **espermatozoides** con el objetivo de conseguir un embarazo.

Existen fundamentalmente dos técnicas de reproducción asistida: la **inseminación artificial** y la **fecundación *in vitro* transferida de embriones (FIVTE)**.

Técnicas de reproducción asistida

Inseminación artificial

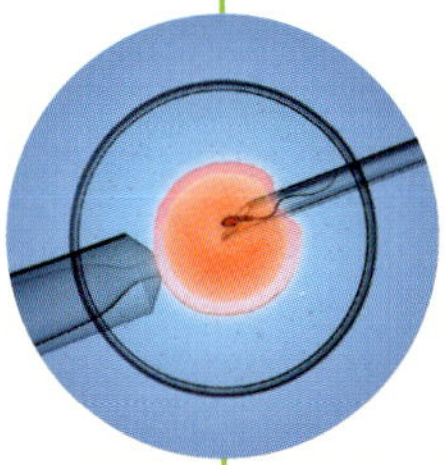

Consiste en introducir artificialmente el semen, previamente obtenido de un hombre, en el interior de las vías genitales femeninas.

Se aplica en casos que no suponen la incapacidad de la mujer para la fecundación o la gestación.

Fecundación *in vitro* y transferencia de embriones

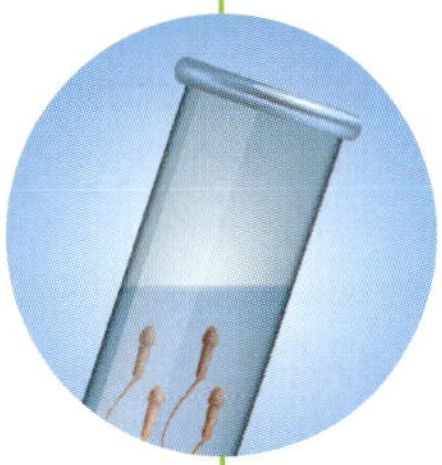

Se lleva a cabo mediante la fecundación de óvulos con espermatozoides en el laboratorio.

Se emplea en casos de esterilidad provocada, por ejemplo, por la obstrucción de las vías genitales femeninas.

Fases de la técnica FIVTE

1. Los óvulos se extraen del ovario mediante punción y aspirado.

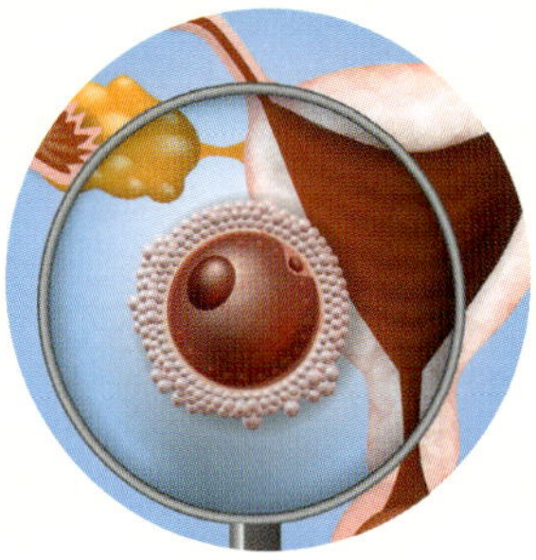

2. Los óvulos seleccionados son fecundados con el semen, obtenido de un hombre, en recipientes de vidrio.

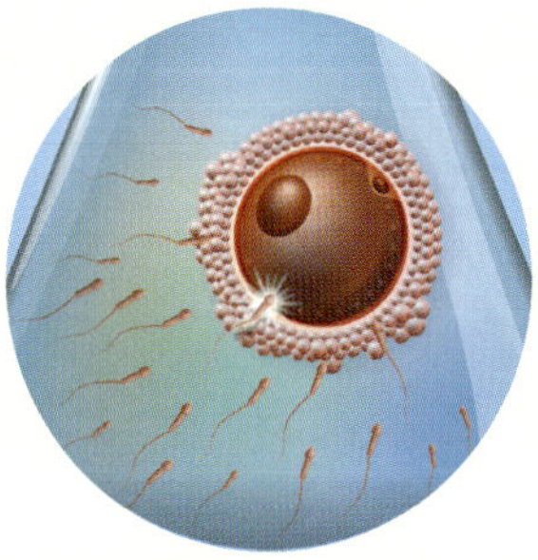

3. Se eligen los óvulos fecundados más viables y se realiza la transferencia de los embriones al útero de la madre.

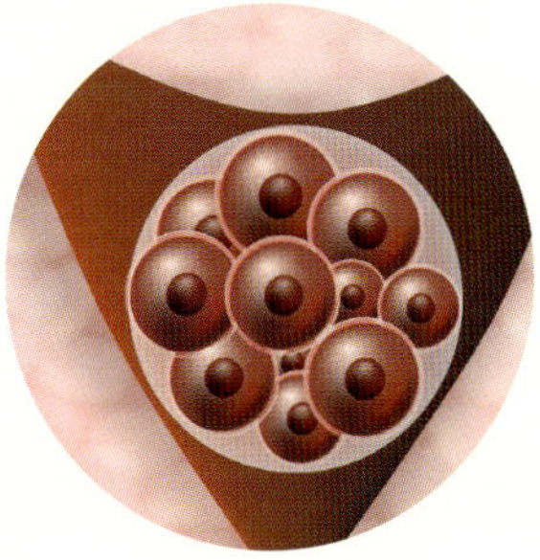

Repercusiones éticas y sociales

Estas técnicas, particularmente la fecundación *in vitro*, plantean problemas éticos y sociales, ya que precisan de la manipulación de embriones humanos, que merecen el máximo respeto. Algunos de los dilemas éticos son:

- **Selección de los óvulos fecundados.** Las técnicas FIVTE llevan implícita la selección para aumentar la probabilidad de éxito. Sin embargo, la ley solo autoriza la elección del género en el caso de enfermedades ligadas al sexo.
- **Destino de los embriones sobrantes.** El debate ético gira alrededor del posible destino que se dé a estos embriones: ¿implantarlos todos?, ¿donarlos a la investigación científica?, ¿darlos en adopción?, ¿conservarlos permanentemente?...

La **legislación** de la mayoría de los países regula estrictamente la aplicación de las técnicas de reproducción asistida para proteger al embrión, y para garantizar que el objetivo de su aplicación sea la procreación, y no la investigación u otros fines.

ACTIVIDADES

1. Deduce. A los niños nacidos mediante fecundación *in vitro* se los conoce como bebés probeta. ¿Por qué? ¿En qué sentido resulta exagerada esta denominación?

2. Compara. ¿En qué situaciones se aplican las técnicas de reproducción asistida? ¿En qué casos concretos se practica la inseminación artificial o la FIVTE?

10 Los métodos anticonceptivos

Los **métodos anticonceptivos** impiden o reducen significativamente las posibilidades de embarazo en las relaciones sexuales, y además permiten elegir el número de hijos y el momento más apropiado para tenerlos.

Métodos anticonceptivos		
Métodos		Descripción
Métodos naturales	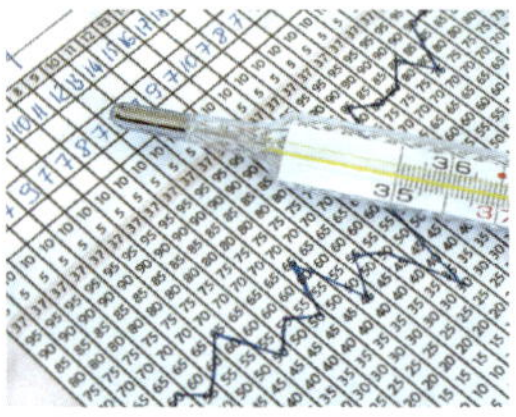	**Métodos de identificación del período fértil de la mujer.** Son métodos que requieren una observación sistemática de varias manifestaciones del ciclo menstrual (temperatura basal, calidad del moco cervical, ovulación, etc.). La eficacia de este tipo de métodos es baja, pues resulta difícil predecir los periodos fértiles de la mujer, que no tienen una duración exacta y que pueden variar según la persona.
Métodos mecánicos	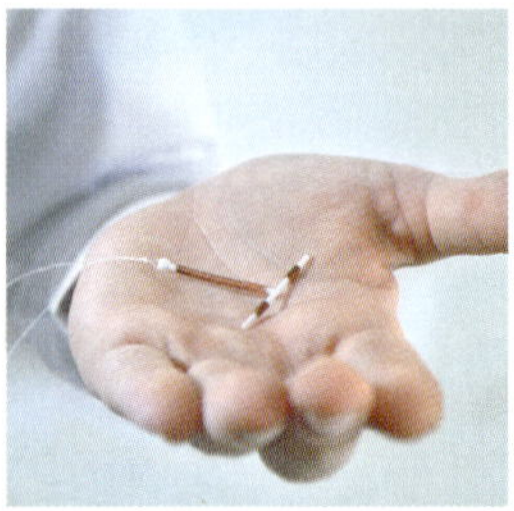	**Preservativo.** El preservativo masculino es una funda de goma elástica que se coloca en el pene en erección y retiene los espermatozoides, mientras que el preservativo femenino es de plástico y se coloca en la vagina con el fin de evitar la entrada de los espermatozoides. Su efectividad es alta. Constituye uno de los mejores medios para evitar las enfermedades de transmisión sexual (ETS).
		Diafragma. Es una membrana de goma flexible que se coloca cerrando la entrada del cuello del útero de la mujer, y que evita la entrada de espermatozoides. Requiere consejo ginecológico.
		Dispositivo intrauterino (DIU). Dispositivo de metal o plástico que se coloca en el útero de la mujer e impide la fecundación y la anidación. Necesita control médico para su prescripción y seguimiento periódico.
Métodos químicos	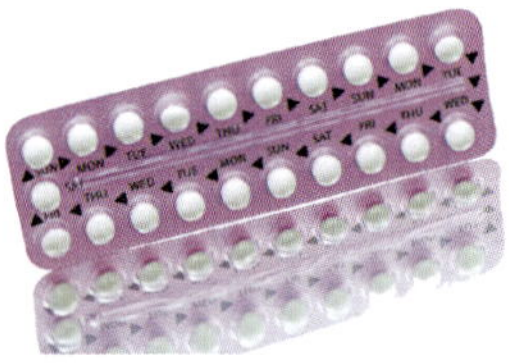	**Anovulatorios.** Consisten en un aporte de pequeñas dosis de hormonas sintéticas a la mujer con el fin de impedir la ovulación. Pueden administrarse de distintas maneras: píldoras, parches cutáneos o anillos vaginales. Precisan control médico para su prescripción y seguimiento periódico.
		Espermicidas. Son sustancias químicas que se introducen en la vagina previamente a la relación sexual, y que inactivan o destruyen los espermatozoides. Por sí solo es un sistema muy poco seguro, y generalmente va asociado al uso de otros métodos anticonceptivos como el preservativo o el diafragma.
Métodos quirúrgicos	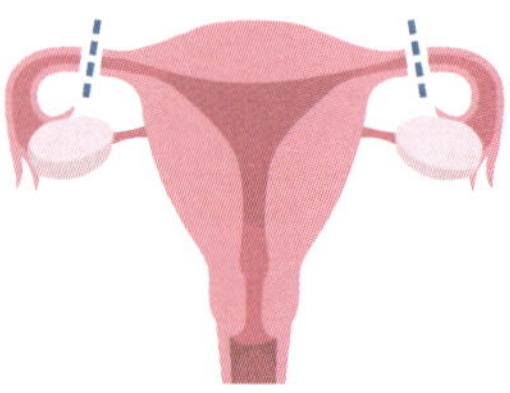	**Vasectomía.** Consiste en una operación quirúrgica por la cual se seccionan y se atan los conductos de salida de los espermatozoides en el hombre.
		Ligadura de trompas. Es el corte y la ligadura de las trompas de Falopio con el fin de impedir el paso de los óvulos y la entrada de espermatozoides en las mismas.

ACTIVIDADES

1. Investiga sobre la efectividad de los diferentes métodos anticonceptivos. ¿Qué métodos tienen el mayor porcentaje de eficacia? ¿Cuáles el menor?

2. Argumenta. Hay algunos anticonceptivos que plantean más dilemas éticos que otros. ¿Qué métodos crees que pueden ser los más controvertidos? ¿Por qué?

11 Sexo, sexualidad, higiene y salud

El sexo y la sexualidad

En términos estrictamente biológicos, el **sexo** es el procedimiento mediante el cual los humanos, al igual que otros seres vivos, nos **reproducimos**.

La **sexualidad** es la capacidad que poseen los seres humanos para expresar sentimientos y emociones. En la sexualidad se unen el sexo y la afectividad; por eso nos brinda la oportunidad de comunicarnos e intercambiar ternura y afecto. Las relaciones sexuales deben basarse en el respeto y la libre aceptación.

Protege tu cuerpo y tu salud. Infórmate sobre el VIH - Sida y sobre las enfermedades de transmisión sexual y los métodos para prevenirlas.

La respuesta sexual humana

Por respuesta sexual se entiende la forma de reaccionar que tiene cada persona ante los estímulos sexuales. En esta se pueden reconocer varias etapas.

- En una primera fase, algunos estímulos sensoriales (el aspecto, la voz, el aroma) y psicológicos (las actitudes) generan una **atracción mutua** entre dos personas.
- En la segunda fase, la **excitación**, el cerebro envía mensajes que generan reacciones involuntarias en el cuerpo; en la mujer se produce la secreción vaginal, y en el hombre, la afluencia de sangre al pene, lo que provoca su erección.
- Si la estimulación sexual aumenta, los niveles de tensión sexual elevados pueden culminar en el **orgasmo**, liberando la tensión sexual acumulada. En la mujer tienen lugar contracciones genitales y sensación de placer. En el hombre se produce la eyaculación o salida del semen, acompañada también de una sensación de placer.

Higiene y salud sexual

Para mantener la salud sexual es necesario observar unos hábitos saludables en nuestra higiene y tener una actitud responsable en las relaciones sexuales.

La higiene diaria de los genitales externos es fundamental y ayuda a prevenir infecciones.

Existen infecciones de los órganos genitales que deben ser tratadas como se tratan las demás infecciones del cuerpo.

Las mujeres deben visitar regularmente al ginecólogo desde la primera menstruación. Los hombres deben acudir al urólogo con regularidad.

Mantener relaciones sexuales con varias personas aumenta el riesgo de contagio de enfermedades de transmisión sexual (ETS). El uso del preservativo reduce el riesgo de contagio de las ETS.

Es importante recibir el asesoramiento adecuado. Los médicos especialistas pueden facilitar toda la información útil sobre las dudas y los problemas que se presenten.

La presencia de cualquier enfermedad de transmisión sexual debe ser conocida por la pareja.

A la hora de establecer relaciones sexuales es importante conocer a la pareja y tener confianza para poder hablar de relaciones sexuales anteriores y de posibles ETS.

ACTIVIDADES

1. Analiza. ¿Cuál es la diferencia conceptual que existe entre sexo y sexualidad?
2. Razona. ¿Qué métodos anticonceptivos previenen el contagio de enfermedades de transmisión sexual? Justifica tu respuesta.
3. Elabora un folleto dirigido a los jóvenes sobre la higiene de los sistemas reproductores masculino y femenino.
4. Investiga. ¿Qué especialidad médica se encarga del estudio y tratamiento de las patologías que afectan al aparato reproductor masculino?

La reproducción

La **adolescencia** es un período de muchos cambios en los que se produce la maduración de los órganos sexuales.

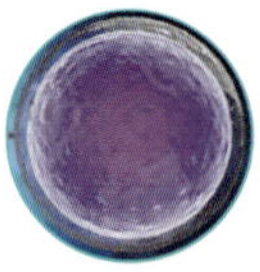

El **sistema reproductor femenino** produce **óvulos** y alberga al **feto** durante la **gestación**.

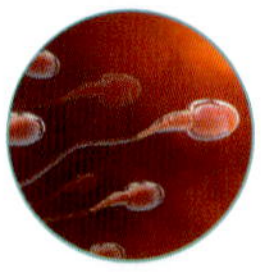

El **sistema reproductor masculino** produce **espermatozoides** que deposita en el aparato reproductor femenino.

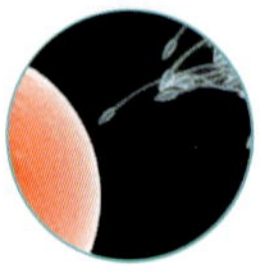

Un **óvulo** y un **espermatozoide** se unen en la **fecundación** dando lugar a un **cigoto** a partir del cual se desarrolla un nuevo ser.

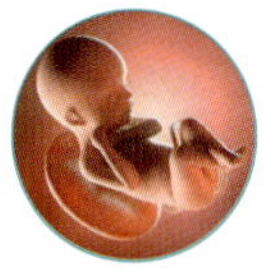

Tras la fecundación se produce la **anidación** del embrión en el útero. Se forman la **placenta** y el **cordón umbilical**, que permiten el intercambio de la sangre materna y la del embrión.

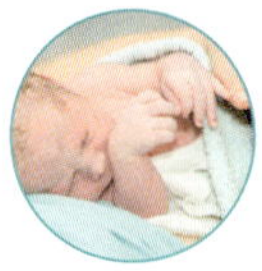

La **gestació**n es el crecimiento y desarrollo del feto en el interior del útero materno. Dura unos nueve meses y finaliza con el **parto**.

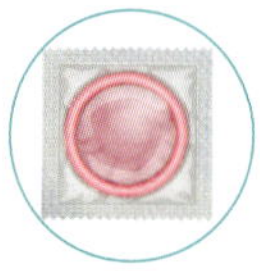

Los **métodos anticonceptivos** reducen las posibilidades de embarazo y protegen frente a las enfermedades de transmisión sexual.

La **sexualidad** es la capacidad que poseemos los seres humanos para expresar nuestros sentimientos y emociones.

1. Organiza tus ideas. Copia, completa y amplía el siguiente esquema para construir tu propio mapa mental de la unidad.

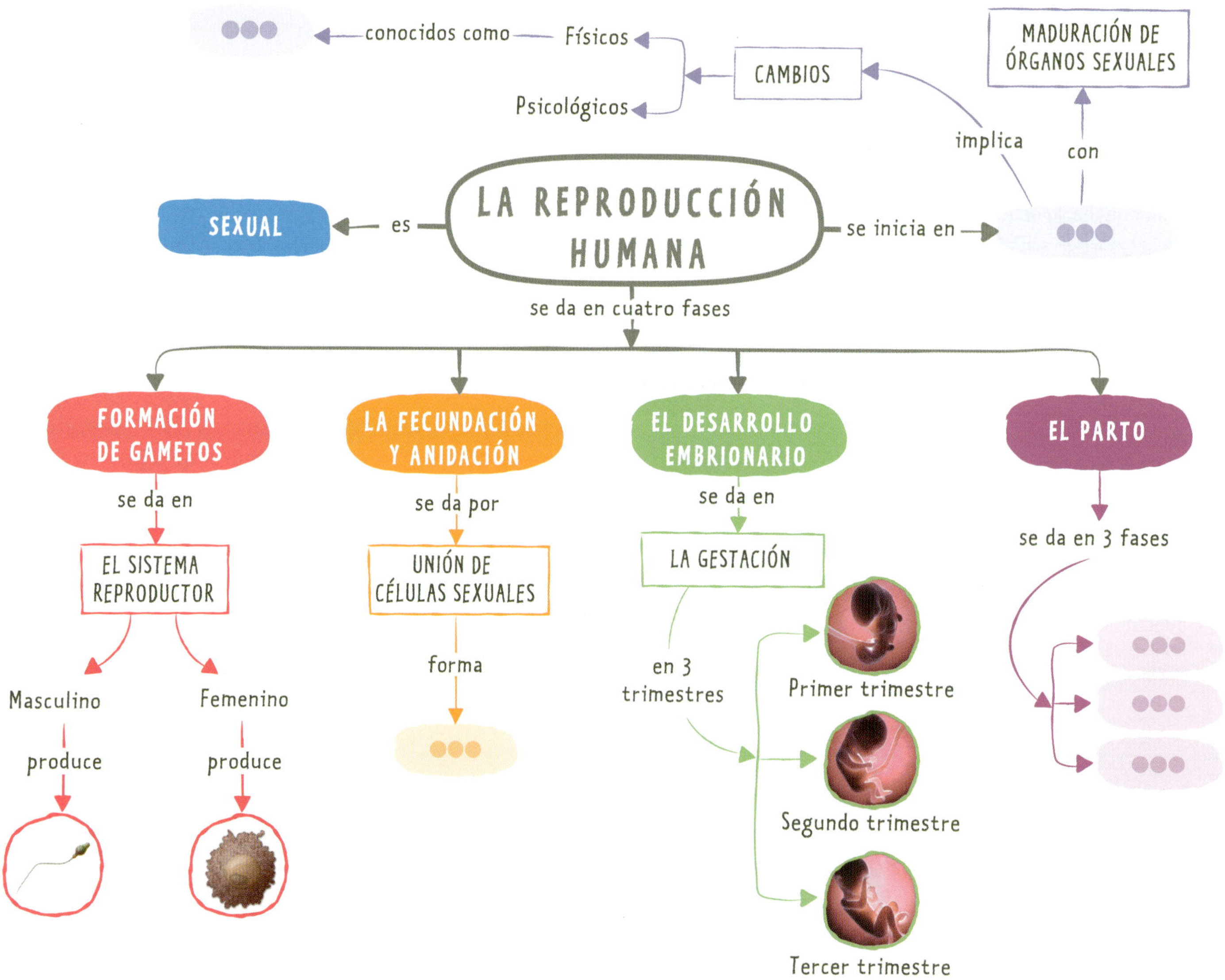

VALORA LO APRENDIDO Autoevaluación y resumen.

1. Explica. ¿De qué formas se puede ver interrumpido el ciclo reproductor humano? ¿Cómo afecta esto a la sociedad?

2. Describe en una frase la función de cada uno de los órganos del sistema reproductor femenino.
   a) Ovarios
   b) Trompas de Falopio
   c) Útero
   d) Vagina
   e) Vulva

3. Identifica las partes del sistema reproductor masculino.
   a) Estructura que protege y nutre a los espermatozoides y tiene forma de saco.
   b) Produce un líquido lechoso que protege a los espermatozoides de la acidez de la uretra y de la vagina.
   c) Conduce los espermatozoides del epidídimo a la uretra.
   d) Ensanchamiento del extremo del pene.
   e) Estructuras en las que se producen los espermatozoides y la testosterona.

4. Sintetiza. Realiza un cuadro comparativo en el que escribas tres características sexuales secundarias que diferencian a las mujeres de los hombres.

5. Explica. ¿Por qué los espermatozoides necesitan un líquido externo que les proporcione nutrientes?

6. Calcula. El ovario contiene un número limitado de folículos con óvulos que, al madurar, son liberados periódicamente. Cuando se agotan los folículos cesa la ovulación, por lo que termina el período fértil de la mujer. Esta etapa se conoce como menopausia.
   - ¿Cuántas ovulaciones podría tener una mujer con un período fértil comprendido entre los 12 y los 50 años?

7. Analiza la anatomía y la localización de los genitales masculinos y femeninos y explica por qué las mujeres sufren con mayor frecuencia de infecciones en sus genitales.

8. Deduce. Escribe en tu cuaderno y completa el siguiente texto con los términos de la caja.

   • menstruación • menopausia • endometrio • ciclo menstrual • menarquia • folículos • 28 días • óvulo

   Los óvulos inmaduros están contenidos en cavidades llamadas ●●●. Cuando comienza la pubertad, la mujer tiene su primera ovulación y la primera ●●●, llamada ●●●.

   Durante su vida, una mujer ovulará alrededor de 400 veces hasta llegar a la ●●●, cerca de los 50 años. La menstruación se produce aproximadamente cada ●●● y se considera como el primer día del ●●●. La menstruación es el producto de la degradación del ●●● debido a la falta de fecundación del óvulo. Pasada la menstruación, este tejido se regenera para recibir al ●●● en caso de que este sea fecundado.

9. Infiere. Una mujer ha tomado su temperatura corporal cada mañana desde el primer día de regla hasta la siguiente menstruación. En la gráfica siguiente se refleja la evolución de su temperatura.

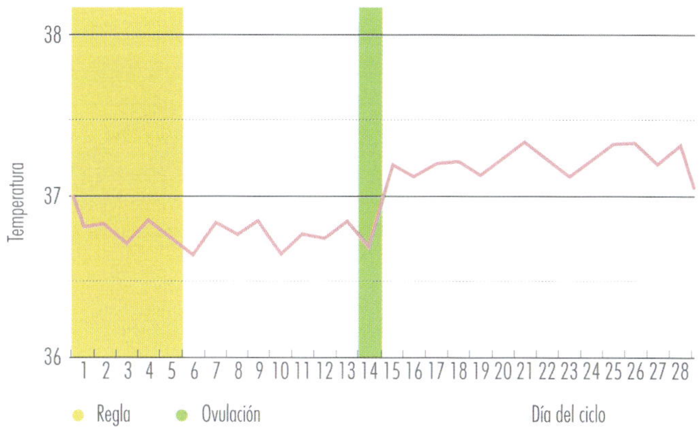

   - Explica de qué manera el registro de temperatura basal puede ser utilizado como método anticonceptivo natural. ¿Crees que es un método anticonceptivo fiable? ¿Por qué?

10. Soy competente

Observa las siguientes gráficas sobre el ciclo menstrual femenino y responde a las cuestiones.

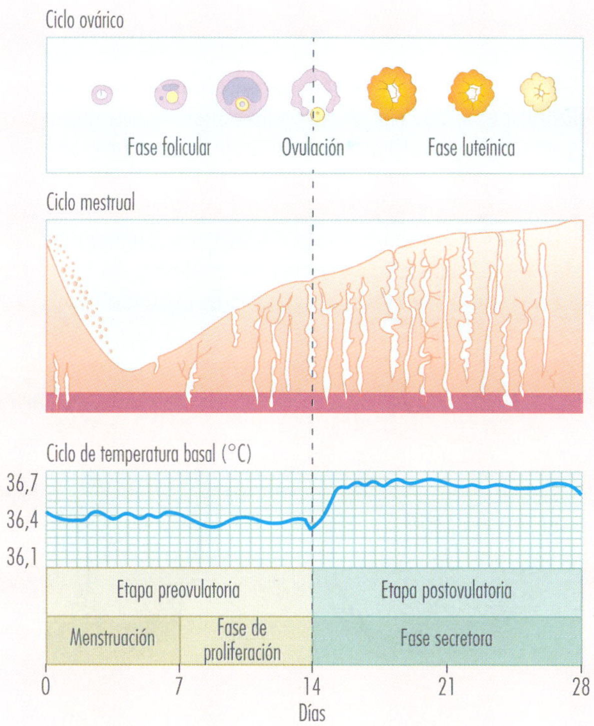

a) Si el primer día del ciclo menstrual es el 10 de abril, ¿en qué día será la ovulación?

b) ¿Cuáles serán los días más fértiles? ¿Cuáles serán los días menos fértiles?

c) ¿Qué pasa con la temperatura basal en cada fase?

d) ¿Por qué la ovulación y la menstruación no se producen en la misma fecha?

11. Analiza. **La siguiente gráfica presenta la concentración sanguínea de testosterona en un hombre durante su ciclo de vida.**

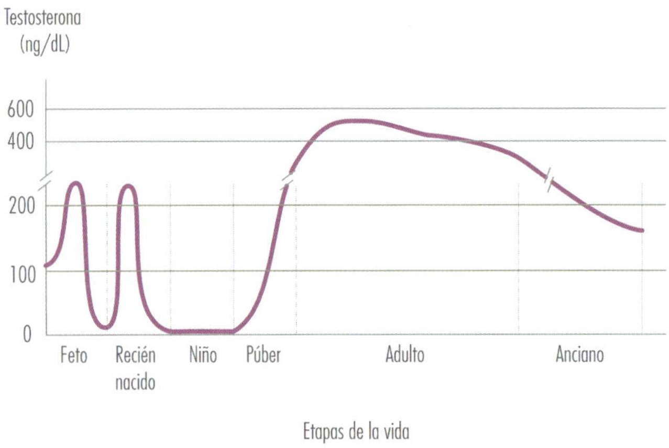

¿Qué se puede deducir a partir del análisis del anterior gráfico?

A. La cantidad de testosterona aumenta progresivamente con la edad.

B. La cantidad de testosterona es escasa en las primeras etapas de la vida.

C. Los niveles de testosterona aumentan considerablemente en la pubertad.

D. Los niveles de testosterona se mantienen constantes después de la etapa adulta.

12. Observa. **A los niños que nacen en un mismo parto se los llama gemelos. No obstante, se distinguen dos tipos, los gemelos univitelinos y los mellizos. Los primeros proceden de una primera y única célula huevo que se divide y separa originando dos embriones que se desarrollan por separado y dan lugar a dos individuos idénticos. Los mellizos proceden de dos óvulos diferentes fecundados. En la ilustración se observa la gestación de gemelos (1) y mellizos (2).**

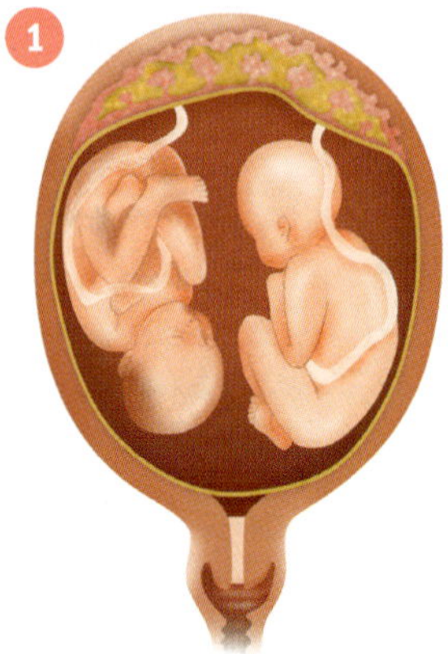

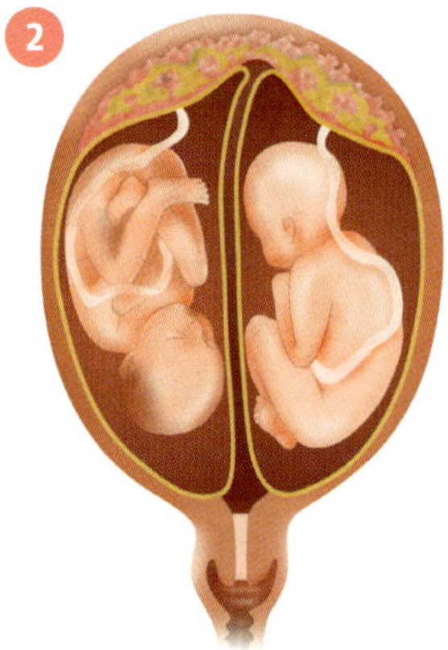

a) ¿Por qué razón los gemelos univitelinos son idénticos y los mellizos no?

b) Dos gemelos univitelinos, ¿podrían tener diferente sexo? ¿Y los mellizos? Razona tu respuesta.

c) Compara los esquemas y explica las diferencias que observas entre la gestación de los gemelos y la de los mellizos.

13. Describe **las características que poseen los estados de desarrollo fetal representados en las imágenes.**

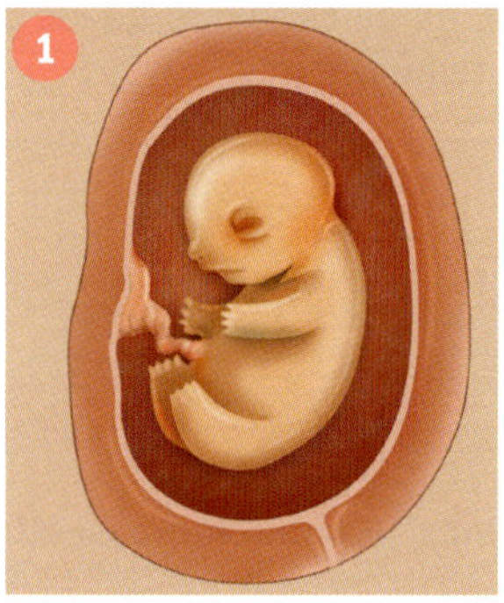

Dos meses

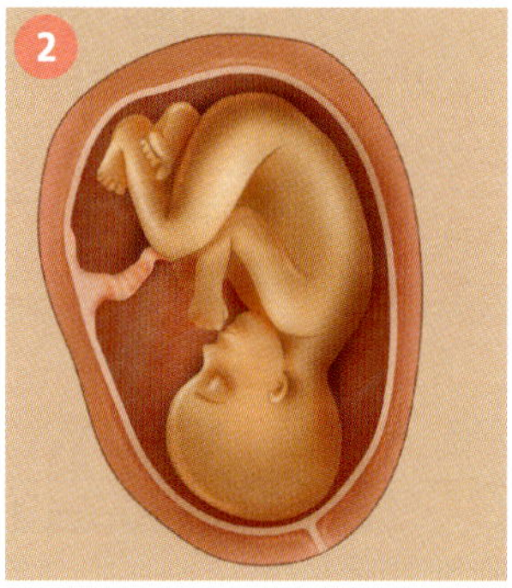

Ocho meses

14. Razona. **Cuando se produce el embarazo, la placenta elabora hormonas que detienen los ciclos del útero y del ovario durante la gestación.**

a) ¿A qué es debida la menstruación? ¿Por qué desaparece durante el embarazo?

b) ¿Por qué durante la gestación no se puede producir un nuevo embarazo en la mujer gestante?

15. Analiza. **En el siguiente esquema se representan diferentes etapas de la fecundación y formación del embrión.**

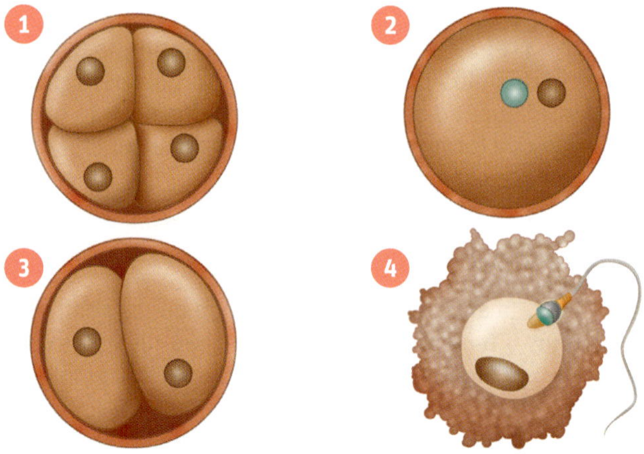

a) Ordena cronológicamente estas etapas y elige un rótulo adecuado para cada una de ellas.

b) ¿En qué lugar del aparato reproductor femenino se produce este proceso?

c) En un ciclo normal de 28 días, contando como primer día del ciclo el primer día de menstruación, ¿en qué día se produciría la ovulación? ¿En qué días existe mayor probabilidad de embarazo?

d) Explica cuál es la función fundamental del óvulo y cuál la del espermatozoide.

e) ¿Por qué los hijos se parecen a sus progenitores pero son diferentes de ambos?

16. Investiga. **¿Por qué se emplean las técnicas de ecografía para seguir el embarazo y no los rayos X que se utilizan, por ejemplo, para verificar una lesión?**

17. Analiza el siguiente gráfico y responde a las cuestiones.

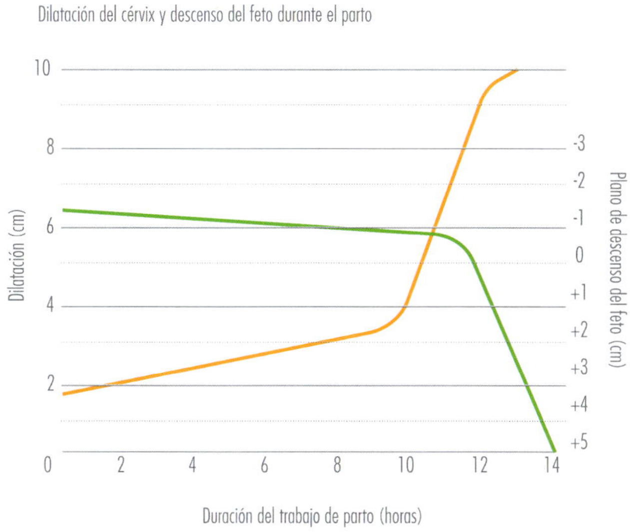

a) ¿Qué ocurre con la dilatación del cérvix a medida que aumentan las horas de trabajo de parto?

b) ¿Qué ocurre con la ubicación del feto a medida que aumentan las horas de trabajo de parto?

18. Razona. En un parto, el niño debe salir con la cabeza por delante. Si está en otra posición, o cuando el cordón umbilical se enrolla alrededor del cuello del bebé, el médico puede tomar una decisión de intervención quirúrgica.

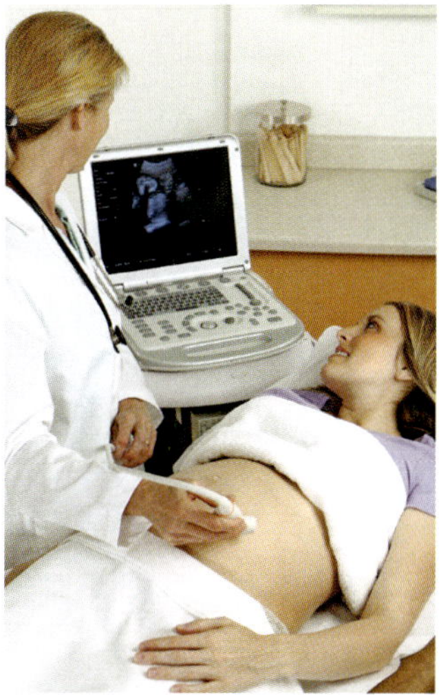

a) ¿Qué nombre recibe la intervención? ¿En qué consiste?

b) ¿Qué técnica exenta de riesgo se puede usar para conocer la posición del feto dentro del útero?

19. Identifica. Se dice que una persona es estéril cuando no puede tener hijos. La esterilidad puede responder a distintas causas, entre ellas las dos siguientes.

a) En algunas mujeres los ovarios funcionan correctamente produciendo óvulos con normalidad; sin embargo, las trompas están obstruidas. Explica por qué esta circunstancia les impide tener hijos.

b) El esperma de algunos hombres contiene espermatozoides cuya vida es de corta duración; otros poseen espermatozoides con escasa movilidad. Razona por qué estas anomalías imposibilitan para tener hijos

20. Señala las diferencias principales entre la inseminación artificial y la fecundación *in vitro* y transferencia de embriones (FIVTE).

21. Retoma la pregunta propuesta en la apertura de la unidad y respóndela utilizando los conocimientos adquiridos sobre la reproducción.

Ciencia en la calle

Semana mundial de la lactancia materna

La Semana Mundial de la Lactancia Materna, instaurada oficialmente por la Organización Mundial de la Salud (OMS) y Unicef en 1992, es actualmente el movimiento social más extendido destinado a fomentar la lactancia materna, o natural, y a mejorar la salud de las madres y de los bebés de todo el mundo.

Aunque tradicionalmente pueda considerarse que la lactancia materna es algo que compete solo a las madres, está comprobado que cuando los padres, las parejas, las familias y la sociedad la apoyan, las tasas de lactancia materna aumentan. Capacitar a mujeres y hombres como padres en igualdad también permite facilitar la lactancia materna.

a) Se dice que la lactancia materna promueve una mejor salud tanto para las madres como para los niños. ¿De qué manera lo hace? Busca información sobre este tema.

b) ¿A qué crees que se refiere el texto cuando habla de la necesidad de capacitar a mujeres y hombres como padres en igualdad?

c) ¿Sobre quién crees que recae la mayor responsabilidad en la crianza de un recién nacido: sobre la madre, sobre el padre o sobre ambos? ¿Por qué?

d) Consulta qué papel tienen las hormonas prolactina y oxitocina en la producción de la leche materna.

e) España cuenta con quince bancos activos de leche materna. Investiga sobre ellos y responde: ¿dónde están ubicados?, ¿qué función tienen?

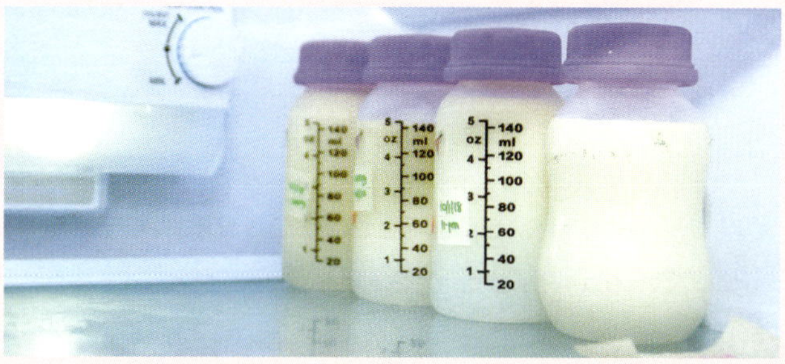

8 LA SALUD Y LA ENFERMEDAD

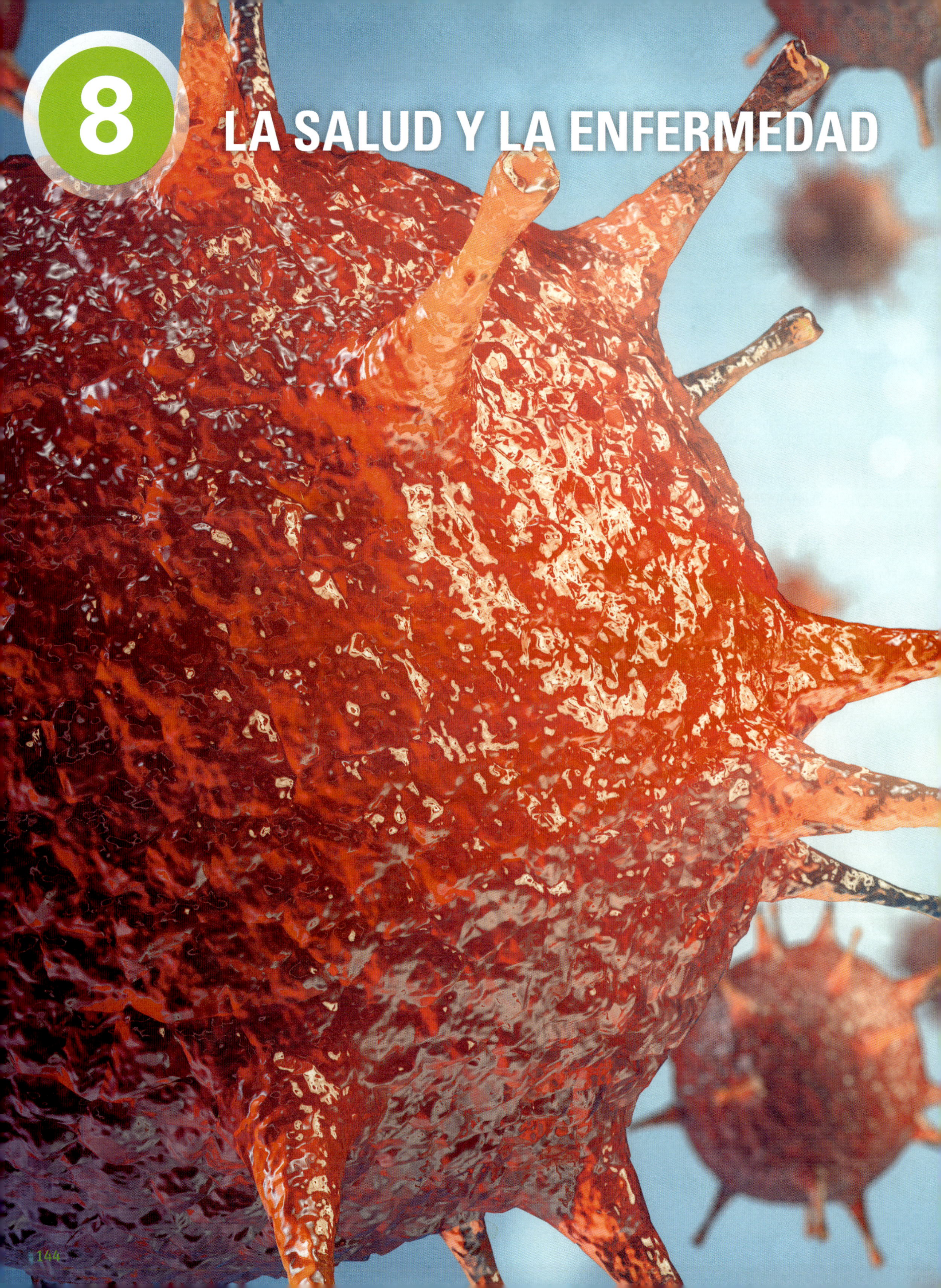

En esta unidad aprenderás...

- De qué depende nuestra salud.
- Qué son las enfermedades infecciosas, cuál es su origen y cómo se transmiten.
- Cómo se defiende nuestro organismo frente a las infecciones.
- Cómo nos ayudan los avances médicos a prevenir y curar las infecciones.
- Qué hábitos saludables nos ayudan a conservar y mejorar nuestra salud.

¿Por qué enfermamos?

La gripe es una enfermedad causada por un virus que invade las células de nuestras vías respiratorias. Se transmite con facilidad de una persona a otra y suele propagarse rápidamente en forma de epidemias estacionales.

- ¿Cómo se contagia la gripe?
- ¿Qué acciones pueden llevarse a cabo para evitar el contagio?
- ¿Es la gripe una enfermedad grave?

1 La salud

» Gripe de 1918

La epidemia de gripe de 1918, o "gripe española", es considerada la pandemia más devastadora de la historia de la humanidad. Se estima que un tercio de la población mundial fue infectada y entre un 10 % y un 20 % de los infectados falleció. Entre 1918 y 1919 murieron al menos 50 millones de personas, muchas de ellas jóvenes.

¿Qué es la salud?

Según la Organización Mundial de la Salud (OMS), "la **salud** es el estado completo de **bienestar físico**, **mental** y **social**". Por tanto, abarca el estado saludable de la persona desde el punto de vista de la calidad de vida y no solamente por la ausencia de enfermedades. Eso significa que la idea de salud incluye:

- Un aspecto objetivo, que se mide por el adecuado funcionamiento del organismo y de cada uno de sus órganos.
- Un aspecto subjetivo, que es el sentimiento de bienestar o malestar que percibe la persona.

El **derecho a la salud** es uno de los derechos humanos básicos, y ha sido recogido en nuestra Constitución, donde se establece el derecho a la protección de la salud para todos los españoles.

¿De qué depende la salud?

Los factores de los que depende nuestra salud son cuatro:

- **Biología humana.** Se refiere a la información contenida en sus genes, la información hereditaria y a su edad.
- **Estilo de vida individual.** Incluye los comportamientos que tienen impacto en la salud, como la alimentación o la actividad física.
- **Servicios de salud.** Tiene que ver con la posibilidad de acceder a una asistencia sanitaria de calidad.
- **Medioambiente.** Incluye el ambiente físico o químico, la contaminación ambiental o el entorno social (nivel cultural, económico, etc.).

La **SALUD** es un estado de **bienestar físico**, **psicológico** y **social** que depende de diferentes factores. La pérdida de dicho estado ocasiona una **ENFERMEDAD**.

Nuestra salud depende de diversos factores

La alteración de la salud

Una **enfermedad** es una alteración continuada en el funcionamiento del organismo (físico o psicológico) o de alguno de sus órganos.

Las enfermedades pueden estar producidas por muchas y muy variadas causas. Dependiendo de su origen, es posible clasificarlas en dos grandes grupos:

- **Infecciosas**: Están producidas por **agentes patógenos** o **infecciosos** que pueden propagarse de unos individuos a otros, como la gripe o la tuberculosis.
- **No infecciosas**: No están causadas por agentes patógenos y su origen es muy diverso. Algunas tienen una causa concreta, como los traumatismos, pero la mayoría tiene múltiples causas, como la diabetes, la hipertensión o el cáncer.

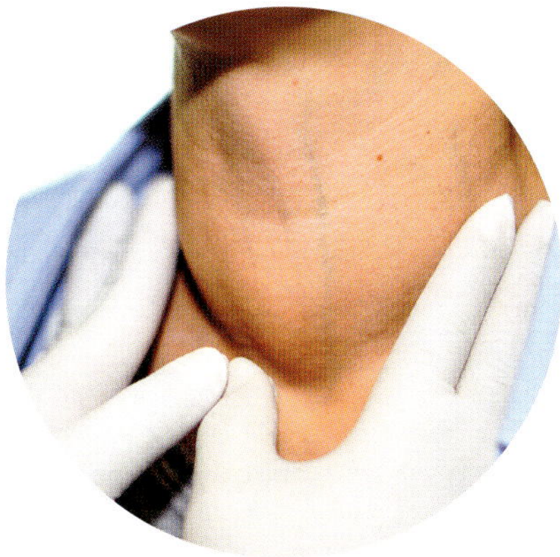

El bocio endémico es un aumento del tamaño de la glándula tiroides producido por falta de yodo. Es característico de determinados grupos de población en ciertas áreas en las que hay poco yodo en el suelo y en los alimentos cultivados.

Endemia, epidemia y pandemia

La **epidemiología** es la ciencia que estudia la salud y las enfermedades que se presentan en una determinada población. Para expresar la distribución geográfica y temporal de las enfermedades y su gravedad, utiliza estos tres términos:

- **Endemia.** Si una enfermedad se produce de manera habitual y más o menos constante en una población concreta. Por ejemplo, la malaria es una enfermedad infecciosa endémica en muchos países de África y en la zona andina. Una endemia puede pasar a ser epidemia si se incrementa el número de casos.
- **Epidemia.** Si una enfermedad afecta a una población concreta con mayor frecuencia de la esperable en un período de tiempo. Hay muchos ejemplos históricos de epidemias causadas por enfermedades infecciosas: la peste, el cólera, la viruela, la poliomielitis, las mortales epidemias de gripe, la fiebre del Ébola, etc. Entre las no infecciosas, las alergias o el alzhéimer son epidemias actuales de Occidente.
- **Pandemia.** Es una epidemia global, que afecta a un número muy elevado de personas o a un área muy extensa. Muchas oleadas de gripe, como la de 1918, se consideran pandemias. Aunque este término se reserva para las enfermedades infecciosas graves, la obesidad se considera la gran pandemia (no infecciosa) actual.

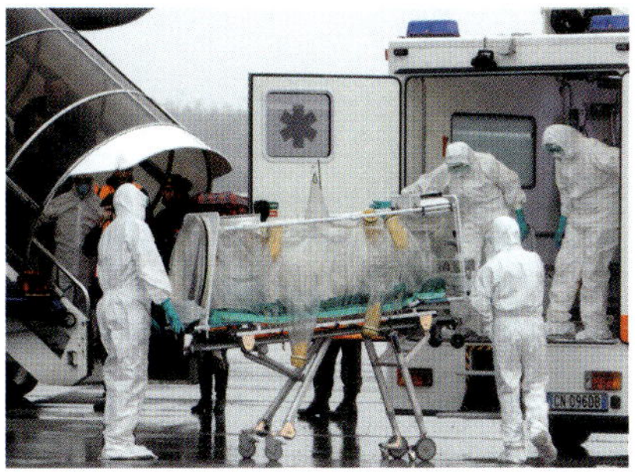

Ante una pandemia de origen infeccioso, debe seguirse unos protocolos para evitar la propagación de la enfermedad.

Enfermedades mentales

Las enfermedades o trastornos mentales son afecciones que perturban el estado de ánimo, el comportamiento, los sentimientos y los pensamientos de forma ocasional o permanente (crónica). Pueden afectar la capacidad de relación con los demás y con el entorno.

En España se estima que entre el 20 % y el 25 % de la población padecerá a lo largo de su vida algún tipo de trastorno mental. La depresión, la ansiedad, la esquizofrenia, el alzhéimer y el trastorno bipolar se encuentran entre las enfermedades mentales más frecuentes.

ACTIVIDADES

1. Razona. ¿Una mala digestión puede considerarse una enfermedad? ¿Qué características debe presentar una alteración funcional para ser considerada una enfermedad?
2. Clasifica. La pediculosis es provocada por piojos, unos insectos que viven sobre la piel del cuero cabelludo y se alimentan de la sangre humana. ¿En qué grupo de enfermedades se clasifica? ¿Por qué se considera una enfermedad?
3. Investiga. Busca información sobre una epidemia o pandemia que te llame la atención. En grupo, elaborad un folleto informativo en el que se describa la enfermedad y se recojan recomendaciones para evitar el contagio y la propagación.
4. Indica algunas epidemias no infecciosas propias de países desarrollados.

2 Los agentes infecciosos

De la enorme cantidad y diversidad de organismos que nos rodean, la inmensa mayoría son microscópicos. Por suerte, casi todos estos microorganismos son inocuos, incluso beneficiosos, tanto para nosotros como para el resto de seres vivos. Solo algunos son responsables de las enfermedades que denominamos infecciosas.

Los **agentes infecciosos** o **patógenos**, llamados también microbios o gérmenes, son parásitos microscópicos que invaden a un ser vivo u hospedador, se multiplican en su interior y lo utilizan como recurso.

Tipos de agentes infecciosos

Bacterias

Organismos unicelulares procariotas. La mayoría son inocuas o beneficiosas, pero algunas causan enfermedades, como la salmonelosis o la meningitis.

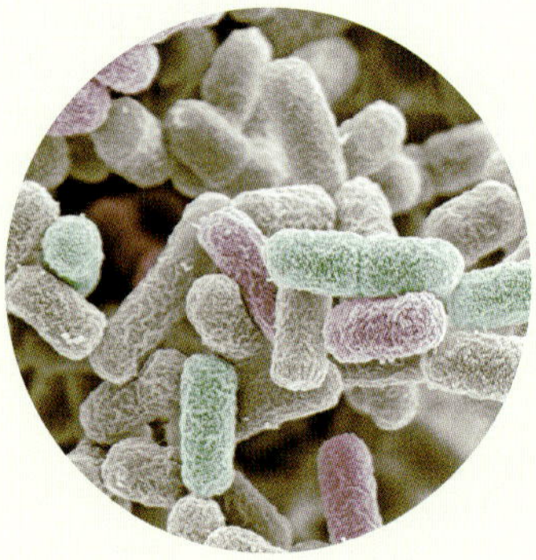

Protozoos

Organismos unicelulares eucariotas. Algunos son causantes de enfermedades como la malaria (o paludismo), la toxoplasmosis o la enfermedad del sueño.

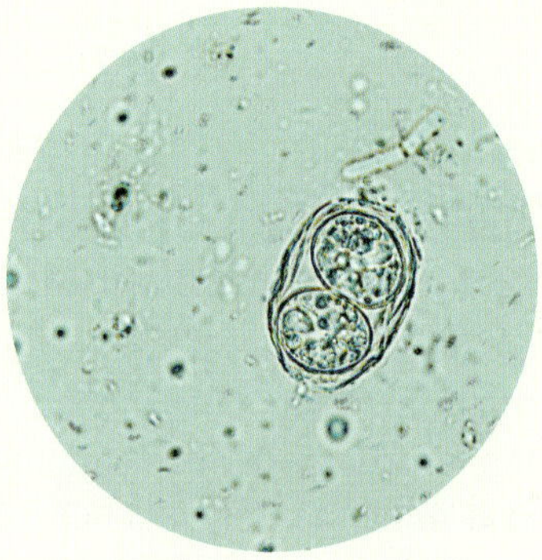

Hongos

Son organismos unicelulares o pluricelulares. Algunos producen enfermedades como la candidiasis, la tiña o el pie de atleta.

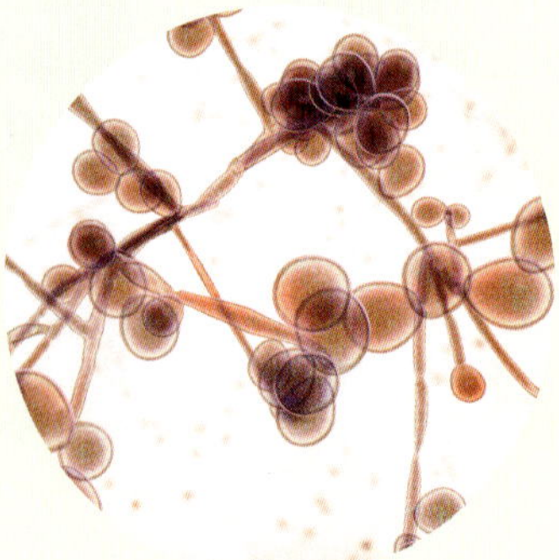

Virus

Son parásitos celulares y causantes de enfermedades infecciosas. El sida, la gripe, la varicela o la fiebre hemorrágica del Ébola son enfermedades víricas.

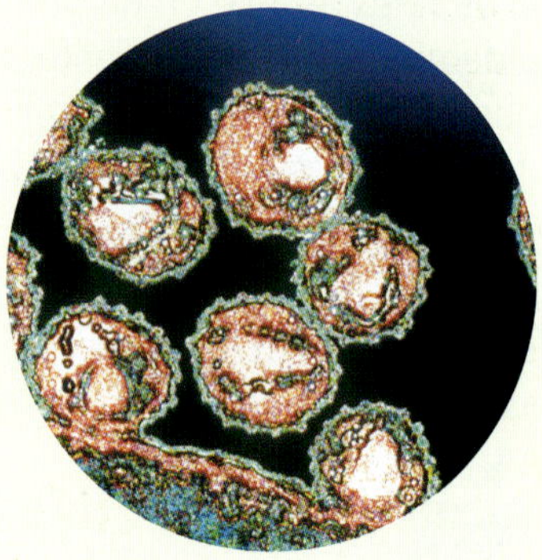

¿Por qué los agentes infecciosos nos ponen enfermos?

La facultad que poseen los microbios para causar daños en el organismo se denomina **virulencia** y depende de dos factores:

- **Su capacidad de invasión**, es decir, su facultad para multiplicarse y extenderse por el organismo. La proliferación de microorganismos en un órgano puede alterar su funcionamiento.
- **Su toxicidad**, es decir, su capacidad para destruir las células que parasitan o envenenan con las sustancias, llamadas **toxinas**, que fabrican.

ACTIVIDADES

1. Explica. ¿Son patógenos todos los microorganismos? ¿Y todos los virus?
2. Señala una enfermedad causada por cada tipo de agente infeccioso distinta de las que aparecen en esta página.
3. Razona. ¿Cuáles son las ventajas y desventajas de los microorganismos para los seres humanos?
4. Deduce. Un agente infeccioso con escasa capacidad tóxica, ¿puede ser virulento?

3 ¿Podemos evitar la contaminación?

Los agentes infecciosos están en el aire, en el agua, en los alimentos, en el suelo, en las personas, en los animales, etc. Se puede controlar el contacto con los patógenos mediante barreras naturales o artificiales o mediante prácticas que reducen la contaminación.

Las barreras

Nuestro cuerpo posee **barreras naturales** que ponen freno a la entrada de los agentes infecciosos. Estas barreras son:

- La **piel** y las **mucosas** que recubren las vías internas. Ambas constituyen una protección muy eficaz frente a la invasión de los microbios.
- Las **secreciones**. Las lágrimas, la saliva, el moco o los jugos gástricos del estómago contienen sustancias que retienen o destruyen los agentes patógenos.

Prácticas para evitar la contaminación

Nuestras barreras naturales no son infranqueables, una pequeña herida basta para derribarlas. Por eso, para limitar los riesgos de la contaminación, se usan diferentes métodos cuyo objetivo es conseguir un medio **estéril**, libre de microbios. Esto puede hacerse mediante:

- **Esterilización o asepsia.** Incluye aquellos procedimientos que destruyen los gérmenes, impiden su desarrollo y evitan la contaminación. Puede hacerse por métodos físicos, como el calor, o utilizando sustancias químicas (gas formol).
- **Desinfección o antisepsia.** Conjunto de procedimientos que tienen como objetivo destruir o eliminar los gérmenes de todo aquello que no pueda ser esterilizado. Para ello se emplean dos tipos de sustancias:
  - **Desinfectantes**, como la lejía. Se usan en elementos no vivos.
  - **Antisépticos.** Se aplican a tejidos vivos. Son ejemplos el alcohol (etanol) o la tintura de yodo.

» Superbarrera

La saliva es muy rica en compuestos como lisozima, estaterina, peroxidasas, lactoferrina e histatina con funciones antibacterianas y antifúngicas que eliminan muchos de los microbios que entran en nuestra boca.

Las **BARRERAS naturales** y **artificiales** permiten **proteger** al organismo de microorganismos patógenos.

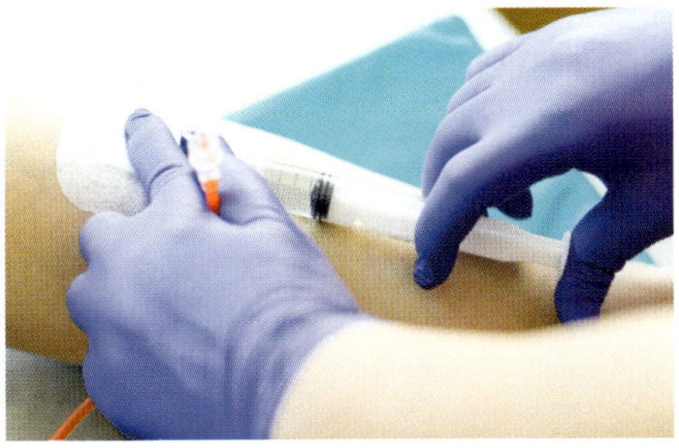

La utilización de barreras artificiales, como los guantes de látex, supone una ayuda para evitar la contaminación.

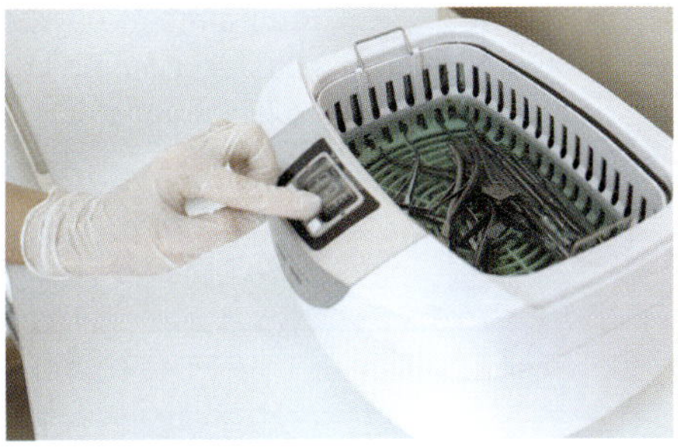

Mediante calor se esteriliza el instrumental médico.

Lavarse las manos con agua y jabón (un antiséptico) elimina los microorganismos y la suciedad de la piel.

ACTIVIDADES

1. Calcula. Situada en condiciones de vida adecuadas (suficiente espacio, temperatura correcta, nutrientes abundantes, etc.), una bacteria puede dividirse cada 20 minutos.
   a) Dibuja en tu cuaderno un esquema que represente el proceso de división bacteriana. ¿Cuántas bacterias habrá tras 20 minutos?
   b) Señala cuántas divisiones se han producido en una hora. ¿Cuántas bacterias se han obtenido al cabo de esa hora?
   c) Calcula el número de bacterias que pueden obtenerse a partir de una sola al cabo de 24 horas.
2. Argumenta. ¿Por qué es tan importante lavarse adecuadamente y con frecuencia las manos?
3. Infiere. En un hospital, la desinfección y la esterilización son muy importantes. ¿Por qué? ¿Qué consecuencias puede tener no llevar a cabo estos procedimientos?
4. Razona. ¿Cómo podrías eliminar los microbios de un vaso de agua?
5. Explica. ¿Por qué el uso de barreras artificiales supone una ayuda para evitar la contaminación con agentes infecciosos?

4 La transmisión de enfermedades infecciosas

El contagio

A pesar de las barreras naturales que nuestro organismo pone a los agentes infecciosos y de los múltiples métodos de asepsia y de antisepsia que utilizamos, no siempre podemos evitar que los agentes infecciosos nos contaminen.

Una vez que el microorganismo ha logrado penetrar en nuestro cuerpo, se multiplica rápidamente produciendo la **infección**.

Las vías de entrada

Los microbios pueden penetrar en nuestro organismo por diferentes vías:

Vía cutánea

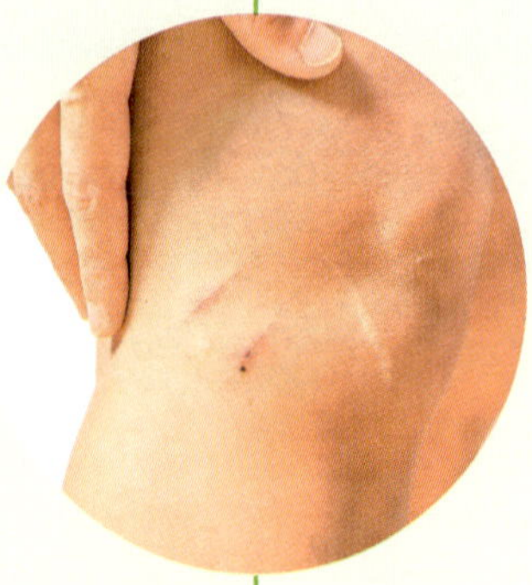

Nuestra piel puede presentar heridas, incluso microscópicas, por donde pueden entrar gérmenes, como la bacteria del tétanos.

Vía respiratoria

Por el sistema respiratorio, con el aire que inspiramos, pueden penetrar algunos virus, como el de la gripe, o bacterias, como las de la meningitis o la legionela.

Vía digestiva

Al ingerir agua o alimentos contaminados, pueden entrar bacterias como la del cólera o la salmonela.

Vías genitourinarias

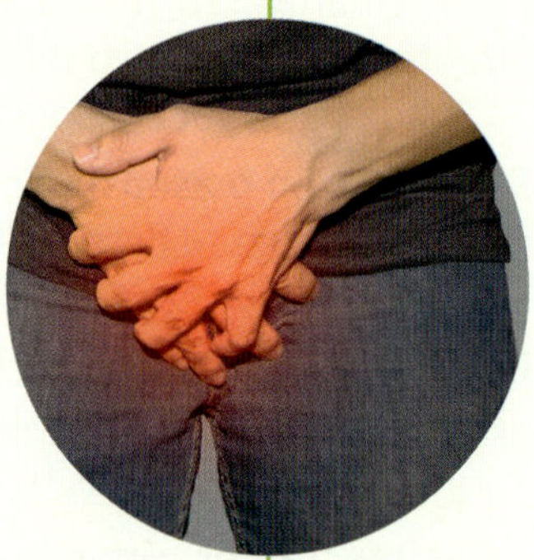

Son la puerta de entrada de agentes infecciosos, como la bacteria de la sífilis o el virus del sida.

¿Cómo pasan de unos huéspedes a otros?

Las personas y los animales que se encuentran infectados por agentes patógenos son, a su vez, fuentes de infección. Los agentes infecciosos pueden transmitirse desde una fuente a un organismo sano de dos formas:

- **Transmisión directa o contagio.** Se produce cuando una persona (o un animal) infectada transfiere los gérmenes a otra sana. El contagio se puede producir bien por contacto físico o bien a través de las partículas desprendidas por el infectado, por ejemplo, mediante un estornudo.
- **Transmisión indirecta.** Tiene lugar cuando los gérmenes se transmiten desde la persona infectada a otra sana sin que exista un contacto directo entre ambas. Se produce, por ejemplo, al tocar objetos contaminados; los gérmenes pasan a las manos y de ahí se transfieren a la nariz, la boca, etc.

Los animales pueden también funcionar como vehículos transportadores de gérmenes desde un organismo infectado a uno sano; en ese caso se denominan **vectores biológicos**. El triatoma, una chinche tropical, es el vector de transmisión de la enfermedad de Chagas, causada por el protozoo *Trypanosoma cruzi*.

ACTIVIDADES

1. Señala dos funciones que pueden desempeñar los animales en la transmisión de las enfermedades infecciosas.
2. Explica qué diferencia existe entre transmisión directa e indirecta de enfermedades.
3. Argumenta. Algunos países del trópico exigen para ingresar al país el comprobante de la vacuna de la fiebre amarilla. ¿Por qué lo hacen?
4. Razona. ¿Por qué algunas enfermedades infecciosas se denominan contagiosas?

5 El organismo se defiende

Sistema defensivo humano

La contaminación del organismo por un germen provoca la activación de mecanismos de defensa a cargo del **sistema inmunitario**, un conjunto de estructuras y procesos biológicos capaz de detectar y destruir cualquier elemento extraño que nos invada. Su componente principal son los **leucocitos** o **glóbulos blancos**.

Una respuesta rápida e inespecífica

Una simple herida en la piel puede ser la puerta de entrada para agentes infecciosos que normalmente viven sobre nosotros. Traspasada esta barrera, los patógenos se enfrentan a una línea de defensa constituida por **fagocitos**.

Los fagocitos son un tipo de glóbulos blancos, presentes en la sangre y en los tejidos bajo la piel, que engloban y destruyen cualquier tipo de agente patógeno que encuentran.

Esta reacción del organismo ante la infección se lleva a cabo en el lugar en el que se ha generado la contaminación y se conoce como **respuesta inflamatoria**.

» El estrés afecta el sistema inmunitario

¿Sabías que el estrés deprime la acción del sistema inmunitario, ya que provoca la segregación de sustancias que bloquean la labor defensiva? Una solución es la risa, pues se liberan dopamina y otras sustancias en el cerebro que reducen el estrés y mejoran el funcionamiento del sistema inmunitario.

COMPRENDE La respuesta inflamatoria.

Signos de la respuesta inflamatoria

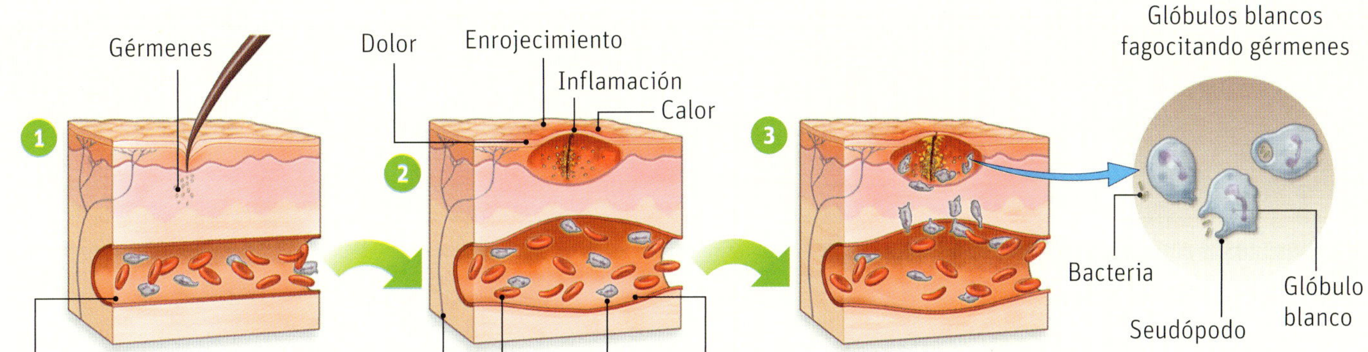

1. Un simple pinchazo produce una herida por donde pueden penetrar gérmenes.

2. Las células dañadas liberan sustancias que provocan la dilatación de los capilares, que se hacen más permeables. El riego sanguíneo aumenta y la zona se inflama, se enrojece, se calienta y duele.

3. Los glóbulos blancos salen de los capilares y fagocitan los gérmenes destruyéndolos en su interior. El pus que se forma está constituido por los restos de glóbulos blancos cargados de gérmenes fagocitados.

ACTIVIDADES

1. Infiere. ¿Por qué decimos que la respuesta inflamatoria es inespecífica?

2. Describe las consecuencias que tiene la dilatación de los capilares en la zona que rodea a una herida. ¿Qué ventajas aporta?

3. Dibuja un cómic explicando la primera línea de defensa del sistema inmunitario frente a un patógeno que penetra en nuestro organismo.

4. Investiga. ¿Por qué las personas que se someten a quimioterapia o radiación son más susceptibles a infecciones?

6 Una reacción más lenta y específica

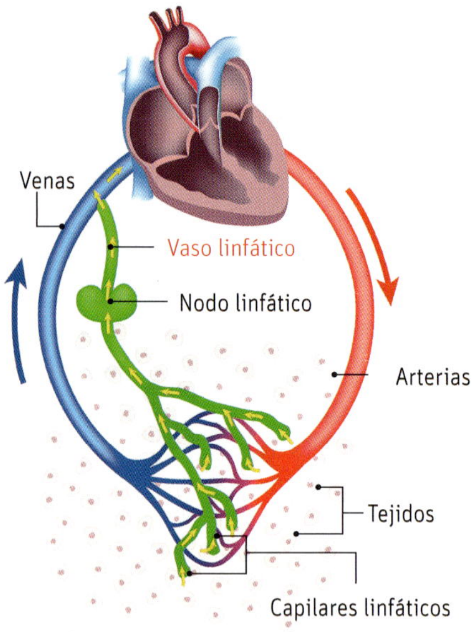

Los vasos linfáticos devuelven el fluido extra desde los tejidos hasta las venas, a una altura cercana al corazón.

INVESTIGA El bazo, el gran desconocido.

El papel de los ganglios linfáticos

Si la infección no ha podido ser detenida en el lugar en el que se ha producido, se suele detectar una inflamación de los **ganglios linfáticos** cercanos a la zona.

Los ganglios linfáticos forman parte del **sistema linfático**, por el que circula la **linfa**. Este líquido se genera a partir del **plasma** que se escapa desde los **capilares sanguíneos** a los tejidos. De allí es recogido por los **capilares linfáticos**, que convergen en vasos cada vez más gruesos, y acaba incorporado de nuevo a la circulación sanguínea en las venas que vuelven de los brazos.

Los ganglios linfáticos están localizados en lugares que son atravesados necesariamente por los agentes patógenos, como el cuello, las ingles, las axilas o el abdomen. El reconocimiento de los elementos extraños en los ganglios estimula la fabricación de un tipo especial de glóbulos blancos, los **linfocitos**, lo que provoca su inflamación.

¿Cómo funcionan los linfocitos?

Existen dos tipos diferentes de linfocitos.

- **Los linfocitos B**, productores de anticuerpos. Todo elemento extraño que invade nuestro organismo lleva o produce moléculas llamadas **antígenos** que son distintas en cada caso. Cada antígeno provoca la fabricación de un **anticuerpo específico**, es decir, correspondiente a ese **antígeno**. Se dice entonces que la persona es **seropositiva** para ese antígeno. Los anticuerpos son moléculas de proteína, con forma de Y, que se unen a sus correspondientes antígenos y favorecen su destrucción o fagocitosis.
- **Los linfocitos T**, destructores de células extrañas, como las cancerosas, o infectadas por virus.

Respuesta específica del sistema inmunitario

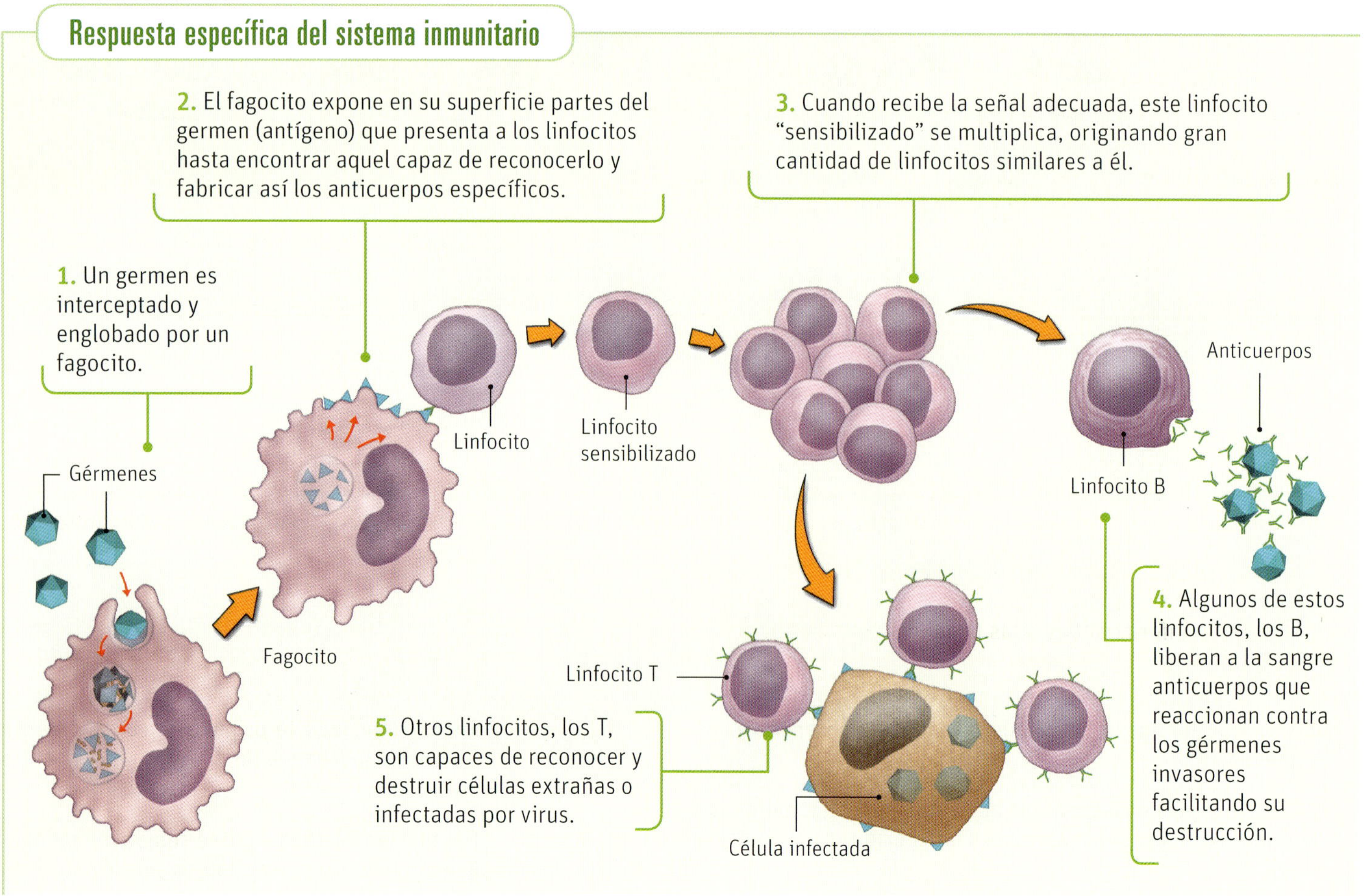

La respuesta inmunitaria tiene memoria

Algunas enfermedades infecciosas, como el sarampión, solo se padecen una vez en la vida. Esto es así porque algunos de los linfocitos generados durante la enfermedad recuerdan su contacto con ese germen y perduran largo tiempo, incluso toda la vida, en nuestro organismo. De este modo, ante un nuevo contacto con el mismo germen, es decir, el mismo antígeno, la respuesta defensiva es mucho más rápida y la enfermedad no llega a producirse. Este fenómeno se conoce como **memoria inmunitaria** y explica el origen de nuestra **inmunidad natural** frente a determinados agentes patógenos.

Sin embargo, basta un pequeño cambio en el agente patógeno, en su antígeno, para que los linfocitos no lo reconozcan. Así sucede con el voluble virus de la gripe, que puede infectarnos una y otra vez a lo largo de nuestra vida.

La INMUNIDAD es el estado de resistencia de nuestro cuerpo frente a la acción patógena de ciertos microorganismos o sustancias.

Cuando algo no marcha bien en el sistema inmunitario

Los problemas relacionados con el sistema inmunitario se originan porque la respuesta no se produce o porque es excesiva. Así ocurre, por ejemplo, en:

- La **inmunodeficiencia**: cuando el sistema inmunitario no es capaz de asegurar la normal protección, deja al organismo vulnerable a cualquier infección. Puede tratarse de una **inmunodeficiencia congénita**, como sucede con los llamados niños burbuja, o **adquirida**, como la provocada por el VIH (virus de la inmunodeficiencia humana), que parasita y destruye determinados linfocitos. La persona inmunodeficiente puede acabar gravemente afectada por las llamadas **enfermedades oportunistas**, debidas a agentes patógenos que resultan inocuos en personas cuyo sistema inmunitario funciona correctamente. Entonces, el infectado por el VIH manifiesta una serie de síntomas que se conocen como sida.
- La **alergia** o **hipersensibilidad**: se produce si el sistema inmunitario responde excesivamente ante sustancias extrañas, pero que no suponen ningún peligro para el organismo. Sustancias contenidas en el polen de ciertas plantas, en los ácaros del polvo o en ciertos alimentos funcionan para los alérgicos como antígenos (**alérgenos**). Estos provocan la liberación por los glóbulos blancos de sustancias como la histamina, responsable de las exageradas reacciones alérgicas de urticaria, asma, diarrea, etc., que pueden ser muy graves.
- Los **trastornos autoinmunitarios**: en este caso, el sistema inmunitario ataca a sus propios tejidos por error, tomándolos como sustancias extrañas. Entre las diferentes enfermedades autoinmunitarias se incluyen el lupus, la artritis reumatoide y la esclerodermia.

COMPRENDE El sistema inmunitario.

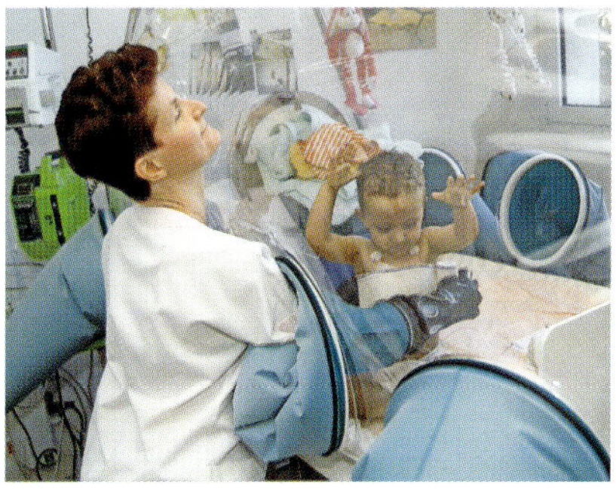

Los niños burbuja deben permanecer en ambientes aislados para evitar cualquier tipo de contaminación.

ACTIVIDADES

1. Realiza un mapa conceptual sobre el sistema inmunitario e incluye en él un dibujo de la función del sistema linfático con sus partes.
2. Deduce. Si le quitaran todos los ganglios linfáticos a una persona, ¿cómo se vería afectado su cuerpo para combatir diferentes enfermedades a las cuales está expuesto en la vida diaria?
3. Explica. ¿Todas las enfermedades infecciosas generan inmunidad permanente? ¿Por qué?
4. Razona. En los alérgicos, es a partir del segundo contacto con el alérgeno cuando se produce la reacción alérgica. ¿Cómo podrías explicarlo?
5. Interpreta. La gráfica presenta la respuesta del sistema inmunitario de una persona en un primer contacto con un patógeno y en un segundo contacto con ese mismo agente.

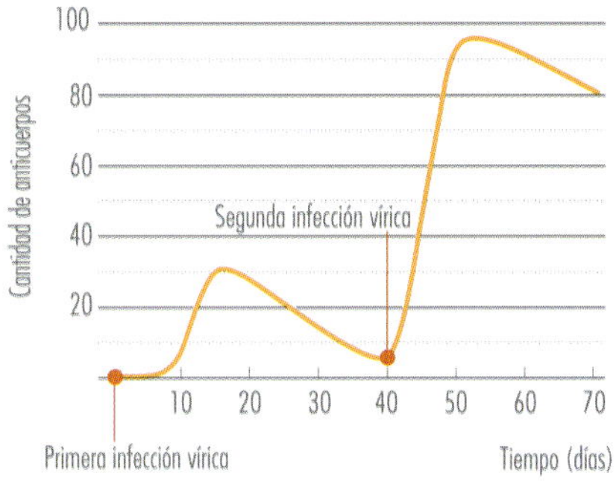

- ¿Qué diferencias se ven entre ambas respuestas? ¿Por qué?

7 La medicina nos ayuda

Las **VACUNAS** son preparados artificiales obtenidos a partir de **patógenos** que han perdido su virulencia pero mantienen su capacidad **antigénica**.

Nuestras defensas inmunitarias son las únicas capaces de vencer una infección. No obstante, podemos ayudar a nuestro organismo a prevenirlas o curarlas mediante los recursos que nos proporciona la medicina: **vacunas**, **sueros** y **antibióticos**.

Las vacunas

Tras superar una infección, y debido a la memoria inmunitaria, nuestro organismo queda inmunizado de forma natural, es decir, protegido contra el agente causante de la infección, al menos temporalmente. La **vacunación** utiliza esta cualidad del sistema inmunitario para lograr la inmunidad, en este caso, de manera **artificial**.

La vacunación consiste en introducir en un organismo sano los gérmenes de una enfermedad, o un componente de ellos, a los que previamente se ha sometido a algún tratamiento para eliminar su **virulencia**; se dice entonces que están **atenuados**. Así se consigue que el organismo produzca los linfocitos y anticuerpos específicos para esa enfermedad sin sufrir daños, y que además quede protegido frente a posibles contaminaciones futuras con ese mismo germen.

Su aplicación tiene especial importancia durante la infancia y la adolescencia.

Existen vacunas de diferentes tipos:

- **Vacunas atenuadas:** contienen el patógeno vivo pero debilitado o "atenuado" en el laboratorio para no producir la enfermedad. Por ejemplo, la vacuna de la viruela.
- **Vacunas activadas:** contienen el patógeno muerto, no causan la enfermedad pero sí generan los anticuerpos. Por ejemplo, la vacuna de la gripe y la de la polio.
- **Vacunas de toxoides:** ciertos microorganismos no son patógenos pero producen una toxina que genera la enfermedad. Esta sustancia es la base de la vacuna. Por ejemplo, la vacuna de la difteria.
- **Vacunas de subunidades:** contienen partes del patógeno para activar la respuesta del sistema inmunitario. Por ejemplo, la vacuna de la hepatitis B.
- **Vacunas transgénicas:** contienen una modificación del ADN del patógeno, es decir, un microorganismo idéntico pero incapaz de producir la enfermedad. Por ejemplo, la actual vacuna de la hepatitis B.

Desde el nacimiento y hasta la edad adulta, todas las personas deben vacunarse bajo control médico y completar todas las dosis recomendadas.

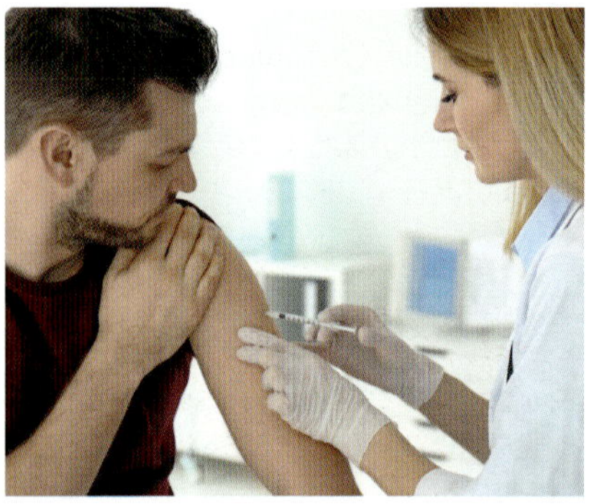

El virus de la gripe es muy variable, y para mantener la inmunidad frente a las nuevas mutaciones del virus es necesario repetir la vacunación todos los años.

Vacunación	Edad													
	Prenatal*	0 meses	2 meses	4 meses	11 meses	12 meses	15 meses	3-4 años	6 años	12 años	14 años	15-18 años	19-64 años	65 años
Poliomielitis			VPI	VPI	VPI				VPI4					
Difteria-Tétanos-Pertussis	dTpa		DPTa	DPTa	DPTa				DPTa(a)		Td	Td(b)	Td(b)	Td
Haemophilus influenzae b			Hib	Hib	Hib									
Sarampión-Rubéola-Parotiditis						TV		TV				TV(c)	TV(c)	
HepatitisB(a)		HB(a)	HB	HB	HB							HB(e)		
Enfermedad meningocócica C				MenC(b)		MenC				MenC		MenC		
Varicela							VVZ	VVZ		VVZ(b)		VVZ(b)	VVZ(b)	
Virus del Papiloma Humano										VPH(i)			VPH(1)	
Enfermedad neumocócica			VCN1	VCN2	VCN3									VN(k)
Gripe	Gripe													Gripe anual

Calendario común de vacunación a lo largo de toda la vida recomendado para el año 2019.

Los sueros

En la sangre de las personas que han superado una enfermedad infecciosa persisten, durante algún tiempo, anticuerpos contra el germen causante de dicha enfermedad. Exactamente lo mismo sucede en otros animales.

Una forma de obtener anticuerpos específicos contra una enfermedad es extraer el suero purificado de la sangre de animales que la han padecido y han sobrevivido a ella. Este suero sirve para prevenir una dolencia en una persona no vacunada cuando se sospecha que puede haber estado en contacto con un agente infeccioso, o para ayudarla en su respuesta inmunitaria.

En la actualidad, los anticuerpos contra determinadas enfermedades pueden producirse de manera industrial, por lo que no es necesario recurrir a animales inmunizados para su obtención. Por tanto, los sueros son **preparados artificiales** que contienen **anticuerpos ya elaborados** contra los agentes causantes de una determinada enfermedad.

Las vacunas, los sueros y los antibióticos permiten prevenir y curar enfermedades que hace años eran mortales.

Los antibióticos

En 1929, el médico inglés Alexander Fleming, mientras examinaba en su laboratorio cultivos de bacterias contaminados accidentalmente por el hongo *Penicillium*, observó que las bacterias no se desarrollaban en las cercanías del hongo. Aunque el descubrimiento de Fleming fue accidental, demostró su capacidad de observación e intuición.

Tras años de investigación se consiguió aislar, a partir de dicho hongo, la sustancia que impedía la proliferación bacteriana. Fue el primer antibiótico conocido: la **penicilina**. Los antibióticos son sustancias de origen biológico o sintético que matan o impiden el crecimiento de las bacterias.

Actualmente se utilizan muchos antibióticos distintos obtenidos biológicamente o fabricados de manera sintética.

Antibiograma

Para prescribir el antibiótico más efectivo contra una determinada bacteria se utilizan antibiogramas, un cultivo bacteriano sobre el que se han dispuesto discos impregnados con diferentes antibióticos.

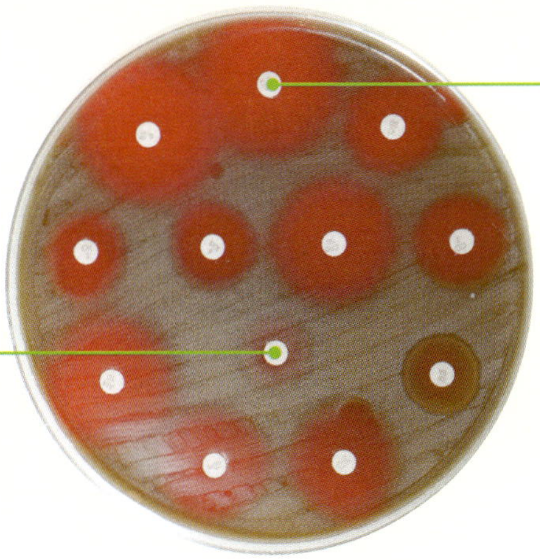

El uso masivo e inadecuado de los antibióticos está generando una creciente resistencia en las bacterias. Por ello, cada vez es más frecuente la aparición de bacterias que sobreviven a los tratamientos con antibióticos.

ACTIVIDADES

1. Completa. La medicina ha proporcionado ●●●, ●●● y ●●● que permiten prevenir y aliviar las enfermedades.

2. Razona. Si los antibióticos ayudan al organismo a eliminar los agentes patógenos en un proceso infeccioso, ¿por qué no se utilizan como vacunas para prevenir infecciones?

3. Infiere. En la gráfica se representa cómo responde el sistema inmunitario de una persona en dos situaciones: cuando se inocula con un suero y cuando se inocula con una vacuna.

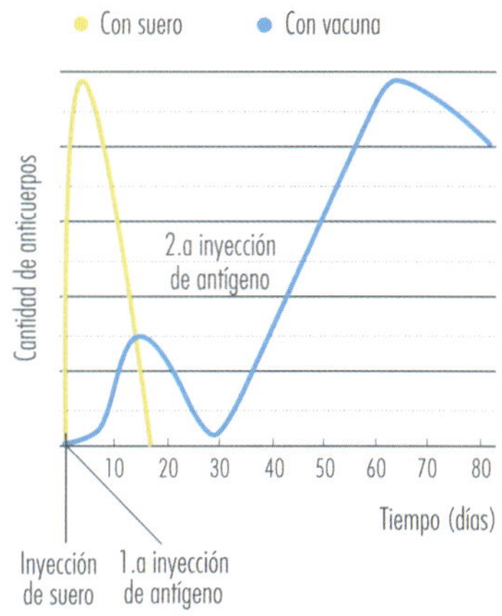

a) Indica cómo varía la producción de anticuerpos tras la primera y la segunda inoculación del antígeno A. ¿A qué se deben estas diferencias?

b) ¿Cómo evoluciona la cantidad de anticuerpos tras la inoculación del suero?

8 Los trasplantes

»Un nuevo récord

Según datos de la Organización Nacional de Trasplantes, España alcanzó en noviembre de 2019 un nuevo récord de actividad en donación de órganos, con la gestión de 19 donantes fallecidos en 24 horas. Esto supera el récord anterior, alcanzado el 14 de diciembre de 2015, establecido en 15 donantes procedentes de personas fallecidas y 1 donante renal vivo.

TRASPLANTAR es sustituir órganos, tejidos o células dañados que ponen en riesgo a una persona, por otros en **buen estado** procedentes de un donante.

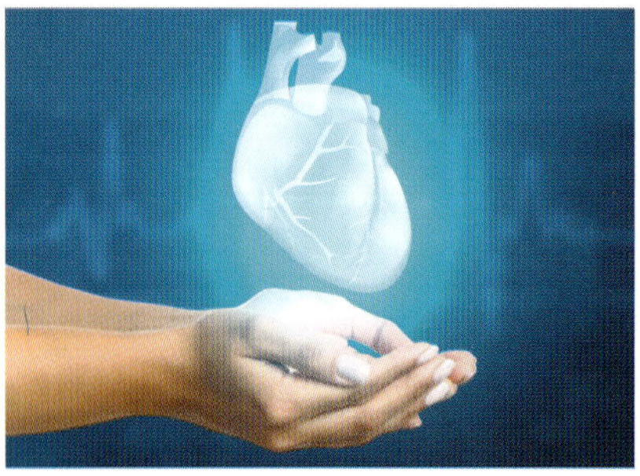

La donación de órganos es una decisión personal que permite salvar la vida de otros que lo necesitan.

Una posible solución ante el daño irreversible de alguna parte del cuerpo es sustituir la parte dañada por otra en buen estado procedente de una persona donante. Este procedimiento se llama **trasplante**.

Compatibilidad y rechazo

Nuestro sistema inmunitario tiene la capacidad de distinguir lo propio de lo extraño; si los glóbulos blancos detectan algo extraño, intentan destruirlo. El problema es que estas defensas del organismo también intervienen cuando un órgano, un tejido o unas células procedentes de un donante se introducen en el cuerpo de un receptor. Por eso es imprescindible que el **donante** y el **receptor** sean lo más parecidos posible, es decir, que sean compatibles entre sí. En caso contrario se produce el rechazo y esto puede ocasionar graves problemas al receptor.

Tipos de trasplantes

Según sea la relación entre el receptor y el donante, los trasplantes se denominan:

- **Autotrasplante** o **autoinjerto.** Donante y receptor son la misma persona. Se utiliza en caso de tejidos o porciones de órganos como piel o médula ósea.
- **Isotrasplante.** Donante y receptor son gemelos idénticos.
- **Alotrasplante.** Donante y receptor son individuos de la misma especie, pero no genéticamente idénticos.
- **Xenotrasplante.** Donante y receptor son de especies distintas.

¿Quién puede ser donante?

El donante suele ser una persona con **muerte cerebral** o **encefálica**, es decir, que ha fallecido pero los latidos de su corazón se mantienen artificialmente para que los órganos que van a ser trasplantados se conserven en perfectas condiciones. Cualquier persona puede decidir que, tras su muerte, sus órganos puedan ser donados. Para ello basta con que lo haya comunicado a sus familiares más próximos.

En muchos tipos de trasplante, el donante puede ser una persona que sigue viva tras la donación. Esto puede ocurrir cuando el receptor necesita un tejido renovable, como la piel, la sangre o la médula ósea; una parte de un órgano que tiene capacidad de regeneración, como el hígado, o un órgano prescindible, como el riñón, ya que una persona puede vivir con uno solo.

La ley de trasplantes

La ley que regula la donación plantea, entre otros, los siguientes principios básicos: el **respeto a la voluntad del fallecido** en cuanto a donar o no sus órganos; el **carácter altruista** de la donación y la no comercialización de los órganos; la garantía de **anonimato del donante**, y la aplicación de **criterios médicos** para la distribución de los órganos disponibles entre los enfermos que los esperan.

La Organización Nacional de Trasplantes es el organismo público de España encargado de los asuntos relacionados con los trasplantes. Según datos de esta entidad, la actividad de donación y trasplantes creció en 2019 un 2,5 % con relación a 2018 y un 40 % respecto a los últimos seis años, lo que supone una esperanza de vida para las personas que necesitan un órgano.

ACTIVIDADES

1. Razona. ¿En qué casos el órgano trasplantado debe ser de un fallecido?
2. Investiga. ¿Qué relación deben tener el grupo sanguíneo y Rh del receptor y el donante?
3. Relaciona. ¿Qué clase de trasplante es la utilización de válvulas cardiacas de cerdos en humanos?
4. Infiere. ¿En qué tipos de trasplantes no habrá riesgo de rechazo?

9 Una vida saludable

Hábitos saludables

Entre los factores que determinan la salud hay algunos, como la información genética que se hereda de los progenitores, sobre los que no se puede influir. Sin embargo, hay otros, como el estilo de vida individual, que dependen casi exclusivamente de cada uno y que es decisivo en la salud actual y futura.

La **salud** es una cuestión de todos los días. Por eso, la mejor manera de mantenerla y prevenir las enfermedades consiste en adoptar **hábitos** de vida **saludables**. Son numerosos los beneficios de un estilo de vida saludable, por ejemplo: evita el exceso de peso, mejora la salud cardiovascular, fortalece el sistema inmunitario, aumenta los niveles de energía, mejora el estado de ánimo y la autoestima, evita enfermedades y fomenta la longevidad.

Cinco hábitos para una vida saludable

Llevar una dieta regular y equilibrada, que suministre la energía para la actividad diaria y los nutrientes necesarios para nuestro desarrollo.

Seguir un horario regular con ocho horas para dormir y recuperarse del desgaste y la tensión acumulados por la actividad diaria.

Practicar deporte y actividades al aire libre para conseguir un desarrollo corporal y mental equilibrado.

Mantener una correcta higiene personal. La higiene es esencial para proteger tanto nuestra salud como la de quienes nos rodean.

Evitar las sustancias tóxicas como las drogas, el alcohol y el tabaco, que dañan gravemente el organismo.

» El deporte te hace feliz

¿Sabías que al practicar un deporte de forma cotidiana se liberan endorfinas en el cuerpo, lo que genera una sensación de bienestar y mejora el estado de ánimo? Los médicos afirman que es una buena herramienta para combatir la depresión.

ACTIVIDADES

1. Reflexiona. Esther está de exámenes. Como tiene poco tiempo, ha decidido dejar de ir al entrenamiento de baloncesto. Estudia todos los días de la semana hasta las 12 de la noche y, para no perder demasiado tiempo cenando, se come un bocadillo. Se acuesta agotada después de lavarse los dientes.
   a) Identifica las costumbres poco saludables que está teniendo Esther durante esa semana.
   b) ¿Qué le recomendarías para mejorar esos hábitos sin necesidad de que sus estudios se vean perjudicados?
2. Justifica la frase: "Mi higiene personal afecta a mi salud y a la de los demás".
3. Elabora un informe sobre los efectos del consumo de alcohol, tabaco y cánnabis en el organismo y en la salud, que contemple estos aspectos: dependencia física y psíquica, tolerancia, efectos a corto y a largo plazo, etc.

La salud y la enfermedad

La salud no es solo la ausencia de enfermedad, sino el estado completo de **bienestar físico**, **mental** y **social**.

En la salud influyen algunos factores como la biología, el estilo de vida, el acceso a la asistencia sanitaria y los factores ambientales.

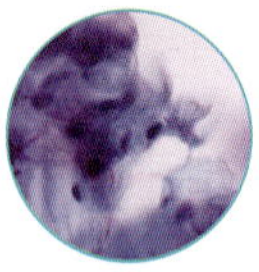

Según su origen, las **enfermedades** pueden ser **infecciosas** o **no infecciosas**. Los agentes infecciosos pueden ser virus, bacterias, hongos o protozoos.

La **piel** y las **mucosas** son la **primera barrera** contra la entrada de patógenos a nuestro organismo. Si logran entrar, se multiplican rápidamente produciendo la **infección**.

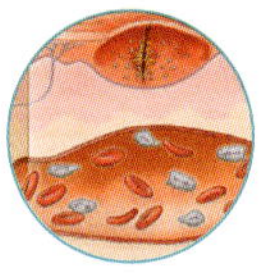

El **sistema inmunitario** nos defiende contra las infecciones. La **respuesta inflamatoria** es rápida e inespecífica. En ella intervienen los **fagocitos**.

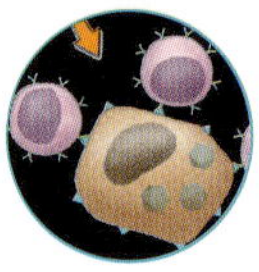

La **respuesta inmunitaria específica** es más lenta. En ella intervienen los **linfocitos** T y B, y los **anticuerpos**.

Podemos ayudar a nuestro sistema inmunitario con **vacunas**, **sueros** o **antibióticos** para prevenir, curar o controlar las infecciones.

Se puede promover en el mantenimiento de la salud adoptando **hábitos de vida saludables**, que aportan múltiples beneficios al organismo.

1. Copia, completa y amplía el siguiente esquema para construir tu propio mapa mental de la unidad.

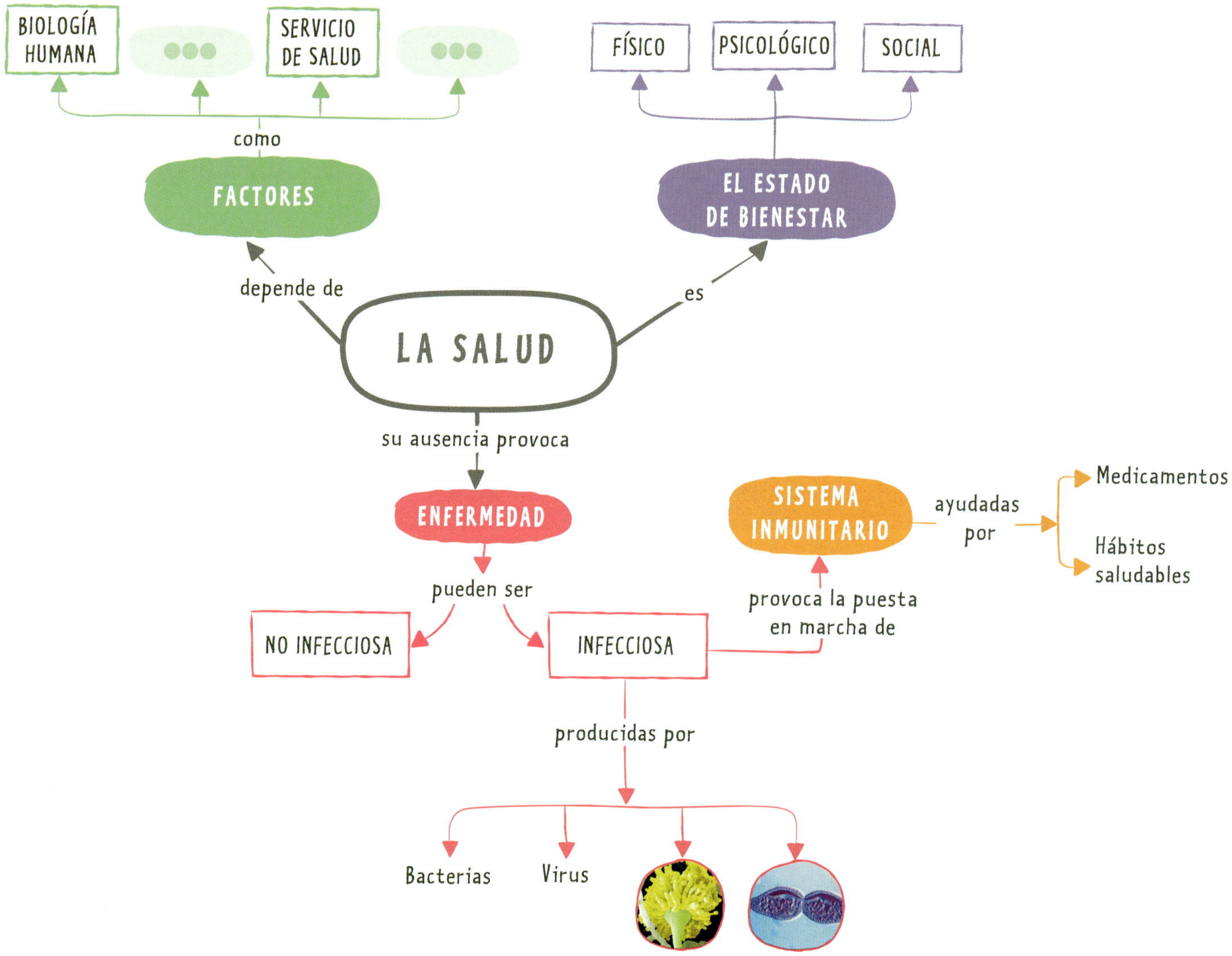

VALORA LO APRENDIDO Autoevaluación y resumen.

ACTIVIDADES FINALES

1. Analiza. **Estas gráficas muestran la incidencia de las principales causas de muerte en España y Senegal, dos países situados en zonas muy diferentes de nuestro planeta.**

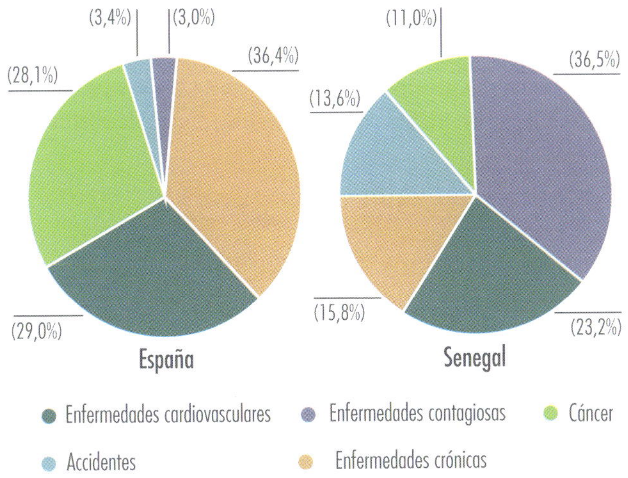

a) ¿Cuál es la principal causa de muerte en cada uno de los países?

b) ¿A qué crees que pueden deberse las diferencias entre ambos casos?

c) ¿Qué actuaciones crees que deberían llevarse a cabo para mejorar la salud en cada uno de estos países?

2. Interpreta. **La gráfica representa el paso de una enfermedad endémica a epidémica en una población.**

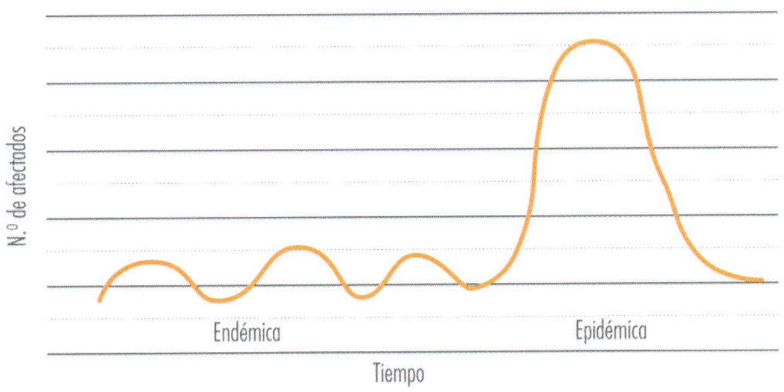

a) Describe la gráfica explicando lo sucedido con la enfermedad durante las fases endémica y epidémica.

b) Define endemia y epidemia.

c) Explica si es posible pasar de enfermedad epidémica a endémica.

3. Argumenta. **Señala si las siguientes frases son verdaderas o falsas. En el caso de que sean falsas, razona por qué.**

a) La salud es la ausencia de enfermedad.

b) Las enfermedades infecciosas son provocadas exclusivamente por bacterias.

c) Todas las bacterias producen enfermedades.

d) Todos los virus causan enfermedades, ya sea en personas, animales o plantas.

e) La capacidad de dañar a un organismo por los agentes infecciosos se debe solo a las toxinas que producen.

4. Relaciona. **Cita tres tipos de agentes infecciosos y responde después a las cuestiones.**

a) Nombra un ejemplo de enfermedad causada por cada uno de estos tipos de gérmenes.

b) Localiza su posible vía de entrada en nuestro organismo.

c) Aconseja una medida higiénica preventiva para evitar, en lo posible, la contaminación con estos gérmenes.

5. Formula hipótesis. **Antes del descubrimiento de los microorganismos se pensaba que la malaria era una enfermedad producida por respirar el "mal aire" de los pantanos; ahora se sabe que la provocan los protozoos del género *Plasmodium*. Estos parásitos se reproducen en los glóbulos rojos de la sangre y causan las fiebres intermitentes que caracterizan la enfermedad. Los mosquitos del género *Anopheles* son el vector de contagio de la malaria.**

a) ¿Qué función desempeñan los vectores biológicos? ¿Conoces otros ejemplos además del de los mosquitos?

b) Hasta hace medio siglo, la malaria era endémica en España, sobre todo en las zonas pantanosas. ¿Qué medidas higiénicas propondrías para evitar la difusión de esta grave enfermedad?

6. Interpreta. **Asocia a cada uno de los números que aparecen en el esquema los siguientes términos: célula infectada, anticuerpos, fagocito, linfocito B y linfocito T.**

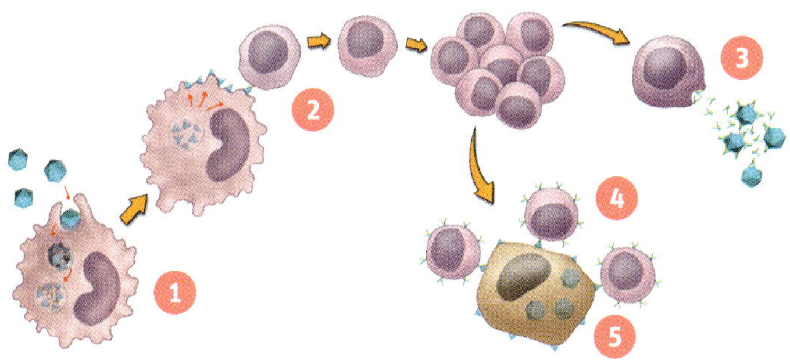

7. Relaciona. **Pon un título al esquema de la actividad anterior y sitúa sobre el mismo los enunciados que se indican a continuación.**

a) Multiplicación de linfocitos.

b) Reacción de los anticuerpos con los antígenos.

c) Presentación del germen a los linfocitos.

d) Destrucción de células infectadas.

e) Linfocito sensibilizado.

f) Captura del germen por el macrófago.

g) Elaboración y liberación de anticuerpos.

8. Concluye. **Indica qué tratamiento consideras más adecuado (vacuna, suero o antibiótico) en cada caso.**

a) Un paciente con una infección bacteriana.

b) Un paciente infectado por un virus.

c) Una persona que va a viajar a un país donde existe una enfermedad muy extendida.

ACTIVIDADES FINALES

9. Argumenta. ¿Por qué debe ser obligatoria la vacunación en la infancia contra determinadas enfermedades? Y en el caso de personas mayores, ¿por qué es recomendable su vacunación ante ciertas epidemias?

10. Razona. Mientras nuestro organismo combate una infección, aumenta el número de linfocitos en la sangre. Frecuentemente, la temperatura corporal aumenta produciendo fiebre. ¿Qué significado tienen estos fenómenos?

11. Investiga. Las drogas o sustancias psicoactivas se caracterizan por alterar nuestro sistema nervioso central y pueden crear dependencia o adicción. Las drogas pueden ser de tres tipos: depresoras, estimulantes o alucinógenas. Elabora una tabla sobre estos tipos de drogas, pon un par de ejemplos de cada tipo y resume sus efectos sobre la salud.

12. Analiza. En la actualidad, más de un tercio de la población mundial presenta alergia a alguna sustancia. En muchos casos, esta reacción desproporcionada provoca síntomas leves, aunque molestos, como picazón, estornudos, etc. Pero en ocasiones puede llegar a ser extremadamente grave y causar la muerte.

En las personas alérgicas, por ejemplo, al polen, se utilizan con frecuencia tratamientos de desensibilización que consisten en realizar inyecciones con el alérgeno de forma periódica, tal y como aparece en la gráfica.

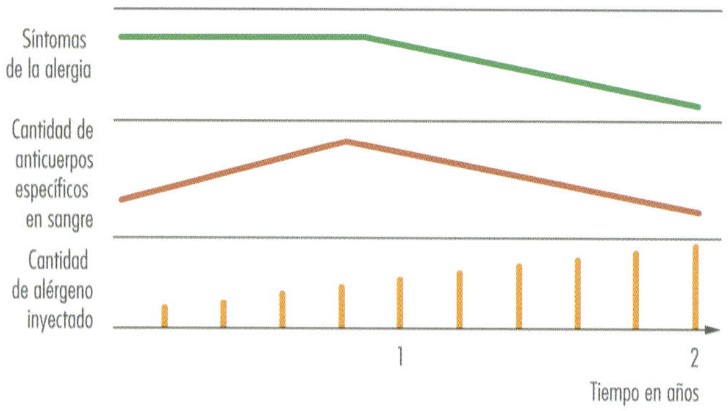

a) Indica cómo varía la cantidad de alérgeno inyectado durante el proceso de desensibilización.

b) Describe los resultados del tratamiento.

c) ¿Por qué se usa el término "desensibilización" para describir este tratamiento?

13. Completa. La inmunidad a una enfermedad infecciosa puede adquirirse de forma natural o artificial. Por otra parte, la inmunidad puede lograrse de manera activa o pasiva, según sea el propio organismo el que fabrique las defensas o se le administren defensas ya elaboradas. Copia en tu cuaderno el siguiente cuadro e indica qué tipo de inmunidad se adquiere en cada caso.

	Natural/artificial	Activa/pasiva
Tras superar una infección	●●●	●●●
Por vacunación	●●●	●●●
Por administración de sueros	●●●	●●●

14. Analiza. En un laboratorio se llevó a cabo esta experiencia:

I. Se inoculó a un ratón el bacilo de Koch, que causa la tuberculosis, y murió.

II. Se inoculó el bacilo de Koch a otro ratón, previamente inyectado con el bacilo de Koch atenuado, y sobrevivió.

III. Se inoculó el bacilo de la difteria a un ratón inoculado antes con el de Koch atenuado y murió de difteria.

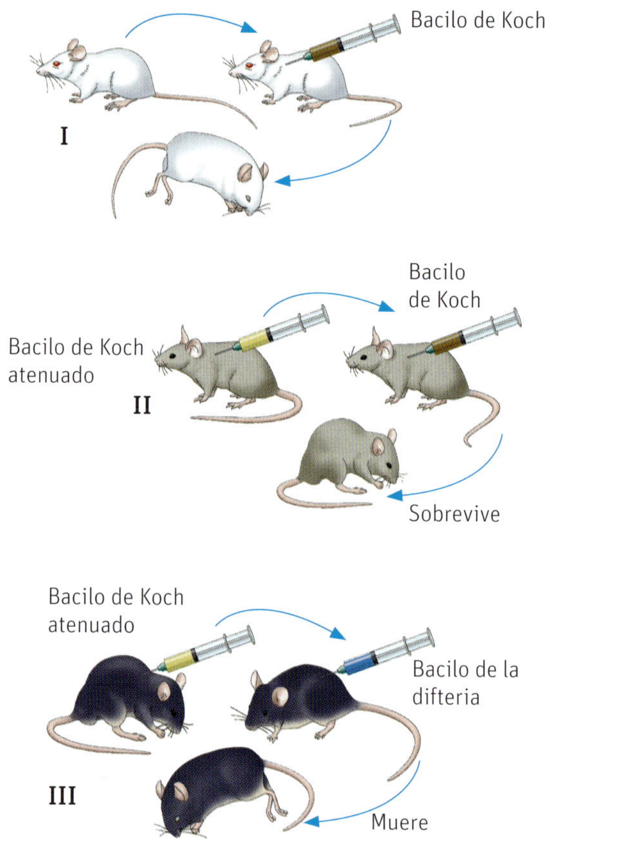

a) ¿Por qué sobrevivió el ratón en la fase II?

b) ¿Qué conclusión se extrae de la fase III?

15. Interpreta. Se realizó un trasplante de piel de un ratón 1 a un ratón 2. Un mes más tarde se repitió la experiencia. Los resultados fueron estos:

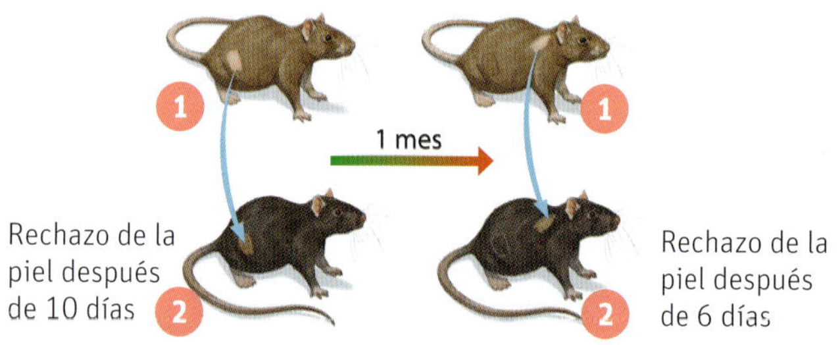

a) Compara los resultados y explica por qué fue diferente el tiempo que tardó en producirse el rechazo.

b) Sabiendo que el rechazo del trasplante es similar a la destrucción de una célula infectada por un virus, explica qué ocurrió.

c) Describe la respuesta inmunitaria paso a paso en este caso, ¿es igual a la del ser humano? Justifica tu respuesta.

16. Soy competente

Existen cuatro grupos sanguíneos diferentes, A, B, AB y O, que reciben el nombre de las moléculas (antígenos) que llevan los glóbulos rojos en su superficie. Además, de forma natural, en el plasma sanguíneo de cada persona existen anticuerpos contra los antígenos que esta no posee. En el siguiente cuadro aparecen los antígenos y anticuerpos que tiene cada persona según su grupo sanguíneo.

	El sistema ABO			
	Grupo A	Grupo B	Grupo AB	Grupo O
Eritrocitos	A	B	AB	O
Anticuerpos en el plasma	Anti-B	Anti-A	Ninguno	Anti-A y anti-B
Antígenos	A	B	A y B	No hay antígenos

El rechazo se produce cuando coincide el antígeno de los glóbulos rojos del donante con su anticuerpo correspondiente en el plasma del receptor. Se manifiesta por la aglutinación de los glóbulos rojos, y los coágulos formados pueden llegar a causar la muerte.

a) ¿Puede una persona de grupo sanguíneo A recibir sangre de otra de grupo B? Razona tu respuesta.

b) Copia y completa la tabla en el cuaderno señalando en cada caso si puede hacerse la transfusión sin riesgo de rechazo.

Donante / Receptor	A	B	AB	0
A	Sí	●●	●●	●●
B	●●	●●	●●	●●
AB	●●	●●	●●	●●
0	●●	●●	●●	●●

c) Indica qué grupo sanguíneo es calificado como donante universal. ¿Y como receptor universal?

17. Formula una hipótesis. Desde el descubrimiento de la penicilina, se han desarrollado múltiples y muy eficaces antibióticos. Sin embargo, con el paso del tiempo se ha observado que estos antibióticos han perdido parte de su eficacia. ¿A qué crees que se debe este hecho?

18. Retoma la pregunta propuesta en la apertura de la unidad y respóndela utilizando todos los conocimientos aprendidos sobre la salud y los tipos de enfermedades.

Ciencia en la calle

Lee y comprende el siguiente texto:

Auxi, la niña con siete órganos trasplantados

Con tan solo ocho años de edad Auxi lleva a sus espaldas tres operaciones en las que le han trasplantado los dos intestinos, el estómago, el esófago, el páncreas, el hígado y parte del colon. Pero ya, por fin, disfruta sana de la vida gracias a la generosidad de varias familias que perdieron a sus hijos y decidieron donar sus órganos.

En 2007, con solo un mes y medio de vida, Auxi fue diagnosticada con displasia epitelial intestinal, un raro trastorno congénito de la mucosa intestinal. Su única opción de vida era el trasplante.

Después de superar dos cánceres ocasionados por injertos en el intestino, en 2015 la pequeña ha visto cómo su estado de salud mejoraba notablemente, lo que le ha permitido abandonar el hospital y empezar sus estudios en el colegio.

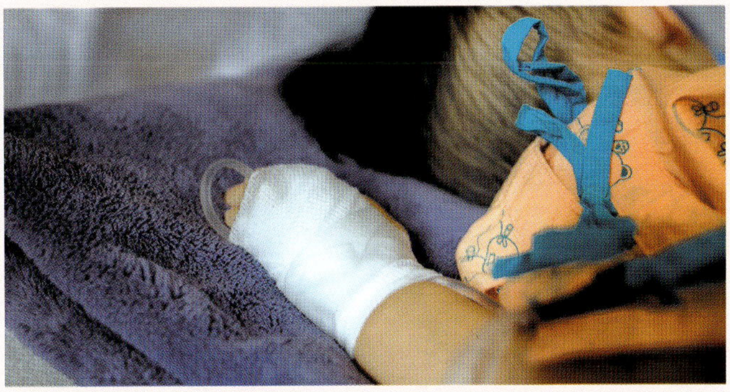

a) ¿De dónde procedían los órganos que le trasplantaron a Auxi?

b) De los cuatro tipos de trasplantes que conoces, ¿cuál le realizaron a Auxi?

c) Teniendo en cuenta que la ley de trasplantes garantiza una distribución justa de los órganos disponibles entre los enfermos en lista de espera, ¿significa esto que el primer órgano disponible será trasplantado al enfermo que más tiempo lleve esperando? ¿Implica que se trasplantará al enfermo cuya vida corre más riesgo?

d) Entra en la página web de la Organización Nacional de Trasplantes (www.ont.es) y busca información sobre quién y cómo puede ser donante. Con esta información elabora un folleto informativo y compártelo con tu clase.

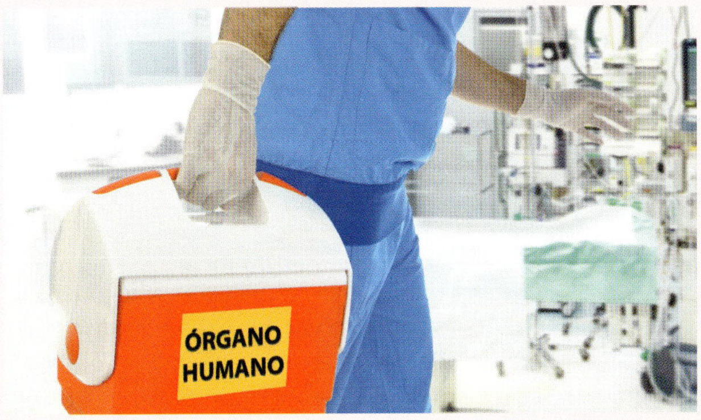

¿Cómo podemos observar las células?

Las células carecen de color y su tamaño es microscópico, lo que las hace invisibles a nuestros ojos. Sin embargo, existen técnicas que nos permiten salvar estos obstáculos para poder observarlas. Aplicaremos estas técnicas para observar las células epiteliales que se desprenden de la piel del interior de nuestra boca, la mucosa.

PASO 1 **HACEMOS UNA PREPARACIÓN.** Sobre un portaobjetos depositamos una gota de un colorante, el azul de metileno.

Con un depresor lingual, raspamos suavemente la cara interna de nuestro carrillo. Debemos realizarlo con suavidad, para no hacernos daño. También podemos utilizar una espátula de madera.

Apoyamos el depresor sobre la gota de colorante para dejar su contenido (que lo tiene, aunque no se vea), mientras extendemos la gota sobre el portaobjetos. Tras dos minutos, colocamos el cubreobjetos.

PASO 2 **OBSERVAMOS LA PREPARACIÓN A DIFERENTES AUMENTOS.** Ponemos la preparación en la platina del microscopio y la observamos a pocos aumentos.

Una vez bien enfocada, movemos la preparación hasta localizar una zona que se vea con nitidez. Después, pasamos al siguiente aumento y continuamos observando.

Si necesitas recordar los componentes y el manejo del microscopio óptico, puedes acceder a www.e-sm.net/sngbg3eso_intermed_fin1_01.

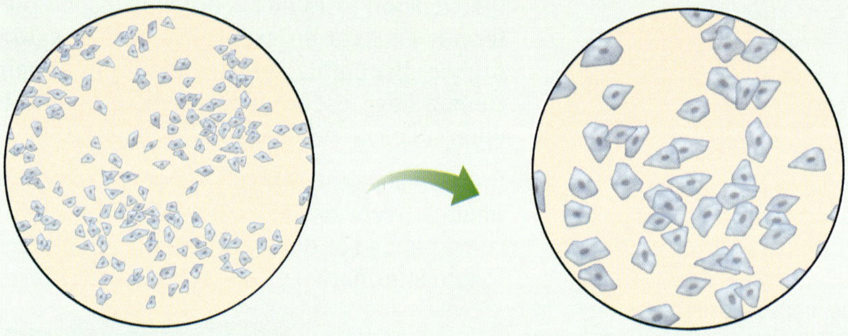

1. ¿Cómo hemos logrado salvar los obstáculos que nos impedían la observación de nuestras células?
2. Elige una célula y pon el nombre de las partes que identifiques.
3. Coloca al lado de cada uno de los dibujos que has hecho el número de veces que está aumentada la imagen. Para ello, multiplica la cifra que aparece en el ocular (por ejemplo, 5×) por el número que se encuentra en el objetivo utilizado (por ejemplo, 4×).

¿Cómo podemos saber qué nutrientes aporta un alimento?

Sabemos que hay grandes diferencias en las clases de nutrientes que proporciona cada comida. ¿Cómo se han conseguido esos datos? Hay pruebas muy sencillas, que casi siempre funcionan, para detectar la presencia de algunas de las sustancias que componen los alimentos, y que es posible realizar en el laboratorio.

- **RECONOCEMOS la presencia de glúcidos.**
  - **Glúcidos complejos** (almidón). Nos hacemos con una patata, que es un alimento rico en almidón, y la cortamos por la mitad. A continuación, vertemos unas gotas de **lugol** (solución de yodo) en la parte cortada. Ante la presencia del almidón, este reactivo amarillento se tiñe de azul oscuro.

  - **Glúcidos sencillos.** Ponemos zumo de uva en un tubo de ensayo y añadimos unas gotas de **licor de Fehling**. Este reactivo azul pálido forma, al calentarse junto con algunos glúcidos de sabor dulce, un precipitado rojo ladrillo.

- **RECONOCEMOS la presencia de lípidos.**

Sobre un papel dejamos caer unas gotas de aceite o lo frotamos con un trozo de tocino o manteca de cerdo. Si hay lípidos, el papel se volverá translúcido y la mancha no desaparecerá aunque la dejemos secar.

- **RECONOCEMOS la presencia de proteínas.**

En un tubo de ensayo, con unos 3 cm^3 de clara de huevo, añadimos 2 cm^3 de una solución de hidróxido de sodio al 20 % y 4 o 5 gotas de una solución de **sulfato de cobre** al 1 %. La presencia de proteínas dará una coloración violeta-rosácea característica.

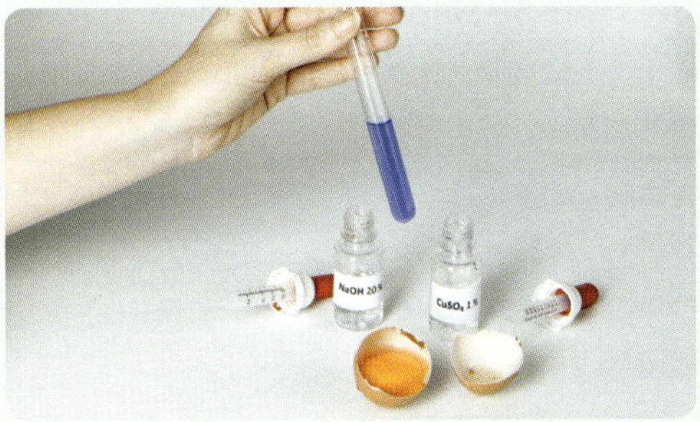

1. ¿Cuál de estos alimentos proporciona un aporte similar de nutrientes que la patata: arroz, cacahuete o tomate? ¿Por qué?

2. Consulta la composición de: patata, arroz, tomate, cacahuete, pescado y leche. Copia y completa la tabla con los resultados (+ o –) que obtendrías usando las pruebas anteriores.

	Lugol	Fehling	Mancha	Sulfato de cobre
Patata	+	●●●	●●●	●●●
Arroz	●●●	●●●	●●●	●●●

Valoramos los resultados de un análisis de sangre

En un análisis de sangre se estudian tanto las células sanguíneas como otras sustancias presentes en este fluido corporal. Los datos que aportan los análisis de sangre son de gran ayuda para el diagnóstico de muchas enfermedades.

PASO 1 **NOS INFORMAMOS sobre los valores normales.**

En los valores de los parámetros habituales existen un máximo y un mínimo. Se consideran normales todos los valores incluidos dentro de esos límites.

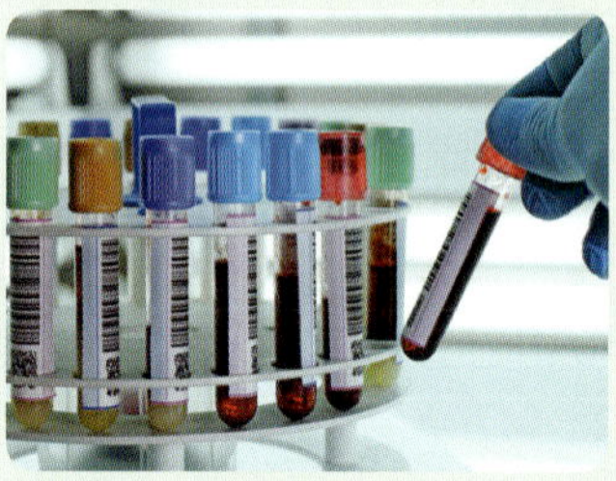

Parámetros	Valores normales (para un adulto)
Glóbulos rojos	4 - 5,5 millones/mL
Glóbulos blancos	4,5 - 10 miles/mL
Plaquetas	140 - 450 miles/mL
Urea	7 - 20 mg/dL
Glucosa	70 - 110 mg/dL
Colesterol	100 - 200 mg/dL

PASO 2 **COMPARAMOS los resultados de una persona que se siente mal con los valores normales.**

Parámetros	Hematíes	Leucocitos	Plaquetas	Urea	Glucosa	Colesterol
Valores	4 millones/mL	15 miles/mL*	250 miles/mL	100 mg/dL*	90 mg/dL	240 mg/dL*

Los valores que se salen de la norma suelen aparecer marcados con un asterisco (*).

PASO 3 **INTERPRETAMOS los valores que se salen de la norma.**

- La baja cantidad de glóbulos rojos es un síntoma de anemia, mientras que un número elevado de glóbulos blancos es una señal de una infección.
- Las plaquetas posibilitan la coagulación. Su número aumenta en las enfermedades reumáticas o autoinmunes.
- La urea alta suele indicar una dieta rica en proteínas, pero los valores muy elevados (100 o más) advierten de un fallo renal grave.
- La glucosa alta es un síntoma asociado a la diabetes, mientras que el colesterol alto suele deberse a una dieta rica en grasas saturadas que aumenta el riesgo de padecer enfermedades cardiovasculares.

1. En la tabla superior se muestran los resultados de un análisis de sangre realizado a una persona que se encuentra mal. Compara estos datos con los considerados normales e indica cuáles no se ajustan a la norma y por qué.

2. La valoración de un análisis solo puede hacerla un especialista, y en el caso de que los valores se salgan de la norma, deben aportarse más pruebas. Aun así, ¿qué alteraciones podrías deducir de ese análisis de sangre?

Valoramos los resultados de un análisis de orina

Los datos que aportan los análisis de orina, igual que los obtenidos por el análisis de sangre, también ayudan al diagnóstico de las enfermedades. ¿Cómo podemos interpretarlos?

PASO 1 **NOS INFORMAMOS sobre los valores normales.**

El análisis de orina incluye un examen físico, químico (comúnmente mediante tiras reactivas) y una observación microscópica del sedimento. Algunos de los parámetros básicos que se tienen en cuenta en un análisis de orina son:

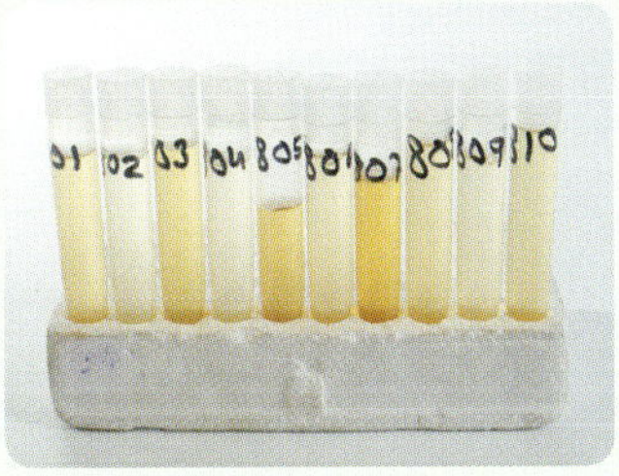

Parámetros	Valores normales
pH en orina	NEGATIVO
Densidad de la orina	1010,00 - 1030,00
Proteínas en orina	NEGATIVO
Glucosa en orina	NEGATIVO
Leucocitos en orina	NEGATIVO
Hematíes en orina	NEGATIVO

PASO 2 **COMPARAMOS los resultados de una persona que se siente mal con los valores normales.**

Parámetros	pH en orina	Densidad de la orina	Proteínas en orina	Glucosa en orina	Leucocitos en orina	Hematíes en orina
Valores	6,00	1025,00	NEGATIVO	NEGATIVO	10 pc	NEGATIVO

PASO 3 **INTERPRETAMOS los valores que se salen de la norma.**

- Algunos medicamentos y la dieta pueden producir alteraciones en el pH de la orina.
- La presencia de proteínas puede indicar un daño renal.
- La presencia de glucosa puede indicar la existencia de diabetes.
- La presencia de leucocitos suele indicar la existencia de una infección urinaria.
- La presencia de hematíes indica la existencia de un sangrado en alguna parte de las vías urinarias debido a lesiones internas causadas por un cálculo renal, una infección o un cáncer.
- La densidad indica el estado de hidratación del organismo. Una densidad más alta de lo normal suele ser consecuencia de no beber suficientes líquidos.

1. ¿Qué alteraciones podrías deducir de ese análisis de orina? ¿Mediante qué tipo de examen se han apreciado esas alteraciones?

Evitamos riesgos ante una situación de alarma sanitaria

Ante una enfermedad grave y desconocida, resulta fundamental disponer de una correcta información acerca de los riesgos, pues es la mejor manera de evitarlos. Pero ¿cómo nos informamos?

PASO 1 **SELECCIONAMOS** las preguntas que queremos responder. Por ejemplo, si decidimos investigar sobre la enfermedad causada por el virus del Ébola, podemos preguntarnos: ¿cómo se transmite el virus del Ébola? ¿Qué medidas preventivas podemos tomar?

PASO 2 **BUSCAMOS la información.**

Una forma de encontrar información es a través de internet, introduciendo en el buscador las palabras clave que nos lleven a la información deseada. Si escribimos las palabras entre comillas, solo aparecerán páginas en las que estos términos se encuentren en ese orden.

PALABRAS CLAVE elegidas: Ébola, virus, epidemia, "alerta mundial", transmisión, síntomas... Cuantas más palabras clave introduzcas, más directamente accederás a la información que buscas.

PASO 3 **SELECCIONAMOS las páginas.**

La información que se publica en internet no suele estar sometida a ningún tipo de examen previo, por parte de editores o profesionales del sector, ni a normas de calidad, por lo que debemos asegurarnos de que es fiable. Estas son algunas indicaciones útiles:

- ¿Figura el autor de la página? ¿Aporta datos sobre su formación científica?
- ¿Pertenece la página a alguna institución de confianza?
- ¿Aparecen fechas de creación de la página o de actualización de la misma?
- ¿Se ajusta el objetivo de la página (informar, vender, convencer, etc.) a mis necesidades?
- ¿Es fácil navegar por la página? ¿Están bien organizados los contenidos?

1. Seleccionad uno de los enlaces que hayáis encontrado en internet y comprobad si la información que contiene es fiable o no. Para ello, podéis valorar los errores, los intereses, la coincidencia, las evidencias y algún criterio propio que aportéis.
2. Si la página elegida es fiable, utiliza su contenido para responder a alguna pregunta sobre prevención, como: ¿Qué puedo hacer si viajo a países afectados por la epidemia?

Investigamos sobre pruebas diagnósticas

En la actualidad, existen numerosas técnicas y métodos para obtener datos que faciliten el diagnóstico de una enfermedad. El médico elige los más adecuados para un caso concreto, por lo que debe conocer la información que proporciona cada uno de ellos.

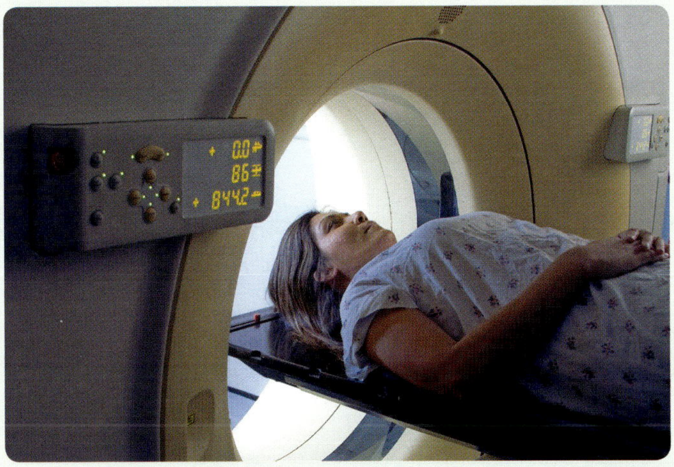

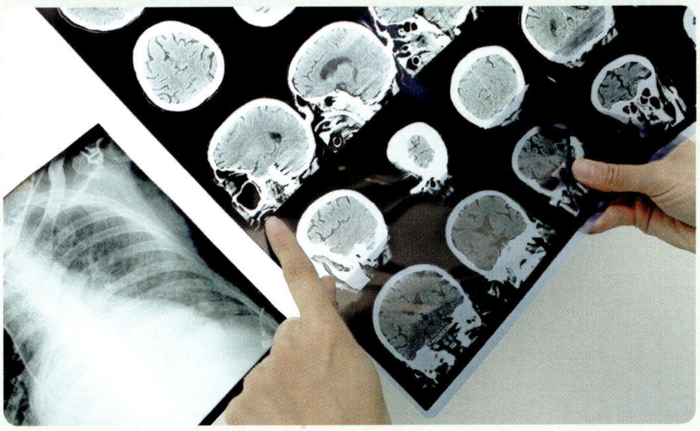

La siguiente tabla recoge una serie de técnicas y pruebas diagnósticas comunes.

Técnicas y pruebas diagnósticas		
Análisis de sangre	Ecografía	Exploración física por el médico
Análisis de orina	Resonancia magnética	Pruebas endoscópicas
Toma de tensión	TAC	Cultivo microbiano
Toma de la frecuencia cardiaca	Electrocardiograma	Estudio alergológico
Radiografía (rayos X)	Electroencefalograma	Espirometría

1. **Repartid las pruebas de la tabla en grupos de trabajo, de manera que cada grupo obtenga información básica sobre la utilidad de la prueba, que incluya, al menos:**
   - Información aproximada del tipo de técnica o prueba.
   - Información sobre el tipo de datos que aporta.

ACTUAR para diseñar vuestras propias experiencias

Nuevos alimentos

El yogur y otras leches fermentadas son alimentos probióticos, ya que contienen microorganismos vivos, bacterias, con efectos supuestamente beneficiosos para la salud y, en concreto, para la flora intestinal.

Si en el yogur hay bacterias, podremos verlas al microscopio utilizando una técnica de tinción.

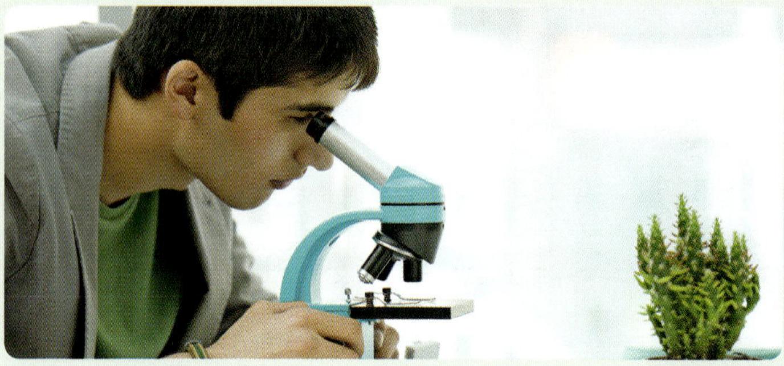

PASO 1 Toma una pequeña cantidad de yogur con un utensilio estéril, como un asa bacteriológica, y ponlo en un portaobjetos.

PASO 2 Añade una gota de agua hasta conseguir una disolución uniforme y extiéndela sobre el porta. Calienta la preparación con la llama del mechero hasta que esté seca.

PASO 3 Una vez fría, cúbrela con alcohol, deja pasar unos segundos y escurre para que arrastre la grasa. Deja secar al aire.

PASO 4 Cubre con azul de metileno o violeta de genciana y, tras unos minutos, lávala con agua y pon un cubreobjetos.

PASO 5 Observa la preparación al microscopio con el máximo aumento. Dibuja y describe tus observaciones.

El yogur, ¿contiene organismos vivos?

Si los microorganismos del yogur están vivos, entonces podremos utilizarlos para transformar leche en yogur. Vamos a probar nuestra hipótesis.

PASO 1 Calienta leche (0,75 L) y retírala justo antes de que empiece a hervir.

PASO 2 Marca los vasos de una yogurtera: la mitad con una A y la otra mitad con una B.

PASO 3 Llena los vasos con leche. A los vasos A, con la leche bien caliente, añádeles una cucharadita de yogur y remueve hasta conseguir una disolución uniforme. Haz lo mismo con los vasos B, pero antes deja que la leche se enfríe hasta unos 35 °C.

PASO 4 Pon en marcha la yogurtera y déjala funcionando al menos ocho horas. Pasado ese tiempo, conserva los recipientes en el frigorífico.

PASO 5 Observa y compara el contenido de los diferentes recipientes. ¿Qué observas en los vasos A? ¿Y en los vasos B? Explica a qué crees que es debido.

DISEÑA Y COMUNICA TU PROPIA EXPERIENCIA

1. ¿Cómo comprobarías que el kéfir también es un alimento probiótico?
2. Entre los conocidos como "nuevos alimentos" se incluyen los alimentos ecológicos o los transgénicos. ¿Qué son? ¿Son igual de saludables? ¿Son más o menos nutritivos que los "tradicionales"? ¿Cómo lo probarías?
3. Preparad una presentación para exponer los resultados en vuestro centro.
   - Indicad los objetivos de vuestro estudio.
   - Describid con detalle la metodología que habéis empleado.
   - Explicad los resultados obtenidos y las conclusiones.

Salud, enfermedad y diagnóstico

Cada tipo de enfermedades requiere un protocolo de pruebas diagnósticas específico, es decir, unas pruebas determinadas para confirmar que se padece una enfermedad o para descartarla.

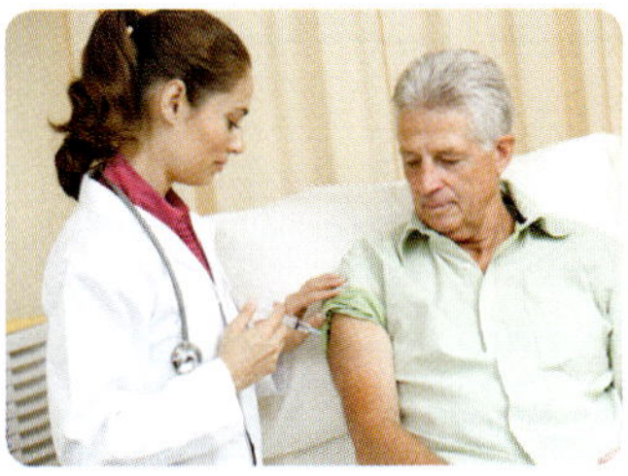

A continuación se enumera una serie de grupos de enfermedades genéricas:

- Enfermedades hipertensivas
- Enfermedades cardíacas y cardiopatías
- Enfermedades cerebrales y cerebrovasculares
- Asmas, bronquitis, rinitis, alergias
- Enfermedades endocrinas
- Enfermedades infecciosas
- Traumatismos, dislocaciones, trastornos articulares
- Dermatitis y otras enfermedades de la piel
- Enfermedades renales
- Anemias, enfermedades de la sangre e inmunes

1. **Por grupos, obtened la siguiente información básica:**
   - Información general sobre los tipos de enfermedades a que se refiere cada grupo.
   - Información sobre los órganos o sistemas que se ven afectados.
   - Información sobre el tipo de síntomas o signos característicos en cada grupo.
2. **Una vez obtenida la información, individualmente determina las pruebas diagnósticas más adecuadas para cada grupo de enfermedades, agrupándolas en las tres categorías que se señalan a continuación y razonando cada decisión.**
   - Muy adecuadas para un primer diagnóstico
   - Adecuadas solo en algunos casos
   - Muy poco adecuadas
3. **Finalmente, se hará una puesta en común de todos los trabajos y se discutirán las discrepancias, si las hubiera.**

DISEÑA Y COMUNICA TU PROPIA EXPERIENCIA

1. Elegid un grupo de enfermedades y diseñad un protocolo de pruebas diagnósticas; es decir, qué pruebas realizaríais a un posible paciente y en qué orden las aplicaríais, para determinar si padece alguna de las enfermedades o descartar que las tenga. Después, exponed y defended en grupo vuestra postura mediante una mesa redonda.

9 El relieve

¿Por qué cambia el relieve de unos lugares a otros?

10 Las aguas cambian el relieve

¿Es inevitable una inundación?

11 El hielo, el viento y el mar

¿Por qué desaparece la arena de las playas?

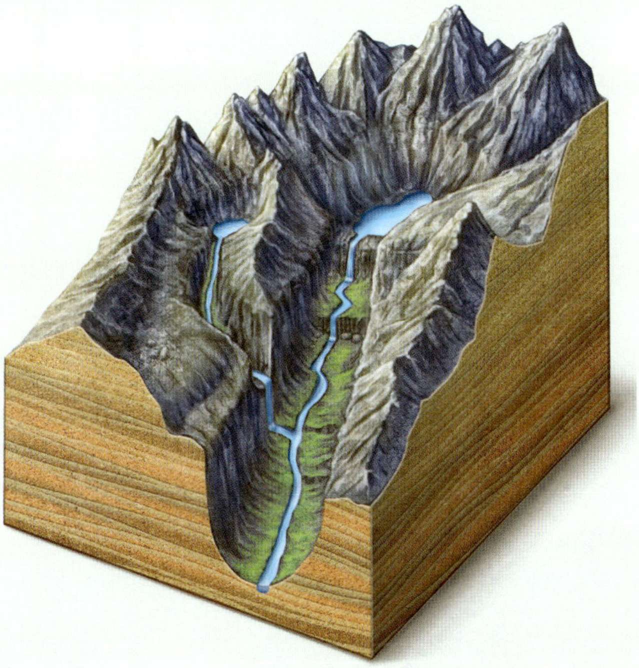

EXPERIMENTAR...
para comprender y decidir

- Relieves en el laboratorio: analizamos la acción erosiva de distintos agentes geológicos.
- Relieves en el laboratorio: estudiamos la influencia de la pendiente en la acción erosiva de las aguas superficiales.

ANALIZAR...
para interpretar y extraer conclusiones

- Cómo identificar un relieve.
- Cómo planificar una actuación en el litoral.

INVESTIGAR...
para tomar decisiones

- Voluntariado en ríos.
- ¿Por qué se produjo esta tragedia?

ACTUAR...
para diseñar vuestras propias experiencias

¿Por qué se encharca nuestro campo de fútbol?
Diseñamos un experimento para estudiar la permeabilidad del suelo.

¿Podemos evitar una inundación?
Proponemos actuaciones para evitar la inundación de una urbanización. Diseñamos una experiencia de laboratorio para comprobar nuestra hipótesis.

COMUNICAR...
para dar a conocer vuestro trabajo

Exponed y defended en público vuestra postura.

9 EL RELIEVE

En esta unidad aprenderás...

- Qué procesos modelan el relieve.
- Qué factores determinan las formas del relieve.
- Cómo son y cómo evolucionan los relieves calizos y graníticos.
- Qué tipos de relieves litológicos encontramos en España.
- Qué energía mueve a los agentes geológicos.

¿Por qué cambia el relieve de unos lugares a otros?

Este espectacular paisaje de las montañas de Guilin, en China, se ha formado sobre el mismo tipo de roca que ha dado origen a los Pirineos, los Picos de Europa o buena parte del Sistema Ibérico.

- ¿Qué componentes utilizarías para describir el paisaje de la imagen? ¿Y para describir el relieve?
- ¿Qué similitudes y diferencias encuentras entre los términos paisaje y relieve?
- Si el tipo de roca es el mismo que aparece en muchos de los sistemas montañosos de la península Ibérica, ¿qué ha podido influir para que el relieve de las montañas de Guilin se muestre tan diferente de los relieves propios de nuestra geografía?

1 Procesos que modelan el relieve

Los procesos geológicos que utiliza la naturaleza para modelar el relieve son la **meteorización**, la **erosión**, el **transporte** y la **sedimentación**.

Meteorización. Es la alteración que experimentan las rocas de la superficie terrestre como consecuencia de la acción del agua, el aire o los seres vivos. Todas las rocas situadas en la superficie se hallan sometidas a este proceso de meteorización que las altera y las disgrega.

Existen dos tipos de meteorización:

- **Meteorización física:** consiste en una disgregación, o división, de la roca en fragmentos sin que se modifique su composición química o mineralógica.
- **Meteorización química:** es la alteración de la composición química o mineralógica de una roca producida por la acción del agua, el aire o los seres vivos. En general, los procesos de meteorización química son tanto más activos cuanto mayor es la presencia de agua.

Erosión. Es el proceso por el que se retiran materiales de cualquier zona de la superficie terrestre. Los **agentes geológicos** que realizan esta erosión son el **agua,** el **viento** o los **glaciares**; también pueden hacerla los **seres vivos** y muy concretamente la especie humana.

La meteorización facilita la erosión, ya que altera la superficie de las rocas, las fragmenta y reduce su cohesión.

ACTIVIDADES

1. **Explica.** El agua de lluvia se introduce en los huecos o fisuras de las rocas. Si el agua se congela, incrementará su volumen, actuará a modo de cuña ensanchando las fisuras y terminará fragmentando la roca. ¿Qué tipo de meteorización es esta?

2. **Deduce.** Las raíces de las plantas, además de actuar como cuñas, mantienen húmedas las rocas y segregan sustancias que las alteran. ¿La meteorización que realizan es solo física, solo química o de ambos tipos?

3. **Argumenta.** ¿Qué tipo de meteorización crees que predominará en un desierto, la física o la química?

4. **Piensa y razona.** La erosión implica una retirada de materiales del terreno. Siendo así, ¿en qué se diferencia del transporte?

5. **Ordena** los procesos geológicos que utiliza la naturaleza para modelar el relieve.

6. **Explica** por qué la sedimentación es más abundante en las zonas bajas.

Transporte. Es el traslado de los materiales erosionados a otras zonas.

Las aguas superficiales son el principal agente de transporte en los continentes.

Sedimentación. Es el depósito en un lugar de los materiales que han sido erosionados y transportados hasta él.

Puesto que las aguas superficiales son el principal agente de transporte en los continentes, y aquellas van siempre desde las zonas más altas a las más bajas, los materiales que transportan harán ese recorrido. Lo mismo ocurrirá con los materiales transportados por los glaciares.

Por tanto, la sedimentación es más abundante en las zonas bajas, mientras que la erosión es más importante en las altas.

Los procesos de **erosión**, **transporte** y **sedimentación** favorecen la **NIVELACIÓN DEL TERRENO**, ya que retiran materiales de las zonas más altas y los depositan en las más bajas.

OBSERVA El transporte de materiales.

2 ¿Qué factores determinan las formas del relieve?

En la superficie terrestre existe una gran diversidad de relieves, y las causas por las que llegan a tener una apariencia u otra son también muy variadas.

Los principales factores que determinan el modelado del relieve son el **tipo de roca**, el **clima**, la **estructura de los materiales** y la **antigüedad del relieve**.

El tipo de roca

La roca es el material en el que se modela el relieve terrestre. Y del mismo modo que el trabajo de un escultor no es igual si utiliza mármol que si opera con arcilla, no cabe esperar que sean iguales los relieves que tienen rocas con características distintas.

La litología condiciona el relieve

Un mismo agente geológico, por ejemplo, las aguas superficiales, proporcionará relieves diferentes en función del tipo de roca por el que pase.

Los terrenos arcillosos presentan poca cohesión y son fácilmente arroyados por el agua de lluvia, formando cárcavas y reguerones.

Algunas rocas son muy resistentes a la meteorización y a la erosión, como las cuarcitas, y generan relieves abruptos que sobresalen del paisaje.

Las rocas solubles, como las calizas o los yesos, dan lugar a formas de relieve muy características, resultado de su disolución.

El clima

Si la litología fuese el único factor que determinara el modelado del relieve, todas las zonas de la superficie terrestre que tuviesen el mismo tipo de roca poseerían idéntico relieve. Pero no es esto lo que ocurre en realidad.

Tanto las aguas superficiales como los glaciares o el viento realizan erosión, transporte y sedimentación, pero cada uno de estos agentes geológicos lo hace de un modo específico. Así, las formas originadas por la acción del viento son muy diferentes de las generadas por un glaciar o un río.

El clima influye en cuál de estos agentes geológicos es el que predomina en una zona.

La estructura y disposición de los materiales

A veces, las rocas han sido plegadas o fracturadas y eso les proporciona una forma inicial que condiciona el modelado que tendrán. De este modo, un mismo tipo de roca podrá originar relieves diferentes dependiendo de que se encuentre plegada o no, así como de que esté fracturada o no.

El modelado del relieve también dependerá de si las rocas están dispuestas en capas o estratos horizontales o si, por el contrario, esas capas están inclinadas o verticales.

La disposición de los materiales condiciona su modelado. Costa de Deba (Gipuzkoa).

La presencia de fisuras verticales por las que penetra el agua origina estas formas. Riglos (Huesca).

El **MODELADO** de un relieve es consecuencia de la interacción del **tipo de roca** existente con el **clima** de la zona, la **estructura y disposición de los materiales** que lo componen y la **antigüedad**.

La antigüedad del relieve

Aunque lo hace de manera muy lenta, el relieve de cualquier zona está cambiando continuamente. En consecuencia, un relieve joven será diferente de otro muy antiguo en el que los procesos de meteorización, erosión y sedimentación lleven actuando muchos millones de años.

En general, a igualdad de otras características, los relieves jóvenes suelen ser más abruptos que los antiguos o seniles.

Las grandes alturas con crestas dentelladas y con profundos valles excavados por torrentes y glaciares son típicas de los relieves jóvenes. Picos de Pineta, Pirineos (Huesca).

Los relieves de poca altitud y de formas pesadas, hendidos por valles amplios, son propios de los macizos antiguos. Sierra Luenga, Montes de Toledo (Toledo).

ACTIVIDADES

1. **Resume** en una tabla o esquema los principales factores que determinan las formas del relieve.
2. **Razona.** Una roca salina, como el yeso, ¿se erosionará más en un clima seco o en uno húmedo?
3. **Explica** por qué un relieve senil (anciano) es más suave y llano que el de esa zona cuando su antigüedad era menor.
4. **Reflexiona.** Una roca con fracturas o fisuras, ¿se erosionará más o menos que otra que no las tenga? ¿Por qué?

3 Relieves calizos

» Karst

La palabra karst, que proviene de *Carso/Kras*, una región italo-eslovena de mesetas calcáreas con un relieve característico, se utiliza para denominar la forma de relieve originada por meteorización química de determinadas rocas, como la caliza, la dolomía o el yeso.

La caliza está constituida por **carbonato de calcio**. Es una roca poco permeable y bastante resistente a la meteorización física. Sin embargo, se disuelve en agua cuando esta lleva cierta cantidad de ácido carbónico. Ese ácido se origina al reaccionar el dióxido de carbono con el agua:

$$CO_2 + H_2O \rightleftarrows H_2CO_3$$

Como es una reacción muy frecuente, el agua en la naturaleza suele contener una pequeña proporción de ácido carbónico. Incluso el agua de lluvia lo lleva, ya que ha incorporado dióxido de carbono del aire. Y en su circulación por el suelo, las aguas recogen más dióxido de carbono procedente de la respiración de los organismos que viven en él.

Formas kársticas de superficie o exokarst

El agua que discurre por la superficie caliza disuelve poco a poco la roca y da lugar a formas de relieve muy características.

1. **Lenar o lapiaz.** Son pequeños surcos o acanaladuras separados por agudas crestas, que se forman en la superficie de la caliza por la acción disolvente del agua de lluvia.

2. **Dolinas.** Depresiones de contorno circular y forma de embudo que se originan en lugares en los que se acumula el agua de lluvia.

3. **Uvalas.** Depresiones extensas de contorno irregular formadas por la unión de varias dolinas.

4. **Cañones.** Valles de paredes casi verticales formados por la circulación de torrentes o ríos por zonas calizas. Sus recodos se conocen como **hoces**.

ACTIVIDADES

1. Explica. Todos los procesos kársticos se generan como consecuencia de la misma reacción, que a veces se produce en un sentido y otras veces en el sentido inverso. ¿Cuál es esa reacción?

2. Describe cómo sería el proceso de formación de una uvala a partir de varias dolinas.

3. Investiga. El poljé es una forma kárstica de superficie. Busca información sobre su génesis y aspecto y cita algún ejemplo de poljé de la geografía ibérica.

4. Clasifica todas las formas kársticas citadas en este epígrafe según sean "constructivas", formadas por la precipitación del carbonato cálcico, o "destructivas", creadas al disolverse la caliza.

5. Razona. ¿Podría darse un modelado kárstico en una zona donde la roca predominante fuera el yeso? ¿Y en una zona granítica?

6. Explica qué es un lapiaz y cómo se forma. ¿Se trata de una forma exokárstica o endokárstica?

Formas kársticas subterráneas o endokarst

Las aguas superficiales tienen dificultad para infiltrarse en la caliza, ya que es una roca poco permeable. Sin embargo, pueden penetrar en el interior del macizo kárstico aprovechando las grietas y las superficies que separan unos estratos de otros, o **planos de estratificación**.

5. Simas. Conductos verticales originados por la circulación del agua por las grietas de la caliza.

6. Galerías. Conductos horizontales originados por la circulación del agua por los planos de estratificación.

7. Cuevas. Formadas por el ensanchamiento de las galerías.

8. Estalactitas. Formación calcárea y puntiaguda que cuelga del techo de las cuevas kársticas. Se forman por depósito del carbonato cálcico que lleva el agua que gotea desde los niveles superiores.

9. Estalagmitas. Similares a las estalactitas, pero se encuentran en el suelo de las cuevas y se originan también por el depósito del carbonato cálcico del agua que gotea.

La unión de una estalactita y una estalagmita da lugar a la formación de una **columna**.

4 Relieves graníticos

Relieve granítico.

El **granito** es una de las rocas más frecuentes en los continentes. Está constituido por cuarzo, feldespatos y mica. Además, posee dos características que determinan su modelado y hacen que sus relieves resulten reconocibles:

- Es una **roca vulnerable a la meteorización química**, debido a que algunos de sus minerales integrantes, los feldespatos y la mica, se descomponen bajo la intervención del agua y el aire.
- **Presenta numerosas grietas o diaclasas** distribuidas en planos verticales y horizontales que dividen el granito en bloques.

Un relieve granítico poco alterado muestra una división en bloques cúbicos. Pero, lentamente, la circulación del agua por su superficie y por las diaclasas favorece su meteorización.

Evolución de un relieve granítico

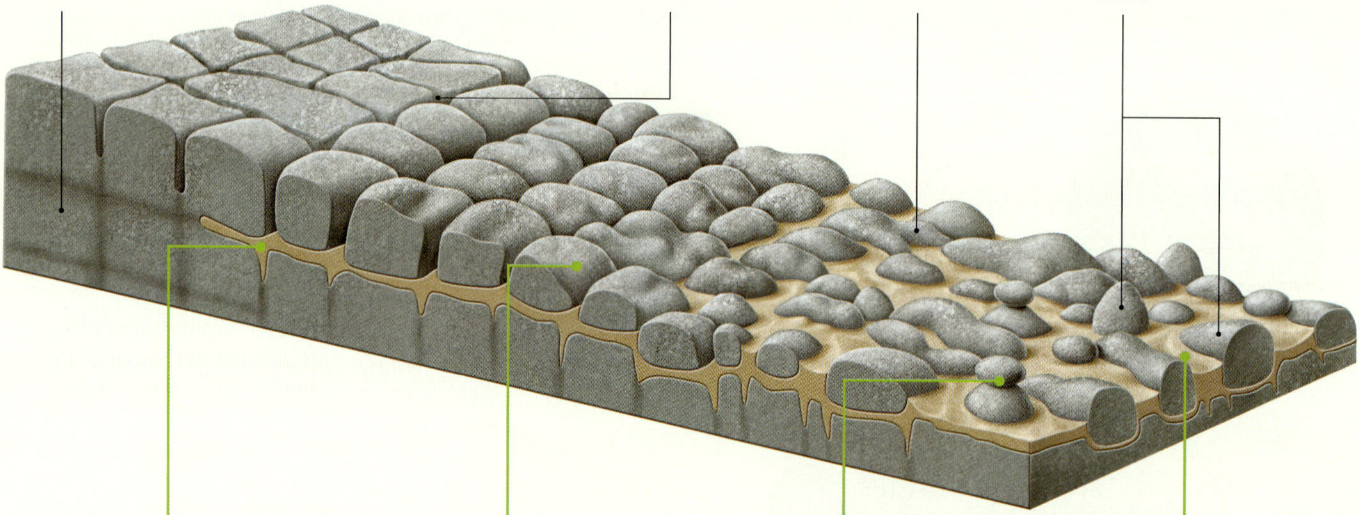

1. El agua penetra a través de las diaclasas y comienza el proceso de **meteorización química**.

La meteorización es mayor en las esquinas de los bloques, ya que tienen más superficie de contacto con las aguas circulantes.

2. Los bloques de granito reducen su volumen y adquieren formas redondeadas, dando lugar a la **formación de bolos**.

La meteorización química origina arena gruesa residual que queda entre los bloques.

3. La retirada de la arena de las zonas más altas deja los bolos dispuestos unos sobre otros de un modo más o menos caótico.

Esta formación se conoce como **caos de bolos**.

4. La arena retirada de la parte más alta por las aguas se deposita en las más bajas, originando un **suelo arenoso** que contiene los cristales de cuarzo sin modificar y los residuos alterados de los feldespatos y las micas.

Formas graníticas

El relieve formado por bolos de granito en disposición caótica recibe el nombre de **berrocal**. En fases muy avanzadas del proceso de alteración, queda un relieve muy suave, denominado **tor**, en el que solo permanecen algunos bolos dispersos.

En ocasiones, las diaclasas verticales que dividen el granito se encuentran muy distanciadas entre sí y en su lugar hay otras de forma curva. Así, se originan estructuras aisladas que destacan en el relieve, son los **domos**.

5 Otros relieves litológicos

Relieves arcillosos

Las **arcillas** son sedimentos y rocas sedimentarias de grano muy fino. Se caracterizan por ser **poco resistentes**, **blandas** e **impermeables**. Esto hace de ellas unos materiales fácilmente erosionables por las aguas superficiales.

Normalmente se acumulan en las partes más bajas. Hasta allí han sido llevadas por procesos de erosión, transporte y sedimentación. En nuestro país, muchas de las depresiones en torno a los ríos, como la depresión del Guadalquivir, se encuentran cubiertas por arcillas. En estas zonas las arcillas forman **amplias llanuras**.

Sin embargo, si las arcillas ocupan lugares relativamente elevados, las aguas las erosionan intensamente y originan unos relieves muy accidentados, con numerosos **barrancos** y **cárcavas**. La formación de este tipo de relieves, que reciben el nombre de ***badlands*** ('tierras malas'), es frecuente en climas áridos y semiáridos, con lluvias escasas pero torrenciales, en los que los suelos tienen poca cobertura vegetal.

Junto a la caliza y el granito, las arcillas son los materiales que cubren un porcentaje más alto de la superficie de España.

Relieves con alternancia de rocas

Habitualmente, los relieves no están formados por un solo tipo de roca, sino que presentan materiales de diversa naturaleza y composición. En estas condiciones la litología variada no proporciona unas características que los haga identificables.

Sin embargo, hay excepciones. Es el caso de aquellos relieves en los que se alternan rocas fácilmente erosionables, como las arcillas, con otras más resistentes a la erosión, como las areniscas o las calizas. En estas zonas las capas de rocas más resistentes protegen de la erosión a las más blandas, pero allí donde la erosión consigue perforar las rocas duras, las blandas son rápidamente erosionadas. Así se originan **mesas** y **cerros testigo** si las capas están horizontales, o **relieves en cuesta**, si se encuentran inclinadas.

Evolución de un relieve con alternancia de rocas

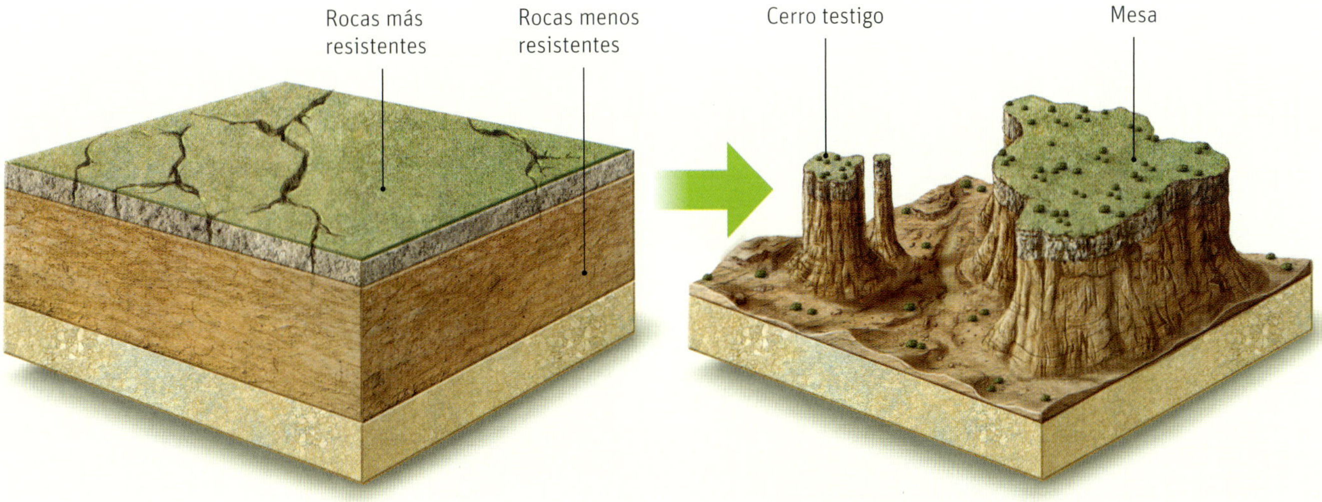

ACTIVIDADES

1. Deduce. El granito es muy resistente a la meteorización física, pero no a la química. ¿Su meteorización será más rápida en un clima húmedo o en uno árido?

2. Razona. ¿Qué papel desempeña la erosión en la evolución de un relieve granítico?

3. Reflexiona. Si los domos graníticos sobresalen es porque se erosionan menos. ¿Por qué crees que son más resistentes a la erosión?

4. Explica. ¿Qué condiciones geológicas deben darse para que la erosión genere un cerro testigo?

6 Los agentes geológicos y la energía que los mueve

Las aguas superficiales, los glaciares, el viento o el mar actúan sobre el relieve terrestre y lo modelan, por esta razón se consideran **agentes geológicos**.

De todos ellos, son las aguas superficiales las que más intervienen en el modelado de los continentes, retirando materiales de las zonas altas y depositándolos en las más bajas. Si realizan esta actividad geológica es porque se mueven. Pero ¿qué causa el movimiento de las aguas?

Dos son los motores principales de estos agentes geológicos:

- La **gravedad**, pues es la causa de que las aguas se desplacen a favor de la pendiente. Pero este no es el único motor ya que, si solo interviniera la gravedad, las aguas ocuparían las zonas más bajas de la superficie terrestre y no se moverían de ahí.
- La **energía solar** es el otro gran motor de los agentes geológicos, ya que pone en marcha el ciclo del agua, es el origen del viento y, de forma indirecta, es responsable de las olas del mar.

El motor de los agentes geológicos

1. La **energía solar** calienta la superficie de los océanos y de los continentes, activando los agentes geológicos.

2. La energía solar favorece la **evaporación** de las aguas marinas y continentales. Ese vapor de agua se condensa y forma las nubes, de las que precipitará la lluvia o la nieve.

3. El **agua** de los ríos y el **hielo** de los glaciares descienden gracias a la **gravedad**.

4. También el **viento** es movido por la energía solar. En efecto, las radiaciones solares calientan la superficie de los océanos y los continentes. El aire, en contacto con ellos, se calienta a su vez, pierde densidad y se eleva. Y el aire más frío de otras zonas viene a ocupar el hueco que deja: así se origina el viento.

5. Las olas del **mar** que golpean y erosionan los acantilados son causadas por el viento y, por tanto, esta actividad geológica se debe indirectamente a la energía solar.

Procesos geológicos externos e internos

Las aguas superficiales, los glaciares, el viento y el mar se consideran **agentes geológicos externos** porque la fuente de energía que los activa viene del exterior: es la energía solar. Los **procesos geológicos externos** son las actividades de meteorización, erosión, transporte y sedimentación que realizan estos agentes.

Hay otros procesos geológicos como el **vulcanismo**, la **sismicidad** o la **dinámica de las placas litosféricas**, que también modifican la superficie terrestre pero que son impulsados por la **energía térmica del interior de la Tierra**. Para diferenciarlos de los anteriores se denominan **procesos geológicos internos**.

PRACTICA Los procesos geológicos externos.

PRACTICA Los procesos geológicos internos.

Los **procesos geológicos EXTERNOS** y los **INTERNOS** cambian la superficie terrestre.

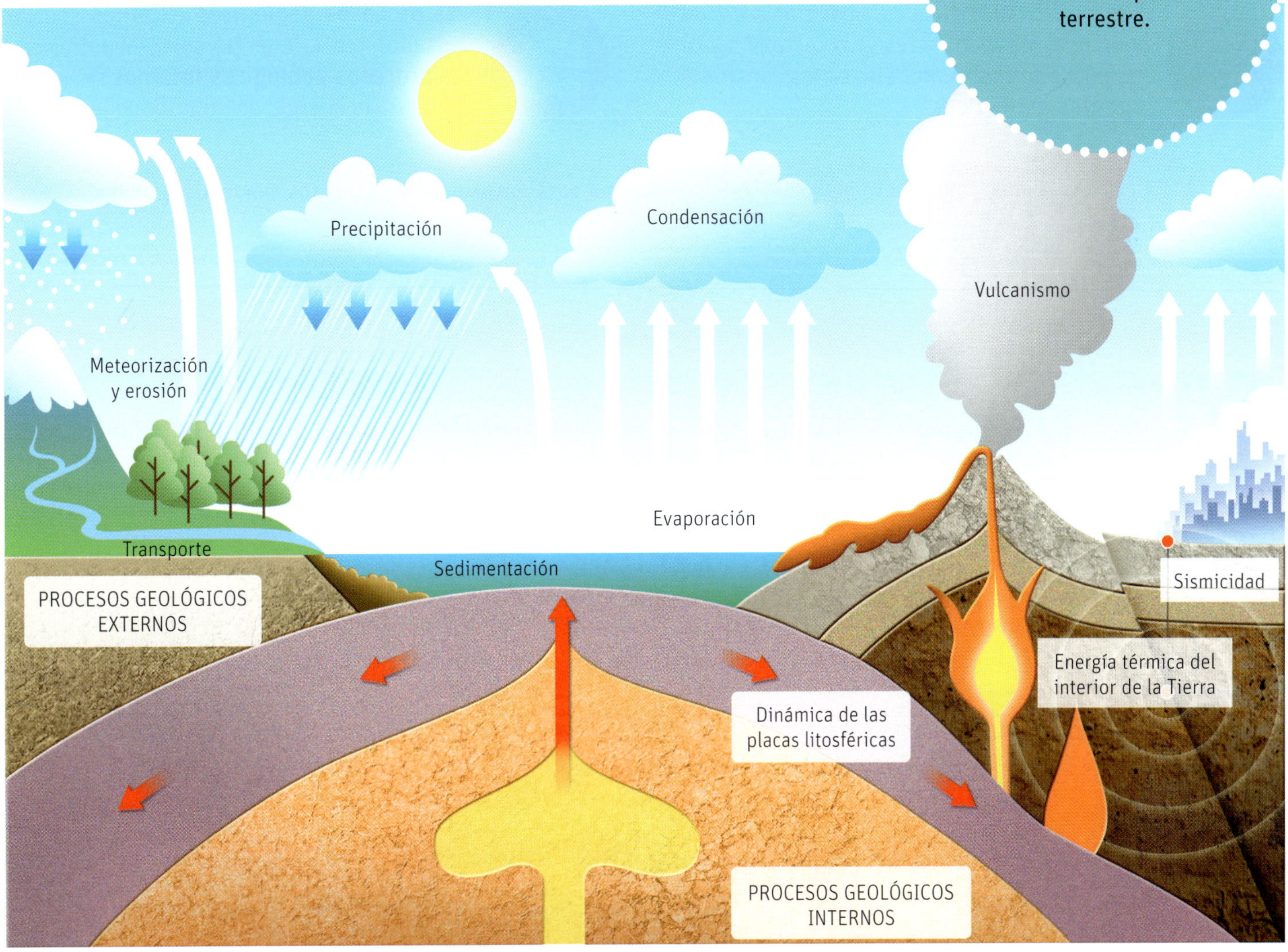

ACTIVIDADES

1. Explica qué criterio se utiliza para diferenciar entre procesos geológicos internos y externos.
2. Compara los procesos geológicos externos y los procesos geológicos internos. Indica qué tienen en común y en qué se diferencian.
3. Deduce. Los seres vivos, ¿pueden ser considerados como agentes geológicos externos? Justifica tu respuesta.
4. Razona. ¿De qué manera intervienen la energía solar y la gravedad en la actividad de un glaciar?
5. Justifica. La actividad volcánica modifica la superficie externa de la Tierra. Entonces, ¿por qué no se considera un proceso geológico externo?
6. Explica por qué es la energía solar la que, indirectamente, causa el oleaje.

El relieve

Los procesos geológicos internos y externos modelan el relieve y cambian la superficie terrestre.

El relieve cambia lentamente. Los procesos de **meteorización**, **erosión**, **transporte** y **sedimentación** modelan el relieve y favorecen la nivelación del terreno.

El modelado de un relieve es el resultado de la interacción del **tipo de roca** con el **clima**, la **estructura de los materiales** que lo componen y su **antigüedad**.

Las aguas superficiales, los glaciares, el viento, el mar o los seres vivos actúan sobre el relieve terrestre. Por ello se los considera **agentes geológicos**.

Rocas como las calizas, los granitos o las arcillas dan lugar a relieves de morfologías muy características, como los **relieves kársticos**, los **berrocales** o las ***badlands***.

La **energía solar** y la fuerza de la **gravedad** son los motores que causan la intervención de las aguas superficiales, los glaciares, el viento y el mar.

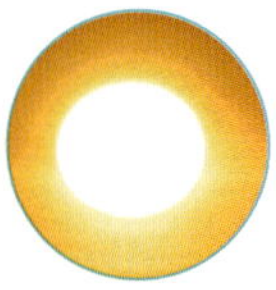

Los **procesos geológicos externos** son impulsados por la energía solar, mientras que los **procesos geológicos internos** se activan gracias a la energía del interior de la Tierra.

1. Organiza tus ideas . Copia, completa y amplía el siguiente esquema para construir tu propio mapa mental de la unidad.

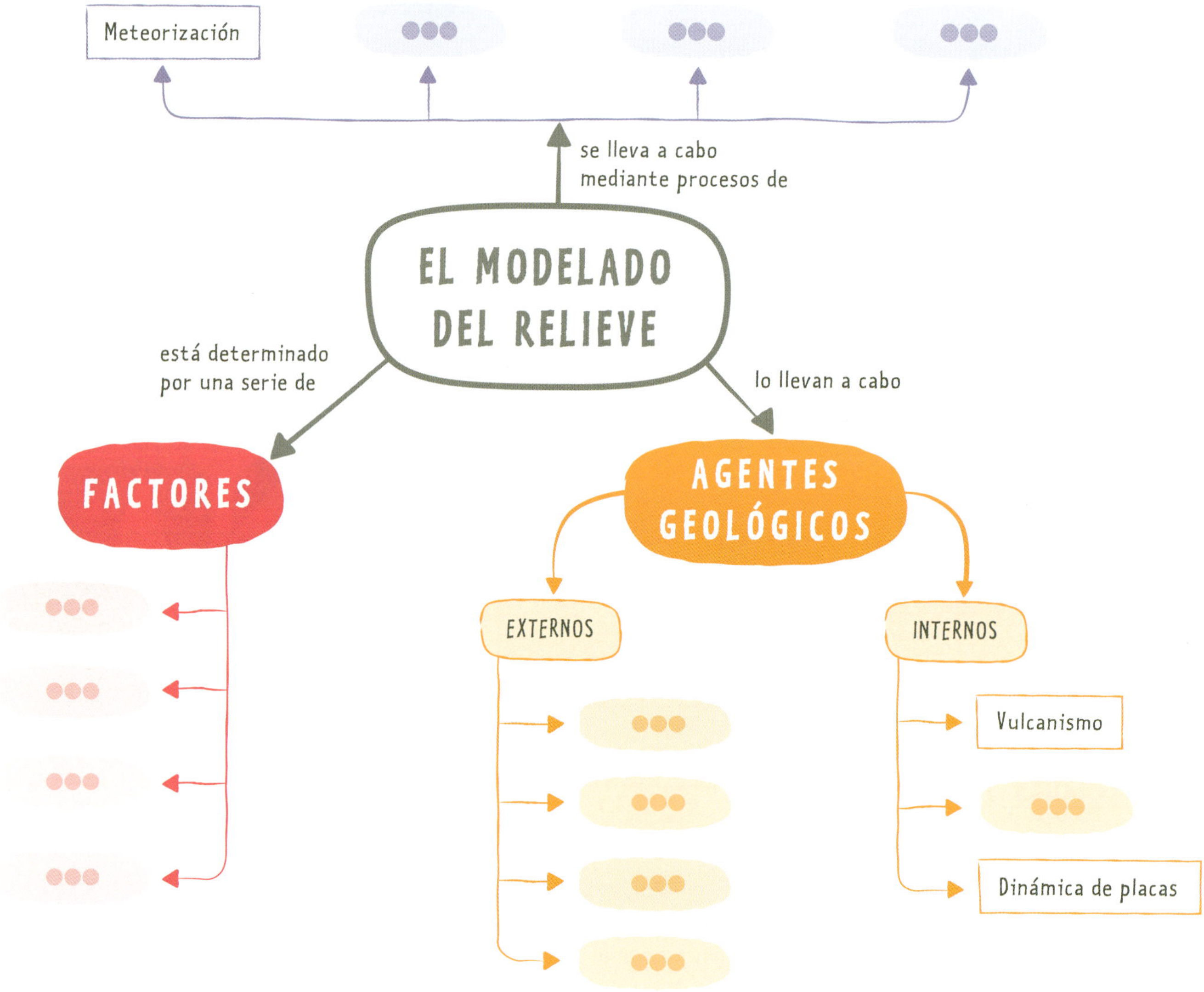

VALORA LO APRENDIDO Autoevaluación y resumen.

ACTIVIDADES FINALES

1. Explica qué es la meteorización y define los principales tipos de meteorización que existen.

2. Infiere. Esto es un bolo de granito rodeado de arena gruesa.

   a) ¿Qué tipo de alteración ha afectado a este bolo de granito?
   b) ¿Qué forma crees que tendría antes de ser alterado? ¿Cómo ha pasado de aquel estado inicial a este?
   c) ¿Cuál es el origen de la arena gruesa que rodea al bolo? ¿Qué minerales habrá en ella?

3. Razona. ¿Es lo mismo meteorización que erosión? Justifica adecuadamente tu respuesta.

4. Haz una lista con los principales factores que determinan las formas del relieve.

5. Elabora una hipótesis. Hemos construido en el laboratorio dos relieves del mismo tamaño y forma. El relieve A es de arena, mientras que el B es de grava gruesa. Sobre ambos vertemos la misma cantidad de agua.

   a) ¿Cuál de ellos crees que se erosionará más?
   b) ¿Por qué vertemos la misma cantidad de agua? ¿El resultado de la experiencia sería igual de concluyente si no lo hiciésemos así?

6. Calcula. La erosión desgasta los continentes a un ritmo medio de 5 cm cada mil años. Si se mantuviese el mismo ritmo de erosión y no se produjera otro tipo de cambios, ¿cuánto tardarían las cumbres más altas de nuestra Península (3400 m) en encontrarse al nivel del mar?

Pico Mulhacén (3479 m), Sierra Nevada (Granada).

7. Observa. En esta fotografía aparece una duna.

   a) ¿Qué agente geológico externo es el causante de su formación?
   b) Elabora un diagrama de flujo con los posibles agentes.
   c) ¿Qué procesos geológicos externos han favorecido la formación de esta duna?

8. Analiza. Esta fotografía de la NASA muestra la superficie del planeta Marte.

   a) ¿Hay huellas de la intervención de algún agente geológico externo? ¿Cuáles son?
   b) ¿De qué agente se trata? Justifica la respuesta.
   c) ¿Qué energía habrá activado a este agente geológico en Marte?

9. Predice. En la bóveda de una cueva kárstica hemos encontrado estas estructuras de las que gotea agua.

a) ¿Qué formas son?

b) ¿Qué proceso está ocurriendo en ellas?

c) ¿Cómo evolucionarán?

10. Define dolina y sima. ¿Se trata de formas de relieve endokársticas o exokársticas?

11. Soy competente

Uno de los relieves kársticos más conocidos de España es el de la Ciudad Encantada de Cuenca. En ella son muy frecuentes las formas que se asemejan a enormes setas. La más conocida es el Tormo Alto.

Observa la fotografía del Tormo Alto.

a) ¿Crees que está constituido por un solo tipo de roca?

b) ¿Cómo podrías explicar que la parte de abajo esté más erosionada que la de arriba?

c) ¿Crees que se trata de una forma exokárstica o endokárstica? Explica el motivo.

d) ¿Qué agente geológico externo consideras que ha intervenido más en esta zona? ¿Y qué proceso geológico ha realizado?

12. Explica qué son las formas de relieve kárstico constructivas y destructivas. Pon un par de ejemplos de cada una de ellas.

13. Observa y razona. En los paisajes graníticos es frecuente encontrar las conocidas como *piedras caballeras*, rocas graníticas de gran tamaño que se apoyan bien en el suelo o bien sobre otras rocas con cierto aire de inestabilidad. Observa la imagen de una piedra caballera y explica cómo ha podido formarse.

14. Explica por qué los bloques de granito adoptan formas redondeadas cuando se erosionan.

15. Deduce. El esquema representa cómo ha evolucionado un determinado relieve a lo largo del tiempo.

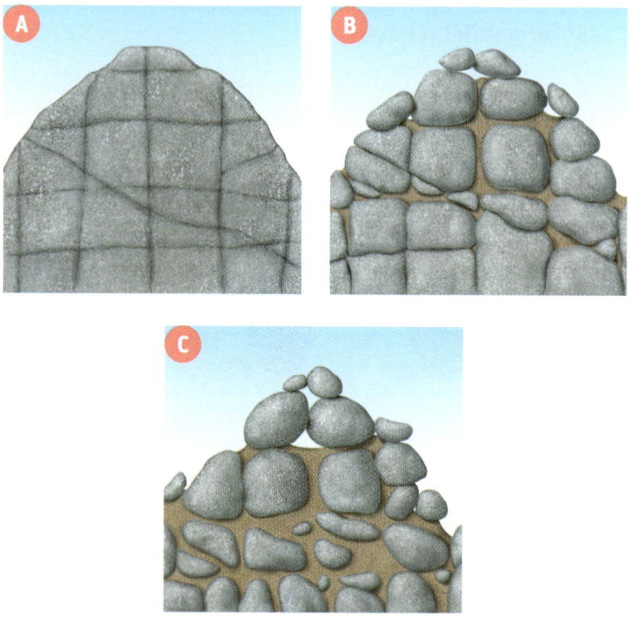

a) ¿De qué litología es este relieve?

b) ¿Qué formas identificas?

c) En el dibujo C aparecen dos materiales claramente diferenciados. ¿Cuáles pueden ser?

16. Explica el mecanismo por el cual se puede formar un cerro testigo.

17. Interpreta. La fotografía muestra una zona del sureste de la Península, el desierto de Tabernas (Almería). Es un espacio natural protegido, y en él se han filmado numerosas películas del Oeste. Observa con atención la imagen y responde a las cuestiones.

a) ¿Qué características tiene la roca que predomina en el relieve del desierto de Tabernas que estamos analizando? ¿Cuál es? ¿Hay alguna roca más?

b) ¿Qué procesos geológicos han intervenido en el modelado? ¿Cuál es más visible?

c) ¿Qué agente geológico externo ha modelado este desierto?

d) ¿Cuál es tu conclusión final sobre este relieve? ¿Qué denominación le darías?

18. Razona. ¿Podrán originarse *badlands* en una zona con vegetación abundante? ¿Por qué?

19. Observa la imagen, que muestra un relieve en cuesta. En él se aprecia una alternancia de areniscas y arcilla.

a) ¿Las largas cuestas coinciden con las arcillas o con las areniscas?

b) Haz un dibujo de cómo podría ser este relieve antes de que comenzara a erosionarse.

c) Explica cómo se ha pasado de la situación que has dibujado a la actual.

20. Retoma la pregunta de la apertura de unidad y respóndela utilizando todos los conocimientos adquiridos.

Ciencia en la calle

Lee y comprende el siguiente texto:

Un templo egipcio en pleno Madrid

En 1968 Egipto regaló a España el templo de Debod en agradecimiento por los trabajos realizados por nuestro país en la protección de restos arqueológicos del antiguo Egipto.

El templo fue trasladado piedra a piedra y montado de nuevo en Madrid. Sus rocas se encontraban en excelente estado de conservación a pesar de sus 2200 años de antigüedad. Sin embargo, apenas unas décadas después, pueden apreciarse perfectamente los efectos de la meteorización en ellas.

a) ¿Por qué en menos de 50 años en Madrid la meteorización ha sido mayor que en 2200 años en el desierto egipcio del que proceden?

b) ¿Qué demuestra este caso sobre el modo en que actúa la meteorización química?

10 LAS AGUAS CAMBIAN EL RELIEVE

En esta unidad aprenderás...

- Cuáles son los caminos del agua.
- Qué factores determinan la capacidad erosiva de las aguas superficiales.
- Qué formas de relieve originan las aguas superficiales.
- Qué factores determinan el volumen de agua que se infiltra en el terreno.
- Qué es un acuífero y qué consecuencias tiene su explotación.

¿Es inevitable una inundación?

El río Francolí es un curso fluvial de caudal irregular que discurre por la provincia de Tarragona. A finales de octubre de 2019, durante un episodio de fuertes lluvias, el caudal de este río se multiplicó por más de mil, provocando importantes daños personales y materiales.

Estos episodios de lluvias intensas son frecuentes en el litoral mediterráneo durante los meses de septiembre y octubre.

Resulta sorprendente que sigamos estando poco preparados para evitar los efectos catastróficos de un fenómeno tan previsible como este.

- ¿De dónde vinieron las aguas que desbordaron el río Francolí y en qué sentido se desplazaron?
- ¿Qué zonas crees que fueron las más afectadas por la crecida del río?
- ¿Qué color tenían las aguas que causaron las inundaciones? ¿Por qué?
- ¿Qué huellas deja una inundación una vez que se retiran las aguas?
- ¿Qué se puede hacer para reducir los efectos de estos eventos catastróficos?

1 Las aguas superficiales

Los procesos geológicos que realizan las **aguas superficiales** suelen ser lentos, graduales y continuos, pero también pueden ser esporádicos y muy intensos, como los que tienen lugar, por ejemplo, durante una inundación.

Los caminos del agua

Algo más del 97 % del agua de la Tierra se halla en los océanos. De ellos procede la mayor parte del agua que se evapora y forma las nubes, y a ellos caen directamente la mayoría de las precipitaciones.

Los caminos del agua

El agua de lluvia que cae sobre las tierras emergidas, ya sean continentes o islas, puede seguir tres caminos:

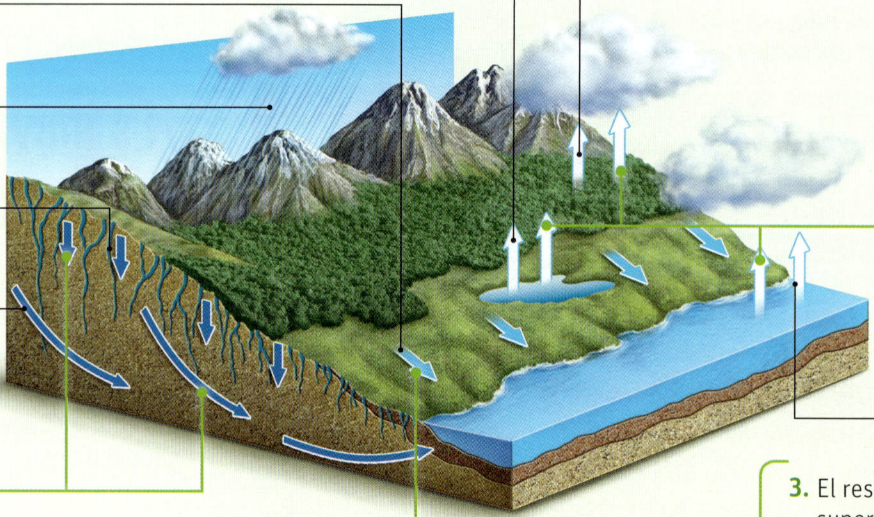

1. Una parte se infiltra en el terreno y origina las **aguas subterráneas**.
2. Otra parte vuelve a la atmósfera a través de la **evaporación**.
3. El resto discurre por la superficie, originando las **aguas superficiales** o escorrentía superficial.

La proporción de agua que sigue cada uno de estos recorridos depende de las condiciones climáticas, del tipo de roca y de la pendiente del terreno.

Así, en los climas áridos se evapora un porcentaje de agua de lluvia mayor que en los climas húmedos y fríos.

Las aguas superficiales incluyen las **aguas sin encauzar**, los **torrentes**, los **ríos** y los **lagos**.

Aguas sin encauzar

Las primeras gotas de lluvia que caen sobre las tierras emergidas son absorbidas por el suelo, o se evaporan y regresan a la atmósfera. Pero llega un momento en que la tierra se satura y el agua comienza a discurrir por la superficie, formando las **aguas de arroyada** o **aguas salvajes**.

Se denomina así a las aguas que no circulan por un valle. Inicialmente forman una delgada lámina que fluye por la superficie. Luego se agrupan en hilillos, o regueros, que se enlazan hasta desembocar en una **cárcava** o un valle.

Las aguas salvajes tienen un **gran poder erosivo**. En su recorrido hacia zonas más bajas, desgastan las rocas y arrastran una gran cantidad de materiales de la superficie terrestre.

>> Cárcavas

Las cárcavas son hoyas o concavidades formadas en el terreno por la acción erosiva de las aguas de arroyada. Se producen en zonas en las que predominan los materiales blandos, y tienen el aspecto de abarrancamientos con largos surcos de bordes vivos.

La actividad erosiva de las aguas de arroyada

La actividad erosiva realizada por las aguas de arroyada varía de unos lugares a otros en función de los siguientes factores:

- **El clima.** Determina el régimen de lluvias, es decir, la cantidad de lluvia caída y el ritmo al que lo hace, así como la importancia de la evaporación. Cuanto mayor sea el volumen de la escorrentía superficial, más intensa será la erosión.
- **El tipo de materiales.** En la superficie terrestre existe una gran diversidad de materiales y no todos ofrecen la misma resistencia a la erosión. Así, una zona constituida por arena o arcilla se erosionará más fácilmente que otra formada por una roca cohesionada y compacta, como el granito.
- **La pendiente del terreno.** Determina la velocidad a la que se desplazan las aguas. Cuanto mayor sea la pendiente, mayor será la velocidad y tanto más intensa será la erosión.
- **La vegetación.** Tiene una doble influencia: dificulta el desplazamiento del agua reduciendo su velocidad, y retiene con sus raíces los materiales del suelo, incrementando su resistencia a la erosión. Como consecuencia, una superficie cubierta de vegetación resulta menos erosionable que otra desprovista de ella.

En su recorrido hacia zonas más bajas, las **AGUAS SALVAJES erosionan el relieve** porque arrancan los materiales sueltos y desgastan las rocas.

Formas originadas por las aguas de arroyada

La actividad erosiva de las aguas de arroyada genera en el relieve algunas formas fácilmente reconocibles:

Regueros

A medida que circulan por la superficie, las aguas salvajes arrastran materiales y excavan pequeños surcos que contribuyen al encauzamiento progresivo de las aguas. Esto ocurre especialmente en zonas con materiales sueltos, fácilmente erosionables, o con rocas que se disuelven en el agua, como las rocas salinas o las calizas.

Chimeneas de hadas

Son pirámides y torres modeladas en materiales fácilmente erosionables, que están coronadas y protegidas por rocas más resistentes. Se producen como consecuencia de la distinta respuesta de dos materiales ante el mismo agente geológico, en este caso, las aguas de arroyada. Este proceso se denomina **erosión diferencial**.

ACTIVIDADES

1. Razona. Buena parte de las precipitaciones se produce en forma de nieve. ¿La nieve origina aguas superficiales o sigue un camino independiente?
2. Explica por qué el porcentaje de agua de lluvia que se evapora en un clima seco es mayor que en un clima húmedo.
3. Deduce. ¿Por qué las aguas salvajes suelen tener color de barro en lugar de ser transparentes?
4. Razona. Suponiendo los otros factores iguales, ¿se infiltrará más agua en una zona de pendiente fuerte o en una de pendiente suave? ¿Por qué? ¿Afectará eso al porcentaje de escorrentía?
5. Elabora un esquema para describir los factores que determinan la actividad y el efecto erosivo de las aguas de arroyada. Puedes empezar del siguiente modo:

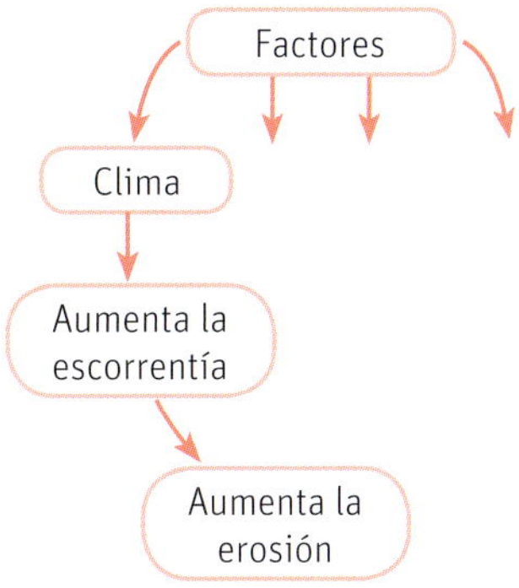

2 La acción de los torrentes

El progresivo encauzamiento de las aguas de arroyada origina los torrentes y los ríos.

Un **torrente** es un curso de agua con cauce fijo, poca longitud, mucha pendiente y caudal irregular. Por caudal se entiende el volumen de agua que circula por unidad de tiempo. Suele medirse en metros cúbicos por segundo. El régimen irregular de los torrentes hace que, con frecuencia, pasen de estar secos a llevar un caudal importante.

Partes de un torrente

En un torrente se pueden diferenciar tres tramos:

Cuenca de recepción

Es la zona alta. En ella se recogen y se encauzan las aguas de arroyada. Con frecuencia tiene apariencia de medio embudo. En este tramo predomina la erosión.

Canal de desagüe

Es el cauce por el que salen el agua recogida en la cuenca de recepción y los materiales que ha erosionado. En este tramo predomina el transporte, aunque la erosión continúa siendo importante, y hace que el valle sea más ancho y profundo.

Cono de deyección

Es el abanico formado por el depósito de los materiales erosionados y transportados en los dos tramos anteriores del torrente. También recibe el nombre de **abanico aluvial**. En este tramo el proceso que predomina es la sedimentación.

Como los ríos y los demás agentes geológicos externos, los TORRENTES erosionan, transportan materiales y los depositan.

ACTIVIDADES

1. Elige la opción correcta.

   Los torrentes son:

   a) Aguas con cauce fijo y caudal intermitente.
   b) Aguas con cauce intermitente y caudal fijo.
   c) Aguas con cauce y caudal fijos.
   d) Aguas con cauce y caudal intermitentes.

2. Explica las diferencias principales que existen entre las aguas de arroyada y los torrentes.

3. Piensa y razona. ¿En qué zona de un torrente podemos encontrar sedimentos?

4. Dibuja en tu cuaderno el esquema de un torrente y señala en él las distintas partes que lo forman.

3 La erosión fluvial

Los ríos son cursos de agua que poseen un cauce fijo como los torrentes, pero tienen mayor longitud, menor pendiente media y son más estables que ellos.

¿De dónde viene el agua de un río?

Los ríos se alimentan del agua que recogen a lo largo de su **cuenca hidrográfica**.

La cuenca hidrográfica

El área que incluye todo el territorio que vierte sus aguas a un mismo río se denomina **cuenca hidrográfica**.

El límite entre dos cuencas hidrográficas contiguas viene marcado por una línea de cumbres imaginaria, llamada **divisoria de aguas**. Las precipitaciones caídas a cada lado de la divisoria van a parar a una cuenca hidrográfica distinta.

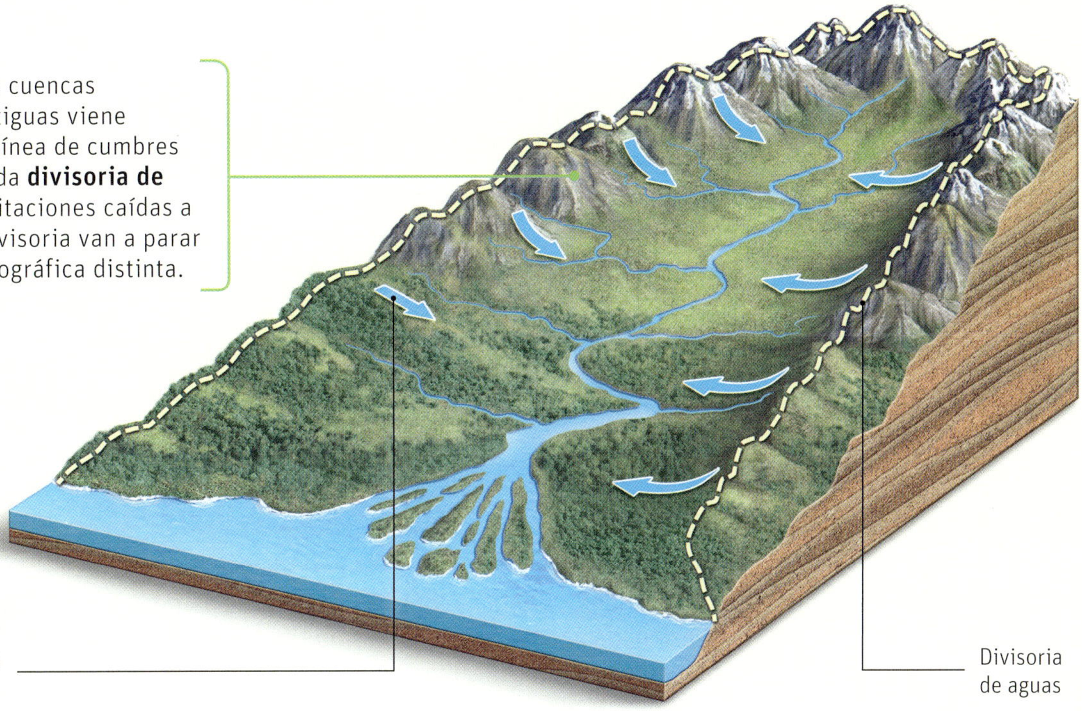

La cuenca hidrográfica de un río puede ser un área muy extensa, ya que incorpora la cuenca de sus afluentes y subafluentes. Por ejemplo, aunque el río Guadalquivir nace en Andalucía, y todo su recorrido, hasta la desembocadura, transcurre por esta comunidad autónoma, su cuenca incluye también parte de la Región de Murcia, de Castilla-La Mancha y de Extremadura.

Todo **VALLE FLUVIAL** se ha originado, total o parcialmente, gracias a la **erosión** de las aguas de ese río.

¿Cómo se origina el valle de un río?

Las aguas de todos los ríos erosionan su cauce y hacen que su valle sea cada vez más ancho y más profundo.

La capacidad erosiva de un río depende de dos factores fundamentales:

- **Su caudal.** Un río erosionará tanto más cuanto mayor sea el volumen de agua que transporta por unidad de tiempo.
- **Su pendiente.** Cuanto mayor sea esta, más velocidad llevarán sus aguas y más profunda será la erosión.

Con frecuencia, las aguas superficiales aprovechan las fracturas y las zonas más bajas del relieve para circular por ellas, y ese puede ser el origen de un valle fluvial.

En cualquier caso, tanto si las aguas se han aprovechado de una estructura para comenzar a formar su valle, como si no, **todos los ríos excavan en su valle**.

ACTIVIDADES

1. Explica la diferencia entre un río y un torrente.
2. Deduce. ¿Dónde será mayor la erosión, en un tramo fluvial de montaña o en un tramo de llanura? Justifica tu respuesta.

4 El transporte y la sedimentación fluvial

Como ocurre con la erosión, también la **capacidad de transporte de un río** aumenta con su **CAUDAL** y su **VELOCIDAD**.

El río transporta y deposita materiales

Los materiales erosionados por las aguas son transportados río abajo. Se denomina **carga** al conjunto de materiales que transporta un río.

En función de las características de la carga, el río puede transportarla de diversas maneras:

- **En disolución.** Así son desplazados algunos materiales solubles, como las sales.
- **En estado sólido.** Dependiendo del tamaño de los materiales y de la velocidad de la corriente, las partículas sólidas viajan en **suspensión**, si son pequeñas; por **saltación**, si son de tamaño medio, o por **rodadura**, si son grandes y no pueden ser levantadas por la corriente.

Los materiales transportados influyen en la actividad erosiva del río. Así, el golpeo de los fragmentos de rocas contra el fondo y las paredes del cauce incrementa la erosión ocasionada por las aguas. Al mismo tiempo, esos materiales se van desgastando, se redondean y reducen su tamaño. De este modo se forman los **cantos rodados**.

¿Por qué se depositan los materiales?

Un río deja siempre depositados a lo largo de su recorrido todos aquellos materiales que no puede transportar y que reciben el nombre de **sedimentos**.

Si van cargadas de materiales y llegan a una zona con menor pendiente, las aguas reducirán su **velocidad** y, por tanto, su capacidad de transporte. En consecuencia, dejarán parte de la carga que llevaban. Depositarán primero los materiales de mayor tamaño. Los más finos podrán mantenerse en suspensión, incluso con velocidades muy pequeñas.

Como la capacidad de transporte no solo depende de la velocidad de las aguas sino también de su **caudal**, cualquier aumento de este supondrá que el río será capaz de transportar más materiales. Por esta razón, cuando se producen intensas lluvias las aguas tienen color de barro y arrastran bloques de gran tamaño.

El valle fluvial

La forma del valle de un río cambia desde su cabecera, o tramo alto, hasta la zona próxima a su desembocadura, o tramo bajo.

¿Qué forma tiene el valle?

Tramo alto

Se trata de la parte del curso fluvial más próxima a la cabecera.

En este tramo, el río circula entre montañas, las aguas van a mayor velocidad y excavan un profundo valle cuyas laderas **forman una V**.

En esta zona son más frecuentes los saltos de agua o **cascadas**.

Tramo medio

El terreno posee menor pendiente, el río reduce su velocidad y deposita parte de los materiales que transportaba. Así, en el fondo de su cauce se forma un lecho de sedimentos que protegen de la erosión a las rocas que hay debajo. De este modo, el río profundiza menos en su cauce.

En este tramo, su actividad erosiva la realiza preferentemente en los márgenes, **ensanchando el cauce**.

Tramo bajo

El valle es mucho más abierto y sus laderas tienen pendientes muy suaves.

El río describe curvas con más frecuencia, denominadas **meandros**, y suele utilizar únicamente una pequeña parte del valle.

Cuando se producen crecidas, el agua ocupa una zona mayor, conocida como **llanura de inundación**.

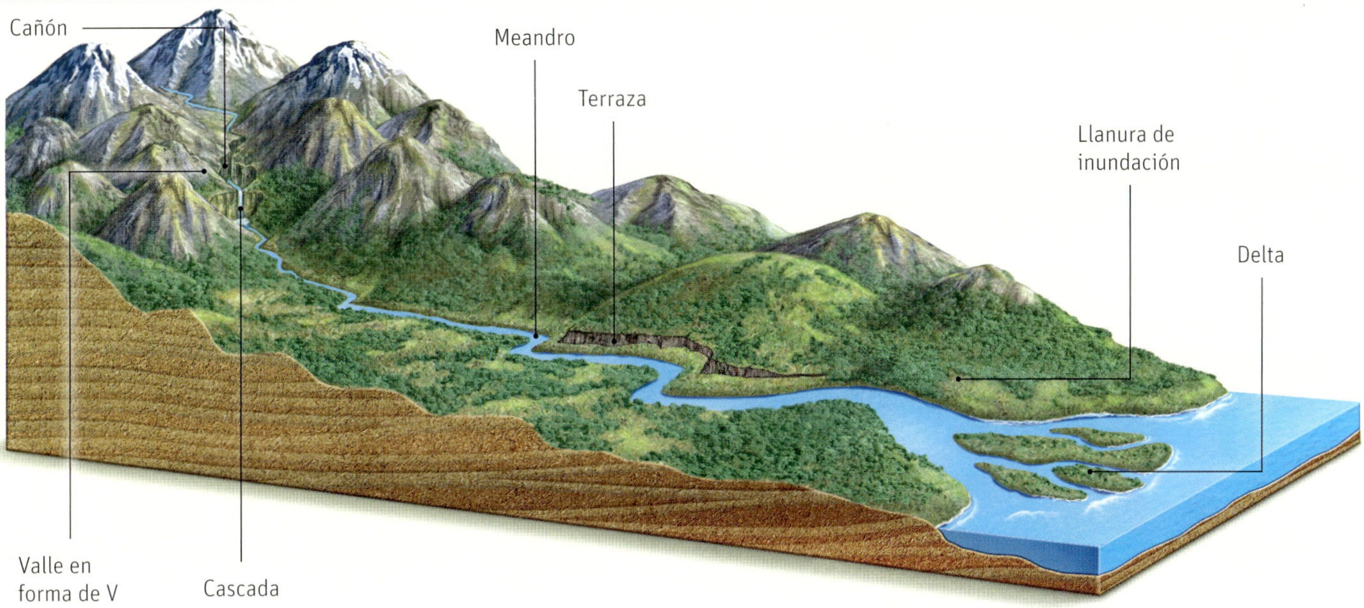

El origen de las formas fluviales

Las formas fluviales se clasifican atendiendo al proceso que las ha originado:

- **Formas de erosión**, como los valles en forma de V y las cascadas.
- **Formas de depósito**, como las llanuras de inundación, los abanicos aluviales o los deltas que se generan en la desembocadura de algunos ríos.
- **Formas mixtas**, como los meandros y las **terrazas fluviales**. En su formación intervienen procesos de erosión y depósito.

COMPRENDE Cómo cambia un río desde su nacimiento hasta su desembocadura.

ACTIVIDADES

1. Reflexiona. ¿Adónde irán los materiales erosionados de las montañas?

2. Dibuja en tu cuaderno el valle de un río en cada uno de sus tramos. ¿En cuál de ellos será más ancho? ¿En cuál más profundo?

3. Deduce. ¿En qué tramo del río es más probable que haya bloques y cantos de gran tamaño?

4. Razona. En la orilla de un río hemos hallado arenas y cantos rodados, pero no materiales muy finos. ¿Cómo puede explicarse esto?

5 Las aguas subterráneas

Parte del agua de lluvia, de las aguas superficiales y de las originadas al fundirse el hielo se infiltra a través del terreno originando las **aguas subterráneas**.

El volumen de agua subterránea que hay en la Tierra es siete veces superior al de las aguas superficiales.

¿Cómo se infiltra el agua?

El agua penetra en el terreno aprovechando los poros y las fisuras que hay en él, y se desplaza hacia el interior gracias a la gravedad. Si este proceso ocurre con facilidad se dice que el terreno es permeable, y en caso contrario, que es impermeable.

La permeabilidad de las rocas

Se entiende por **permeabilidad** de una roca (o de un suelo) la capacidad que tiene para dejar pasar el agua a través de ella.

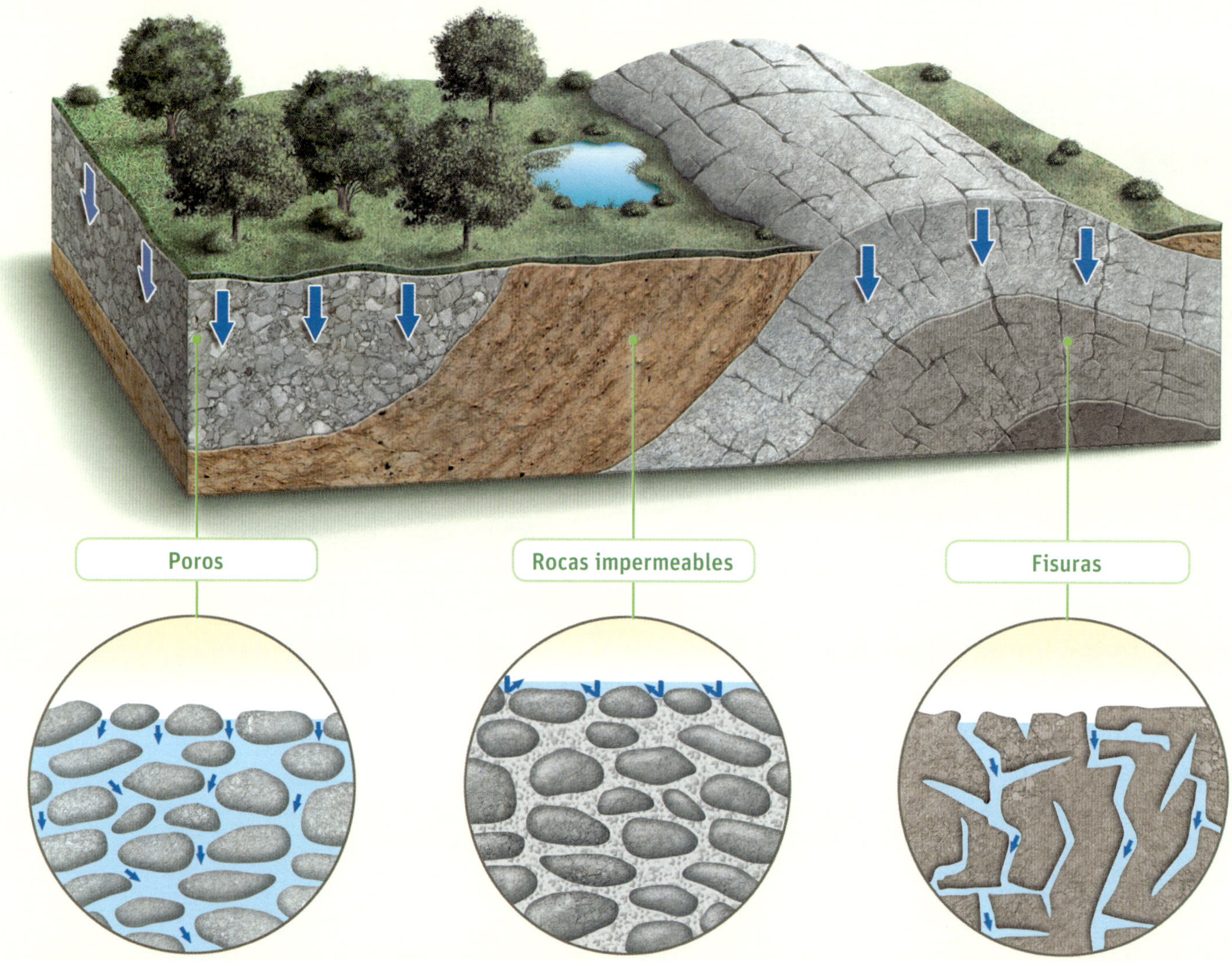

En las rocas porosas el agua circula a través de los poros. En general, cuantos más poros y de mayor tamaño tenga una roca, más permeable será.

A veces el agua no puede circular a través de los poros, bien porque son microscópicos, como en las arcillas, o bien porque no están comunicados unos con otros.

Algunas rocas poco porosas, como la caliza o el granito, presentan fisuras por las que el agua puede pasar con facilidad.

¿Adónde va el agua subterránea?

El agua infiltrada circula por los poros y las grietas del terreno hasta alcanzar una roca impermeable que le impide el paso. Entonces se acumula, ocupando todos esos huecos del terreno, de manera similar a como lo hace en una esponja.

OBSERVA Cómo es y cómo funciona un acuífero.

El acuífero

Se denomina **acuífero** a toda roca porosa del subsuelo que puede almacenar agua y permite su circulación. Un acuífero tiene la siguiente estructura:

Zona de aireación

Es la zona superior, donde los poros aún no están saturados de agua y queda aire en ellos.

Nivel freático

Es la superficie más alta de la zona saturada y marca la separación con la zona de aireación.

Zona saturada

Es la zona que tiene todos sus poros y grietas llenos de agua.

En un acuífero, el límite inferior de su zona saturada es fijo, y viene marcado por la situación de la roca impermeable. Por el contrario, la superficie superior, o **nivel freático**, sube y baja según el volumen de agua que contenga el acuífero en cada momento.

El nivel freático suele estar a cierta profundidad, pero, en ocasiones, la superficie del terreno corta al nivel freático, produciéndose una **fuente**. Muchos de los ríos de nuestro país tienen su origen en una **fuente**.

ACTIVIDADES

1. Reflexiona. ¿Toda roca porosa es una roca permeable?

2. Explica cómo pueden pasar las aguas superficiales a ser subterráneas. ¿De qué manera es posible el proceso contrario?

3. Explica cuál de las siguientes rocas será más permeable: una con un porcentaje de poros de entre el 1 % y el 5 %, u otra con un porcentaje de entre el 10 % y el 15%?

4. Clasifica en permeables e impermeables las siguientes rocas:

caliza · arenisca · granito · pizarras · margas

5. Dibuja en tu cuaderno el esquema de un acuífero y señala las partes que lo componen.

6. Deduce. El dibujo muestra el nivel freático que tiene el acuífero de una zona.

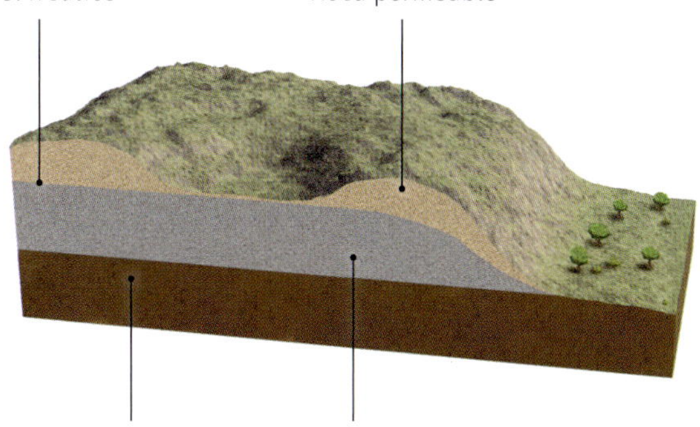

a) ¿En qué lugar cabe esperar que se forme una fuente?

b) ¿En dónde se podría formar una laguna?

6 La escorrentía subterránea

Las aguas subterráneas NO FORMAN ríos ni lagos subterráneos. Solo en los relieves kársticos la disolución de la roca permite, ocasionalmente, la formación de ríos o lagos subterráneos.

Las aguas subterráneas se mueven

Al igual que las aguas superficiales, el agua subterránea también se mueve hacia zonas más bajas, generando lo que se denomina **escorrentía subterránea**.

Sin embargo, hay tres diferencias básicas entre ambos desplazamientos:

- **La velocidad** a la que circula el agua subterránea es mucho menor, debido a que tiene que moverse entre los poros y las fisuras de las rocas. Así, mientras que el desplazamiento de las aguas de un río se mide en metros por segundo, el de las aguas subterráneas es de algunos metros al día o, incluso, al año.
- **El recorrido** seguido por el agua subterránea se ve condicionado por la presencia de rocas impermeables que le cierran el paso.
- **Su distribución.** Mientras que las aguas superficiales se localizan en espacios limitados, como los ríos o los lagos, el agua subterránea ocupa áreas muy extensas del subsuelo.

¿Cuánta agua se infiltra?

Los factores que determinan el volumen de agua que se infiltra son los mismos que los que condicionan el volumen de las aguas superficiales. Pero, exceptuando el clima, estos factores intervienen en sentido contrario, es decir, si favorecen la circulación superficial dificultarán la infiltración, y viceversa.

Factores que determinan el volumen de agua que se infiltra

Permeabilidad del terreno

Cuanto mayores y más numerosos sean los poros o las fisuras de los materiales, más grande será el porcentaje de agua que se infiltre.

Pendiente

Si el terreno está muy inclinado, el agua circulará con rapidez y dispondrá de menos tiempo para infiltrarse que en una superficie llana.

Vegetación

Los tallos y las hojas de las plantas frenan las aguas superficiales, aumentando la posibilidad de que se infiltren.

Clima

Cuanto mayores sean las precipitaciones y menor sea la evaporación, más agua estará disponible para infiltrarse en el terreno.

7 La explotación de las aguas subterráneas

De manera natural, un acuífero tiene entradas, debidas a las aguas superficiales y al deshielo, y salidas, por la escorrentía subterránea. Se denomina **recarga** a las aportaciones de agua al acuífero, y **descarga** a las salidas.

Los acuíferos experimentan cambios estacionales, pero si se consideran períodos más largos, décadas, suelen ser estables, a menos que medie la intervención humana.

Para extraer las aguas subterráneas se construyen pozos. Un **pozo** es una perforación que llega hasta la zona saturada de un acuífero. Los pozos permiten extraer agua para atender nuestras necesidades.

Para que la EXPLOTACIÓN de un acuífero sea sostenible, el agua extraída no puede superar a la recarga natural.

La sobrexplotación de los acuíferos

Se entiende por **sobrexplotación de un acuífero** la extracción de un volumen de agua superior a su recarga natural. La primera consecuencia que tiene es el **descenso del nivel freático**.

Al bombear agua de un pozo, baja el nivel freático alrededor de él, formándose lo que se conoce como **cono de depresión**. Este cono puede ser compensado por la recarga, pero si se extrae más agua de la que entra bajará el nivel freático en todo el acuífero.

Si continúa la sobrexplotación de un acuífero las consecuencias pueden ser graves, afectando al régimen de los ríos e, incluso, causando la **desecación de zonas húmedas**.

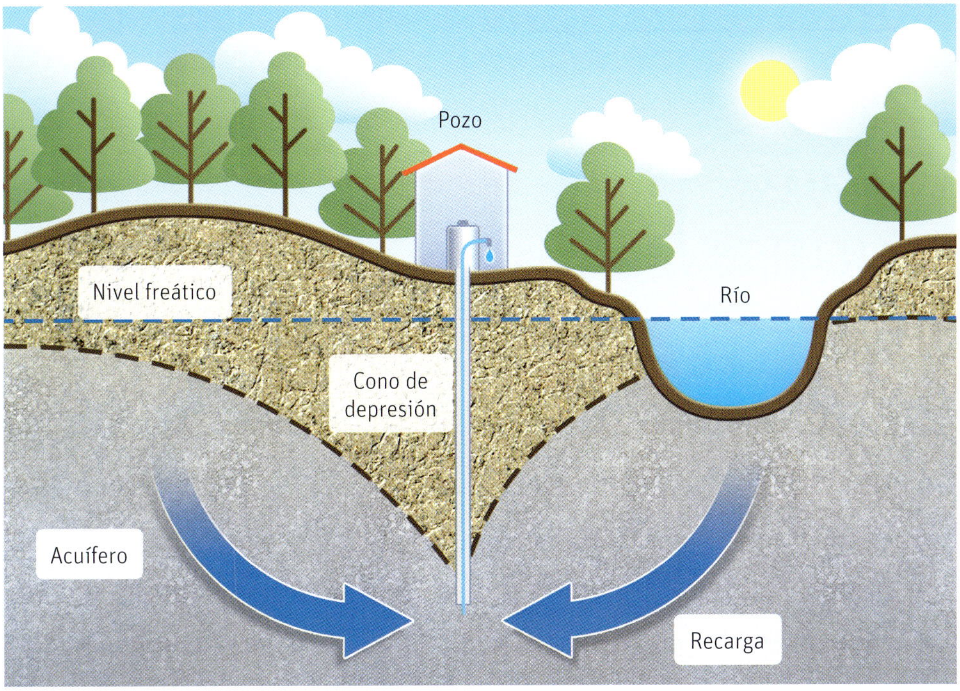

PRACTICA Así responde un acuífero a la extracción de aguas subterráneas.

ACTIVIDADES

1. Explica las diferencias que existen entre la circulación de las aguas superficiales y la de las aguas subterráneas.

2. Justifica. Tres de los cuatro factores que hacen aumentar la cantidad de agua infiltrada reducen la cantidad de agua superficial. ¿Cuáles son?

3. Reflexiona. La tala de bosques, ¿disminuye o incrementa el volumen de agua que se infiltra? ¿Por qué?

4. Deduce. En lugares donde hay sobrexplotación de acuíferos es frecuente encontrar pozos secos que han sido abandonados. ¿Por qué se han quedado sin agua?

5. Explica de qué manera se forma un cono de depresión en un acuífero.

6. Razona. Si se sobrexplota un acuífero, ¿puede bajar el nivel de un río cercano?

Las aguas cambian el relieve

En las tierras emergidas, las **aguas superficiales** son el **principal agente modelador** del relieve.

Las aguas superficiales incluyen **aguas sin encauzar**, **torrentes**, **ríos** y **lagos**. Como los demás agentes geológicos, erosionan, transportan materiales y los depositan.

La acción de las aguas superficiales sobre el relieve origina **formas de erosión**, de **depósito** y **mixtas** que resultan reconocibles.

La capacidad erosiva y de transporte de las aguas superficiales aumenta con el **caudal** y con la **velocidad** del agua.

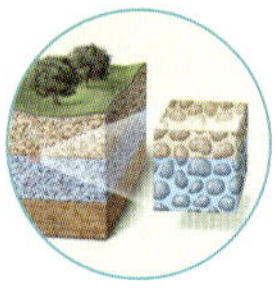

Las aguas superficiales se infiltran en el terreno aprovechando los poros y las fisuras que hay en él, acumulándose y dando lugar a la formación de **acuíferos**.

Para que la **explotación** de las aguas subterráneas sea **sostenible**, el volumen de agua extraída no puede superar la recarga natural.

1. Organiza tus ideas. **Copia, completa y amplía el siguiente esquema para construir tu propio mapa mental de la unidad.**

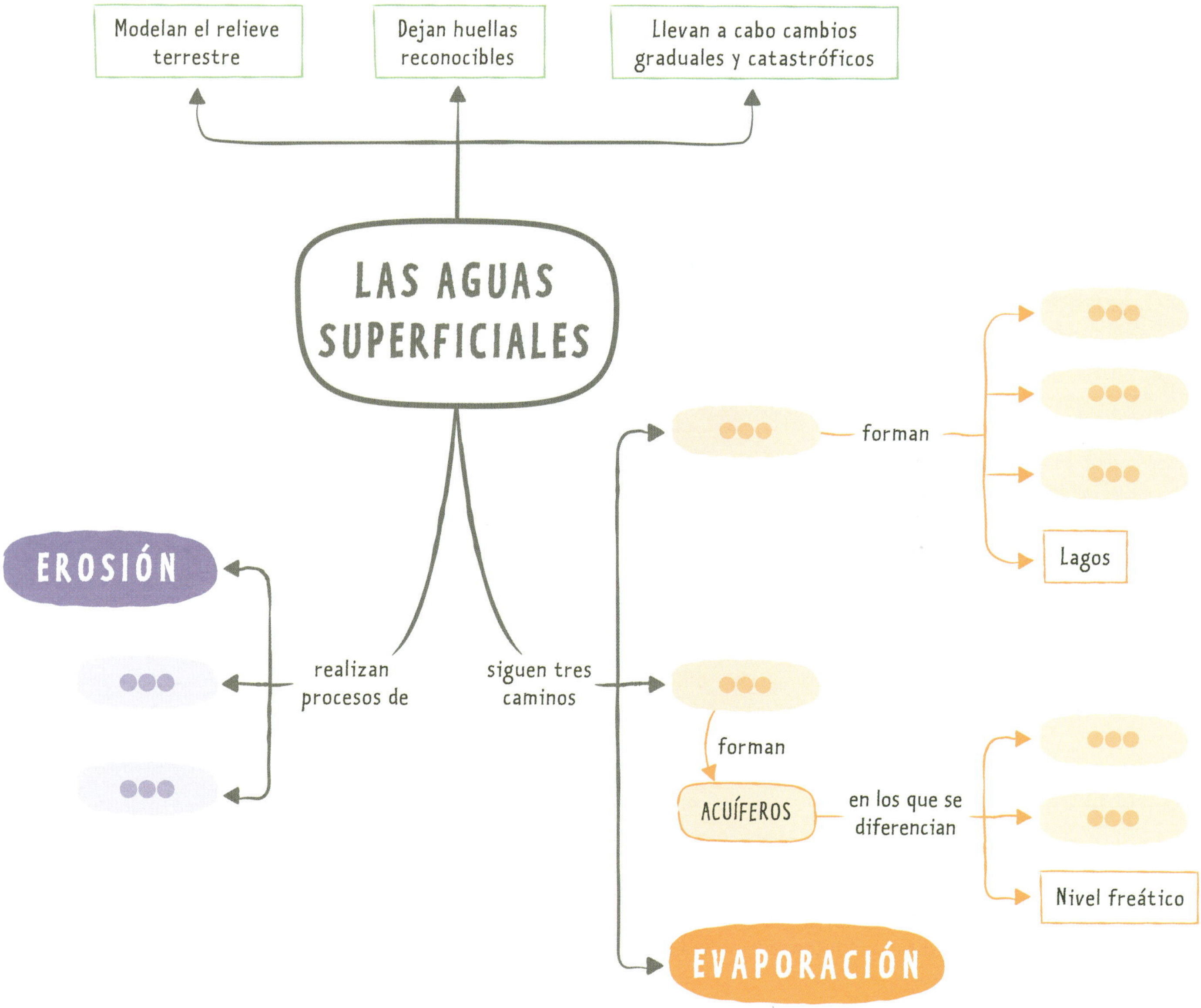

VALORA LO APRENDIDO Autoevaluación y resumen.

ACTIVIDADES FINALES

1. Elabora una gráfica. La tabla recoge las precipitaciones registradas en Málaga a lo largo de un año.

Mes	E	F	M	A	M	J
Precipitaciones (L/m²)	30	25	20	40	25	15

Mes	J	A	S	O	N	D
Precipitaciones (L/m²)	1	2	45	65	30	25

Haz una gráfica de barras que represente estas precipitaciones. ¿En qué época llevarán más agua los torrentes?

2. Infiere. Los procesos geológicos externos dejan huellas de su actividad, y eso nos permite deducir lo que ha ocurrido, aunque no hayamos sido testigos del suceso. Tras una riada, las calles de una ciudad han quedado como muestra la fotografía.

a) ¿Qué huellas de la riada puedes observar en la fotografía? ¿Qué proceso geológico las ha generado?

b) ¿Qué otros procesos geológicos han debido ocurrir antes para que las calles se encuentren así?

3. Deduce. En una zona, las aguas superficiales han ocasionado los cambios que representan las imágenes.

a) ¿Qué procesos geológicos externos han intervenido en estos cambios?

b) ¿Qué huellas observas de cada uno de ellos?

c) ¿Cuál ha sido el agente que ha realizado estos procesos, las aguas de arroyada o un torrente?

4. Observa y deduce. En la desembocadura de un torrente hemos hallado la forma que recoge la fotografía.

a) ¿Es una forma de erosión o de depósito?

b) ¿Cómo se ha originado?

c) ¿Qué nombre recibe esta forma fluvial?

5. Investiga. ¿Qué es una rambla? ¿Es lo mismo que un torrente?

6. Indica cuáles de estas afirmaciones son verdaderas y cuáles falsas. Corrige las que sean falsas.

a) Las aguas superficiales proceden solo de la nieve, ya que al fundirse en primavera origina los ríos.

b) Los torrentes llevan agua solo en algunas épocas y no todo el año.

c) El agua de las precipitaciones corre por la superficie para formar, ríos, arroyos, etc.

d) Las aguas de arroyada se deben a precipitaciones fuertes en zonas de gran pendiente y no tienen un cauce fijo.

7. Predice. Un río de los Pirineos tiene en su tramo alto un perfil con dos escalones como se refleja en la imagen.

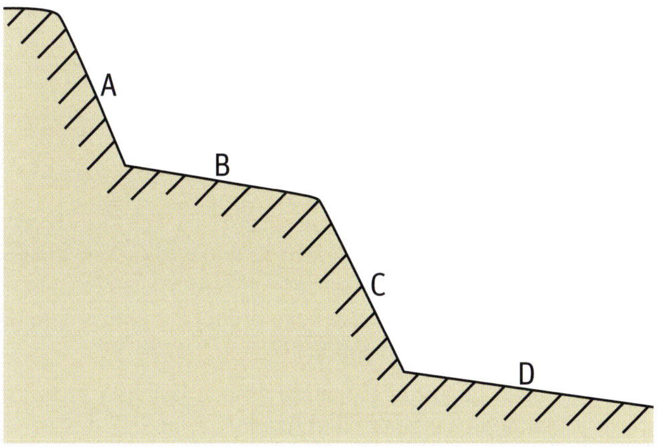

a) ¿En qué partes de este perfil será más intensa la erosión? ¿Por qué?

b) ¿Habrá sedimentación en alguna zona? Justifícalo.

8. Razona. Se ha indicado que las aguas salvajes excavan el terreno, y forman barrancos y valles. Este proceso, denominado *abarrancamiento*, acentúa el relieve. ¿Por qué decimos, sin embargo, que las aguas superficiales favorecen la nivelación del terreno?

9. Explica. En el cauce de un río hemos encontrado los cantos rodados bien redondeados que aparecen en la fotografía.

a) ¿Por qué están redondeados? ¿Han tenido siempre esta forma y este tamaño?

b) ¿Crees que habrán experimentado un transporte largo o corto?, ¿por qué?

c) ¿Puede el río remover estos cantos rodados y trasladarlos a zonas más bajas? ¿Por qué?

10. Justifica. ¿Qué sedimentos tendrán un tamaño de grano más grueso, los que deposite un río en su tramo alto, en el medio o en el bajo?

11. Predice. En el curso de un río se ha construido una presa. Pasado un tiempo se observa que se han depositado materiales en el embalse, mientras que delante de la presa las aguas han excavado un surco.

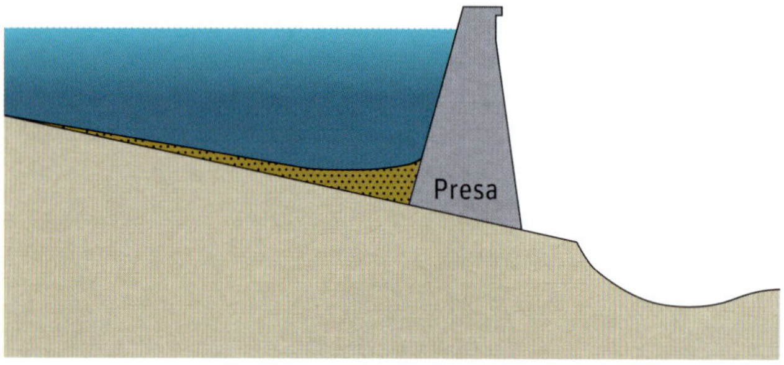

a) ¿Cómo explicas que se haya producido el depósito de materiales dentro del embalse?

b) ¿Puede llegar un momento en que la presa se rellene de sedimentos y quede inutilizada?

c) ¿Por qué se ha excavado delante de la presa?

d) ¿Podría haberse producido erosión dentro del embalse y depósito en su salida? ¿Por qué?

12. Explica. En los cauces de algunos ríos aparecen oquedades redondeadas de bordes pulidos, llamadas *pilancones* o *marmitas de gigante*. La figura resume su formación.

a) ¿Se trata de formas de erosión o de depósito?

b) Describe el proceso representado en las imágenes.

c) ¿Esperarías encontrar las marmitas de gigante en el tramo alto del río o en el bajo? ¿Por qué?

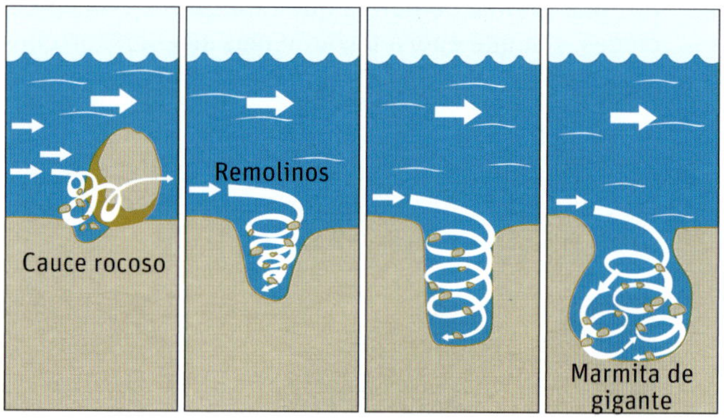

13. Soy competente

Uno de los factores que influye en la magnitud de una inundación es la tala de árboles y la eliminación de la cobertura vegetal natural del terreno. La gráfica recoge cómo varía el caudal de un río tras un aguacero. Durante unas horas el caudal aumenta hasta alcanzar un pico o máximo. A partir de él comienza a descender. La línea roja marca la situación en un bosque de pinos, y la verde representa lo que ocurre en una zona en la que se ha talado el pinar.

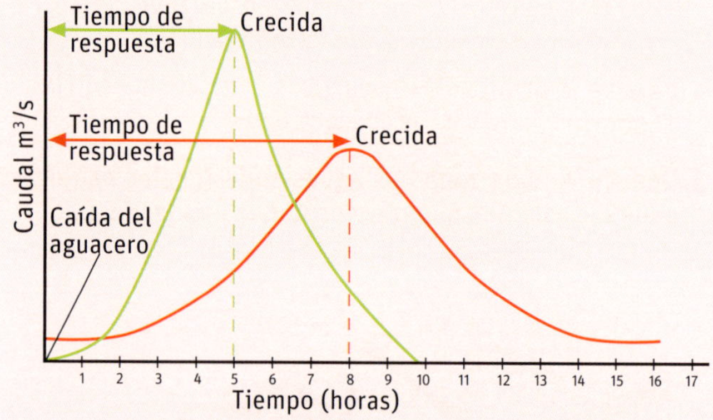

a) Se denomina *tiempo de respuesta* a las horas que pasan desde la caída del aguacero hasta que el río alcanza su caudal máximo. ¿Cuál es el tiempo de respuesta para la zona del pinar? ¿Y para la zona no arbolada?

b) ¿Qué zona alcanza un caudal mayor?

c) ¿Cómo explicarías las diferencias entre la evolución del caudal del río en una y otra zona?

d) ¿En qué zona será mayor la infiltración?, ¿por qué?

e) La presencia de árboles, ¿incrementa o reduce el riesgo de inundación?

14. Razona. Las lluvias son discontinuas; sin embargo, hay muchos ríos que llevan agua permanentemente. ¿Cómo explicarías este hecho?

15. Explica. ¿De qué depende que se infiltre en el terreno un mayor o menor porcentaje de aguas de lluvia?

16. Relaciona. Las imágenes recogen dos momentos distintos en un río y un acuífero conectado con él.

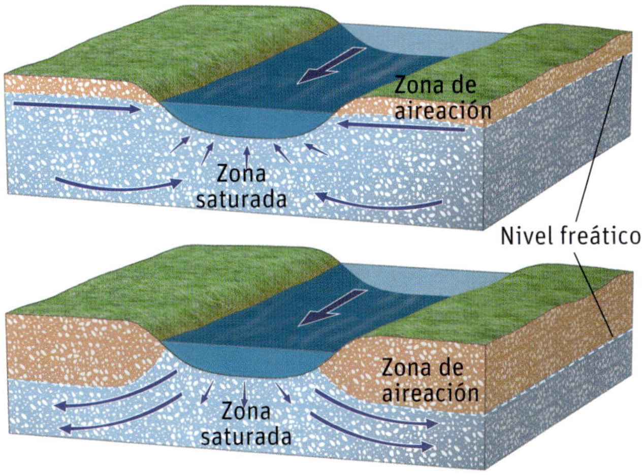

a) ¿Qué relaciones observas entre el río y el acuífero?

b) ¿Qué diferencias detectas entre los dos momentos representados?

c) ¿Qué ha podido causar esas diferencias?

17. Interpreta. La imagen representa un acuífero en una zona de cultivo de regadío en el que hay dos pozos de los que se extrae agua para el riego.

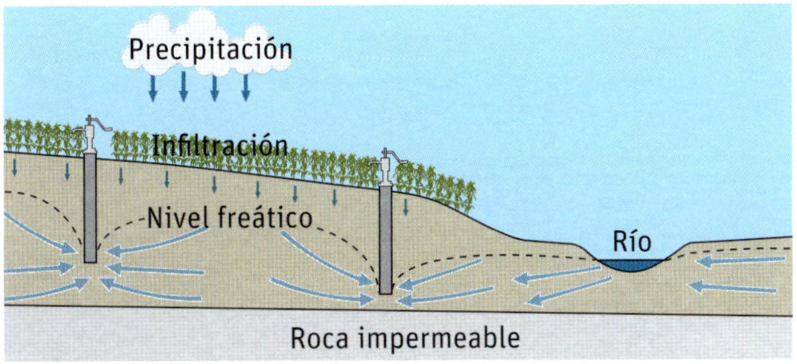

a) ¿Qué le sucede al acuífero alrededor de los pozos de extracción?

b) ¿Se ve afectado el río por la extracción de agua?

c) ¿El acuífero está suministrando agua al río, o es el río el que recarga al acuífero?

d) ¿Cuándo se dice que un acuífero está sobrexplotado?

18. Calcula. En una determinada zona hay una distancia de un kilómetro entre el lugar de la superficie por el que se infiltra el agua de lluvia y la fuente por la que sale al exterior. ¿Cuánto tardará en salir por la fuente el agua que se ha infiltrado hoy si circula a diez metros por día?

19. Retoma la pregunta propuesta en la portada de la unidad y respóndela utilizando los conocimientos adquiridos en esta unidad.

Ciencia en la calle

Lee y comprende el siguiente texto:

Una reserva natural en el Ebro

A pocos kilómetros de Zaragoza se encuentra la Reserva Natural de los Galachos de La Alfranca. Por esa zona, el río Ebro describe numerosas curvas, o meandros, y en torno a ellos se centra la reserva.

Los meandros suelen experimentar cambios relativamente rápidos y, con frecuencia, acaban siendo abandonados por el río. En Aragón, a los meandros abandonados se les denomina "galachos".

En el galacho de La Alfranca, el antiguo meandro ha dejado sus huellas en forma de pequeñas lagunas de gran belleza.

a) ¿Cómo se forma un meandro?

b) Explica en qué parte de un meandro es más probable que se produzca erosión y en qué parte es más probable que se produzca el depósito de materiales.

c) ¿Por qué el río Ebro sigue ahora un curso más recto y ha dejado abandonados los meandros de La Alfranca?

11 EL HIELO, EL VIENTO Y EL MAR

En esta unidad aprenderás…

- Qué formas de relieve origina el hielo glaciar.
- Dónde es relevante la acción geológica del viento.
- Cómo erosiona, transporta y sedimenta el agua de mar.
- Cuál es el papel de los seres vivos como agentes geológicos externos.
- Cómo interpretar las huellas de los procesos geológicos.

¿Por qué desaparece la arena de las playas?

En 2017 Malta dijo adiós a uno de sus más conocidos tesoros naturales: la Ventana Azul. Este impresionante arco de piedra caliza que emergía del mar en la isla de Gozo (al noroeste de la isla principal) se derrumbaba durante una fuerte tempestad.

Un estudio geológico de 2013 señaló la fragilidad de la formación, aunque auguró que aún duraría décadas en pie. Sin embargo, la misma fuerza de la naturaleza que le dio origen hace decenas de miles de años, con el colapso de dos grutas calcáreas, la borró del mapa una tempestuosa mañana de marzo.

- ¿Qué proceso geológico acabó con la Ventana Azul?
- ¿Qué agente geológico fue el responsable tanto de su creación como de su desaparición?
- ¿Podrá volver a formarse algún otro arco similar a la Ventana Azul en la costa de la isla de Gozo?

1 La acción del hielo

El clima ha cambiado muchas veces a lo largo de la historia de la Tierra. Así, ha habido períodos en los que amplias zonas del planeta han estado cubiertas por masas de hielo: son las **glaciaciones**.

Durante estas etapas, el agente geológico externo más importante fue el **hielo**. Y muchos de los lugares que actualmente son modelados por las aguas superficiales lo fueron antes por la acción del hielo, que dejó sus huellas en ellos.

Aún en la actualidad, el hielo cubre el 10 % de los continentes. La mayor parte de esa superficie está en la Antártida y en Groenlandia. Hay también zonas de alta montaña cubiertas permanentemente por hielos.

Denominamos **glaciar** a una masa gruesa de hielo que se desplaza sobre las tierras emergidas. El agua marina congelada, o **banquisa**, no se considera glaciar.

Detalle de hielo glaciar en Nigardsbreen, Noruega.

¿Cómo se forma el hielo glaciar?

El hielo glaciar forma parte del ciclo del agua. En muchos lugares, la nieve caída en invierno se funde en primavera o verano. Sin embargo, en regiones polares y partes altas de cordilleras como el Himalaya o los Andes la nieve persiste todo el año. Son zonas de nieves perpetuas. En ellas se forma el hielo glaciar mediante dos procesos: compactación, y fusión y rehielo.

- **Compactación.** Los copos de nieve están compuestos por diminutos cristales de hielo con mucho aire en su interior. Si la nieve se acumula, la presión ejercida provoca la compactación de las capas inferiores. Primero se forma una **nieve granular**, más densa y compacta, y con menos aire en su interior. Tras algunos inviernos se alcanza un estado intermedio entre la nieve y el hielo, conocido como **neviza**. Y, si la compactación continúa, se generará **hielo glaciar**.

- **Fusión y rehielo.** Cuando la temperatura sube, la nieve superficial comienza a fundirse. El agua resultante se infiltra en las capas inferiores de nieve. Como estas capas se encuentran a baja temperatura, el agua se congela y se transforma en hielo.

Tipos de glaciares

En función de sus dimensiones y su localización, diferenciamos dos tipos de glaciares:

- **Glaciares de casquete continentales.** Ocupan enormes extensiones continentales en las regiones polares y en ellos la masa de hielo no está confinada por la topografía.
- **Glaciares alpinos o de valle.** Se encuentran fuera de las regiones polares, ocupando zonas de alta montaña en cordilleras como los Alpes, de ahí su nombre. En ellos, la masa de hielo se encuentra confinada entre las paredes rocosas de un valle.

OBSERVA Cómo se forma un glaciar.

Las partes de un glaciar alpino

Un glaciar alpino tiene una estructura que recuerda a la de un torrente, y en él se distinguen tres zonas fundamentales:

El **circo**. Es la zona más alta, con forma de cuenco, en la que la nieve se acumula y se transforma en hielo.

El **valle glaciar**. Es el cauce por el que desciende la masa de hielo, denominada **lengua del glaciar**.

La **zona terminal**. Es el tramo más bajo, donde el hielo se funde y deposita los materiales que transportaba.

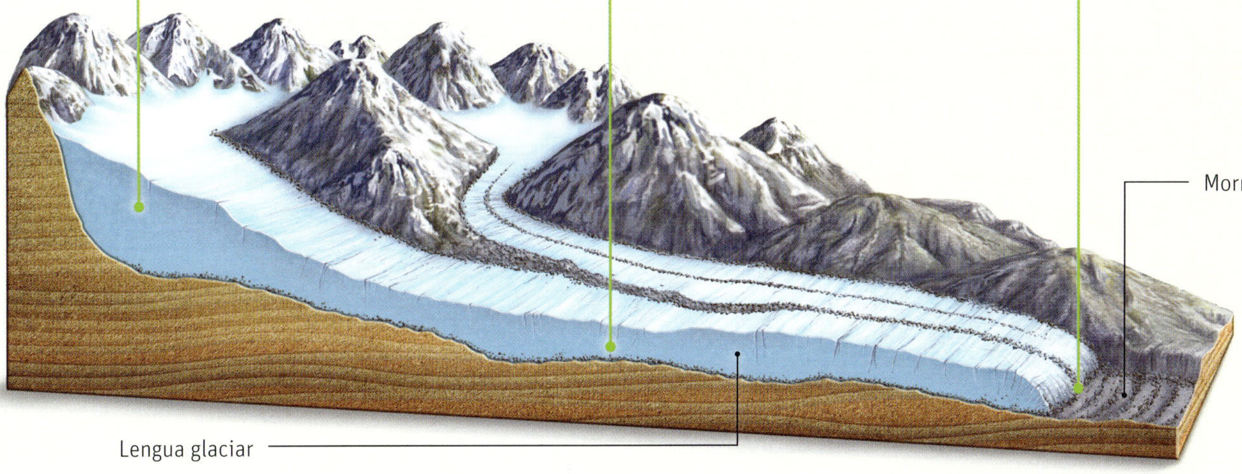

Acción geológica de un glaciar

Como los demás agentes geológicos externos, el glaciar también realiza:

- **Erosión.** El lento movimiento de los glaciares lleva a cabo una intensa erosión mediante dos mecanismos principales:
  - **Arranque** de materiales sueltos y de rocas fisuradas que encuentra en las paredes y el fondo del cauce glaciar.
  - **Abrasión** o desgaste por fricción. Ocurre gracias a los fragmentos de roca que transporta englobados en la masa de hielo, que hacen que el glaciar actúe como una enorme lima. De este modo, pule las rocas y origina estrías y surcos.
- **Transporte.** El glaciar desplaza los materiales que ha erosionado del circo y del valle, así como los que le han caído de las paredes laterales como consecuencia de los aludes. Son materiales de tamaños muy diversos, desde bloques de varias toneladas hasta granos muy finos, o incluso harina glaciar. Y todos ellos los transporta simultáneamente, sin diferenciarlos por tamaños.
- **Sedimentación.** Cuando el hielo se funde, se depositan juntos todos los materiales que transportaba y se forman unos depósitos denominados **morrenas**.

ACTIVIDADES

1. Explica cómo se forma el hielo glaciar.
2. Investiga. Algunos glaciares desembocan en el mar o en grandes lagos antes de que el hielo llegue a fundirse. ¿Qué ocurre en estos casos con la masa glaciar?
3. Deduce. Algunas veces la abrasión glaciar pule las rocas del cauce, pero otras veces forma estrías, incluso surcos. ¿Estas diferencias pueden estar relacionadas con el tamaño de los materiales que transporta? ¿Por qué?
4. Razona. ¿El transporte glaciar originará cantos rodados? ¿Por qué?

2 Las formas glaciares

La acción geológica del hielo modela el relieve y deja en él unas **formas de erosión** y de **sedimentación** que pueden distinguirse de las realizadas por el agua o el viento.

Formas glaciares de erosión

La actividad erosiva de un glaciar pule el cauce, produce **surcos** y **estrías** en las rocas, y genera las siguientes formas:

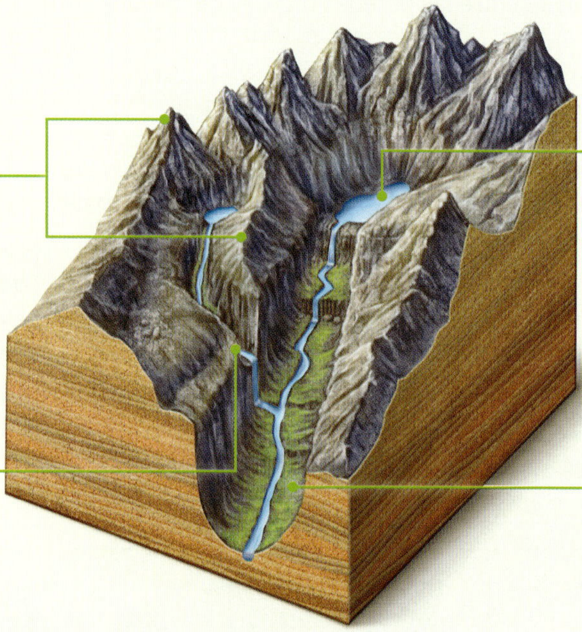

Aristas y *horns*. La erosión deja unas divisorias de aguas con bordes agudos, las aristas, así como unos picos piramidales angulosos, denominados *horns* o cuernos glaciares.

Valles colgados. Son valles de antiguos glaciares tributarios, y su cauce queda muy por encima del fondo del valle principal en el que desembocan.

Lagunas. El glaciar sobrexcava en su cauce, y esto hace que el fondo del circo quede más profundo que el inicio del valle. En estas depresiones, al fundirse el hielo, se forman lagunas: son los **ibones** del Pirineo.

Valles en U. Los glaciares alpinos excavan valles que tienen un perfil transversal en forma de U, y esto permite diferenciarlos de los originados por los ríos en las zonas montañosas.

Formas glaciares de sedimentación

El glaciar Aletsch, en los Alpes, presenta varias morrenas centrales bien visibles.

El término **morrena** se utiliza para designar tanto a los materiales que el glaciar ha depositado definitivamente como a aquellos que están siendo transportados por él.

Las morrenas están constituidas por sedimentos de tamaños muy diversos, con formas angulosas y, muchas veces, con estrías o arañazos producidos por el rozamiento de estos materiales con las rocas del cauce del glaciar.

Según la posición que ocupen en el glaciar, se diferencian:

- **Morrena frontal**, situada en el frente del glaciar. Está integrada por materiales que el glaciar deposita en la zona terminal al fundirse el hielo. Por tanto, el hielo ha dejado de transportarlos.
- **Morrenas laterales**, ubicadas a ambos lados de la lengua glaciar.
- **Morrena central**, formada al unirse dos lenguas y sumarse las morrenas laterales que confluyen. La componen los materiales que el glaciar sigue transportando.

ACTIVIDADES

1. Explica cómo una zona que ahora es una laguna fue en otro tiempo el circo de un glaciar.
2. Justifica. ¿Por qué los materiales de un sedimento glaciar son de tamaños muy diferentes? ¿Por qué son angulosos? ¿Por qué pueden tener estrías?
3. Indica un caso de una morrena en el que los materiales estén siendo transportados, y otro en el que se encuentren depositados definitivamente.
4. Crea un mapa conceptual sobre la acción geológica del hielo en el modelado del relieve terrestre.

3 La acción del viento

Las diferencias de temperatura existentes en la superficie terrestre hacen que el aire se mueva de unos lugares a otros, originando el **viento**. Al igual que las aguas superficiales y los glaciares, también el viento erosiona, transporta y sedimenta materiales. Sin embargo, la labor geológica del viento es mucho menos importante.

La acción erosiva del viento se produce fundamentalmente mediante dos procesos: **deflación** y **abrasión**.

Deflación

El viento es capaz de levantar y remover los materiales sueltos que hay sobre la superficie terrestre. Es el proceso denominado **deflación**.

Los elementos de tamaño más pequeño, como los que forman las tormentas de polvo, son transportados en **suspensión**. Los de tamaño medio, como la arena, viajan por **saltación**, es decir, a saltos; mientras que las arenas gruesas y los granos de algo más de 2 mm se transportan por **reptación**, al ser arrastrados por el suelo. Los materiales de mayor tamaño no son desplazados por el viento.

El polvo en suspensión puede ascender en el aire centenares o incluso miles de metros. Sin embargo, en su movimiento a saltos, las arenas rara vez se elevan del suelo más de un metro.

La capacidad de transporte del viento depende de su **velocidad**. Un viento fuerte desplazará materiales finos y medios, pero cuando pierda velocidad solo moverá los finos.

El **VIENTO** es el agente geológico **que mejor selecciona** el tamaño de los materiales que transporta.

Abrasión

Los materiales que transporta el viento impactan contra la superficie de las rocas, y de este modo las pule y desgasta, por fricción y golpeo. Este proceso se denomina **abrasión eólica** o **corrasión**.

La acción erosiva del viento cargado de arena contra las superficies de las rocas se limita a las primeras decenas de centímetros de la base de las rocas, ya que los granos de arena no suelen alcanzar alturas mucho mayores.

ACTIVIDADES

1. Diferencia. En unos casos, la erosión realizada por el viento recibe el nombre de *deflación*; en otros, de *abrasión*. ¿Qué diferencia hay entre los dos procesos?

2. Recuerda. ¿Qué otro agente geológico transporta, al igual que el viento, los materiales en suspensión por saltación y por reptación?

3. Deduce. En una mesa del laboratorio hemos colocado un montón de materiales finos, medios y gruesos bien mezclados. Después, soplamos varias veces para comprobar su movimiento.
   a) ¿Qué ocurrirá con cada uno de estos materiales?
   b) ¿Cómo crees que quedarán distribuidos finalmente?

4 Erosión y sedimentación eólicas

Formas de erosión eólica

La acción erosiva del viento mediante deflación y abrasión da lugar a diferentes formas, como el pavimento desértico, los alvéolos o las rocas fungiformes.

Principales formas de erosión eólica

Pavimento desértico

Este tipo de pavimento pedregoso es el resultado del barrido producido por la deflación. La retirada de materiales finos y medios deja un suelo de piedras característico de muchas zonas desérticas.

Alvéolos

Son pequeños huecos generados por el impacto de los granos de arena en la superficie de algunas rocas poco compactas. Si la roca es compacta, las partículas que transporta el viento pulirán su superficie.

Rocas fungiformes

Como la abrasión eólica es más intensa en las zonas cercanas al suelo que en las más altas, el viento puede modelar masas de roca que se encuentran aisladas dándoles apariencia de hongo.

¿En qué lugares erosiona el viento?

COMPRENDE La erosión del viento.

El viento, como fenómeno meteorológico, actúa en toda la superficie terrestre. Sin embargo, su intervención como agente geológico se encuentra muy limitada.

Para que la acción geológica del viento sea eficaz deben cumplirse dos condiciones:

- **Existencia de materiales sueltos.** El viento no mueve rocas cohesionadas ni fragmentos de gran tamaño.
- **Ausencia de vegetación.** Las raíces de las plantas fijan y retienen el suelo, y los tallos y las hojas frenan el viento, dificultando su acción.

Los lugares en los que se dan estas circunstancias suelen ser los desiertos y las zonas litorales.

En cualquier caso, la acción erosiva del viento es mucho menos intensa de lo que suele creerse. Incluso en los desiertos, la erosión del agua puede ser más eficaz que la eólica. En efecto, aunque llueve muy pocas veces, como lo hace de manera torrencial, las aguas arrastran los materiales sueltos y originan profundos barrancos.

» Eolo

Eolo es el dios griego de los vientos. De ese nombre procede el término *eólico*, que se utiliza habitualmente para referirse a cualquier actividad realizada por el viento.

Formas de sedimentación eólica

El viento solo transporta materiales de tamaño medio y fino, como arenas y limos, y los selecciona muy bien, dando lugar a dos tipos básicos de sedimentos eólicos:

- Las **dunas**. Son montículos de arena que han sido transportados por el viento. Suelen depositarse cerca de su lugar de origen.
- El **loes**. Se trata de extensos depósitos de materiales finos, como los limos de las tormentas de polvo, que han sido transportados por el viento. Suelen depositarse lejos de su lugar de origen.

Las dunas se forman cuando el viento cargado de arena encuentra un obstáculo, como una roca o una planta. En torno a él comienza a acumularse arena. A partir de ahí, es la propia duna la que hace de obstáculo y favorece el depósito de más arena.

Duna en el desierto de Namib

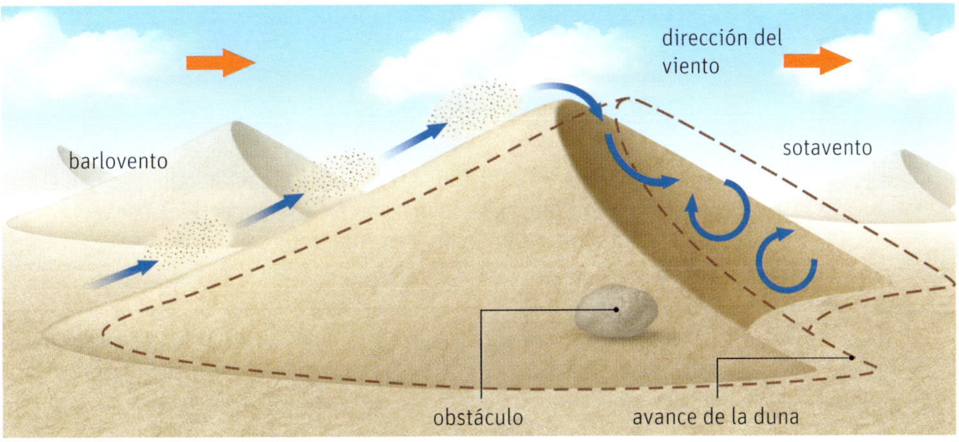

Las dunas son sedimentos activos que se desarrollan y se desplazan. Su forma y dinámica dependen de la dirección del viento. Así, la ladera de la duna azotada por el viento tiene una pendiente suave, denominada **barlovento**; mientras que la ladera que se halla a resguardo del viento, o **sotavento**, tiene mayor pendiente.

El viento retira granos de arena de barlovento y los deposita en sotavento. Como consecuencia de ello, se produce un desplazamiento de la duna a favor del viento.

Tipos de dunas

Hay dunas con tamaños y formas muy diferentes. Entre ellas destacan tres tipos:

Barjanes

Con forma de medialuna, sus extremos, o "cuernos de la luna", avanzan más rápido que el cuerpo central de la duna y apuntan en la dirección del viento.

Dunas transversales

Tienen el aspecto de montículos alargados, con crestas onduladas y perpendiculares a la dirección del viento. Son las dunas más frecuentes en los litorales.

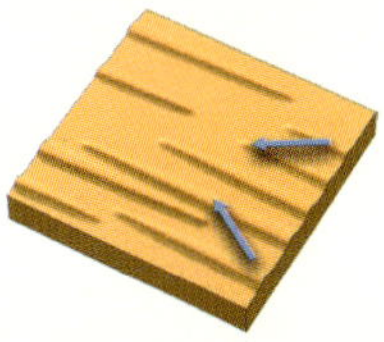

Dunas longitudinales

Este tipo de dunas tienen la forma de montículos muy alargados y rectilíneos, con crestas rectas y agudas que se disponen en la dirección del viento dominante.

ACTIVIDADES

1. Escribe un texto en el que expliques qué es el pavimento desértico y cómo se forma.
2. Explica qué condiciones deben darse para que la acción geológica del viento sea eficaz.
3. Razona. ¿Se pueden formar dunas fuera del desierto? En caso afirmativo, pon un ejemplo.
4. Justifica. ¿Por qué el loes suele depositarse lejos de su lugar de origen?
5. Observa y deduce. La roca fungiforme de la página de la izquierda era, antes de sufrir un proceso de abrasión eólica, más ancha en la base que en su parte más alta.
   a) ¿Por qué ha sido más intensa la abrasión eólica en las zonas más cercanas al suelo?
   b) ¿Qué tipo de materiales han causado esta erosión?
   c) Dibuja la secuencia de formación de esta roca fungiforme.

5 El mar como agente geológico

La mayor parte de los materiales que los agentes geológicos erosionan en los continentes acaban depositándose en el mar. En consecuencia, el proceso geológico externo más importante en los océanos es la sedimentación.

Sin embargo, en la zona litoral, o franja situada en la frontera entre las tierras emergidas y las sumergidas, se produce una intensa actividad de erosión, transporte y sedimentación que modela la costa.

Gracias a la dinámica de sus aguas, los **MARES erosionan**, **transportan** y **sedimentan** una gran cantidad de materiales.

Los movimientos del agua de mar

Las aguas del mar están sometidas a tres tipos de movimientos:

- **Olas**: Son movimientos ondulatorios originados por la acción del viento sobre la superficie del agua. Cada onda tiene una parte alta, o **cresta**, y otra baja, o **valle**, y se suceden formando trenes de olas.
- **Mareas**: Son oscilaciones de elevación y descenso en el nivel del mar causadas por la atracción de la luna y el sol. El movimiento de ascenso se denomina **flujo**, y alcanza su máximo en la **pleamar**; mientras que el descenso, o **reflujo**, logra su máximo en la **bajamar**. Pleamar y bajamar se alternan, aproximadamente, cada seis horas.
- **Corrientes**: Son movimientos de traslación continuados de importantes masas de agua que se desplazan por el mar. Lo hacen como si fuesen ríos dentro del océano. Están originados por la rotación de la Tierra, así como por las diferencias de temperatura, de salinidad y por la acción de los vientos.

Formas litorales de erosión

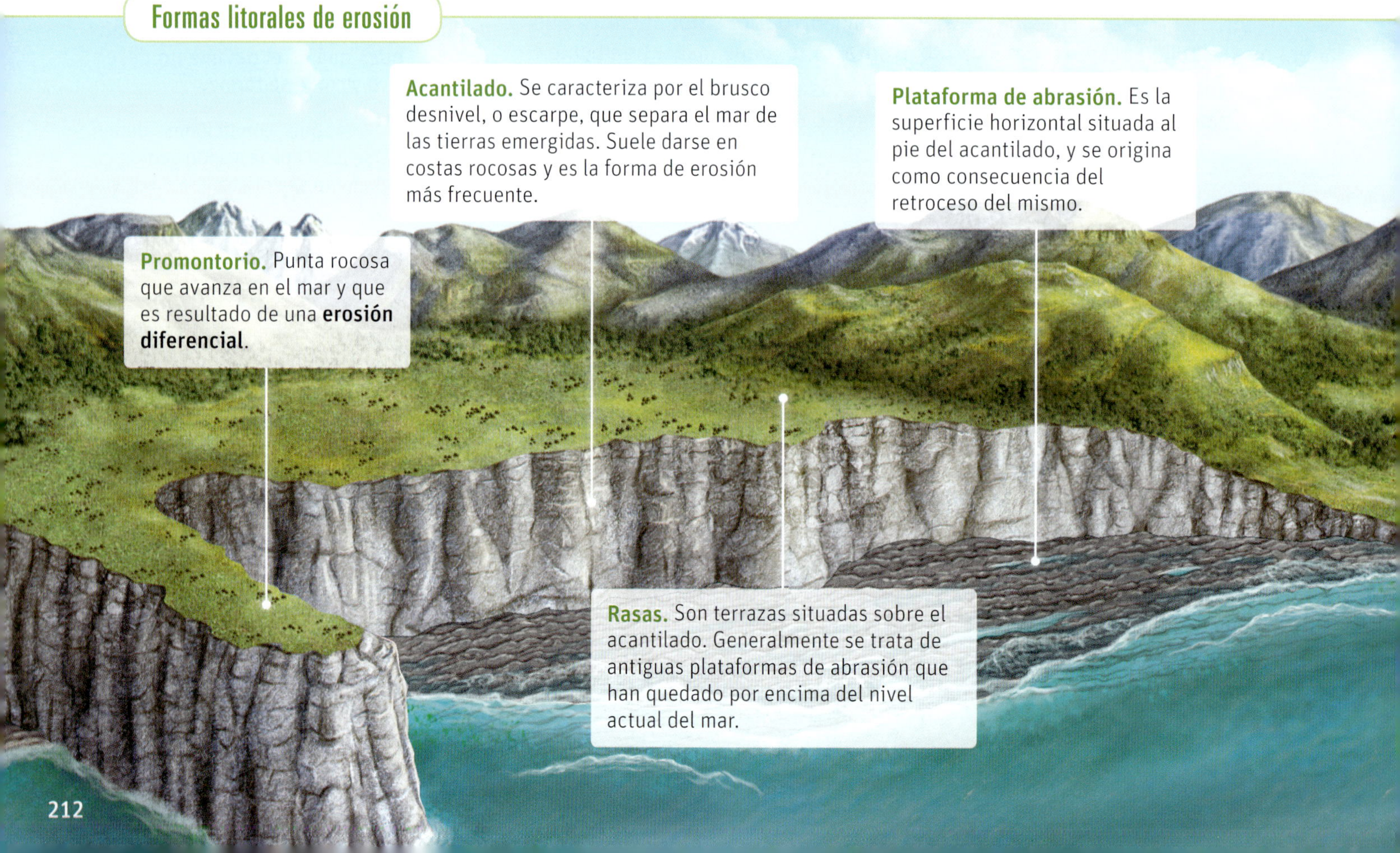

Acantilado. Se caracteriza por el brusco desnivel, o escarpe, que separa el mar de las tierras emergidas. Suele darse en costas rocosas y es la forma de erosión más frecuente.

Plataforma de abrasión. Es la superficie horizontal situada al pie del acantilado, y se origina como consecuencia del retroceso del mismo.

Promontorio. Punta rocosa que avanza en el mar y que es resultado de una **erosión diferencial**.

Rasas. Son terrazas situadas sobre el acantilado. Generalmente se trata de antiguas plataformas de abrasión que han quedado por encima del nivel actual del mar.

La erosión del litoral

El **oleaje** es el principal agente erosivo en el océano. Como afecta solo a la capa más superficial del mar, su intervención se limita a la costa.

La actividad de desgaste de las olas se debe tanto a la acción directa del agua como al golpeo de los materiales que transporta y que causan la **abrasión marina**. El impacto del oleaje erosiona la base del acantilado y origina una **socavadura**. Las rocas situadas sobre ella forman un voladizo que se resquebraja y acaba cayendo. Como consecuencia de ello, se produce un retroceso del acantilado.

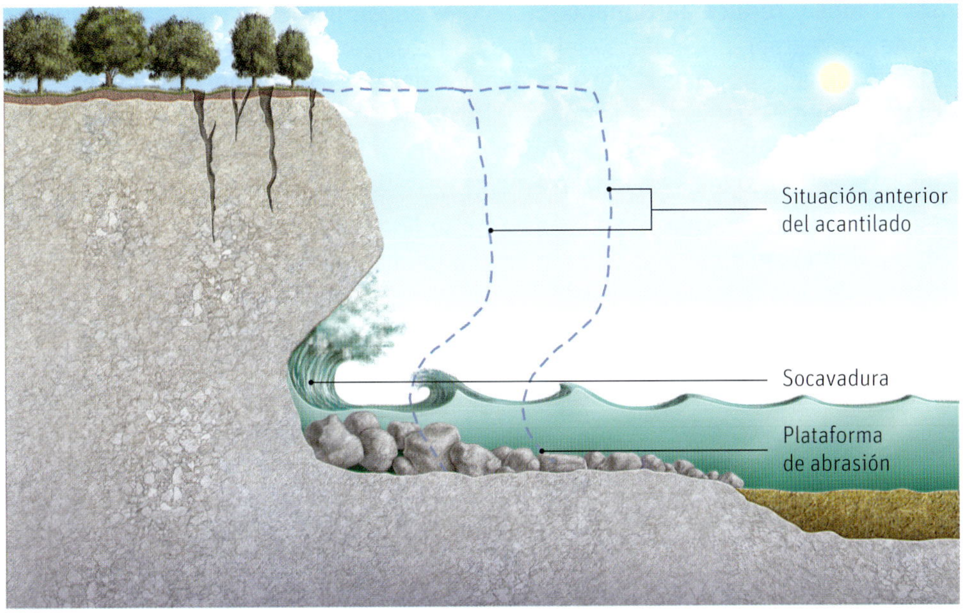

ACTIVIDADES

1. **Explica** cuál es el proceso geológico externo dominante en los océanos.
2. **Razona.** ¿Cuál es el principal agente erosivo en los océanos?
3. **Reflexiona.** ¿La marea amplía la influencia del oleaje o la reduce?
4. **Justifica.** ¿Por qué decimos que promontorios y bahías son el resultado de una erosión diferencial?
5. **Dibuja** un promontorio con un arco natural y explica cómo puede formarse un islote a partir de él.
6. **Reflexiona.** Durante las glaciaciones, la mayoría de las precipitaciones son de nieve y quedan como hielo en los continentes. El resultado es que se produce un descenso del nivel del mar. ¿Qué forma litoral originaría una plataforma de abrasión actual si ocurriese una nueva glaciación?

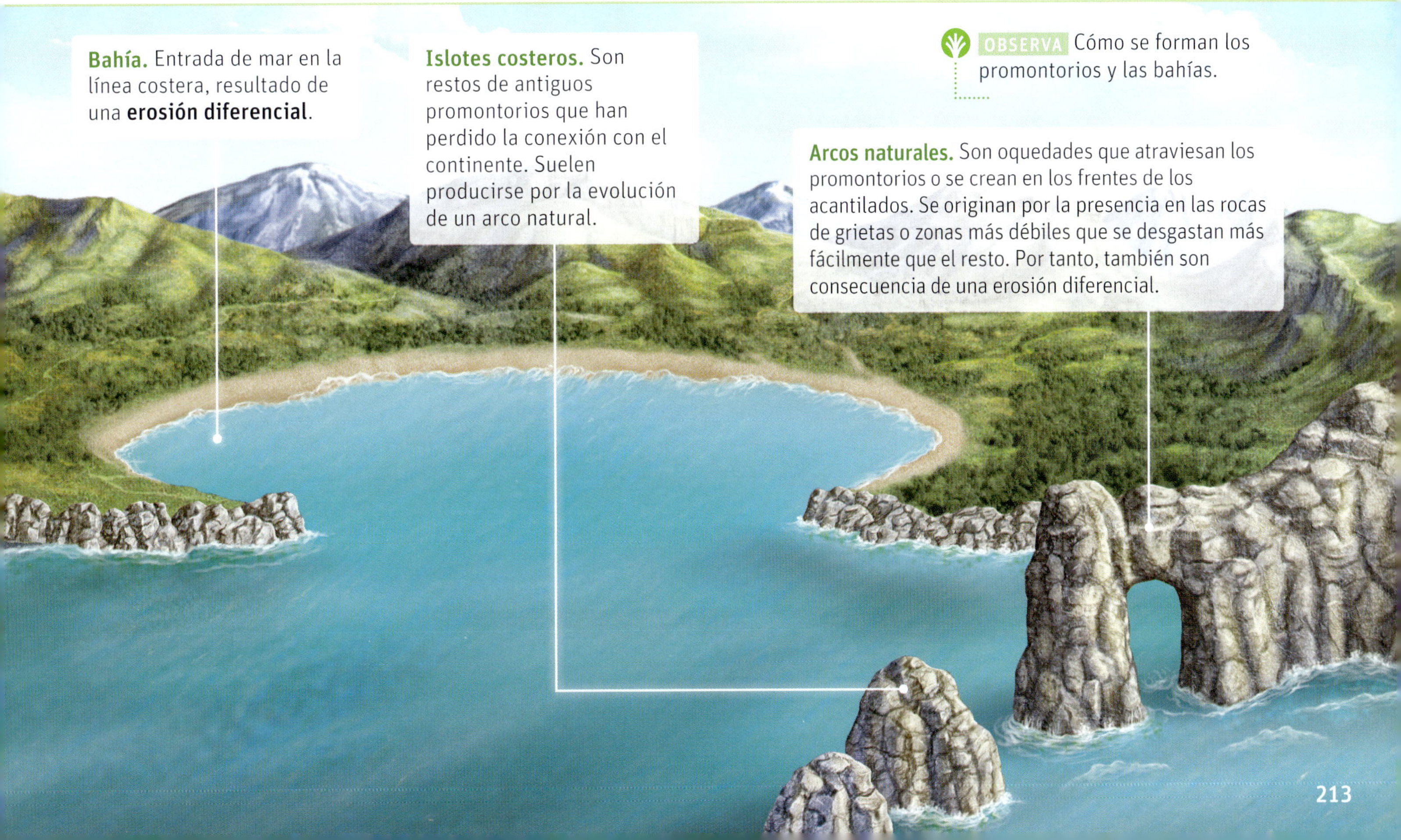

6 El transporte y la sedimentación litoral

Los **SEDIMENTOS LITORALES** proceden de la **erosión** de los **continentes** y de la costa, y contienen restos de **organismos marinos**. Su transporte lo realizan el oleaje y las corrientes litorales.

¿De dónde viene la arena de la playa?

Las arenas que forman las playas han recorrido largas distancias antes de depositarse. La mayor parte de ellas proceden de la erosión de los continentes y han sido trasladadas hasta el mar por los ríos, los glaciares o el viento.

Una vez en el mar, las corrientes marinas pueden transportar los materiales hacia el interior del océano y depositarlos en fondos profundos. También pueden ser conducidos por el litoral mediante dos mecanismos fundamentales:

- **El oleaje.** Las olas rompen al alcanzar la costa y arrastran los materiales hacia la playa, volviéndolos a retirar en un continuo movimiento de vaivén que **redondea los granos** y **reduce su tamaño**. Si las olas llegan perpendiculares a la línea de costa, cada grano de arena levantado por el oleaje realiza un viaje de ida y vuelta al sitio inicial, sin que haya desplazamiento lateral. Sin embargo, muchas veces las olas llegan oblicuamente a la costa, y trasladan los materiales en esa dirección. Pero como el reflujo de la ola es perpendicular a la línea de costa, no vuelven al lugar de origen, sino que **avanzan en zigzag**.
- **La corriente de deriva litoral.** Cerca de la línea de costa, el viento y el oleaje hacen que el agua del mar se desplace en paralelo a esa línea, contribuyendo al transporte de materiales.

Formas litorales de sedimentación

Para que se acumulen los sedimentos y se origine una forma litoral, como una playa, es necesario que el volumen de materiales aportados supere al que retiran el oleaje y las corrientes. Y eso ocurre, fundamentalmente, en zonas tranquilas y protegidas.

1. **Playa.** Es un depósito de arena o grava en la misma línea de costa. Constituye la forma de sedimentación litoral más frecuente y, al igual que el resto, se encuentra parcialmente sumergida.

2. **Tómbolo.** Es un depósito que conecta un islote con el continente.

3. **Flecha.** Es una barra con uno de sus extremos conectado a la costa. La flecha apunta en la dirección en la que se mueve la corriente de deriva que la ha originado.

Avance en zigzag y corriente de deriva litoral

La corriente de deriva litoral se produce cuando las olas llegan oblicuas a una costa rectilínea. Esto da nacimiento a una corriente paralela al litoral, entre la zona de rompiente y la orilla.

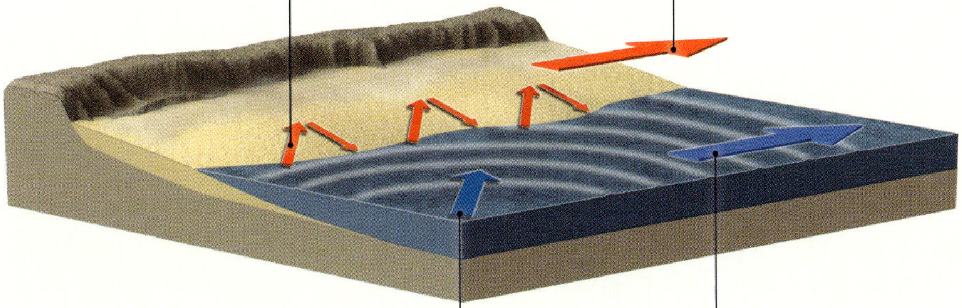

ACTIVIDADES

1. Razona. Al observar la arena de la playa con una lupa se ve que muchos de sus granos son trozos de conchas. ¿Cómo explicas que sean tan pequeños y redondeados?

2. Dibuja la evolución de una bahía en tres pasos. En el primero, se estará formando una barra en la bahía. En el segundo, la barra se habrá transformado en flecha. Y en el tercero, la bahía será ya una albufera. Después, contesta a estas preguntas: ¿qué proceso geológico externo ha dominado en la evolución de esta bahía?; ¿se ha podido producir otro proceso? Justifica las respuestas.

Las formas de sedimentación litoral son formaciones activas, sometidas tanto a procesos de depósito como de erosión. En consecuencia, su situación en cada momento es el resultado del balance entre ambos procesos.

4. **Albufera.** Es una laguna costera parcial o totalmente separada del mar por una barra. Se puede también utilizar su denominación inglesa *lagoon*.

5. **Barra.** Es un depósito de arena que forma una isla alargada paralela a la línea de costa. Se origina cerca de la misma, en fondos marinos de poca profundidad, gracias a las corrientes de deriva.

6. **Delta.** Son depósitos acumulados en la desembocadura de un río. Su proceso de formación es similar al de los conos de deyección de los torrentes.

7. **Marisma.** Es un humedal costero, poco profundo, que recibe aportes de aguas dulces y aguas marinas. Se encuentra en la zona intermareal y, por tanto, se halla más inundada durante la pleamar.

7 Los seres vivos como agentes geológicos

Las actividades de muchos seres vivos implican procesos de erosión, transporte o sedimentación. En consecuencia, deben ser considerados agentes geológicos externos.

La influencia de los organismos es especialmente importante en relación con la **formación y protección del suelo** y con los **procesos de sedimentación y formación de rocas**.

La acción geológica de los seres vivos

Formación y protección del suelo. La actividad de los organismos es tan relevante en este terreno que la formación del suelo exige su participación. Así, realizan:

Meteorización física

Como la que ejercen las raíces de las plantas al introducirse en las grietas de las rocas. O la que hacen los animales excavadores como las hormigas, los topos, los conejos y, sobre todo, las lombrices.

Meteorización química

Un ejemplo sería la meteorización que llevan a cabo los líquenes, muchos microorganismos o los ácidos que forman parte de los excrementos de los animales.

Erosión

La vegetación desempeña un doble y contradictorio papel: por un lado, favorece la erosión de las rocas, al realizar procesos de meteorización, pero, por otro, retiene el suelo y lo protege de la erosión.

Procesos de sedimentación y formación de rocas. La aportación sedimentaria de los organismos es muy relevante. Así, originan sedimentos y rocas por:

Acumulación de restos de organismos y microorganismos

Se forman así rocas como las lumaquelas o la creta, que es una caliza blanca.

Intervención constructora de organismos

Un ejemplo de esta actividad son los arrecifes de coral o los grandes termiteros.

Acumulación de vegetales o de organismos planctónicos

Estos depósitos son alterados por bacterias para originar carbón o petróleo, respectivamente.

El ser humano como agente geológico externo

Tradicionalmente, la especie humana ha modificado el relieve. Ha retirado materiales de unos lugares y los ha transportado a otros para construir viviendas, calzadas o puentes.

Esta intervención en el relieve se ha incrementado a medida que aumentaba la población mundial y su capacidad tecnológica, hasta convertirse en el **principal agente geológico externo**.

La intervención de la **ESPECIE HUMANA** en el modelado del relieve **supera** en la actualidad a la de todos los **demás agentes geológicos externos**.

Actividades humanas que más influyen en el relieve

Extracción de minerales y rocas de canteras y minas para construir edificios, vías de comunicación y todo tipo de objetos.

Movimiento de tierras a gran escala utilizando maquinaria pesada, para la creación de vías de comunicación o asentamientos urbanos o industriales.

Construcción de asentamientos urbanos, industriales y obras públicas con los materiales extraídos.

Intervenciones en el ciclo del agua con los embalses, los trasvases o la extracción de aguas subterráneas.

Creación de vertederos, en los que se depositan todo tipo de materiales.

Intervenciones en el litoral, con la construcción de urbanizaciones, puertos y espigones.

Deforestación y sustitución de bosques por cultivos, lo que favorece la erosión del suelo.

ACTIVIDADES

1. Elabora un mapa mental sobre el papel de los seres vivos como agentes geológicos externos.
2. Razona. Los ríos, los glaciares o el viento se consideran agentes geológicos externos porque son activados por la energía solar y la gravedad. ¿Crees que los seres vivos también se pueden considerar así?
3. Cita un ejemplo de roca que se forme por la acumulación de restos de organismos muertos, y otra que sea construida por los organismos mientras viven.
4. Piensa en las intervenciones humanas en el litoral, y en cómo influyen en los procesos de erosión y sedimentación costera. Cita algunos ejemplos.
5. Observa la imagen. ¿Qué proceso geológico está teniendo lugar? Explícalo.

LO ESENCIAL

El hielo, el viento y el mar

En función del clima y la localización geográfica, el agente geológico externo dominante lo constituye las **aguas superficiales**, el **hielo**, el **viento** o el **mar**.

Todos los agentes geológicos externos realizan **erosión**, **transporte** y **sedimentación**, pero cada uno de ellos lo hace de un modo específico y deja unas huellas reconocibles.

La actividad erosiva de un **glaciar** pule el cauce, genera valles en forma de U, y produce surcos y estrías en la roca.

El **viento** es el agente geológico externo que mejor selecciona el tamaño de los materiales que transporta, si bien su intervención en el modelado terrestre se encuentra muy limitada.

Los movimientos de las **aguas marinas** (olas, mareas y corrientes) producen erosión, transporte y sedimentación en las costas, modelando el litoral.

Los seres vivos también realizan procesos de erosión, transporte y sedimentación. Y el **ser humano** se ha convertido en el **principal agente geológico externo**.

1. Organiza tus ideas. **Copia, completa y amplía el siguiente esquema para construir tu propio mapa mental de la unidad.**

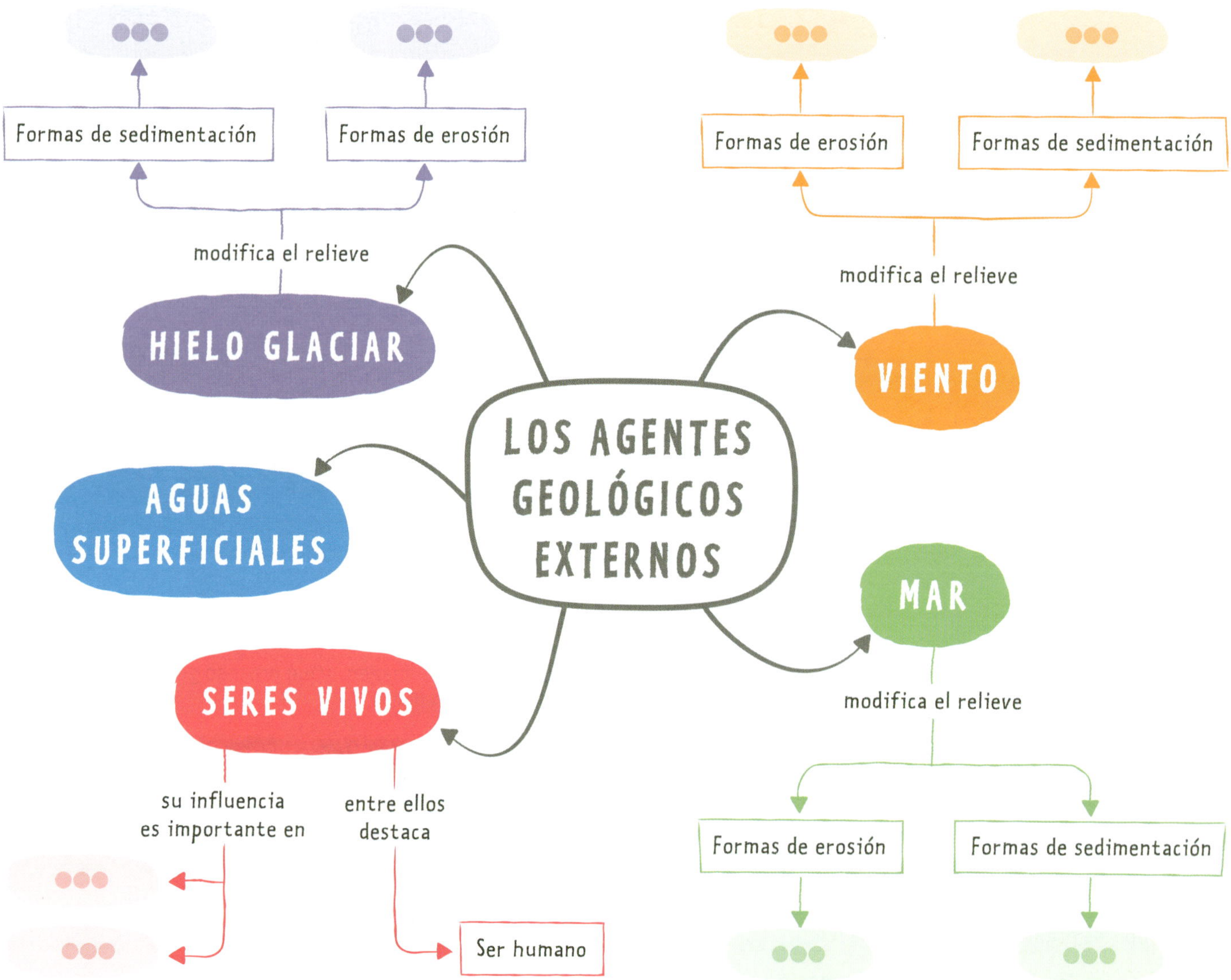

VALORA LO APRENDIDO Autoevaluación y resumen.

ACTIVIDADES FINALES

1. Analiza, calcula y deduce. En el siglo XIX, los científicos debatían sobre si los glaciares se movían o no. Para comprobarlo, se clavaron largas estacas que atravesaron la lengua del glaciar del Ródano (en Suiza) y se observó su posición durante ocho años.

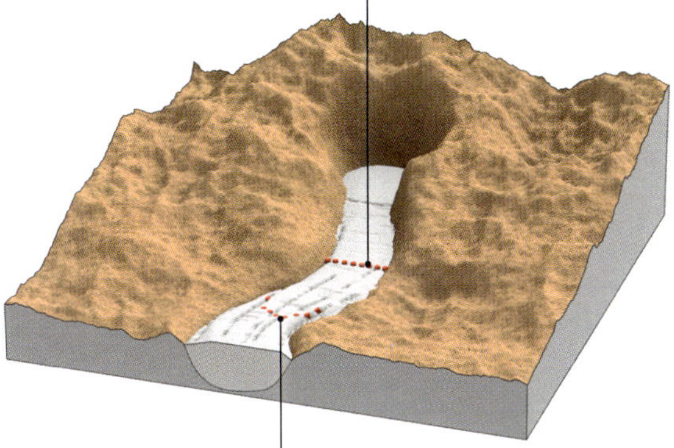

a) Todas las estacas avanzaron. Las que más lo hicieron se desplazaron 1280 metros en ocho años. ¿Qué distancia media recorrieron al año?

b) ¿Por qué avanzaron más por el centro del glaciar que por los lados?

c) Las estacas se clavaron verticales, pero se encontraron inclinadas. ¿Por qué? ¿En qué sentido se inclinarían?

2. Interpreta. La fotografía muestra un valle por el que circula un pequeño río. Observa la imagen y responde a las cuestiones.

a) ¿Qué agente geológico externo ha excavado este valle? Justifica la respuesta.

b) ¿Qué información nos puede proporcionar sobre el pasado de la zona?

c) ¿Qué principio geológico has utilizado para llegar a esta conclusión?

3. Soy competente

En la falda de una montaña al pie de los Alpes se han encontrado los sedimentos depositados hace miles de años que muestra la fotografía.

En algunos de los cantos de mayor tamaño hemos visto estrías. Las características de estos sedimentos pueden proporcionarnos información sobre las condiciones en que se originaron.

a) Observa los materiales que componen este sedimento. ¿Son de tamaños similares o muy diferentes?

b) ¿Qué forma tienen los más gruesos? ¿Qué información nos proporcionan?

c) ¿Cuál ha sido el agente de transporte de estos sedimentos?

d) En esta montaña nieva a veces, pero no hay hielo glaciar, y las aguas superficiales son el agente geológico externo más importante. ¿Cómo sería el clima en esta zona cuando se depositaron estos sedimentos? Elige la respuesta correcta:

A. Tropical, más cálido y húmedo que el actual.

B. Desértico, más cálido y seco que el actual.

C. Casi glacial, bastante más frío que el actual.

D. Templado y húmedo, no muy diferente del actual.

4. Razona. ¿Qué dos tipos de glaciares existen? ¿En qué se diferencian?

5. Explica cómo el modelado glaciar puede dar lugar a un valle colgado.

6. Infiere El bloque diagrama representa de manera simplificada el relieve de uno de los geoparques más importantes de España, el de Aigüestortes, en el Pirineo catalán.

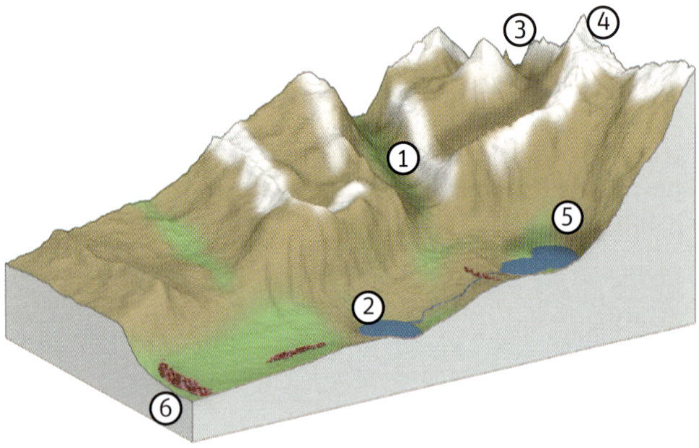

a) Identifica las formas numeradas en este relieve.

b) ¿Qué agente geológico externo las ha originado?

c) ¿Cómo se han formado los lagos de la imagen?

d) ¿Qué son los materiales marcados en rojo?

7. Identifica. En una zona de los Alpes hemos encontrado un glaciar. Su perfil es el que recoge la imagen.

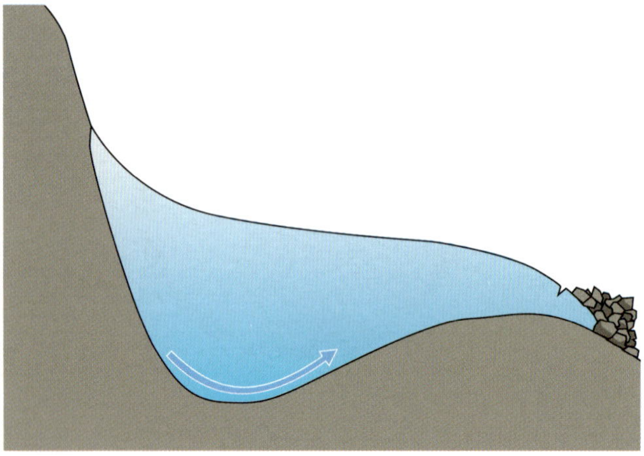

a) ¿Qué partes de este glaciar identificas? ¿Qué nombre reciben los sedimentos que hay al final del mismo?

b) Si, como consecuencia de un cambio climático, se fundiese este hielo, ¿qué se formaría en esta zona?

8. Observa. El bloque diagrama representa varias dunas.

a) ¿Qué tipo de dunas son?

b) ¿Cuál es la dirección de los vientos dominantes en esta zona?

9. Deduce. La imagen que te mostramos a continuación representa un desierto en el que pueden diferenciarse tres zonas: una cordillera, un desierto pedregoso y un desierto arenoso.

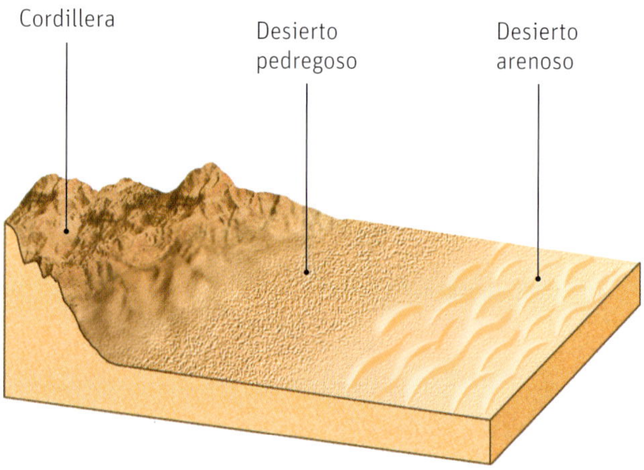

a) ¿Cómo puede explicarse que los materiales estén distribuidos de esta manera?

b) ¿Cuál sería la dirección de los vientos predominantes? ¿Por qué?

10. Explica cuáles son los dos tipos principales de sedimentos eólicos.

11. Diferencia. ¿Cómo diferenciarías un depósito eólico de otro glaciar?

12. Infiere. En las imágenes siguientes se muestran cuatro momentos que reflejan la evolución de un mismo promontorio.

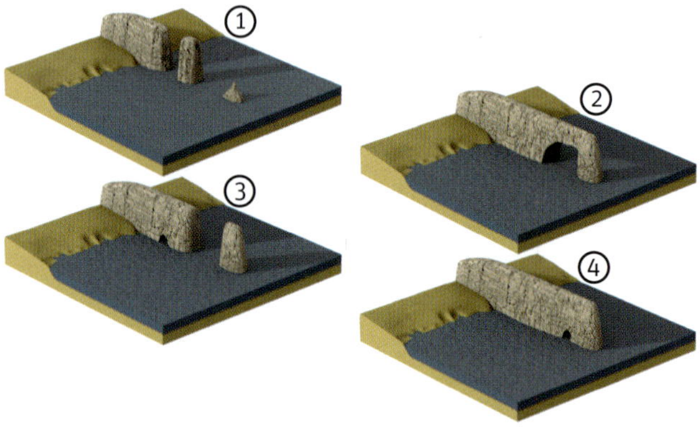

a) ¿Qué formas litorales hay en cada una de ellas? ¿Son de erosión o de sedimentación?

b) Fíjate bien y ordena las imágenes de la más antigua a la más actual.

c) Describe los cambios más importantes ocurridos entre cada una de ellas y la siguiente.

13. Razona. Si no existieran las mareas, ¿sería igual la erosión costera? ¿De qué manera influyen las mareas en este proceso?

14. Deduce. En la base de un acantilado costero encontramos bloques de rocas grandes y muy angulosos. Junto a ellos hay otros pequeños y redondeados. ¿Cómo se habrán formado unos y otros?

15. Predice. Observa la vista aérea de esta costa en la que se indica la dirección del oleaje. En la zona continental se alternan dos tipos de rocas: una de ellas es muy resistente a la erosión y la otra es poco resistente.

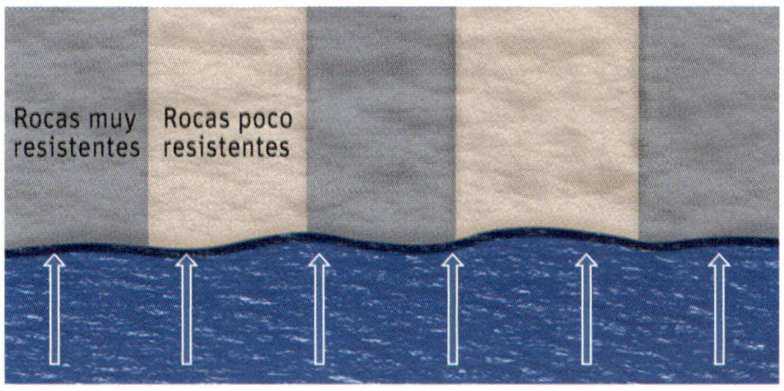

a) Dibuja un mapa que represente cómo podría ser esta costa una vez pasado mucho tiempo.

b) ¿Dónde consideras que es más probable que se formen playas?, ¿y promontorios?

16. Identifica. En esta vista aérea de un litoral se aprecian zonas arenosas, coloreadas de amarillo, y zonas rocosas, coloreadas de verde.

a) ¿Qué formas de erosión y de sedimentación observas?

b) ¿Cuál crees que será la dirección dominante de la corriente de deriva litoral en la zona?

c) ¿Se originará alguna nueva forma de sedimentación si continúa actuando la corriente de deriva litoral que has identificado? ¿Y desaparecerá alguna de las actuales?

17. Identifica. Observa el acantilado de la imagen.

a) Indica los nombres de las formas numeradas.

b) ¿Qué pruebas observas de que ha retrocedido este acantilado? ¿Cómo medirías la longitud del retroceso?

18. Retoma la pregunta propuesta en la portada de la unidad y respóndela.

Ciencia en la calle

Lee y comprende el siguiente texto:

El puerto de Colón que se había tragado la tierra

Cuentan los libros de historia que el 3 de agosto de 1492 salieron las carabelas del puerto de Palos de la Frontera (Huelva), al mando de Cristóbal Colón.

Del puerto de donde partió tan importante expedición no queda hoy ni rastro, solo la "Fontanilla", la fuente de donde las crónicas dicen que Colón recogió el agua para la larga travesía. A su alrededor únicamente hay tierra, y el mar queda lejos. ¿Qué pasó entonces con ese puerto?

En el año 2014, arqueólogos de la Universidad de Huelva hallaron la ubicación exacta del histórico puerto natural, situado en una ensenada del río Tinto, a cubierto del oleaje marino, muy cerca de su desembocadura en el océano Atlántico.

Las investigaciones muestran que, a finales del siglo xv, esa ensenada tenía ocho metros de profundidad, suficiente para el tránsito de las carabelas. Pero el depósito de sedimentos en ella hizo que fuese rellenándose hasta quedar colmatada. El antiguo puerto había sido, literalmente, tragado por la tierra.

Observa la imagen de las excavaciones en el antiguo puerto de Palos de la Frontera.

a) ¿Por qué se dice que era un "puerto natural"?, ¿qué significa esto?

b) ¿Cómo pudieron llegar los sedimentos hasta el antiguo puerto de Palos?

c) Los sedimentos que han rellenado el antiguo puerto son de grano fino. ¿Eso indica que allí las aguas estaban agitadas o calmadas?

12 VOLCANES Y TERREMOTOS

En esta unidad aprenderás...

- Qué es un volcán y cómo se produce una erupción volcánica.
- Qué es un terremoto.
- Por qué se mueven las placas litosféricas.
- Cómo se mide el riesgo volcánico y sísmico.

¿Se puede predecir la erupción de un volcán?

Islandia es un país con una alta concentración de volcanes activos. En marzo de 2010, el volcán Eyjafjallajökull entró en erupción. El aumento de la actividad sísmica en la zona desde finales de 2009 y la deformación del volcán que comenzó unos quince días antes de la erupción alertaron de la proximidad de la misma. Sin embargo, no se pudo prever la enorme columna de cenizas volcánicas lanzada a la atmósfera, que causó la interrupción del tráfico aéreo en todo el norte de Europa.

Desde entonces, y con objeto de lograr unas previsiones más precisas y tempranas, se ha reforzado la red de sensores existentes en el país y que emplea tecnologías como detectores de gas volcánico, sensores de infrasonidos, cámaras de alta resolución, sismógrafos y sensores de detección del movimiento del suelo en las regiones más activas.

- ¿Qué señales alertaron de la erupción del volcán Eyjafjallajökull en 2010?
- ¿Cómo pudo la erupción de un volcán en Islandia afectar a todo el norte de Europa?
- ¿Por qué es tan importante conocer cuándo va a entrar en erupción un volcán?
- ¿Por qué crees que hay tantos volcanes activos en Islandia?

1 Anatomía de un volcán

Los materiales fundidos en el interior terrestre reciben el nombre de MAGMA.

¿Qué es un volcán?

Se denomina **volcán** a cualquier punto de la superficie terrestre por el que salen, o han salido, materiales incandescentes procedentes del interior.

Estos materiales a elevadas temperaturas son el resultado de la fusión de algunas rocas del interior del planeta y reciben el nombre de **magma**. Junto a la fracción líquida, el magma contiene gases y sólidos.

¿Por qué se funden las rocas?

A medida que se profundiza en el interior terrestre, la temperatura aumenta. A 150 km de profundidad es ya de 1300 °C. Esta temperatura es suficiente para fundir las rocas en la superficie terrestre, pero no bajo las elevadas presiones que existen a esa profundidad.

A pesar de las altas temperaturas que hay en el interior de la Tierra, la corteza y el manto terrestres se hallan, globalmente, en estado sólido.

Sin embargo, en algunos lugares las rocas pueden encontrarse total o parcialmente fundidas, debido a alguno de estos factores:

- La temperatura en esa zona es algo mayor que la media.
- La presión ha disminuido, por lo cual la temperatura a la que está la roca es ya suficiente para que se funda.
- Se ha incorporado agua, lo que facilita la fusión de la roca.

El volcán y sus raíces

Desde la superficie hasta el interior de un volcán se diferencian las siguientes partes:

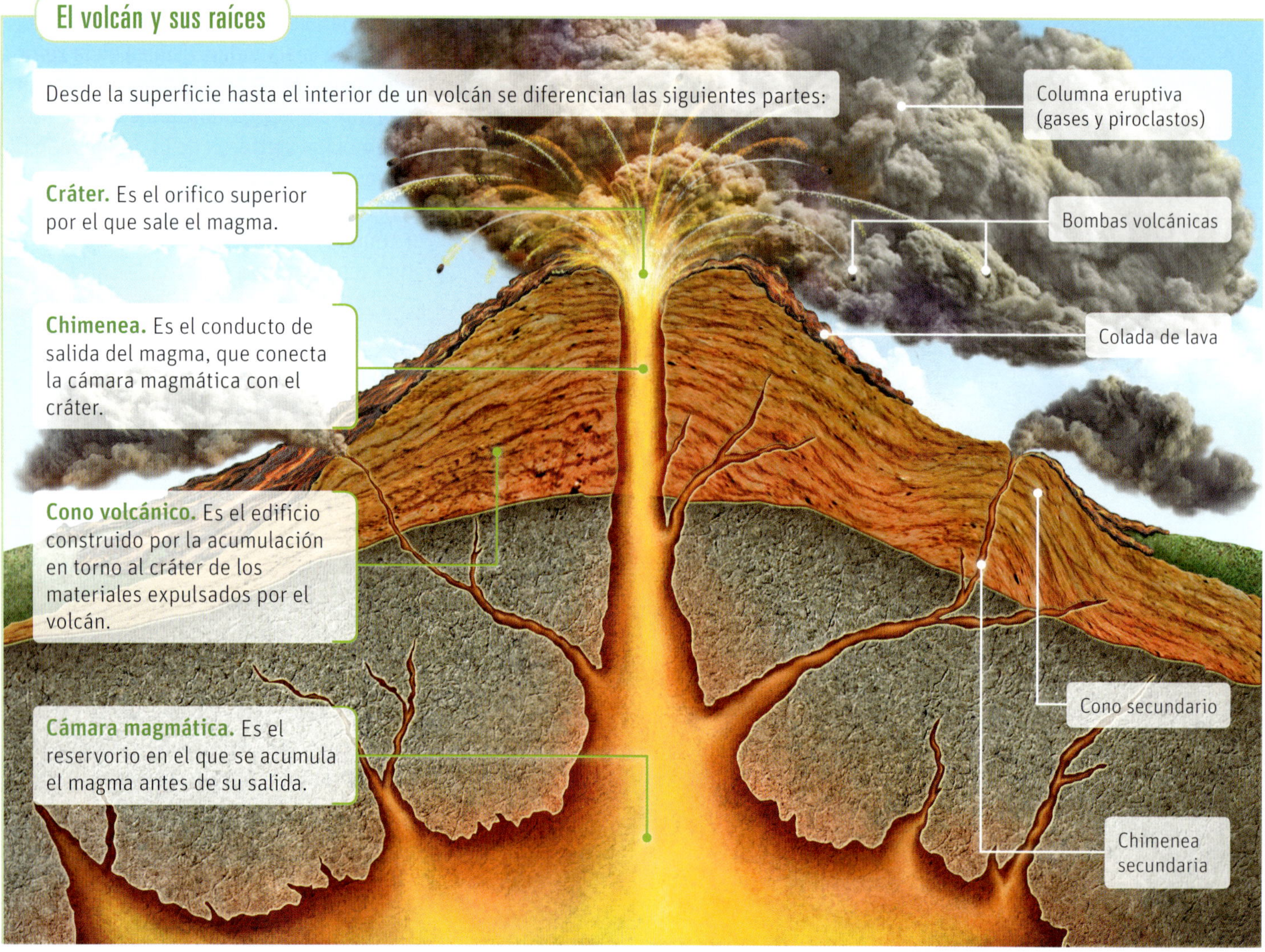

Cráter. Es el orifico superior por el que sale el magma.

Chimenea. Es el conducto de salida del magma, que conecta la cámara magmática con el cráter.

Cono volcánico. Es el edificio construido por la acumulación en torno al cráter de los materiales expulsados por el volcán.

Cámara magmática. Es el reservorio en el que se acumula el magma antes de su salida.

¿Cómo se produce una erupción?

Junto a la fracción líquida, el magma contiene siempre gases que desempeñan un papel clave en la erupción. Además, suele incluir materiales sólidos, bien porque aún no se han fundido, o bien porque ya han solidificado.

Para que se produzca una erupción deben ocurrir una serie de procesos que culminan con la salida del magma a la superficie.

La erupción de un volcán

1.º Formación del magma. La mayor parte del magma se origina por fusión parcial de las rocas. Es decir, una fusión que afecta solo a parte de los minerales que componen la roca. Suele darse en áreas relativamente poco profundas, entre 50 y 150 km (el radio terrestre tiene 6370 km). La temperatura del magma en esta zona es superior a los 1000 °C.

2.º Ascenso del magma. El magma asciende porque tiene menos densidad que la roca que lo rodea. Lo hace lentamente, hasta alcanzar zonas en las que soporta menos presión.

3.º Almacenaje del magma. En su camino a la superficie, el magma suele acumularse en grandes reservorios, denominados **cámaras magmáticas**, que, habitualmente, se encuentran a una profundidad de entre 1 y 5 km. Allí puede permanecer durante mucho tiempo.

4.º Erupción. Es la salida del magma a la superficie. Se produce cuando la cámara magmática se ha llenado y recibe nuevos aportes de magma. La erupción aparece debido a que:

- **Se incrementa la presión** en la cámara magmática, y sus paredes se dilatan y se fracturan.
- **Los gases escapan** y arrastran el resto de componentes magmáticos, de modo similar a lo que ocurre con una bebida carbónica que ha sido agitada.

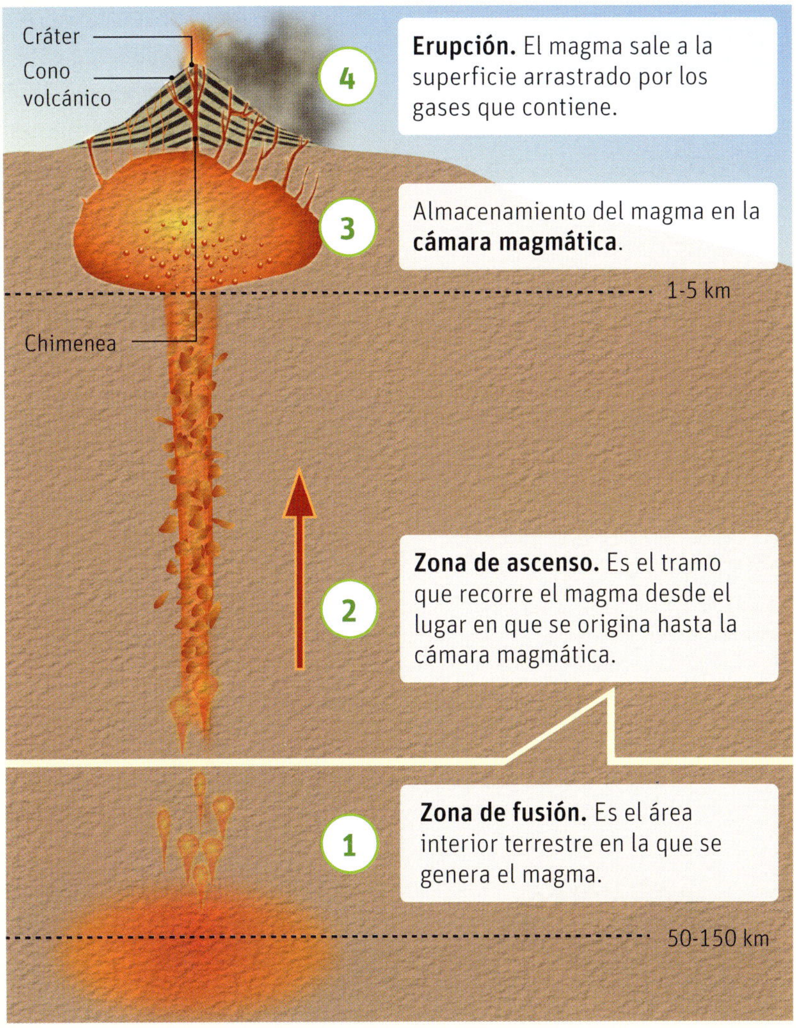

ACTIVIDADES

1. Analiza. **Dada la presión y el contenido en agua de una determinada zona del interior terrestre, los minerales que constituyen la roca del lugar funden a estas temperaturas: olivino (1200 °C), piroxenos (1090 °C) y feldespatos (835 °C).**
   a) La temperatura en esta zona es de 1100 °C. ¿Estará la roca totalmente fundida, parcialmente fundida o en estado sólido? ¿Por qué?
   b) ¿Se habrá formado magma en esta zona?
   c) Si la presión decreciese, ¿fundiría un mayor o menor porcentaje de la roca?

2. Razona. Para indicar la temperatura a la que funde una roca no se habla de punto de fusión, sino de intervalo de fusión. ¿Por qué?

3. Explica cómo es posible que el magma tenga menos densidad que la roca a partir de la que se ha formado.

4. Deduce. ¿Puede iniciarse una erupción en una zona llana o debe hacerse en una montaña de forma cónica? ¿Por qué?

5. Dibuja en tu cuaderno un volcán y nombra sus distintas partes.

2 Volcanes en erupción

» Volcanes activos

Algunos volcanes se encuentran casi permanentemente activos. Pero lo habitual es que entre erupciones haya un período de reposo más o menos largo. Se consideran volcanes activos todos los que han tenido una erupción en los últimos 25 000 años.

Productos volcánicos

Los materiales expulsados por un volcán se clasifican en función de su estado físico:

- **Gases.** El más abundante es el **vapor de agua**. Puede proceder del magma originario o haberse incorporado en su ascenso a partir de aguas subterráneas. Además, suele haber otros gases: cloruro de hidrógeno, dióxido de carbono, dióxido de azufre y sulfuro de hidrógeno.
- **Lavas.** Están constituidas por el material fundido que fluye desde el cráter y forman corrientes más o menos lentas, llamadas **coladas**.
- **Piroclastos** o **tefra.** Se trata de materiales sólidos proyectados al aire por el escape violento de los gases. A veces son fragmentos de rocas que taponaban la salida. Con mayor frecuencia están conformados por porciones de lava que se lanzaron al aire y solidificaron en contacto con él. Según su tamaño y su forma se clasifican en:
  - **Cenizas.** Son los fragmentos más pequeños, su tamaño es inferior a 2 mm.
  - **Lapilli.** Se trata de piroclastos de tamaño de entre 2 y 64 mm.
  - **Bloques.** Tienen un tamaño superior a 64 mm y apariencia irregular. Si su forma es de huso o redondeada, se denominan **bombas**.

La actividad volcánica

OBSERVA ¿En qué consiste y qué formas genera la actividad volcánica?

A veces, la actividad volcánica es muy violenta, mientras que en otras ocasiones la erupción es tranquila, y la lava se desborda por el cráter y desliza ladera abajo. Esto permite diferenciar dos tipos básicos de actividad volcánica: la **explosiva** y la **efusiva**.

Tipos de actividad volcánica

La actividad volcánica será efusiva o explosiva dependiendo de dos factores principales: **el contenido en gases** y **la viscosidad de la lava**, o resistencia a deslizarse que ofrezca.

Actividad efusiva o hawaiana

- En este tipo de actividad el cráter se muestra como un lago de lava del que escapan los gases con facilidad.
- La **lava es fluida** y sale del cráter a temperaturas muy altas, y da lugar así a las coladas volcánicas.
- Los **gases no se acumulan**, porque la baja viscosidad de la lava facilita su salida gradual. Esto reduce el número y la intensidad de las explosiones.
- **Se forman pocos piroclastos**, debido a que la lava está a una temperatura muy alta.

Actividad explosiva

- La **lava es muy viscosa**, con lo que solidifica y obstruye los conductos de salida.
- Los **gases se acumulan**, aumentan la presión y provocan **fuertes explosiones** que proyectan al aire multitud de piroclastos.
- Se **originan abundantes piroclastos**. Pueden formarse nubes bajas cargadas de piroclastos, conocidas como **nubes ardientes**, que se desplazan a gran velocidad por el suelo y arrasan todo lo que encuentran a su paso.

Formas generadas por la actividad volcánica

Un mismo volcán puede tener erupciones de características diferentes. Incluso una erupción puede presentar fases con distintos tipos de actividad y alternar, por ejemplo, fases de actividad efusiva con fases de actividad explosiva.

Los materiales volcánicos expulsados por los volcanes modifican el relieve y originan diversas formas en función del tipo de actividad. Las formas más frecuentes son el **escudo**, el **cono de piroclastos**, el **estratovolcán** y la **caldera**.

La solidificación de la lava y la acumulación de piroclastos origina las ROCAS VOLCÁNICAS.

Tipos de formas volcánicas

Escudo

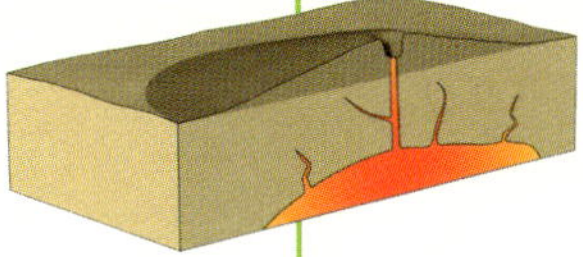

Es un cono de base muy amplia con relación a su altura.

Se origina en erupciones efusivas, en las que la lava es fluida y solidifica lejos del cráter.

Cono de piroclastos

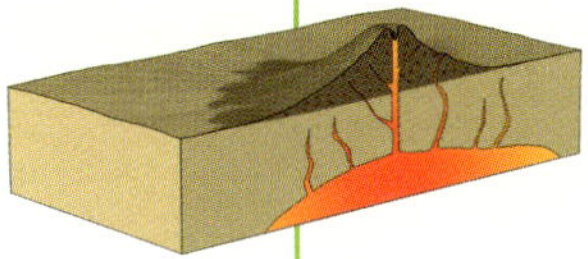

Es de pequeño tamaño y sus paredes son muy empinadas. Se forma por acumulación de piroclastos alrededor del cráter. Al estar compuesto por materiales sueltos, no alcanza gran altura.

Estratovolcán

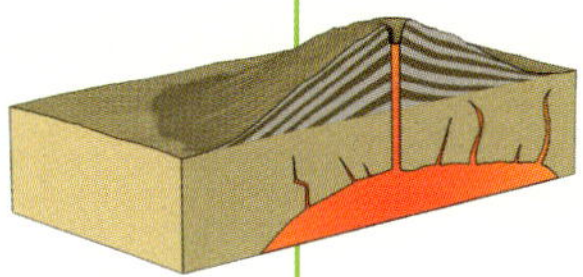

Es un cono constituido por capas alternas de piroclastos y coladas. Esto le da consistencia y le permite alcanzar gran altura. El Teide, el Fuji y los volcanes más conocidos son de este tipo.

Caldera

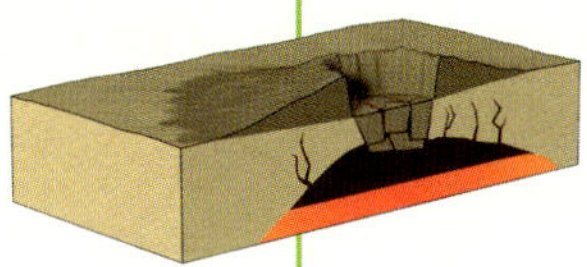

Es una depresión circular de tamaño muy superior al cráter.

Su diámetro suele ser de varios kilómetros.

ACTIVIDADES

1. Justifica. En 1978 se produjo la última erupción del Pico Viejo, junto al Teide. ¿Podemos considerar el Pico Viejo un volcán apagado?
2. Explica cómo se clasifican los piroclastos según su tamaño.
3. Deduce. Para referirnos a las rocas fundidas unas veces usamos el término “magma” y otras, la palabra “lava”. ¿Qué diferencias hay entre ambos conceptos?
4. Razona. Si dos lavas tienen la misma composición, ¿será más fluida la de temperatura más alta o más baja?
5. Investiga. Dentro de la actividad volcánica explosiva se distinguen niveles de explosividad que, de menor a mayor violencia, se denominan “estromboliana”, “vulcaniana” y “pliniana”. Busca información sobre estos tres tipos de actividad volcánica y define sus características principales.
6. Razona. ¿Por qué es más alto un estratovolcán que un cono de piroclastos?
7. Investiga sobre los distintos tipos de calderas volcánicas que existen, en función de su origen, y elabora un esquema con la información recopilada.
8. Analiza. Las explosiones volcánicas producen salpicaduras de lava. En su recorrido por el aire la lava puede solidificar y caer ya en estado sólido. Así se generan las bombas.

a) Para que esto ocurra, ¿debe estar la lava próxima a su solidificación o no es necesario?

b) La forma de huso, ¿la poseía la salpicadura de lava al salir del cráter o la ha adquirido durante su recorrido por el aire? ¿Por qué?

3 Los terremotos

» ¡Cuántos terremotos!

Cada año tienen lugar en nuestro planeta más de un millón de terremotos, pero la mayor parte de ellos son tan débiles que suelen pasar desapercibidos.

¿Qué es un terremoto?

Un **terremoto**, también llamado **sismo** o **seísmo**, es la vibración de terreno producida por una brusca liberación de energía. El terremoto se genera al romperse grandes masas de rocas o si, una vez rotas, una de esas masas se mueve con respecto a otra.

Estas grandes fracturas de las rocas se denominan **fallas**, y los movimientos en ellas pueden ser desde unos milímetros, en los pequeños terremotos, hasta uno o dos metros en los grandes.

El lugar donde se origina el seísmo recibe el nombre de **foco sísmico** o **hipocentro**. Desde el hipocentro, las vibraciones u ondas sísmicas se transmiten en todas direcciones, de modo similar a lo que ocurre en el agua de un estanque al lanzar una piedra.

El foco sísmico se sitúa en el interior de la Tierra, a una profundidad que puede localizarse a apenas unos kilómetros o llegar a los 700 km. El punto de la superficie más cercano al hipocentro es el **epicentro**.

La iglesia de Santiago, en Lorca (Murcia), se derrumbó durante el terremoto que sacudió la localidad en 2011. El seísmo dejó, además, nueve muertos, más de trescientos heridos, varios edificios históricos destruidos y el 80 % de las viviendas dañadas.

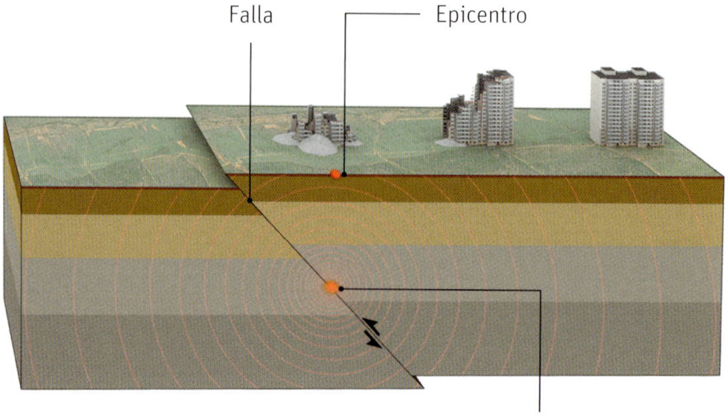

COMPRENDE ¿Cómo se origina un terremoto?

¿Cómo se registra un terremoto?

Para registrar y medir los seísmos se utilizan unos instrumentos, llamados **sismógrafos,** que dibujan unas gráficas, los **sismogramas**.

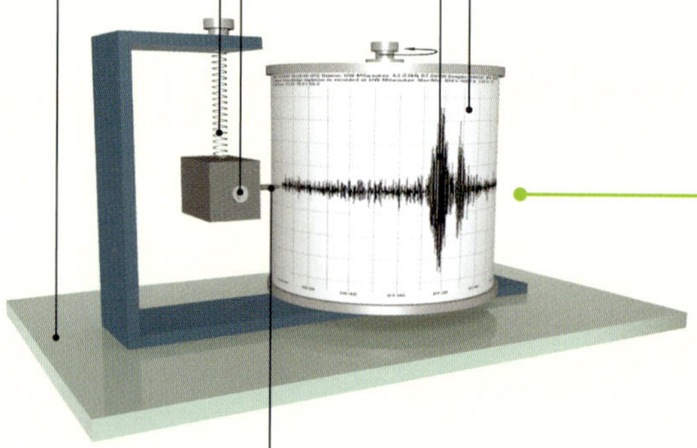

Un sismógrafo contiene un dispositivo de escritura que permanece inmóvil durante el terremoto, mientras que el soporte en el que escribe vibra con la llegada de las sucesivas ondas sísmicas. La sensibilidad de los sismógrafos permite detectar seísmos muy débiles que nos pasan desapercibidos a las personas.

Magnitud e intensidad de un terremoto

Se denomina **magnitud** de un terremoto a la cantidad de energía que libera. Se mide con la **escala de Richter**, en la que cada grado corresponde a unas 33 veces la energía del anterior. Así, la energía liberada en un seísmo de grado 6 equivale a la de una bomba atómica como la de Hiroshima, mientras que en uno de grado 7 es equiparable a 33 de esas bombas. El mayor seísmo registrado hasta el momento ocurrió en Valdivia (Chile) en 1960 y su magnitud fue de 9,5 grados en la escala de Richter.

La **intensidad** de un terremoto es la medida de sus efectos sobre las personas, las construcciones o el terreno. La intensidad se ha medido tradicionalmente con la **escala de Mercalli**. Su versión actualizada es la **Escala Macrosísmica Europea (EMS)**, que consta de doce grados de intensidad, siendo el I el más leve (no percibido por las personas) y el XII el más destructivo:

I. No sentido	No se siente, ni en las circunstancias más favorables.
II. Apenas sentido	La vibración únicamente es percibida por algunas personas (1 %).
III. Débil	La vibración es débil y se percibe solo en interiores y por unas pocas personas.
IV. Ampliamente observado	El terremoto es percibido en interiores por muchas personas, pero al aire libre por muy pocas.
V. Fuerte	El terremoto es percibido en interiores por la mayoría, al aire libre por unos pocos. Fuerte vibración. Puertas y ventanas se abren y se cierran solas.
VI. Levemente dañino	Sentido por la mayoría en los interiores y por muchos en el exterior. En los edificios muchas personas se asustan y escapan. Daño ligero en las edificaciones corrientes.
VII. Dañino	La mayoría de las personas se asustan y escapan al exterior. Muchas edificaciones corrientes sufren daños moderados: pequeñas grietas en las paredes, derrumbe parcial de chimeneas...
VIII. Gravemente dañino	Pueden caerse los muebles. Muchas edificaciones corrientes sufren daños y algunos edificios pueden derrumbarse parcialmente.
IX. Destructivo	Monumentos y columnas caen o se tuercen. Muchas edificaciones corrientes se derrumban parcialmente, unas pocas se derrumban completamente.
X. Muy destructivo	Muchas edificaciones corrientes se derrumban.
XI. Devastador	La mayoría de las edificaciones corrientes se derrumban.
XII. Completamente devastador	Prácticamente todas las estructuras por encima y por debajo del suelo quedan gravemente dañadas o destruidas.

ACTIVIDADES

1. Razona. Cada seísmo tiene una sola magnitud. ¿También únicamente una intensidad?

2. Explica dónde será mayor la intensidad de un terremoto: ¿en el epicentro o a 100 km de él? ¿Y la magnitud?

3. Reflexiona. El hipocentro del terremoto que sacudió en 2011 la localidad murciana de Lorca se localizó a muy poca profundidad. ¿Crees que eso hizo que sus efectos en la ciudad fuesen mayores que si hubiese sido más profundo, o menores? ¿Por qué?

4. Argumenta. Observa el mapa de peligrosidad sísmica de España que se presenta al final de la página y responde a las cuestiones.
   a) ¿Recoge la intensidad o la magnitud de los seísmos?
   b) ¿En qué zona se encuentra tu ciudad o localidad?
   c) Cada zona viene definida por el terremoto mayor del que se tiene referencia. ¿Significa eso que no puede producirse en esa zona un seísmo mayor?

¿Cuántos terremotos se producen en España?

Cada año ocurren en España casi mil seísmos, si bien tres de cada cuatro resultan imperceptibles a las personas. La magnitud de los seísmos y su frecuencia se encuentran en proporción inversa, de modo que los de mayor magnitud son los menos frecuentes.

En España no existen referencias históricas de terremotos con magnitud superior a siete en la escala de Richter. Aun así, a lo largo de la falla que va desde Gibraltar hasta las islas Azores, sí se han producido seísmos por encima de esa magnitud.

El Instituto Geográfico Nacional registra todos los terremotos que tienen lugar en España. Con esos datos elabora el denominado "mapa de peligrosidad sísmica" que observas a la derecha.

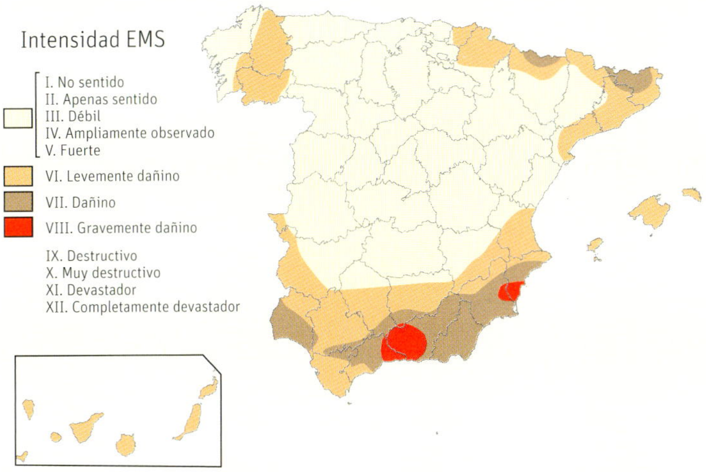

4 Distribución de volcanes y terremotos

El análisis de la localización de los volcanes y de los terremotos más relevantes de las últimas décadas muestra que tanto unos como otros no se distribuyen de manera homogénea por la superficie terrestre, puesto que existen zonas en las que son muy frecuentes, y otras en las que apenas se producen.

¿Qué nos indica esta distribución de los terremotos?

Se ha señalado que los seísmos se originan al producirse una fractura en grandes masas de rocas o al moverse a lo largo de una fractura una de estas masas con respecto a otra.

Si esto es así, los lugares que tienen abundantes terremotos deberán ser zonas con importantes fracturas, y en ellas se producirán movimientos de unas masas con respecto a otras.

Distribución mundial de volcanes y terremotos

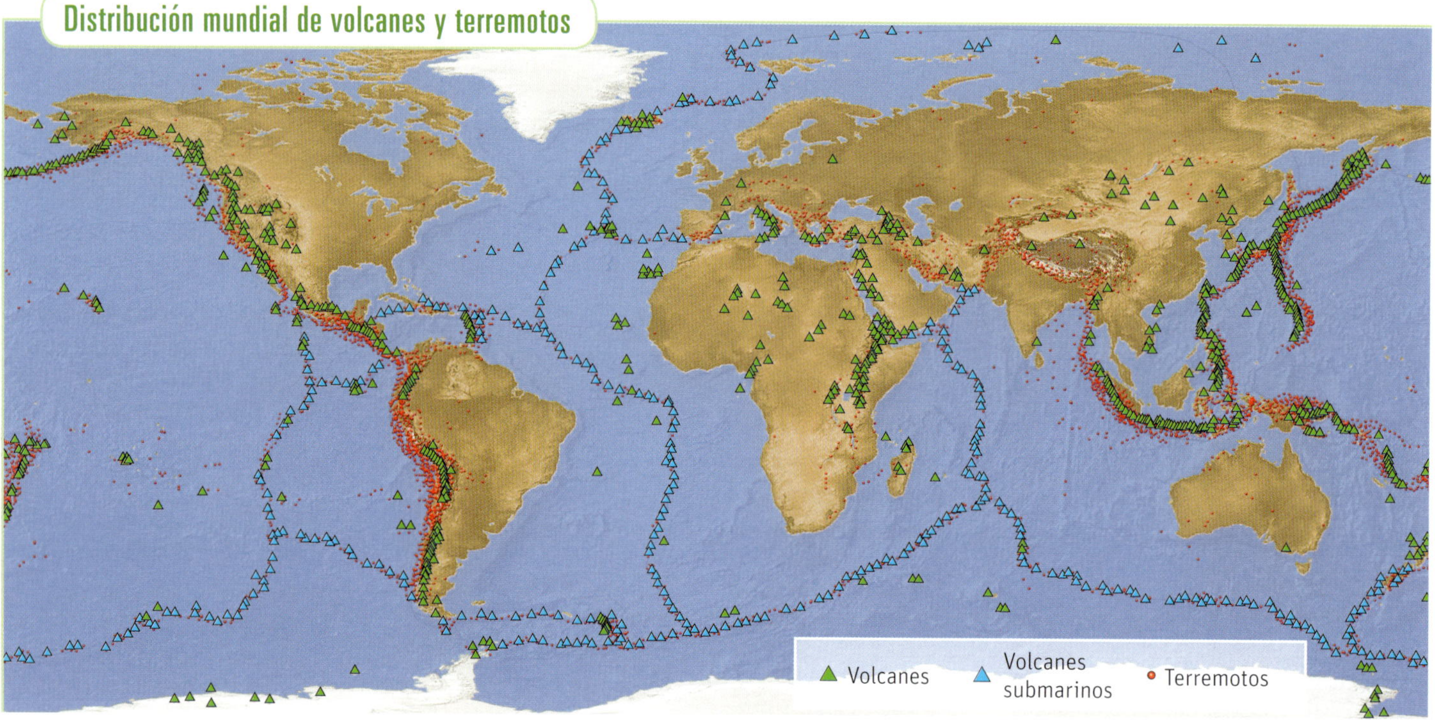

Y los volcanes, ¿cómo se distribuyen?

Tampoco los volcanes se reparten homogéneamente. Hay dos datos destacables:

- **En muchos lugares del mundo coinciden la actividad volcánica y la actividad sísmica.** Aunque hay zonas volcánicas sin actividad sísmica y zonas sísmicas sin volcanes, son mucho más frecuentes los lugares en los que se dan las dos actividades.
- **La localización de la mayoría de las erupciones submarinas.** A mediados del siglo XX, la investigación del fondo marino dio como resultado el descubrimiento de un relieve con una larga fractura que atraviesa todo el océano Atlántico, y se ramifica hacia los océanos Índico y Pacífico. Esta enorme fractura, que tiene más de 65 000 km de longitud, se denomina **dorsal oceánica**. En ella se da una intensa actividad volcánica y frecuentes seísmos, aunque de escasa magnitud.

Podemos concluir que los volcanes y los terremotos no se distribuyen al azar, sino que se concentran en **zonas geológicamente muy activas**.

ACTIVIDADES

1. Razona. ¿Por qué relacionamos lugares en los que se producen frecuentes terremotos con las zonas en las que hay grandes fracturas?
2. Deduce. ¿En los bordes de qué océano se da la mayor concentración de grandes terremotos?
3. Explica. Hemos relacionado los terremotos con la formación de una falla o la activación de otra ya formada. ¿Crees posible que en una zona exista una falla y no se produzcan terremotos? ¿Cómo lo explicarías?

5 Relieves y placas litosféricas

Si se pudiese retirar el agua de los océanos, veríamos las siguientes zonas del relieve del fondo oceánico:

- **Plataformas continentales.** Se trata de franjas más o menos estrechas que bordean los continentes. Van desde el litoral hasta alcanzar profundidades de unos 200 m.
- **Llanuras abisales.** Constituyen áreas muy extensas y planas, con profundidades entre los 3000 y los 5000 m. Conforman la mayor parte de los fondos oceánicos.
- **Dorsales oceánicas.** Son relieves submarinos, estrechos y muy largos, que se elevan 2000 o 3000 m sobre la llanura abisal. El océano Atlántico está recorrido de norte a sur por una dorsal.
- **Fosas submarinas.** Son surcos largos, estrechos y muy profundos. La fosa de las Marianas alcanza los 11 000 m de profundidad.

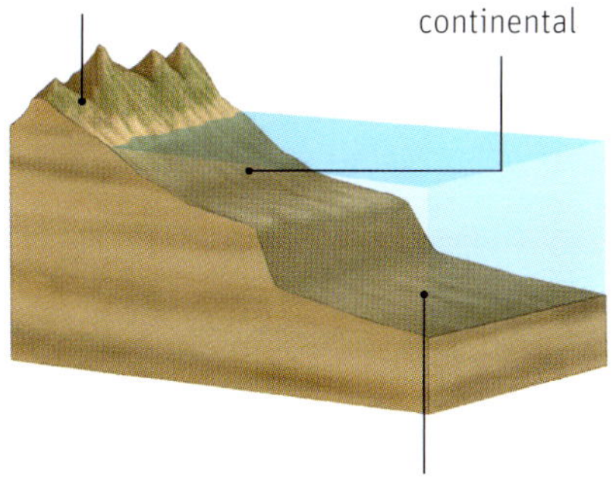

Relieve oceánico y continental

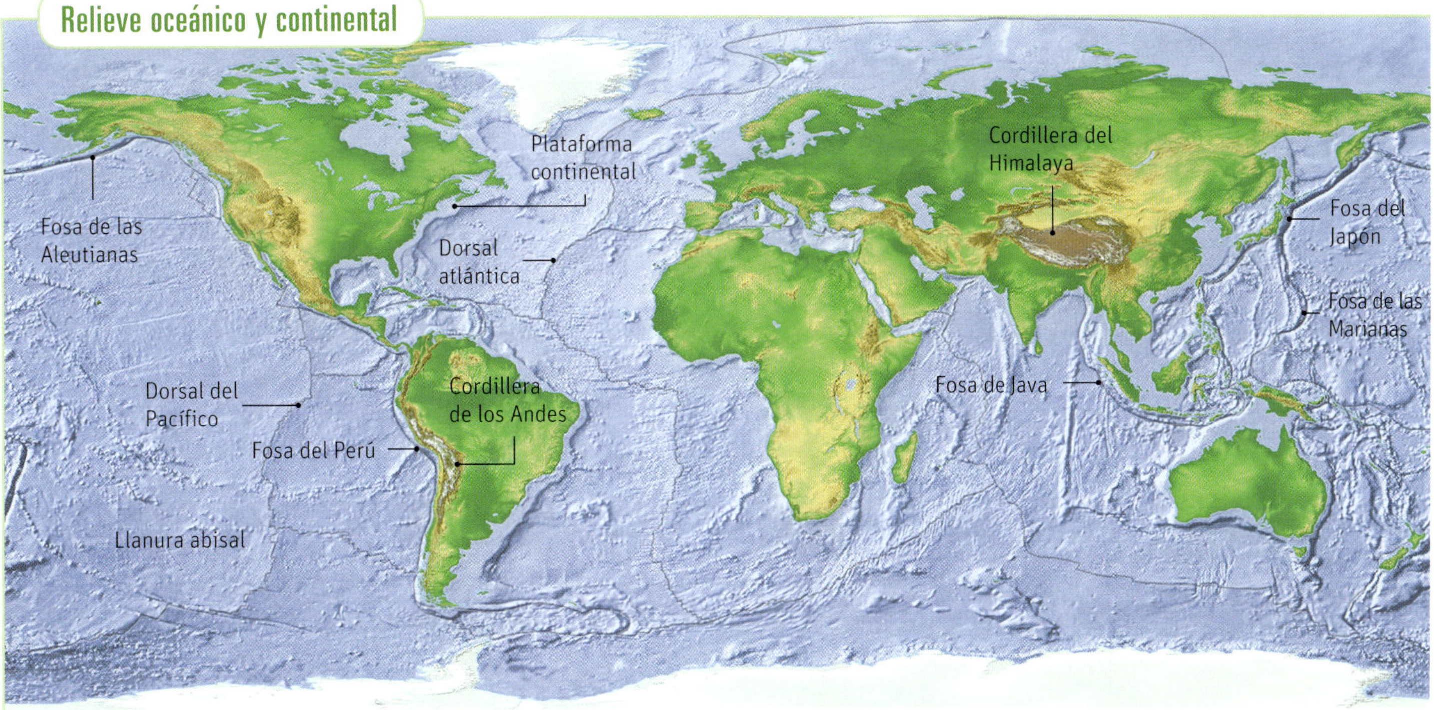

Placas litosféricas

La **litosfera** constituye la capa más externa de la Tierra sólida. Incluye toda la corteza terrestre y un poco del manto superior. En los océanos, la litosfera tiene un grosor medio de 75 km, mientras que en los continentes alcanza unos 150 km.

Es delgada y rígida, como el cascarón de un huevo, mientras que el interior terrestre es más dúctil y deformable porque se encuentra a alta temperatura.

La litosfera no se compone de una sola pieza, sino que se halla dividido en grandes fragmentos, que reciben el nombre de **placas litosféricas**.

La frontera entre una placa y otra se denomina **borde** o **límite de placa**. Los relieves submarinos más importantes, como las dorsales oceánicas y las fosas submarinas, y las cordilleras continentales más altas, como el Himalaya y los Andes, marcan estos límites entre unas placas litosféricas y otras.

Los límites de las placas litosféricas conforman las **zonas en las que existe una mayor actividad geológica**. En esos límites tienen origen los terremotos más importantes, se produce una gran actividad volcánica y se localizan las grandes cordilleras.

ACTIVIDADES

1. Compara el mapa del relieve terrestre con el de la distribución de terremotos y volcanes. ¿Hay seísmos en las fosas oceánicas? ¿Y en las dorsales? ¿Y en las cordilleras más altas?

2. Razona. ¿Es frecuente la actividad volcánica en los límites de las placas litosféricas? ¿Existe actividad volcánica en todos estos límites?

6 Tectónica de placas

Hay **siete grandes placas litosféricas**: Euroasiática, Africana, Suramericana, Norteamericana, Pacífica, Indoaustraliana y Antártica. Entre ellas se sitúa una docena de placas menores, como la de Nazca o la Filipina.

Placas litosféricas

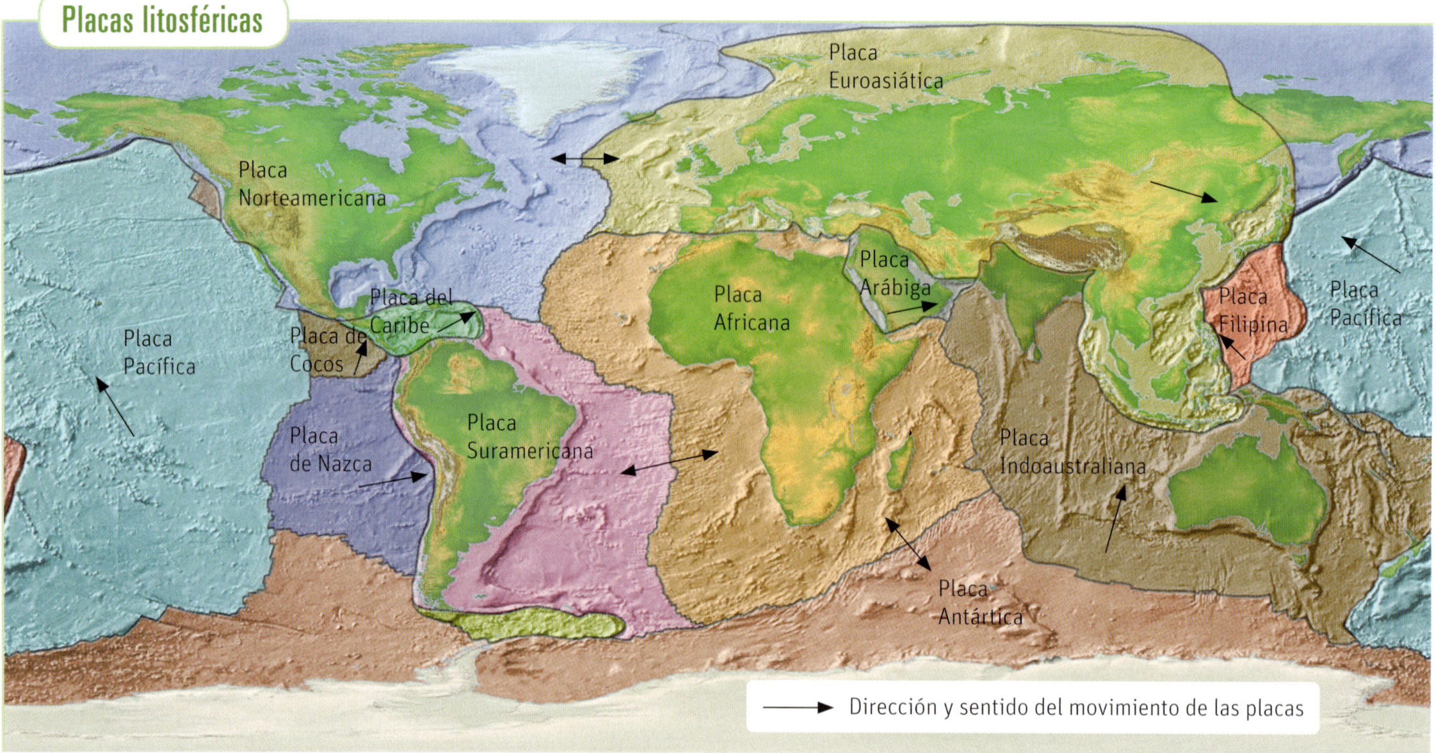

Las placas se mueven

Si en los límites entre unas placas y otras se originan frecuentes terremotos se debe a que en esas zonas hay grandes fracturas, a lo largo de las cuales se producen movimientos de unas placas litosféricas con respecto a otras.

Los continentes forman parte de estas placas y viajan con ellas. Mediante rayos láser y satélites, los científicos han medido los desplazamientos de las placas. Así, se ha comprobado que el continente europeo se separa cada año unos 2 cm de Norteamérica, y África de Suramérica unos 3 cm anuales. En consecuencia, el océano Atlántico se está ensanchando.

Pangea

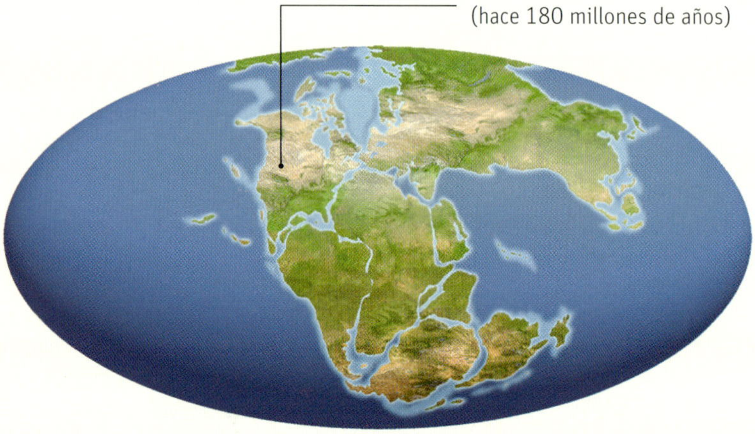

Hace 180 millones de años, cuando los dinosaurios empezaban a habitar la Tierra, el océano Atlántico no existía y todas las tierras emergidas integraban un único continente: **Pangea**.

A principios del siglo XX, mucho antes de que se pudiesen medir con precisión las distancias intercontinentales, el científico **Alfred Wegener** llegó a la conclusión de que los continentes se movían.

Entre otros muchos datos, se basó en la forma complementaria de algunos continentes, como África y Suramérica, que parecían encajar como las piezas de un rompecabezas.

¿Qué mueve las placas litosféricas?

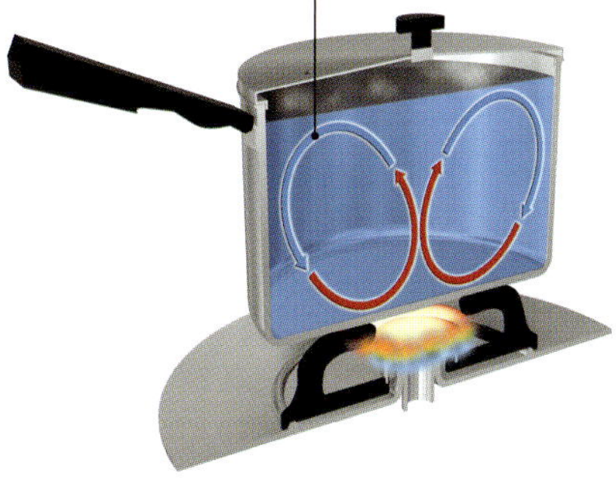

Bajo la delgada y rígida litosfera, los materiales del manto terrestre se encuentran a temperaturas de entre 1000 y 3500 °C. En la superficie terrestre, las rocas estarían fundidas a estas temperaturas.

Sin embargo, debido a la presión ejercida por los materiales que tienen encima, las rocas del manto se encuentran generalmente en estado sólido. Es un sólido dúctil, como una masa pastosa de viscosidad muy alta, que recuerda a la cera reblandecida por el calor.

En estas condiciones tan extremas, los materiales del manto están sometidos a unos movimientos cíclicos, conocidos como **corrientes de convección**, producidos por las diferencias de presión y temperatura. Son movimientos similares a los que ocurren en el agua de un recipiente que se está calentando, aunque mucho más lentos, de apenas unos centímetros al año.

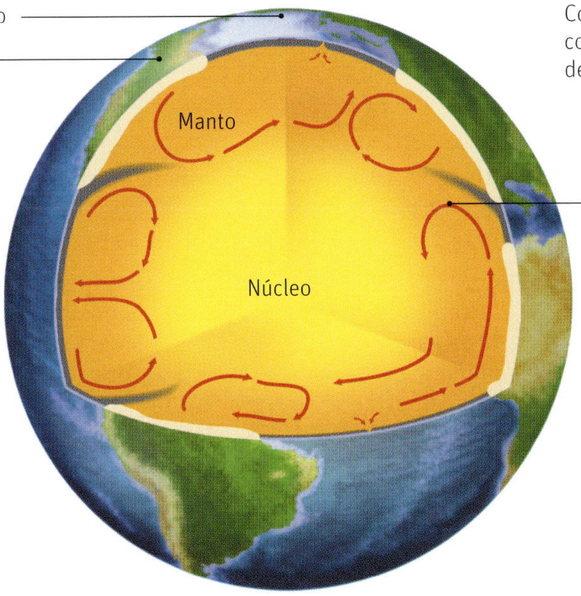

Teoría de la tectónica de placas

Para explicar qué causa el desplazamiento de los continentes o por qué los volcanes y los terremotos se localizan preferentemente en determinadas zonas de nuestro planeta, los científicos han elaborado la **teoría de la tectónica de placas**, cuyas ideas fundamentales son las siguientes:

ACTIVIDADES

1. Razona. ¿Habría volcanes si el interior terrestre estuviese frío? ¿Y seísmos? ¿Por qué?
2. Averigua en qué placa se sitúa la península Ibérica. ¿Y las islas Canarias?
3. Explica. ¿Qué zonas oceánicas se incluyen en la placa Euroasiática?
4. Elabora un mapa conceptual que recoja los presupuestos principales de la tectónica de placas.

Teoría de la tectónica de placas

- **La litosfera está dividida en fragmentos rígidos denominados "placas litosféricas".** Las dorsales, las fosas oceánicas y las cordilleras más altas constituyen los límites de estas placas.
- **Las placas litosféricas se desplazan sobre los materiales dúctiles y calientes del manto.** Lo hacen a una velocidad que oscila entre 1 y 12 cm por año.
- **Los desplazamientos de las placas litosféricas son causados por la energía térmica del interior terrestre**, que impulsa las corrientes de convección en el manto, **y la energía gravitatoria**.
- **Los movimientos de las placas originan los terremotos, la separación y unión de continentes**, y otros procesos más complejos que forman las **grandes cordilleras**, como el Himalaya, los Andes o los Pirineos.

7 Riesgo sísmico y volcánico

RIESGO = peligrosidad × exposición × vulnerabilidad

Se entiende por **riesgo natural** (sísmico, volcánico, de inundación...) la probabilidad de que se produzca un daño o catástrofe para la población de una zona o para sus bienes causado por un fenómeno natural (terremoto, volcán...). La magnitud de un riesgo depende de tres factores fundamentales:

- **Peligrosidad**, o magnitud que puede tener un suceso potencialmente catastrófico y la frecuencia con la que ocurre.
- **Exposición**, o volumen de población y bienes que pueden verse afectados por él.
- **Vulnerabilidad**, o susceptibilidad que presenta una comunidad de ser dañada.

Por tanto, la magnitud que alcanza un riesgo no solo depende del fenómeno natural. Así, dos seísmos de la misma magnitud (igual peligrosidad) pueden darse en lugares con distinta exposición, uno en una zona muy poblada y el otro en una despoblada. En consecuencia, los daños generados serán muy diferentes. Pero también lo serán si, teniendo las mismas peligrosidad y exposición, uno ocurre en un lugar con edificios mal construidos y el otro en una zona bien edificada (vulnerabilidad diferente).

Riesgos asociados a volcanes y terremotos

Riesgo volcánico. La **peligrosidad de la actividad volcánica** puede tener diversos orígenes:

- La formación de **coladas de barro**, como las que se generaron tras la erupción, en 1985, del volcán Nevado del Ruiz, en Colombia.
- Las **explosiones** que acompañan a las erupciones. Un ejemplo es la del volcán Krakatoa, que en 1883 sufrió una gran explosión y desapareció en gran medida bajo el mar.
- La formación de **nubes ardientes**, como la de 1902 en Mont Pelée (Isla de Martinica) en la que hubo 28 000 víctimas.
- Las emisiones de **gases tóxicos**, como las ocurridas en Islandia en 1738, que costaron la vida a unas 10 000 personas.
- La **lava**, que destruye a su paso construcciones, vías de comunicación o campos de cultivo, pero que rara vez provoca víctimas mortales.

El volcán Etna, en la isla italiana de Sicilia, es uno de los más activos del mundo y está casi en constante erupción. Pese a ello, miles de personas viven en poblaciones a su alrededor.

Riesgo sísmico. La **peligrosidad sísmica** de un lugar es la probabilidad de que ocurra un terremoto de cierta intensidad durante un determinado período de tiempo.

Conocer dónde y cuándo se va a producir un terremoto reduciría la cantidad de posibles víctimas. Gracias a la mejora en el conocimiento de nuestro planeta y al registro histórico de los terremotos más importantes, se ha avanzado mucho en la determinación de los lugares en los que se producen.

Desafortunadamente, seguimos sin poder predecir cuándo va a ocurrir un terremoto. Se ha investigado la posible existencia de **precursores sísmicos** que nos avisen de la proximidad de un terremoto: pequeñas elevaciones del terreno, cambios en el nivel del agua en los pozos o aumento de la cantidad de ciertos gases. Ninguno de estos precursores se ha mostrado realmente eficaz.

En noviembre de 2019 un terremoto de magnitud 6,4 sacudió el noreste de Albania y causó una cincuentena de muertos, además de grandes daños materiales.

¿Son inevitables las catástrofes naturales?

Las erupciones volcánicas y los terremotos son inevitables, pero eso no significa que deban serlo también sus consecuencias sobre la población o sus bienes.

Para reducir los efectos devastadores de un suceso natural en una zona es necesario conocer el proceso que lo origina y las características de ese lugar. A partir de ese estudio se realiza una **predicción** de las probabilidades de que ocurra, y se proponen medidas de **prevención**, con el fin de evitar o mitigar sus efectos catastróficos.

Así, pueden reducirse las consecuencias desastrosas de los terremotos adoptando las siguientes medidas de prevención:

- **Elaborar mapas de riesgo sísmico** que permitan adecuar a cada zona las normas preventivas.
- **Establecer normas de construcción sismorresistente**, para que los edificios sean menos vulnerables a los seísmos que pueden producirse en cada lugar.
- **Educar a la población** para que sepa cómo debe actuar antes, durante y después de un terremoto.

ACTIVIDADES

1. Haz una lista de los factores que causan mayor peligrosidad volcánica.

2. Busca información. El 26 de diciembre de 2004, Tilly Smith, una niña británica de once años, supo interpretar una espectacular retirada del mar como el anuncio de la llegada de un tsunami. Su voz de alarma permitió salvar la vida a más de cien personas.

   a) Busca información sobre cómo ayudó Tilly Smith a su familia y a otras personas a salvarse de los efectos devastadores de un tsunami. ¿Cómo crees que supo prever Tilly lo que iba a suceder?

   b) Este tsunami, iniciado en Sumatra (Indonesia), causó más de 260 000 muertos. ¿Qué provocó este desastre natural? Busca información sobre él y haz un resumen de lo más importante.

3. Investiga. Las coladas de barro, también conocidas como "lahares", son altamente destructivas, y a lo largo de la historia han sido las causantes de la pérdida de miles de vidas humanas. Busca información sobre este fenómeno y responde a la cuestión: ¿es necesaria una erupción volcánica para que se forme una colada de barro? Razona tu respuesta.

4. Razona. ¿En qué consiste la peligrosidad sísmica?

5. Emprende. Aunque en cualquier lugar de España puede producirse un seísmo, no en todos los sitios es igualmente probable que ocurra uno significativo. ¿Conoces qué peligrosidad sísmica existe en la zona en la que vives? ¿Sabes qué debes hacer en caso de terremoto?

   En grupo resolved las siguientes cuestiones que se plantean.

   a) Situad vuestra localidad en el mapa de peligrosidad sísmica de la página 229 de esta unidad. ¿Qué nivel tiene?

   b) ¿Ha habido algún terremoto en el último año? Podéis comprobarlo en la página web del Instituto Geográfico Nacional.

   c) El riesgo sísmico no depende solo de la peligrosidad sísmica, sino también de la exposición y la vulnerabilidad. Buscad información sobre qué debe hacerse antes, durante y después de un seísmo, y resumidla en un mural.

   d) Se pueden salvar muchas vidas si se sabe cómo actuar en caso de terremoto. ¿Qué podéis hacer en vuestro centro educativo para que todos conozcan qué medidas deben adoptar para reducir el riesgo sísmico?

LO ESENCIAL

Volcanes y terremotos

La actividad volcánica y la sísmica son manifestaciones de la energía del interior terrestre, y generan riesgos para las personas y sus bienes.

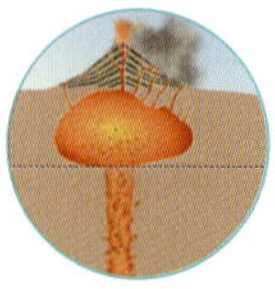

Un **volcán** es cualquier punto de la superficie terrestre por el que salen, o han salido, materiales incandescentes procedentes del interior.

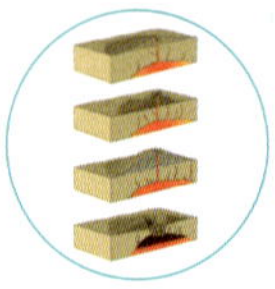

Los materiales volcánicos **modifican el relieve** y originan diversas formas en función del tipo de actividad, como conos o calderas.

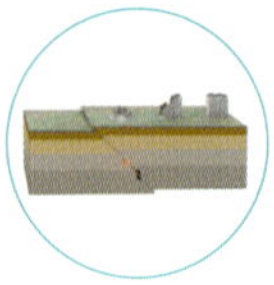

Los **terremotos** son vibraciones del terreno que se producen al fracturarse o desplazarse grandes masas de rocas.

Los volcanes y los terremotos no se distribuyen al azar, sino que se concentran en **zonas geológicamente muy activas**.

La **energía térmica del interior terrestre** no solo causa la actividad volcánica, sino también los **movimientos de las placas litosféricas** que producen los terremotos, dan lugar a las grandes cordilleras y desplazan los continentes.

Las erupciones volcánicas y los terremotos son inevitables, pero los riesgos pueden reducirse con **medidas de prevención**.

1. Organiza tus ideas. **Copia, completa y amplía el siguiente esquema para construir tu propio mapa mental de la unidad.**

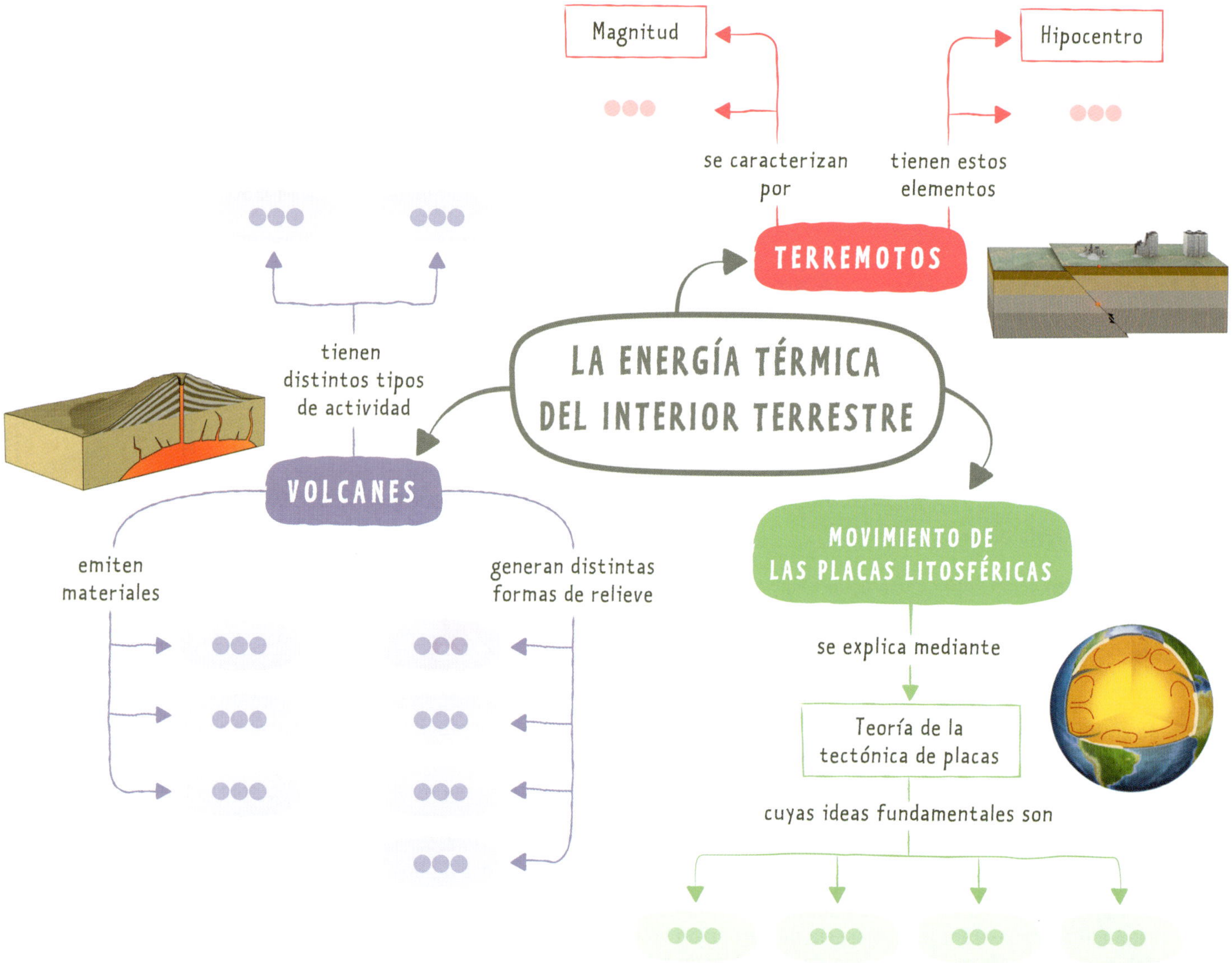

VALORA LO APRENDIDO Autoevaluación y resumen.

1. Razona. La última vez que el volcán Fuji (Japón) entró en erupción fue en 1707. ¿Quiere esto decir que es ya un volcán apagado o debemos considerarlo activo, aunque en reposo?

2. Identifica los elementos que están numerados en la siguiente imagen.

3. Llega a una conclusión. En una zona en la que no se tienen noticias históricas de que haya existido en algún momento actividad volcánica, encontramos piroclastos de hace más de cincuenta millones de años. ¿A qué conclusión podríamos llegar acerca del pasado de esta zona?

4. Completa. Copia en tu cuaderno la siguiente tabla, que resume las principales características que distinguen una actividad volcánica efusiva de una explosiva, y completa la información que falta.

	Actividad efusiva	Actividad explosiva
Viscosidad de la lava	•••	•••
Productos emitidos	•••	•••
Altura de la columna eruptiva	Menos de 1 km	Más de 1 km
Cono que originan	•••	•••

5. Explica cuál es el papel que desempeñan los gases en una erupción.

6. Razona. Dos volcanes entran en erupción. Uno de ellos expulsa lava muy fluida; sin embargo, del otro fluye una lava muy viscosa. ¿En cuál de las dos erupciones cabe esperar que se produzcan más explosiones? Justifica tu respuesta.

7. Observa. Las calderas volcánicas más frecuentes se generan al hundirse el cono volcánico después de la erupción. Fíjate en los tres momentos de la formación de una caldera.

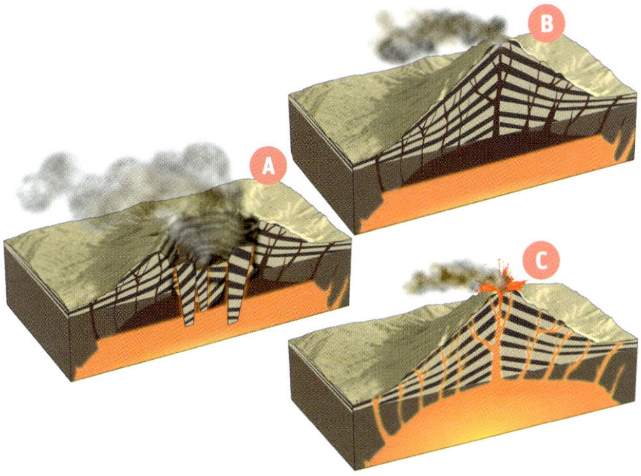

a) Ordénalos cronológicamente.

b) ¿Qué criterio utilizarías para diferenciar un cráter de una caldera volcánica?

8. Experimenta. Puedes simular en el laboratorio la formación de magma por fusión de las rocas, su ascenso y su solidificación en la superficie con esta experiencia:

Funde cera roja y viértela en un vaso de precipitados hasta alcanzar un dedo de grosor. Cuando solidifique, echa arena hasta formar una capa de idéntico grosor. Vierte agua con cuidado, sin que se remueva la arena. Calienta a fuego lento el centro del vaso.

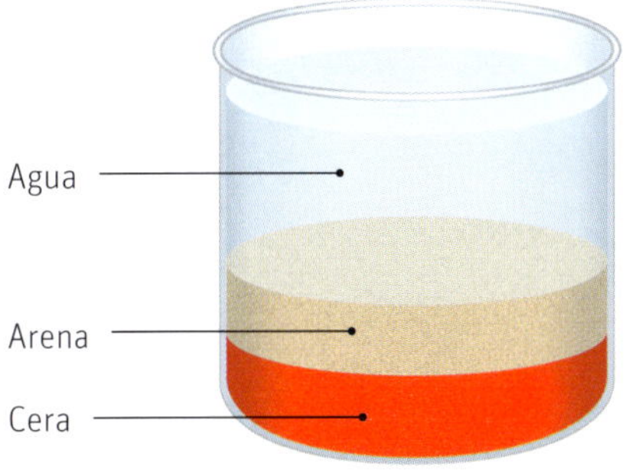

a) ¿La especie de erupción que se produce es repentina y con pulsaciones, o gradual y continua? ¿Por qué asciende la cera?

b) ¿Qué analogías y diferencias hay entre esta experiencia y el proceso eruptivo?

9. Deduce. Muchos volcanes de la cordillera de los Andes son tan altos que tienen nieves perpetuas en la cumbre, por lo que reciben el nombre de "nevados", como el Nevado del Ruiz, localizado en Colombia. Explica por qué un volcán activo cuya cumbre se presenta cubierta por un glaciar es más peligroso que otro cuya cima carece de nieve o hielo.

10. Interpreta. Durante la erupción de un volcán se produjo un fuerte y desagradable olor a azufre. ¿Qué crees que pudo causarlo?

11. Observa e interpreta. La imagen que solemos identificar con un volcán es la de una montaña empinada, de apariencia cónica, por la que de vez en cuando sale lava. Y, efectivamente, esa forma tienen algunos de los volcanes más conocidos, como el Teide (en la imagen).

a) ¿Qué otras formas volcánicas existen?

b) ¿Cómo se llama la forma volcánica del Teide?

c) ¿Expulsan siempre lava los volcanes durante una erupción?

12. Identifica cada uno de los elementos señalados en la imagen que representa una zona en la que se ha producido un terremoto.

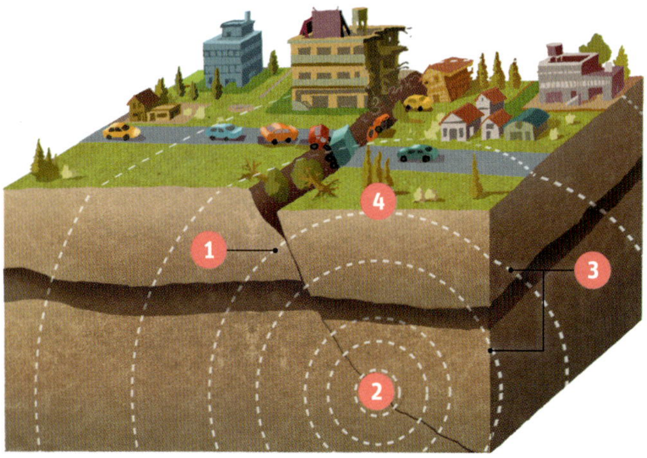

13. Elabora una gráfica. El número de terremotos registrados en España durante el siglo xx presenta la siguiente distribución: Andalucía (46 %), Cataluña (14 %), Valencia (13 %), Murcia (12 %), Aragón (4 %), Navarra (2 %), Extremadura (1,5 %), Canarias (1,5 %); País Vasco, Galicia, Castilla-La Mancha y Castilla y León, un 1 % cada una de ellas; Madrid y el resto de las comunidades autónomas han tenido porcentajes inferiores.

Elabora una gráfica que represente estos valores. ¿Concuerdan estos datos con el mapa de riesgo sísmico de España?

14. Soy competente

El 12 de enero de 2010 se producía en Haití un seísmo que causaba más de 220 000 muertos.

Una de las razones por las que este terremoto causó tantas víctimas fue la proximidad del foco sísmico (hipocentro) a la capital de Haití. El epicentro se localizó a 15 km de esa ciudad y el hipocentro, a 10 km de profundidad.

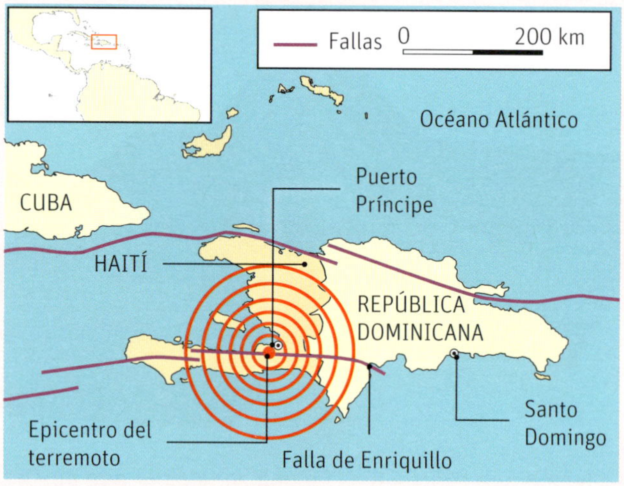

a) Dibuja un esquema que represente la situación descrita.

b) ¿A qué distancia de la ciudad estaba el hipocentro?

c) ¿Si el hipocentro hubiese sido más profundo, habría tenido el seísmo la misma intensidad en la ciudad de Puerto Príncipe?

d) Si el hipocentro se hubiese situado a 200 km de profundidad, ¿su magnitud habría sido la misma? ¿Y su intensidad?

e) ¿Cómo podrían haberse reducido los efectos catastróficos de este terremoto?

15. Relaciona. El mapa recoge los terremotos de magnitud superior a ocho en la escala de Richter ocurridos en el mundo desde el año 1900 hasta la actualidad.

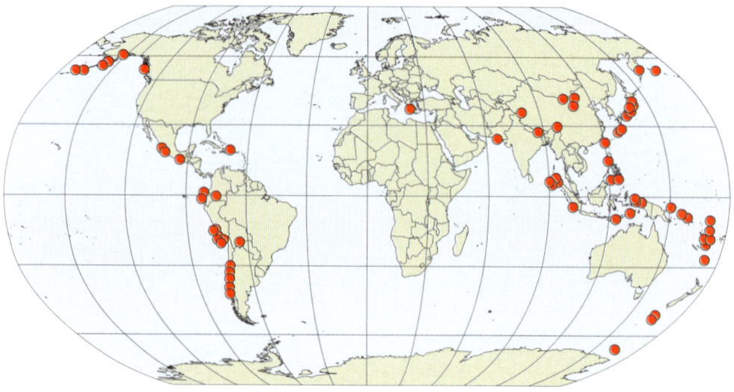

a) Compara este mapa con el de las placas litosféricas. ¿La mayoría de los grandes seísmos tienen lugar en el interior de las placas o en los límites entre las mismas?

b) ¿Cómo explicas que no se repartan de manera homogénea los terremotos de mayor magnitud?

c) ¿Hay muchos que se localizan en las dorsales oceánicas? ¿Por qué?

16. Analiza. La mayor parte de las placas litosféricas tienen una zona continental y otra oceánica. Cita una placa que solo tenga territorios oceánicos.

17. Explica. ¿Qué nombre reciben los movimientos cíclicos de los materiales del manto terrestre? ¿Hay movimientos similares en la atmósfera o en los océanos? Justifica tu respuesta.

18. Dibuja en tu cuaderno un esquema de la Tierra cortada por el ecuador, como el que se expone a continuación.

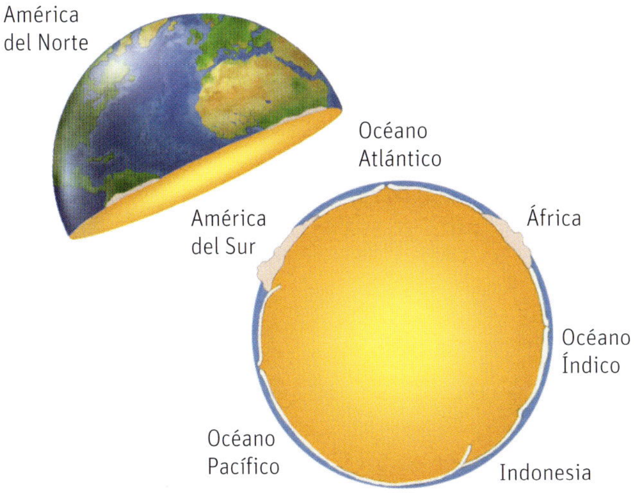

a) Señala cada una de las dorsales que aparecen en la ilustración.

b) Indica el nombre de cada una de las placas que hay representadas.

c) De las grandes placas litosféricas, ¿cuáles no están representadas?

19. Analiza. En el terremoto que tuvo lugar en la India en septiembre de 1993, de 6,4 grados de magnitud en la escala de Richter, murieron diez mil personas. Un año más tarde, en la ciudad estadounidense de Los Ángeles, se produjo otro terremoto, de 6,6 grados de magnitud en la escala de Richter, pero en esta ocasión el número de víctimas mortales fue once. Si tenemos en cuenta que la ciudad de Los Ángeles se encuentra más densamente poblada que la India:

a) ¿A qué crees que puede deberse esa diferencia en el número de víctimas?

b) ¿Qué medidas de prevención sísmica consideras que deberían tomarse?

c) ¿En qué lugares deben adoptarse esas medidas? Justifica tu respuesta.

20. Observa en un mapa el litoral de los continentes euroasiático, africano y americano.

a) ¿Cuáles de ellos son límites de placas?

b) Los límites continente-océano, ¿son mayoritariamente bordes de placas litosféricas?

21. Retoma la pregunta de la apertura de esta unidad y respóndela utilizando para ello los conocimientos que has adquirido.

Ciencia en la calle

Lee y comprende el siguiente texto:

Ventajas e inconvenientes de vivir sobre una dorsal

Los baños en aguas termales son una actividad tan placentera como frecuente en Islandia. La isla es una parte emergida de la dorsal atlántica, y allí el subsuelo se encuentra tan caliente que no solo abundan las fuentes termales, sino que esta energía permite que la mayoría de las viviendas del país disfruten de calefacción gratuita.

a) ¿Qué características tendrá la actividad sísmica en Islandia?

I. Poco frecuente.

II. Gran cantidad de terremotos y de gran magnitud.

III. Muchos seísmos, pero de pequeña magnitud.

b) ¿Qué tipo de riesgo será más alto en Islandia, el sísmico o el volcánico? ¿Por qué?

c) ¿Qué ventajas y desventajas crees que tiene vivir en una zona geológicamente tan activa como Islandia?

d) Las fracturas de la dorsal dividen la isla en dos mitades. ¿Dirías que toda Islandia pertenece a la misma placa litosférica, o cada mitad a una? ¿De qué placa o placas se trata?

Relieves en el laboratorio: analizamos la acción erosiva de distintos agentes geológicos

En la naturaleza, los procesos geológicos suelen transcurrir con gran lentitud y eso hace difícil su análisis. Para poder estudiarlos en el laboratorio, los científicos utilizan a veces modelos que simplifican la realidad, pero que permiten alcanzar conclusiones más fácilmente.

PASO 1 **CONSTRUIMOS RELIEVES EN EL LABORATORIO.** Construimos dos relieves en el laboratorio. Usamos arena como material de construcción y les damos la misma forma a ambos relieves.

PASO 2 **REPRODUCIMOS LA ACCIÓN EROSIVA DE DOS AGENTES GEOLÓGICOS DIFERENTES.** Sobre uno de los relieves echamos agua con una regadera. El otro relieve lo situamos delante de un ventilador, que ponemos en marcha.

Pasados unos minutos, observamos los efectos y dibujamos la forma adquirida por cada uno de ellos.

1. ¿Qué procesos geológicos externos pretendemos reproducir?
2. ¿Crees que se originarán pequeños valles en ambos casos? ¿Por qué?
3. ¿Qué hemos querido comprobar con esta experiencia?
4. ¿Por qué hemos hecho los dos relieves con la misma forma inicial, el mismo tamaño e idéntica composición?
5. Diseña y dibuja una experiencia de laboratorio similar a la anterior, pero ahora para comprobar el efecto de la litología en el modelado del relieve. Luego, responde a estas cuestiones:
   a) ¿Cuántos relieves necesitas construir?
   b) ¿Qué factores o variables deberán ser exactamente iguales en todos los casos?
   c) ¿Qué factor o variable será diferente de un caso a otro?

Relieves en el laboratorio: estudiamos la influencia de la pendiente en la acción erosiva de las aguas superficiales

Las aguas superficiales son el principal agente modelador del relieve en las tierras emergidas. La actividad erosiva de las aguas superficiales varía de unos lugares a otros en función de factores como el clima, el tipo de materiales, la pendiente del terreno o la vegetación. ¿Cómo podemos valorar experimentalmente esta acción erosiva de las aguas superficiales?

PASO 1 **CONSTRUIMOS RELIEVES EN EL LABORATORIO.** Construimos dos relieves en el laboratorio. Usamos arena como material de construcción y damos una pendiente distinta a los dos relieves, pues vamos a analizar cómo influye la pendiente en la actividad erosiva del agua.

PASO 2 **REPRODUCIMOS LA ACCIÓN EROSIVA DE LAS AGUAS SUPERFICIALES.** Sobre ambos relieves vertemos la misma cantidad de agua y lo hacemos del mismo modo. Podemos utilizar una regadera para simular el efecto de la precipitación.

Observamos qué ocurre en ambos relieves tras verter el agua y sacamos conclusiones sobre el efecto de la pendiente en la capacidad erosiva del agua.

1. ¿Cuál de los dos relieves se erosiona más?
2. ¿Por qué debemos verter la misma cantidad de agua sobre los dos relieves y del mismo modo? ¿Sería igual de concluyente el resultado si, empleando la misma cantidad de agua en ambos casos, vertiésemos el agua desde una regadera sobre el relieve A y desde una botella sobre el relieve B? Razona tu respuesta.
3. ¿Qué conclusión obtienes sobre el efecto de la pendiente en la actividad erosiva de las aguas superficiales?
4. Diseña un experimento que permita comprobar la influencia del clima en la actividad erosiva.

Cómo identificar un relieve

Existe una extraordinaria diversidad de relieves terrestres, tanta que no hay dos que sean exactamente iguales. Sin embargo, una observación detenida puede proporcionarnos indicadores diferentes que nos ayuden a reconocer un relieve, para poder identificar las rocas que lo componen y los procesos que lo han modelado.

La fotografía de la derecha muestra una zona del sureste de la península ibérica, el desierto de Tabernas (Almería). Se trata de un espacio natural protegido.

¿Cómo podemos identificar este relieve? Vamos a diseñar un protocolo de estudio que nos permita determinar qué tipo de relieve es y qué tipos de rocas son las predominantes en este paisaje.

PASO 1 **OBSERVAMOS SUS RASGOS GENERALES.** Para ello, nos planteamos cuestiones como estas:

- ¿Es abrupto o más bien de formas suaves?
- ¿Está constituido por una gran diversidad de rocas o hay alguna dominante?
- ¿Qué procesos externos han dejado más huellas en él?

PASO 2 **ANALIZAMOS SUS CARACTERÍSTICAS.**

El tipo de roca

- ¿La roca o las rocas que observas son muy coherentes y resistentes a la erosión, o fácilmente erosionables?
- ¿Percibes alguna forma característica del modelado de una caliza, de un granito o de una arcilla?

El tipo de proceso geológico externo

- ¿Hay huellas de meteorización, de erosión o de sedimentación?
- ¿Cuáles son más abundantes?

El tipo de agente geológico

- ¿Existen huellas de la intervención de aguas superficiales, del viento, del hielo o del mar?

PASO 3 **ALCANZAMOS CONCLUSIONES.** ¿Es un relieve kárstico, granítico, arcilloso o ninguno de ellos? ¿Qué nombre le asignarías?

1. ¿Qué características tiene la roca que predomina en el relieve del desierto de Tabernas que estamos analizando? ¿Cuál es? ¿Hay alguna roca más?
2. ¿Qué procesos geológicos han intervenido en el modelado? ¿Cuál es más visible?
3. ¿Qué agente geológico externo ha modelado este desierto?
4. ¿Cuál es tu conclusión sobre este relieve? ¿Qué denominación le darías?

Cómo planificar una actuación en el litoral

Conocer cómo funcionan los agentes geológicos resulta fundamental a la hora de planificar determinadas actuaciones humanas. Así, por ejemplo, una intervención en el litoral no puede llevarse a cabo sin analizar a fondo la propia dinámica litoral, ya que, en caso contrario, el resultado final obtenido puede no ser el deseado.

En una zona del litoral mediterráneo se enfrentan a un problema recurrente: todos los años la playa pierde arena y es necesario realizar aportes para mantener el arenal. Como solución a este problema, se decide construir unos espigones, con bloques de hormigón, que protejan la playa.

En las imágenes se puede observar una vista aérea de la playa antes de construir los espigones (A) y otra de unos años después de realizar la obra (B).

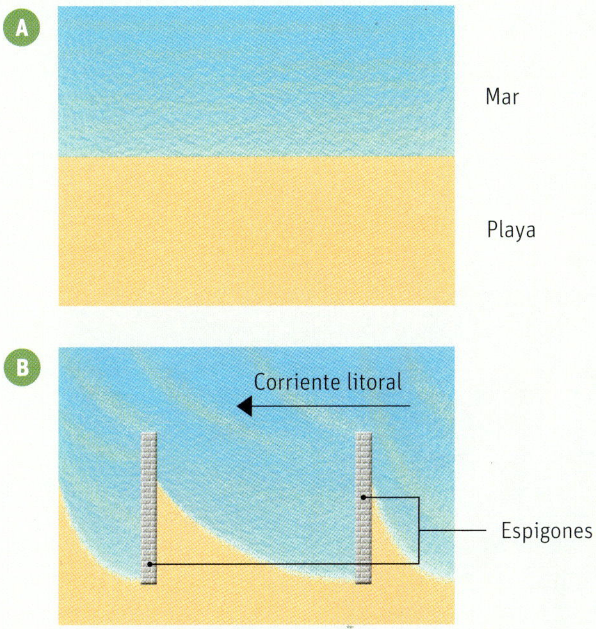

Una vez observadas las imágenes, y partiendo del objetivo inicial de la actuación desarrollada, analiza el resultado obtenido y saca conclusiones sobre la efectividad de la construcción de los espigones.

1. ¿Qué cambios se perciben en la playa tras la construcción de los espigones? Describe el aspecto de la playa a ambos lados de cada espigón.
2. Observa la dirección de la corriente litoral e indica cómo pueden explicarse los cambios producidos.
3. ¿Consideras que esta playa ha mejorado tras la intervención humana en ella? ¿Se ha logrado el objetivo buscado?

Voluntariado en ríos

Cada año se convoca en España y en la Unión Europea el Programa de Voluntariado en Ríos, que pretende impulsar una red estable de voluntarios en las cuencas hidrográficas intercomunitarias. Se invita a todos los ciudadanos y pueden participar grupos de estudiantes.

El **Programa de Voluntariado en Ríos** pretende sensibilizar sobre los valores socioambientales de los ríos y promover la participación ciudadana a través de grupos y entidades de voluntariado para el conocimiento, el diagnóstico y la mejora de los sistemas fluviales.

El programa suele desarrollarse en verano. Se realizan algunas actividades de retirada de residuos, embellecimiento de los márgenes fluviales, y otras para fomentar el uso y disfrute de nuestros ríos.

Podéis desarrollar este trabajo en grupos. Para ello:

- Buscad información sobre la próxima campaña de voluntariado en ríos y resumid lo más importante: ¿Qué es? ¿Cuáles son sus objetivos? ¿Qué se ha hecho en campañas anteriores? ¿Cómo se puede participar?...

1. Elaborad un póster que recoja los datos básicos y algunas imágenes de esta campaña.
2. Valorad si participáis o no en la iniciativa.

¿Por qué se produjo esta tragedia?

La inundación más trágica de las ocurridas en España en los últimos treinta años ocurrió en Biescas, en el Pirineo aragonés, en 1996.

Vamos a investigar por qué se produjo esta tragedia y cómo podría haberse evitado.

El 7 de agosto de 1996 se produjo una gran tormenta en la cabecera del torrente de Arás, en el Pirineo aragonés. En solo diez minutos cayeron cien litros por metro cuadrado. Algunas ramas y troncos embalsaron momentáneamente el cauce del torrente de Arás. El tapón cedió, y el agua embalsada se sumó a la escorrentía del momento.

La riada corrió hacia la desembocadura del torrente. Allí, en el abanico aluvial, se había instalado un camping, que quedó arrasado. Hubo ochenta y siete muertos, y ciento ochenta y tres heridos. El servicio de meteorología había anunciado el día anterior el riesgo de fuertes tormentas en la zona.

PASO 1 **ANALIZAMOS LA UBICACIÓN DEL CAMPING DE BIESCAS.** ¿Estaba el camping situado fuera o dentro del torrente? ¿Cómo valoras esta ubicación?

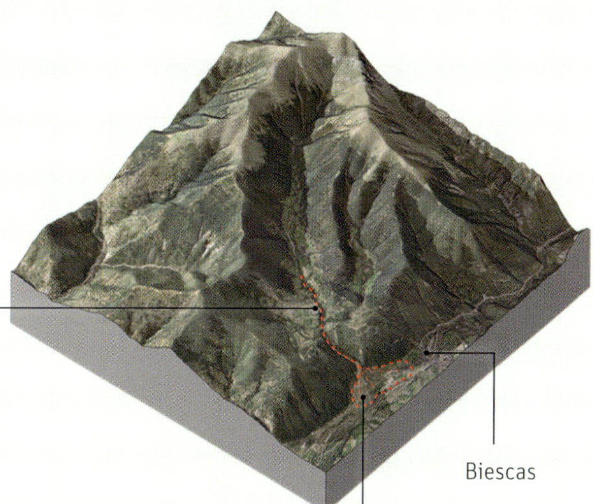

PASO 2 **INVESTIGAMOS QUÉ OTRAS INTERVENCIONES HUMANAS PUDIERON POSIBILITAR ESTE SUCESO.** Buscamos información sobre las intervenciones humanas que se habían llevado a cabo en la cuenca del torrente de Arás y que pudieron contribuir de un modo u otro a agravar la riada.

PASO 3 **LLEGAMOS A UNA CONCLUSIÓN.** ¿Se podría haber evitado esta tragedia? ¿Cómo?

1. Basándote en tu investigación, elabora un pequeño informe que recoja recomendaciones destinadas a evitar que un suceso como el que afectó al camping de Biescas no vuelva a producirse en otros puntos de nuestra geografía.

ACTUAR para diseñar vuestras propias experiencias

¿Por qué se encharca nuestro campo de fútbol?

Cada vez que llueve, incluso cuando cae poca agua, se forman charcos y todo el campo de fútbol de nuestro centro educativo se embarra. Sin embargo, en un instituto cercano tienen un campo de fútbol, también de tierra, y no les ocurre lo mismo. ¿A qué se debe esta diferencia si llueve igual en los dos campos? ¿Podríamos investigar la causa en el laboratorio?

PASO 1 **NOS INFORMAMOS** sobre las características del suelo de ambos campos de fútbol. El nuestro es de tierra muy fina, mientras que el otro es de tierra más gruesa y arenosa.

PASO 2 **FORMULAMOS EL PROBLEMA** que queremos investigar. Como en ambos campos llueve lo mismo, si uno se encharca menos debe de ser porque es más permeable y eso hace que el agua drene mejor. ¿Cuál de los suelos es más permeable?

PASO 3 **DISEÑAMOS LA EXPERIENCIA.** Queremos saber si las tierras de ambos campos de fútbol tienen diferente permeabilidad. Para comprobarlo:

- Tomaremos una muestra del suelo de cada campo.
- Prepararemos dos embudos iguales, les pondremos papel de filtro y en cada uno de ellos echaremos tierra de un campo, poniendo la misma cantidad.
- Colocaremos dos recipientes iguales bajo los embudos.
- Verteremos el mismo volumen de agua en los dos embudos y cronometraremos lo que tarda en caer la primera gota en cada caso.

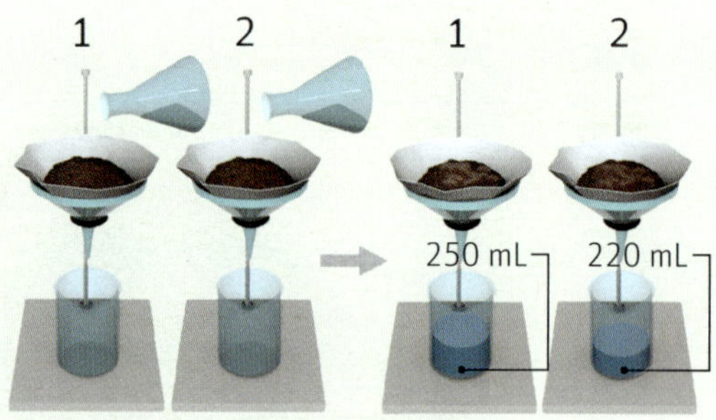

PASO 4 **REALIZAMOS LA EXPERIENCIA y ALCANZAMOS CONCLUSIONES.** Anotamos los resultados. Hemos vertido 300 mL en cada uno de los embudos. La tabla recoge los datos obtenidos. ¿Qué campo de fútbol es el más permeable?

	Tiempo 1.ª gota (s)	Agua recogida (mL)
Campo de fútbol 1	8	250
Campo de fútbol 2	12	220

1. En el diseño de la experiencia se dice que debemos asegurarnos de echar la misma cantidad de tierra de cada uno de los campos. ¿Por qué tenemos que hacerlo así? ¿Qué harías para estar seguro de que esas cantidades son iguales?
2. ¿Esta experiencia permite comprobar qué campo es más permeable? ¿A qué se debe la diferencia de permeabilidad entre ellos? ¿Cuánta agua ha retenido cada una de las tierras de la experiencia? ¿Influye eso en que se embarre más?

DISEÑA Y COMUNICA TU PROPIA EXPERIENCIA

1. Preparad un escrito dirigido a la dirección de vuestro centro, en el cual expongáis los problemas de vuestro campo de fútbol, el estudio realizado y las posibles soluciones.

¿Podemos evitar una inundación?

Las llanuras de inundación situadas en los márgenes de los ríos proporcionan suelos muy fértiles y con abundante agua. Esto explica que desde hace miles de años hayan sido los lugares preferidos por los agricultores. Estas zonas han sido utilizadas también para construir urbanizaciones. ¿Existirá riesgo de inundación para estas construcciones?

La urbanización Villabaja fue construida hace unos años en los márgenes de un río. La siguiente imagen muestra su ubicación y los niveles de inundación del río.

1. Tras observar la imagen, ¿crees que la urbanización Villabaja sufrirá inundaciones? En caso afirmativo, ¿con qué frecuencia cabría esperar dichas inundaciones?
2. Considerando el perfil que tiene el valle en esta zona, ¿a qué tramo del río dirías que corresponde? Justifica tu respuesta.
3. El ayuntamiento está considerando la posible ampliación de la urbanización Villabaja. ¿En qué lugar crees que sería adecuado construir las nuevas viviendas? Razona tu respuesta de forma argumentada.

DISEÑA Y COMUNICA TU PROPIA EXPERIENCIA

1. Para reducir el riesgo de inundación, el ayuntamiento al que pertenece la urbanización de Villabaja ha propuesto las siguientes medidas. Razonad cuál de ellas os parece más adecuada para este fin:
   A. Talar el bosque que hay río arriba.
   B. Reforestar la zona que hay río arriba.
   C. Plantar árboles en la orilla del río, frente a la urbanización.
   D. Suprimir los cultivos de regadío que hay en la zona.
2. Diseñad una experiencia de laboratorio que ayude a probar vuestra hipótesis.

El libro **Biología y Geología 3.º ESO** forma parte del Proyecto Editorial de Educación Secundaria del Grupo SM. En su realización ha participado el siguiente equipo:

Autoría
Emilio Pedrinaci, Concha Gil, José Antonio Pascual

Edición
Sináptica Comunicación S. L., Equipo SM Colombia, Nágora Soluciones Editoriales

Corrección
Alejandro Feijóo

Ilustración
5W Infographic, Antonio Muñoz Tenllado, Ariel Alejandro Gómez, Eduardo Rodríguez Marín, Félix Moreno Arrastio, José Santos González, Miguel Santamarina, Myriam Alicia García Marquet, Nicolás Fernández Prímola, Raúl Ayala Mayol, Ricardo Salas Loizaga, Santiago Alberto Moralejo, Víctor Fuertes Melón, El ojo del huracán; ARCHIVO SM.

Fotografía
Sonsoles Prada, Javier Calbet, Montse Fontich, María Pía Hidalgo / Archivo SM; 123RF, Ablestock, Age Fotosock, Album, ASA, CONTACTO, CORDON PRESS, EFE, Getty Images, Ingimage, iStock, JUPITER IMAGES, LATINSTOCK, NASA, Micheline Pelletier / Corbis, Organización Nacional de Trasplantes, Ministerio de Sanidad, Servicios Sociales e Igualdad, PAISAJES ESPAÑOLES, PHOTONONSTOP, Shutterstock, Thinkstock, Ignacio Meléndez, Luis Carcavilla, Emilio Pedrinaci, Marli Bryant Miller / University of Oregon USA, Alejandro Pérez Peyrona, Photolink / Photodisc, Marli Bryant Miller / University of Oregon, USA; BARRES FOTONATURA, ARCHIVO SM.

Iconografía
Sergio Cuesta

Diseño de cubierta e interiores
Estudio SM

Maquetación
Estudio SM, Equipo SM Colombia, Nágora Soluciones Editoriales

Responsable de desarrollo
Mireia Casaus

Gerencia de Desarrollo
Yolanda Hernández

Gerencia de Arte
Mario Dequel

Gerencia de Producto
Charo Zazo

Gerencia de Producción
Antonio de Pedro

Dirección editorial
Jorge Lite

Todas las actividades contenidas en este libro han de ser realizadas en un cuaderno aparte, nunca en el propio libro. Los espacios incluidos son meramente indicativos y su finalidad es puramente didáctica.

Uso del lenguaje inclusivo de género

En SM utilizamos el masculino genérico, según las directrices académicas establecidas, para evitar textos excesivamente artificiosos y difíciles de entender. Con el fin de agilizar la lectura, utilizamos nombres de género común, y recurrimos a la duplicidad masculino/femenino cuando pueda producirse ambigüedad en el mensaje. En cualquier caso, equilibramos el uso de ambos géneros y evitamos estereotipos.

Gestión de las direcciones electrónicas

ISBN: 978-84-9182-340-7
Depósito legal: M-7157-2020
Impreso en la UE / *Printed in EU*